MATHEMATIK
NEUE WEGE

ARBEITSBUCH
FÜR GYMNASIEN

Stochastik

Herausgegeben von
Arno Lergenmüller
Günter Schmidt
Katja Krüger

Schroedel

MATHEMATIK NEUE WEGE
ARBEITSBUCH FÜR GYMNASIEN
Stochastik

Herausgegeben von:
Arno Lergenmüller, Prof. Günter Schmidt,
Prof. Dr. Katja Krüger

erarbeitet von:
Prof. Dr. Rolf Biehler, Kassel
Prof. Dr. Katja Krüger, Frankfurt/Main
Arno Lergenmüller, Roxheim
Prof. Günter Schmidt, Stromberg
Reimund Vehling, Hannover

unter Mitarbeit von:
Dr. Christian Fahse, Neustadt/Weinstraße
Dr. Hubert Weller, Lahnau
Martin Zacharias, Molfsee

Redaktion: Sven Hofmann
Herstellung: Reinhard Hörner
Umschlagentwurf: Klaxgestaltung, Braunschweig
Illustrationen: M. Pawle, München
techn. Zeichnungen: M. Wojczak, Butjadingen
technisch-grafische Abteilung Westermann, Braunschweig
Satz: CMS – Cross Media Solutions GmbH, Würzburg
Druck und Bindung: westermann druck GmbH, Braunschweig

ISBN 978-3-507-**85587**-8

Inhalt

Zum Aufbau dieses Buches

Jedes Kapitel beginnt mit einer **Einführungsseite**, die den Kapitelaufbau mit den einzelnen Lernabschnitten übersichtlich darstellt.

Jeder dieser Lernabschnitte ist in **drei Ebenen – grün – weiß – grün** – unterteilt.

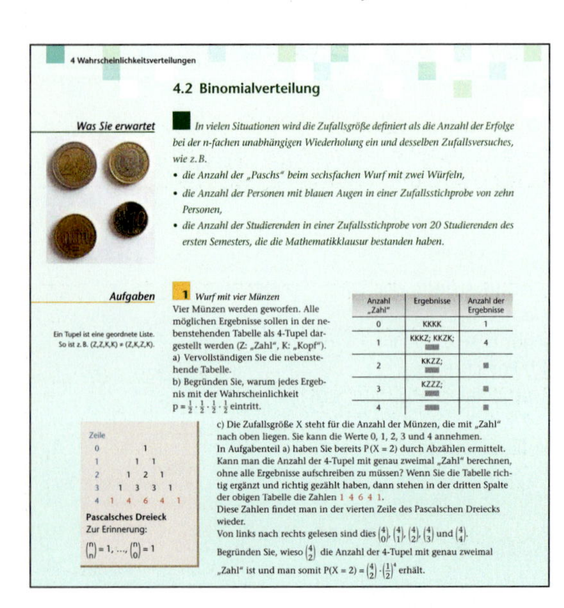

4 Wahrscheinlichkeitsverteilungen

4.2 Binomialverteilung

Was Sie erwartet

In vielen Situationen wird die Zufallsgröße definiert als die Anzahl der Erfolge bei der n-fachen unabhängigen Wiederholung ein und desselben Zufallsversuches, wie z. B.

- *die Anzahl der „Paschs" beim sechsfachen Wurf mit zwei Würfeln,*
- *die Anzahl der Personen mit blauen Augen in einer Zufallsstichprobe von zehn Personen,*
- *die Anzahl der Studierenden in einer Zufallsstichprobe von 20 Studierenden des ersten Semesters, die die Mathematikklausur bestanden haben.*

Aufgaben

1 *Wurf mit vier Münzen*

Vier Münzen werden geworfen. Alle möglichen Ergebnisse sollen in der nebenstehenden Tabelle als 4-Tupel dargestellt werden (Z: „Zahl", K: „Kopf").

a) Vervollständigen Sie die nebenstehende Tabelle.

b) Begründen Sie, warum jedes Ergebnis mit der Wahrscheinlichkeit $p = \frac{1}{2} \cdot \frac{1}{2} \cdot \frac{1}{2} \cdot \frac{1}{2}$ eintritt.

Ein Tupel ist eine geordnete Liste. So ist z. B. (Z,Z,K,K) ≠ (Z,K,Z,K).

Anzahl „Zahl"	Ergebnisse	Anzahl der Ergebnisse
0	KKKK	1
1	KKKZ; KKZK; ▬	4
2	KKZZ; ▬	■
3	KZZZ; ▬	■
4	▬	■

c) Die Zufallsgröße X steht für die Anzahl der Münzen, die mit „Zahl" nach oben liegen. Sie kann die Werte 0, 1, 2, 3 und 4 annehmen.
In Aufgabenteil a) haben Sie bereits $P(X = 2)$ durch Abzählen ermittelt. Kann man die Anzahl der 4-Tupel mit genau zweimal „Zahl" berechnen, ohne alle Ergebnisse aufschreiben zu müssen? Wenn Sie die Tabelle richtig ergänzt und richtig gezählt haben, dann stehen in der dritten Spalte der obigen Tabelle die Zahlen 1 4 6 4 1.
Diese Zahlen findet man in der vierten Zeile des Pascalschen Dreiecks wieder.
Von links nach rechts gelesen sind dies $\binom{4}{0}, \binom{4}{1}, \binom{4}{2}, \binom{4}{3}$ und $\binom{4}{4}$.
Begründen Sie, wieso $\binom{4}{2}$ die Anzahl der 4-Tupel mit genau zweimal „Zahl" ist und man somit $P(X = 2) = \binom{4}{2} \cdot \left(\frac{1}{2}\right)^4$ erhält.

Zeile	
0	1
1	1 1
2	1 2 1
3	1 3 3 1
4	1 4 6 4 1

Pascalsches Dreieck
Zur Erinnerung:
$\binom{n}{n} = 1, \ldots, \binom{n}{0} = 1$

Die erste grüne Ebene

Was Sie erwartet

In wenigen Sätzen, Bildern und Fragen erfahren Sie, worum es in diesem Abschnitt geht.

Einführende Aufgaben

In vertrauten Alltagssituationen ist bereits viel Mathematik versteckt. Mit diesen Aufgaben können Sie wesentliche Zusammenhänge des Themas selbst entdecken und verstehen.

Dies gelingt besonders gut in der Zusammenarbeit mit einem oder mehreren Partnern.

In dem vielfältigen Angebot können Sie nach Ihren Erfahrungen und Interessen auswählen.

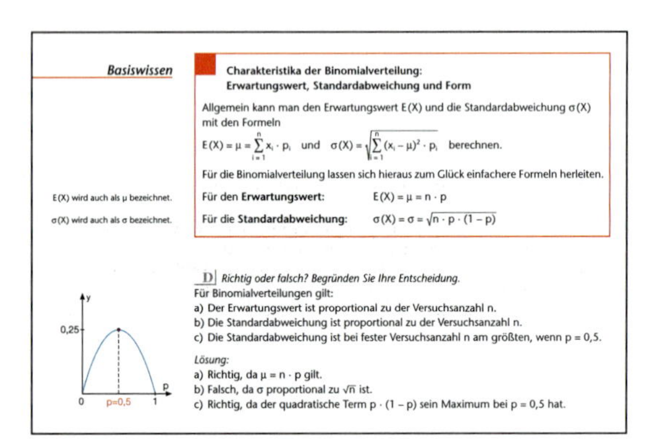

Basiswissen

**Charakteristika der Binomialverteilung:
Erwartungswert, Standardabweichung und Form**

Allgemein kann man den Erwartungswert E(X) und die Standardabweichung σ(X) mit den Formeln

$E(X) = \mu = \sum_{i=1}^{n} x_i \cdot p_i$ und $\sigma(X) = \sqrt{\sum_{i=1}^{n} (x_i - \mu)^2 \cdot p_i}$ berechnen.

Für die Binomialverteilung lassen sich hieraus zum Glück einfachere Formeln herleiten.

Für den **Erwartungswert**: $E(X) = \mu = n \cdot p$

Für die **Standardabweichung**: $\sigma(X) = \sigma = \sqrt{n \cdot p \cdot (1 - p)}$

E(X) wird auch als μ bezeichnet.

σ(X) wird auch als σ bezeichnet.

D *Richtig oder falsch? Begründen Sie Ihre Entscheidung.*
Für Binomialverteilungen gilt:
a) Der Erwartungswert ist proportional zu der Versuchsanzahl n.
b) Die Standardabweichung ist proportional zu der Versuchsanzahl n.
c) Die Standardabweichung ist bei fester Versuchsanzahl n am größten, wenn p = 0,5.

Lösung:
a) Richtig, da $\mu = n \cdot p$ gilt.
b) Falsch, da σ proportional zu $\sqrt{n}$ ist.
c) Richtig, da der quadratische Term $p \cdot (1 - p)$ sein Maximum bei p = 0,5 hat.

Die weiße Ebene

Basiswissen

Im roten Kasten finden Sie das Wissen und die grundlegenden Strategien kurz und bündig zusammengefasst.

Beispiele

Die durchgerechneten Musteraufgaben helfen beim eigenständigen Lösen der Übungen.

Übungen

Die Übungen bieten reichlich Gelegenheit zu eigenen Aktivitäten, zum Verstehen und Anwenden. Zusätzliche „Trainingsangebote" führen zur Sicherheit.

hilfreiche Tipps und Lösungshinweise

Bei vielen Übungen finden Sie hilfreiche Tipps oder Möglichkeiten zur Selbstkontrolle.

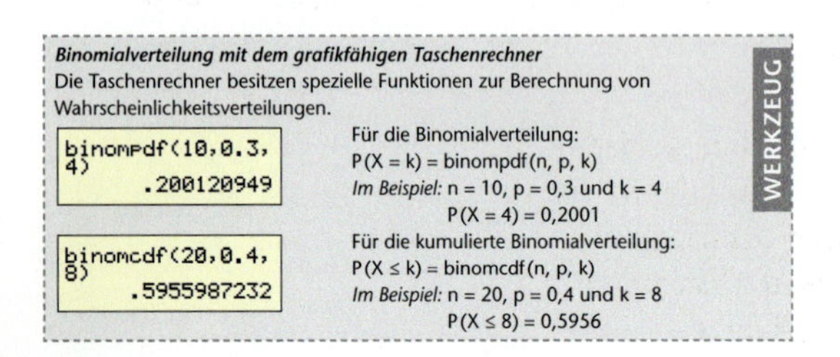

Binomialverteilung mit dem grafikfähigen Taschenrechner
Die Taschenrechner besitzen spezielle Funktionen zur Berechnung von Wahrscheinlichkeitsverteilungen.

```
binompdf(10,0.3,
4)
        .200120949
```

Für die Binomialverteilung:
$P(X = k) = \text{binompdf}(n, p, k)$
Im Beispiel: n = 10, p = 0,3 und k = 4
$P(X = 4) = 0{,}2001$

```
binomcdf(20,0.4,
8)
        .5955987232
```

Für die kumulierte Binomialverteilung:
$P(X \leq k) = \text{binomcdf}(n, p, k)$
Im Beispiel: n = 20, p = 0,4 und k = 8
$P(X \leq 8) = 0{,}5956$

WERKZEUG

Werkzeugkästen erläutern den Umgang mit dem GTR oder das Vorgehen bei mathematischen Verfahren.

Auf gelben Karten sind wichtige Sätze oder Sachverhalte zusammengefasst, die das Basiswissen ergänzen.

Geometrische Verteilung

$P(X = k) = (1 - p)^{k-1} \cdot p$

Die zweite grüne Ebene

Aufgaben

Hier finden Sie Anregungen zum Entdecken überraschender Zusammenhänge der Mathematik mit vielen Bereichen Ihrer Lebenswelt und anderer Fächer.

Die Aufgaben hier sind meist etwas umfangreicher, deshalb ist oft Teamarbeit sinnvoll.

In Projekten gibt es Anregungen zu mathematischen Exkursionen oder zum Erstellen eigener Produkte. Dies führt auch zu Präsentationen der Ergebnisse in größerem Rahmen.

5.2 Testen von Hypothesen

Aufgaben

30 *Zufall im Sport*
Wie bewerten Sie die Aussagen der Artikel im Lichte eines Hypothesentests? Ziehen Sie gegebenenfalls Fußball- oder Tennisexperten in die Diskussion ein.

Soll der Gefoulte selbst den Elfmeter schießen?

Elfmeter: Nur zwei Prozent Trefferunterschied bei Gefoulten und Mannschaftskameraden

Auch die alte Fußballweisheit, dass der Gefoulte nicht selbst den Elfmeter schießen sollte, haben Wissenschaftler unter die Lupe genommen – und widerlegt. Biometriker Oliver Kuß von der Martin-Luther-Universität Halle-Wittenberg hat alle Foulelfmeter der Bundesliga aus zwölf Jahren, exakt 835, untersucht. 102 davon wurden von den Gefoulten selbst geschossen und zu 73 Prozent verwandelt. Führten nicht-gefoulte Spieler den Strafstoß aus, ging der Ball in 75 Prozent der Schüsse ins Netz. *„Dieser Unterschied liegt im Rahmen der zufälligen Schwankungen und lässt somit nicht auf einen Effekt schließen“*, konstatiert Kuß. Seine Quintessenz: „König Fußball ist viel mehr vom Faktor Zufall bestimmt als viele Beteiligte glauben.“

Frankfurter Rundschau 7.6.08

Szene Sport

Tennis
Endspiele nach Wunsch?

DER SPIEGEL 42/2011

Check-up und Vermischte Aufgaben

Am Ende jedes Kapitels wird im **Check-up** nochmals das Wichtigste übersichtlich zusammengefasst.
Zusätzlich finden Sie passende Aufgaben, mit denen Sie Ihr Wissen festigen und sich für Prüfungen vorbereiten können. Die Lösungen dieser Aufgaben finden Sie am Ende des Buches.

Die abschließenden **Vermischten Aufgaben** bieten weitere Übungen zur Festigung des Gelernten. Die Lösungen dazu finden Sie im Internet unter www.schroedel.de/nw-85587.

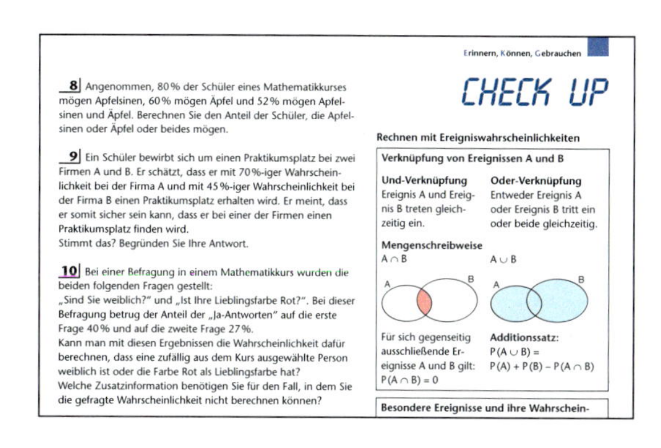
Erinnern, Können, Gebrauchen

8 Angenommen, 80 % der Schüler eines Mathematikkurses mögen Apfelsinen, 60 % mögen Äpfel und 52 % mögen Apfelsinen und Äpfel. Berechnen Sie den Anteil der Schüler, die Apfelsinen oder Äpfel oder beides mögen.

9 Ein Schüler bewirbt sich um einen Praktikumsplatz bei zwei Firmen A und B. Er schätzt, dass er mit 70 %-iger Wahrscheinlichkeit bei der Firma A und mit 45 %-iger Wahrscheinlichkeit bei der Firma B einen Praktikumsplatz erhalten wird. Er meint, dass er somit sicher sein kann, dass er bei einer der Firmen einen Praktikumsplatz finden wird.
Stimmt das? Begründen Sie Ihre Antwort.

10 Bei einer Befragung in einem Mathematikkurs wurden die beiden folgenden Fragen gestellt:
„Sind Sie weiblich?“ und „Ist Ihre Lieblingsfarbe Rot?“. Bei dieser Befragung betrug der Anteil der „Ja-Antworten“ auf die erste Frage 40 % und auf die zweite Frage 27 %.
Kann man mit diesen Ergebnissen die Wahrscheinlichkeit dafür berechnen, dass eine zufällig aus dem Kurs ausgewählte Person weiblich ist oder die Farbe Rot als Lieblingsfarbe hat?
Welche Zusatzinformation benötigen Sie für den Fall, in dem Sie die gefragte Wahrscheinlichkeit nicht berechnen können?

CHECK UP

Rechnen mit Ereigniswahrscheinlichkeiten

Verknüpfung von Ereignissen A und B

Und-Verknüpfung	**Oder-Verknüpfung**
Ereignis A und Ereignis B treten gleichzeitig ein.	Entweder Ereignis A oder Ereignis B tritt ein oder beide gleichzeitig.

Mengenschreibweise

$A \cap B$	$A \cup B$
Für sich gegenseitig ausschließende Ereignisse A und B gilt: $P(A \cap B) = 0$	**Additionssatz:** $P(A \cup B) = P(A) + P(B) - P(A \cap B)$

Besondere Ereignisse und ihre Wahrschein-

Grundwissen und Kurzer Rückblick

In den Kapiteln findet man an verschiedenen Stellen **Grundwissen**. Hier sind Übungen zusammengestellt, mit denen Sie testen können, wie gut die grundlegenden Inhalte der vorherigen Lernabschnitte noch präsent sind.
In kurzen **Rückblick**en wird das Wissen aus vorherigen Schuljahren aufgefrischt.

GRUNDWISSEN

1. Was versteht man unter der bedingten Wahrscheinlichkeit $P(A|B)$?
2. Definieren Sie „stochastische Unabhängigkeit zweier Ereignisse“.
3. Ein Doppelwürfel wird hundertmal geworfen und die Ergebnisse (Augensumme) werden mithilfe einer Häufigkeitsverteilung dargestellt.
   Unterscheidet sich diese Häufigkeitsverteilung von der Wahrscheinlichkeitsverteilung der Zufallsgröße „Augensumme beim Doppelwürfel“?

Exkurse

Auch im Mathematikbuch gibt es einiges zu erzählen, über Menschen, Probleme und Anwendungen oder auch Seltsames.

Bedingte Wahrscheinlichkeiten und medizinische Tests

In der Medizin werden häufig Tests eingesetzt, um schnell eine Diagnose für oder gegen eine bestimmte Krankheit zu erhalten. Bekannte Beispiele sind der ELISA-Test auf HIV oder die Untersuchung mit Röntgenstrahlen auf Lungenkrebs. Diese Art von Tests sind beliebt, da sie relativ schnell durchzuführen und nicht invasiv sind. Allerdings sind sie meistens nicht so präzise wie andere Tests (z. B. Entnahme einer Gewebeprobe bei Verdacht auf Lungenkrebs).

		Testergebnis	
		positiv (+)	negativ (–)
Patient in Wirklichkeit	erkrankt (K)	K und +	K und –
	nicht erkrankt ($\overline{K}$)	$\overline{K}$ und +	$\overline{K}$ und –

Die in der Tabelle gelb gekennzeichneten Felder stellen Fehldiagnosen dar.

CD-ROM & Maus-Symbol

Die beigefügte **CD-ROM** enthält interaktive Werkzeuge zur Darstellung und Bearbeitung stochastischer Objekte. Die Aufgaben, bei denen solch ein Werkzeug hilfreich ist, sind mit dem **CD-Symbol** gekennzeichnet. Zusätzlich wird bei einigen Aufgaben auf interaktive Werkzeuge unter www.schroedel.de/nw-85587 hingewiesen. Dazu wird jeweils die zur Aufgabe passende Datei mithilfe des **Maus-Symbols** genannt.

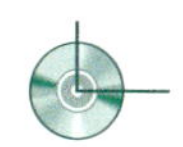

1 Zufall und Wahrscheinlichkeit

Im Zentrum der Wahrscheinlichkeitsrechnung steht der Zufall. Würfeln, eine Münze werfen oder ein Glücksrad drehen sind vertraute Beispiele für einen Zufallsversuch. Bei einem einzelnen Zufallsversuch ist das Ergebnis nicht vorhersagbar. Dennoch kann man vorhersagen, was auf „lange Sicht", also bei einer sehr häufigen Wiederholung des betreffenden Zufallsversuches, geschieht.

Wahrscheinlichkeitsrechnung ist bereits Thema in den vorangegangenen Klassenstufen gewesen. Dieses erste Kapitel ist eine Zusammenfassung und Vertiefung von Kenntnissen und Fähigkeiten, die Sie größtenteils bereits erworben haben. Sollten Sie mit dem einen oder anderen Thema noch wenig vertraut sein, dann können Sie es in diesem Kapitel erarbeiten.

1.1 Werkzeuge zur Lösung einfacher stochastischer Probleme

Der Lauf einer Kugel durch das Galton-Brett ist ein Beispiel für einen mehrstufigen Zufallsversuch. Die Wahrscheinlichkeiten bestimmter Ereignisse lassen sich empirisch mithilfe vieler Versuchswiederholungen schätzen oder auch im theoretischen Modell am Baumdiagramm berechnen.

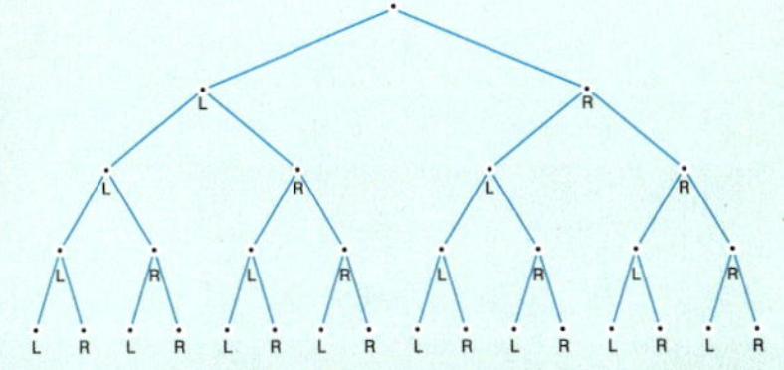

1.2 Simulationen

Mit Simulationen lassen sich Schätzwerte für Wahrscheinlichkeiten bestimmen. Neben verschiedenen Zufallsgeräten liefert der Computer geeignete Zufallszahlen und dient als Werkzeug bei der Auswertung.
Bei der Bearbeitung von Problemen mithilfe von Simulationen ist ein guter Simulationsplan entscheidend.

Diff.	rel. Häuf.	abs. Häuf.
0	0,180	36
1	0,230	46
2	0,205	41
3	0,205	41
4	0,155	31
5	0,025	5

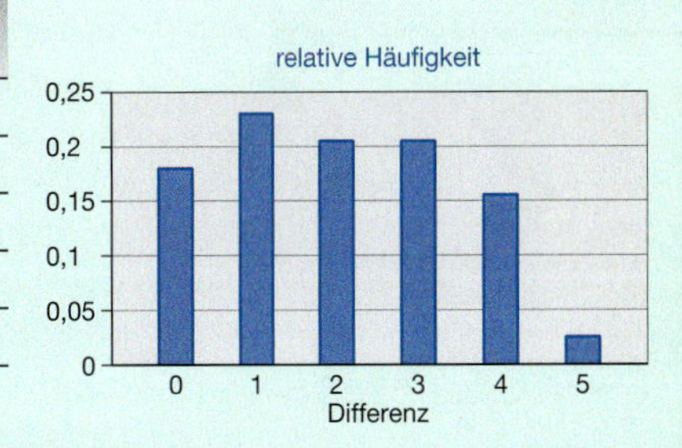

1.3 Nachgefragt – Empirisches Gesetz der großen Zahlen

Dieses Gesetz ist wesentliche Grundlage für das Ermitteln von Wahrscheinlichkeiten aus empirischen Untersuchungen oder aus Simulationen. Wie gut kann man den so gewonnenen Schätzwerten vertrauen?

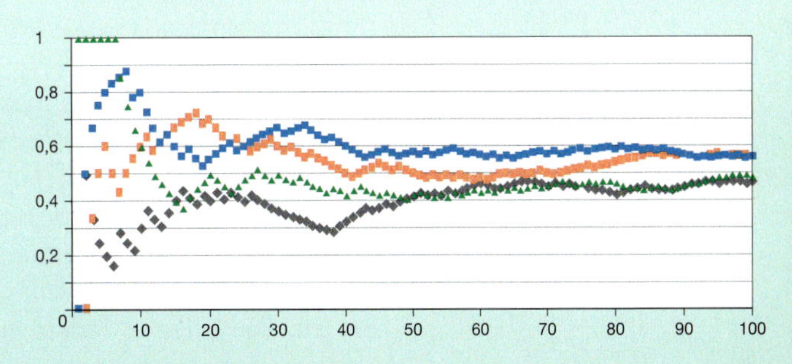

1.1 Werkzeuge zur Lösung einfacher stochastischer Probleme

Was Sie erwartet

In der Regel muss man zum Lösen von stochastischen Problemen die Wahrscheinlichkeiten ermitteln, mit denen bestimmte Ergebnisse eines Zufallsversuches auftreten.

Grundsätzlich unterscheidet man zwischen der empirischen Wahrscheinlichkeit und der theoretischen Wahrscheinlichkeit. Wie man diese bestimmen kann und welcher Zusammenhang zwischen der theoretischen und der empirischen Wahrscheinlichkeit besteht, erfahren Sie in diesem Lernabschnitt.

Zufallsversuche können auch aus mehreren Stufen bestehen, d. h. Zufallsversuche werden hintereinander ausgeführt. Wie Sie sich mit Baumdiagrammen einen Überblick über die Ergebnisse eines gestuften Versuches verschaffen und die Wahrscheinlichkeiten berechnen können, mit denen diese eintreten, ist ebenfalls Thema dieses Lernabschnitts.

Aufgaben

Basketball als Zufallsversuch

Der Wurf von der Freiwurflinie auf den Korb ist ein Zufallsversuch: Man kann treffen oder auch nicht.

Laura ist eine gute Basketballspielerin. In den vergangenen Spielen hat sie die Hälfte ihrer Freiwürfe getroffen. Bei einem Freiwurfwettbewerb wirft sie 20-mal auf den Korb.

a) Kann es sein, dass sie alle Würfe (keinen Wurf) trifft?

b) Ist es wahrscheinlicher, dass sie bei einer 20er-Wurfserie weniger als 9-mal oder mehr als 13-mal trifft, wenn man annimmt, dass sie bei jedem Wurf mit einer Wahrscheinlichkeit von 0,5 trifft und die Würfe sich nicht beeinflussen? Begründen Sie Ihre Entscheidung.

c) Wenn wir herausfinden wollen, wie die richtige Antwort in b) lautet, könnten wir Laura in der Turnhalle 20 Freiwürfe durchführen lassen. Erklären Sie, warum dies bei der Beantwortung der Frage nicht hilft.

d) Man kann mit Spielgeräten wie Münzen, Würfeln, Glücksrädern usw. reale Zufallsversuche „nachspielen“. Allerdings muss man dazu die Wirklichkeit „vereinfachen“.

Welche Annahmen muss man machen, damit man Lauras 20er-Wurfserie mit einer Münze nachspielen kann?

Spielen Sie mit Ihrer Lerngruppe 100-mal eine 20er-Serie nach. Registrieren Sie dabei jeweils 100-mal die Anzahl der Treffer in der 20er-Serie. Beantworten Sie jetzt die Frage in Teilaufgabe b).

2 *Ein Glücksspiel mit Münzen*

Aufgaben

Ein Glücksspiel mit vier Münzen

Gespielt wird gegen die Spielbank.

- Einsatz: 2 €
- Die vier Münzen werden geworfen.
- Erscheint genau dreimal „Zahl", dann werden dem Spieler 7 € ausgezahlt (Gewinn 5 €), ansonsten verliert der Spieler seinen Einsatz an die Bank.

a) Handelt es sich um ein faires Spiel? Diskutieren Sie zunächst mit Ihren Mitschülerinnen und Mitschülern, was unter einem „fairen Spiel" zu verstehen ist.

b) Führt man eine Reihe von „Probespielen" durch, so erhält man einen ersten Eindruck davon, wie „riskant" das Glücksspiel ist. Spielen Sie mit Ihren Banknachbarn probeweise 20 Spiele und protokollieren Sie die Ergebnisse. So könnte Ihr Protokoll aussehen. Diskutieren Sie Ihre Ergebnisse.

häufiges Nachspielen des Zufallsversuches

Spiel	Ereignis	Gewinn
1	3-mal „Zahl"	5 €
2	4-mal „Zahl"	−2 €
3	1-mal „Zahl"	−2 €
...	...	...
Summe	–	■

Gewinn bei 20 Spielen

Gewinn ist „Auszahlung minus Einsatz".

Negativer Gewinn bedeutet Verlust.

c) Tragen Sie alle Protokolle zusammen, ermitteln Sie die Summe der Gewinne bei allen Spielen und berechnen Sie damit den mittleren Gewinn pro Spiel. Was meinen Sie, handelt es sich um ein faires Spiel?

d) *Nicht spielen, sondern nachdenken*

Schätzen Sie mithilfe eines Baumdiagramms die Summe aller Gewinne bei 3200 Spielen. Ergänzen Sie dazu das unvollständige Baumdiagramm in Ihrem Heft. An welchen Pfaden müssen Sie 5 € Gewinn notieren? Nun können Sie den mittleren Gewinn pro Spiel „theoretisch" berechnen. Ist das Spiel fair?

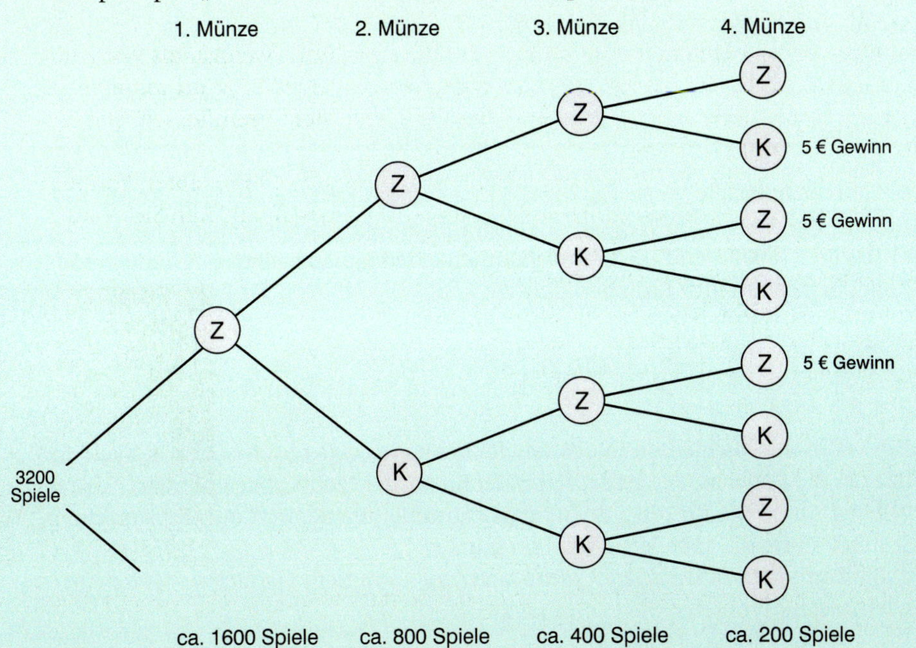

Tipp:
Nehmen Sie „idealisierend" an, dass im 1. Schritt genau 1600-mal Z und 1600-mal K vorkommt.

Alle Pfade mit genau dreimal Z (Zahl) führen zu einer Auszahlung von 5 €.
Bei etwa wie vielen der 3200 Spiele wird gewonnen?

Aufgaben

3 *Galton-Brett – Warum wird die Mitte bevorzugt?*

Beim Experimentieren mit dem Galton-Brett erfährt man schnell, dass sich der Weg einer Kugel und damit das Zielkästchen nicht sicher voraussagen lässt.

Der Weg, den die Kugel nimmt, hängt vom Zufall ab. Dennoch ergibt sich beim Durchlauf vieler Kugeln wiederholt ein in etwa gleiches Bild: In dem mittleren Kästchen liegen die meisten Kugeln, links und rechts davon nimmt die Kugelanzahl ab.

Offensichtlich wird die Mitte bevorzugt. Dieses Phänomen lässt sich mit einigem Nachdenken auch theoretisch begründen. Bearbeiten Sie die folgenden Fragen und schreiben Sie dann einen Untersuchungsbericht.

a) Wie viele verschiedene Wege kann eine Kugel beim vierstufigen Galton-Brett durchlaufen? Versuchen Sie mithilfe des Baumdiagramms die verschiedenen Wege systematisch aufzuschreiben (z.B. LLLL, LLLR, LLRL, ...).

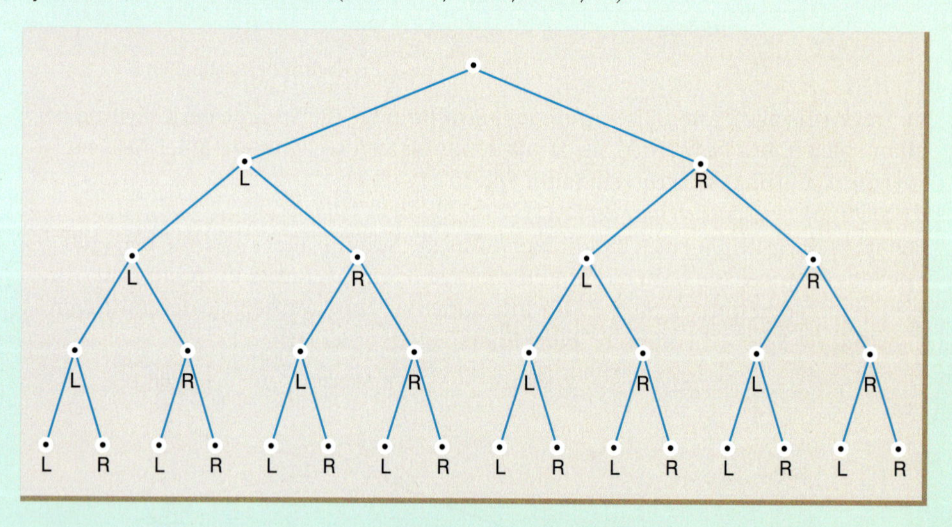

b) Schreiben Sie alle Wege auf, die die Kugel in das Kästchen 0 (1, 2, 3 oder 4) führen. Was haben die Wege in ein bestimmtes Fach jeweils gemeinsam?

c) In einer Tabelle sind die Wahrscheinlichkeiten p angegeben, mit denen eine Kugel in das jeweilige Kästchen fällt.

Fach	0	1	2	3	4
p	$\frac{1}{16}$	$\frac{4}{16}$	$\frac{6}{16}$	$\frac{4}{16}$	$\frac{1}{16}$

Die Wahrscheinlichkeiten in der Tabelle hängen von der Wahrscheinlichkeit ab, mit der die Kugel an einem Zapfen nach links oder rechts abgelenkt wird. Unter welcher Annahme für die „Ablenkungswahrscheinlichkeiten" auf den einzelnen Stufen könnte die Tabelle entstanden sein?

d) Sie können das vierstufige Galton-Brett auch mit dem vierfachen Münzwurf nachspielen. Probieren Sie es einmal aus.

Aufgaben

4 *„Wiederholung"*
In den vergangenen Schuljahren ist Ihnen im Mathematikunterricht Stochastik in Sachzusammenhängen begegnet, in denen der Zufall eine Rolle spielt. Die unten abgedruckten Karteikarten und der folgende rote Kasten vermitteln einen Überblick über grundlegende Begriffe der Wahrscheinlichkeitsrechnung. Stellen Sie eigene Karteikarten her, mit deren Hilfe Sie Ihre Kenntnisse über Wahrscheinlichkeiten auffrischen und zusammenfassen. Präsentieren Sie die Ergebnisse Ihren Mitschülerinnen und Mitschülern. Die folgenden Fragen und die Überschriften für einige Karteikarten sollen Ihnen dabei helfen.

- Welche Beispiele von (mehrstufigen) Zufallsversuchen sind Ihnen schon begegnet?
- Wodurch sind sogenannte Laplace-Versuche gekennzeichnet?
- Welche Möglichkeiten kennen Sie, um Wahrscheinlichkeiten zu bestimmen?
- Wodurch unterscheiden sich absolute und relative Häufigkeiten?
- Was versteht man unter einem Ereignis (Gegenereignis)?

Zufallsversuch

- Ein Zufallsversuch hat verschiedene Ergebnisse. Welches Ergebnis eintritt, ist nicht vorhersagbar.
- Zufallsversuche lassen sich durch die Menge aller möglichen Ergebnisse beschreiben.
  Beispiel: Ergebnisse {1; 2; 3; 4; 5; 6} beim Würfeln

Holz-Quader

Spielwürfel

- Bei Zufallsversuchen interessiert man sich für die Wahrscheinlichkeiten, mit denen bestimmte Ergebnisse auftreten.

Absolute und relative Häufigkeit

Gesetz der großen Zahlen

Laplace-Versuche

Pfadregeln

Summenregel

....

Zweifacher Münzwurf

	Zahl	Wappen
Zahl	(Z;Z)	(Z;W)
Wappen	(W;Z)	(W;W)

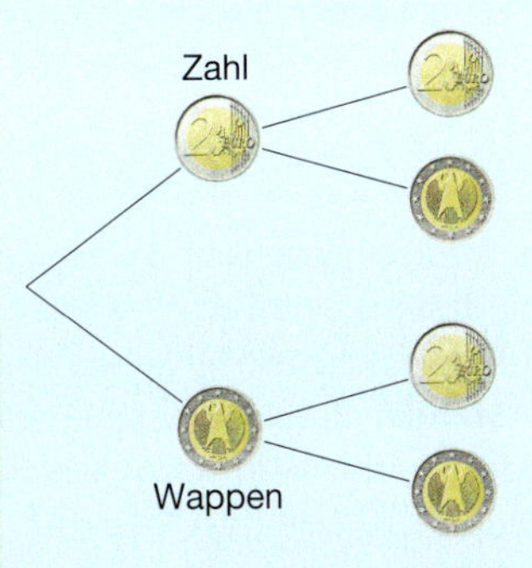

Mehrstufige Zufallsversuche

- Mehrstufige Zufallsversuche bestehen aus mehreren einstufigen Zufallsversuchen, die nacheinander oder gleichzeitig durchgeführt werden.
- Die Ergebnismenge lässt sich häufig mit einem Baumdiagramm oder mit einer Tabelle ermitteln.
- Hat der Versuch n Stufen, dann kann man die Ergebnismenge auch in Form eines n-Tupels angeben.

Basiswissen

Methoden zur Bestimmung von Wahrscheinlichkeiten
Zufallsversuch: Es wird mit zwei Würfeln gewürfelt.
Wie groß ist die Wahrscheinlichkeit, mindestens eine „Sechs" zu erzielen?

Experimentelle Methoden stützen sich auf das **empirische Gesetz der großen Zahlen**.

Weitere Informationen dazu in Lernabschnitt 1.3

Bestimmen von Wahrscheinlichkeiten

Experimentelle Methoden

Realversuch
Die beiden Würfel werden 1000-mal geworfen und die Ergebnisse protokolliert:

Ereignis E: Beim Wurf mit zwei Würfeln erscheint mindestens eine „Sechs".

350-mal „mindestens eine Sechs"
bzw. 650-mal „keine Sechs"
Relative Häufigkeit:

$h(E) = \frac{\text{absolute Häufigkeit}}{\text{Versuchsanzahl}}$

$h(E) = \frac{350}{1000} = 35\,\%$

Die relative Häufigkeit liefert einen Schätzwert für die gesuchte Wahrscheinlichkeit, wenn die Zahl der Versuchswiederholungen groß ist.

Simulation des Zufallsversuchs
Mithilfe von Zufallszahlen kann man das Werfen von zwei Würfeln nachspielen. Die Zufallszahlen 1 bis 6 kann man mit einem Computer oder durch Ziehen mit Zurücklegen aus einer Urne mit den Kugeln 1 bis 6 erzeugen.

n	1. Wurf	2. Wurf	Eine 6 dabei
1	1	5	Nein
2	6	2	Ja
3	6	6	Ja
...	...	...	...

Bei 1000 Simulationen erhalten wir:

$h(E) = \frac{\text{Anzahl der Simulationen mit „Ja"}}{\text{Gesamtanzahl der Simulationen}} = 0{,}32$

Wir nehmen 32 % als Schätzwert für die unbekannte Wahrscheinlichkeit.

Theoretische Methoden

Zählen
Notieren aller Würfelergebnisse, z. B. in Form einer Tabelle
Annahme: Alle Ergebnisse sind gleichwahrscheinlich.

	1	2	3	4	5	6
1	(1;1)	(1;2)	(1;3)	(1;4)	(1;5)	**(1;6)**
2	(2;1)	(2;2)	(2;3)	(2;4)	(2;5)	**(2;6)**
3	(3;1)	(3;2)	(3;3)	(3;4)	(3;5)	**(3;6)**
4	(4;1)	(4;2)	(4;3)	(4;4)	(4;5)	**(4;6)**
5	(5;1)	(5;2)	(5;3)	(5;4)	(5;5)	**(5;6)**
6	**(6;1)**	**(6;2)**	**(6;3)**	**(6;4)**	**(6;5)**	**(6;6)**

$P(E) = \frac{\text{Anzahl der günstigen Ergebnisse}}{\text{Anzahl der möglichen Ergebnisse}}$

$= \frac{11}{36} \approx 30{,}6\,\%$

Die Wahrscheinlichkeit des Ereignisses E „mindestens eine Sechs" erhält man durch Abzählen der zu E gehörenden Ergebnisse. Damit ist $P(E) = \frac{11}{36}$.

Die Zählmethode funktioniert nur bei einem **Laplace-Versuch**. Ein Laplace-Versuch ist ein Zufallsversuch, bei dem alle Ergebnisse gleichwahrscheinlich sind.

Rechnen mit den Pfadregeln
Aufstellen eines Baumdiagramms

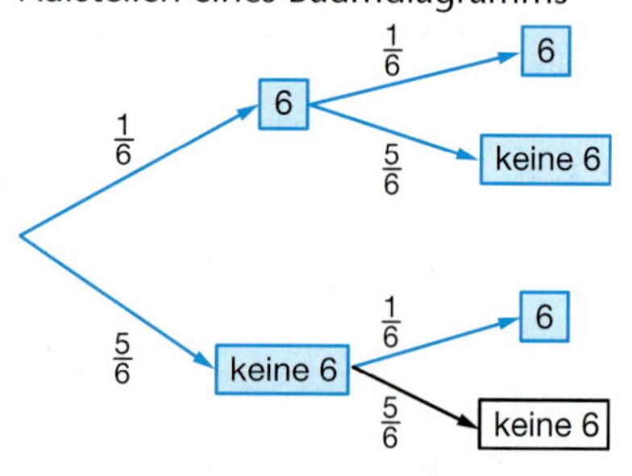

Berechnung der Wahrscheinlichkeit mit der Produkt- und Summenregel:

$P(E) = \frac{1}{6} \cdot \frac{5}{6} + \frac{1}{6} \cdot \frac{1}{6} + \frac{5}{6} \cdot \frac{1}{6} = \frac{11}{36}$

Die Wahrscheinlichkeit des Ereignisses E „mindestens eine Sechs" ist die Summe der Pfadwahrscheinlichkeiten der zu E gehörenden Ergebnisse. Längs eines Pfades werden Wahrscheinlichkeiten multipliziert. Damit ist $P(E) = \frac{11}{36}$.

Beispiele

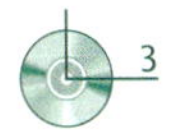

A *Zufallszahlen*

Die Menge der möglichen Ergebnisse beim einmaligen Drehen eines Glücksrades ist {0; 1; 2; 3; 4; 5; 6; 7; 8; 9}. Dieses Glücksrad wurde sehr häufig gedreht. Dabei wurde darauf geachtet, dass das Ergebnis einer Drehung nicht vom Ergebnis der vorherigen Drehung abhängt. Die erzeugten Ziffern wurden zur besseren Übersicht in 5er-Blöcken aufgeschrieben.

72218	01009	43786	63276	48309	73244	89714
51049	85571	00222	77767	32882	21071	41055
28783	32678	41040	37893	57565	96153	21617
61378	40046	72484	26607	80769	42012	89197
13185	75769	59423	58480	39359	87136	62887
60800	36587	26260	83814	95461	83438	15239
45693	04526	70896	36487	12038	98567	32529
90557	63579	07239	84321	90657	16279	42444

Zufallsziffern kann man auch mit einem Zufallszahlengenerator elektronisch erzeugen.

Zufallszahlengenerator: Programm, mit dem man Zufallszahlen mithilfe des Computers erzeugen kann

Wie viele Anzahlen von verschiedenen Ziffern gibt es in einem 5er-Block? Schätzen Sie die Wahrscheinlichkeit für jede dieser Anzahlen.

Lösung:
Es sind 1 bis 5 verschiedene Ziffern pro 5er-Block denkbar. Wertet man die abgebildeten 5er-Blöcke aus, so erhält man die folgende Statistik:

Anzahl der verschiedenen Ziffern	1	2	3	4	5
Häufigkeit	0	3	9	20	24
Relative Häufigkeit	0	$\frac{3}{56}$	$\frac{9}{56}$	$\frac{5}{14}$	$\frac{3}{7}$

Es wurden 56 „5er-Blöcke" ausgewertet. Die relativen Häufigkeiten sind grobe Schätzwerte für die Wahrscheinlichkeiten, mit denen 5er-Blöcke mit 1, 2, …, 5 verschiedenen Ziffern auftreten.

B *Play-Offs*

Zwei gleichstarke Eishockeymannschaften A und B spielen gegeneinander in den „Play-Offs" nach dem Modus „best-of-seven" (wer zuerst vier Spiele gewonnen hat, „kommt weiter"). B hat nach drei Spielen eines gewonnen, d.h. B liegt 1 : 2 zurück. Wie groß ist die Wahrscheinlichkeit dafür, dass B dennoch weiterkommt?

Lösung:
Mithilfe eines Baumdiagramms unter Annahme gleicher Siegchancen gilt:

Modellieren – Vereinfachen der Realität
Die Annahme, dass die Siegchancen stets 50 % betragen, vereinfacht die Realität. Verletzung von Spielern, Heimvorteil usw. werden nicht berücksichtigt. Wir sprechen von einer Modellrechnung.

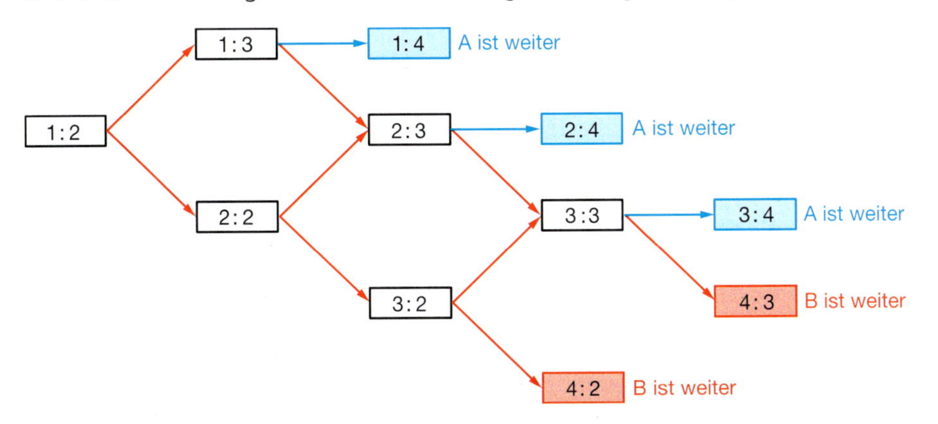

Die Mannschaft B kann noch 4:3 oder 4:2 gewinnen. Zu dem Endergebnis 4:3 führen drei verschiedene Pfade, zu dem Endergebnis 4:2 genau ein Pfad.
P(„B gewinnt") $= 3 \cdot 0{,}5 \cdot 0{,}5 \cdot 0{,}5 \cdot 0{,}5 + 0{,}5 \cdot 0{,}5 \cdot 0{,}5 = 0{,}3125$
Die Chancen auf ein Weiterkommen betragen für Mannschaft B noch 31,25 %.

Übungen

5 *Zwei Münzen – drei Ergebnisse*
Jemand behauptet: „Beim zweifachen Münzwurf gibt es drei verschiedene Ergebnisse: zweimal Kopf, zweimal Zahl oder Kopf und Zahl. Jedes Ergebnis tritt mit einer Wahrscheinlichkeit von $\frac{1}{3}$ ein."
Wo steckt der Fehler? Wie lässt sich der Fehler aus Ihrer Sicht am besten aufklären?

6 *Gewinnchancen beim zweifachen Würfeln*
Bei Brettspielen, wie z. B. Monopoly, wird oft mit zwei Würfeln gewürfelt. Entscheiden Sie mit einer Methode Ihrer Wahl, welche der folgenden Aussagen stimmen:
a) Die Augensumme 11 und die Augensumme 12 sind gleichwahrscheinlich.
b) Die Augensumme 4 ist genauso wahrscheinlich wie die Augensumme 10.
c) Die Augensumme 8 ist wahrscheinlicher als die Augensumme 7.

7 *Wie zählt man etwas, was man nicht zählen kann?*
Die beiden nächsten Übungen 7 und 8 beruhen auf denselben grundsätzlichen Überlegungen. Bearbeiten Sie zunächst die Übung 7. Begründen Sie das Verfahren.
a) *Wildenten in Nordamerika*
Mit der **capture-recapture-Methode** wurde im Jahr 1930 die Zahl der Wildenten in Nordamerika geschätzt: Eine große Anzahl von Wildenten wurde markiert, bevor sie von ihren Brutplätzen aufbrachen. In der folgenden Jagdsaison wurden 5 Millionen Enten erlegt. Darunter befanden sich 12 % der markierten Enten. Schätzen Sie mit diesen Angaben die Gesamtanzahl der Wildenten.

b) Welche Annahmen muss man machen, wenn das beschriebene Verfahren einen guten Schätzwert liefern soll? Was halten Sie davon?
c) *Was Sie schon immer einmal wissen wollten*
Mit der capture-recapture-Methode können Sie auch schätzen, wie viele Reiskörner in einem Kilogramm Reis sind. Dazu muss man eine bestimmte Anzahl von schwarzen Reiskörnern unter das Kilogramm mischen und dann … Beschreiben Sie das Verfahren und führen Sie es durch.

8 *Eine Methode zur Schätzung der Größe einer Population*
Um 1800 gab es noch keine amtliche Ermittlung der Bevölkerungszahl Frankreichs. Nur in einigen Gemeinden, die verstreut über ganz Frankreich lagen, wurde die Zahl der Personen und der Lebendgeborenen sorgfältig registriert.
PIERRE SIMON LAPLACE (1749–1827) schätzte die Gesamtbevölkerung Frankreichs im Jahre 1802 mit der folgenden Methode:
Im Jahre 1802 wurde die Zahl aller Lebendgeborenen in Frankreich mit ca. 1 000 000 angegeben. LAPLACE besorgte sich die Zahl aller Personen und der Lebendgeborenen der Gemeinden in Frankreich, die diese bereits registrierten. Für diese Gemeinden berechnete LAPLACE mit den ihm zur Verfügung stehenden Daten für das Jahr 1802 insgesamt 71 866 lebend geborene Kinder bei insgesamt 2 037 615 Menschen.
Auf wie viele Menschen schätzte LAPLACE die Gesamtanzahl aller Menschen in Frankreich? Welche Annahmen musste LAPLACE bei diesem Schätzverfahren machen?

PIERRE SIMON LAPLACE
1749–1827

Übungen

9 *Ein einfaches Chiffrierverfahren (Substitutionsverfahren)*

> Aus einem Buch über Kryptografie:
>
> *Zum Entschlüsseln einer Geheimschrift ist die Buchstabenhäufigkeit oft hilfreich. Buchstaben in der deutschen Sprache geordnet nach ihrer Häufigkeit: ENISRATDUHGLCMWOBFZKVPJQXY*
>
> Bei Kenntnis eines genügend großen Geheimtextes lassen sich Rückschlüsse auf den Klartext ziehen.

Einen Text kann man chiffrieren, indem jeder Buchstabe immer durch dasselbe Symbol ersetzt wird. Möchte man den Code „knacken", so muss man die relative Häufigkeit dieser Symbole in dem chiffrierten Text mit der relativen Häufigkeit der Buchstaben in der (vermuteten) Sprache vergleichen.

a) Warum muss der Geheimtext umfangreich sein?
b) Wie würden Sie bei der Dechiffrierung vorgehen, wenn Sie einen langen Geheimtext vorliegen haben und vermuten, dass dieser nach dem einfachen Substitutionsverfahren verschlüsselt wurde?

10 *Schießen mit Zufallszahlen*

Fünf absolut treffsichere Schützen schießen auf fünf Dosen. Sie wählen die Dose, auf die sie schießen, unabhängig voneinander aus. Die Ergebnisse aus Beispiel A kann man verwenden, um zu ermitteln, wie groß die Wahrscheinlichkeit ist, dass genau fünf verschiedene Dosen getroffen werden.
Welche Annahmen müssen Sie machen, damit dieses Problem mit Zufallszahlen modelliert werden kann?

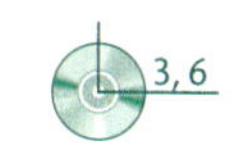

11 *Warten auf eine „Sechs"*

Oft brauchen Sie Geduld, wenn Sie beim Würfeln auf eine „Sechs" warten. Manche sagen, sie müsste eigentlich nach spätestens sechs Würfen kommen. Begründen Sie, warum dies nicht richtig ist. Berechnen Sie dazu auch die Wahrscheinlichkeit, dass sechsmal hintereinander keine „Sechs" erscheint.

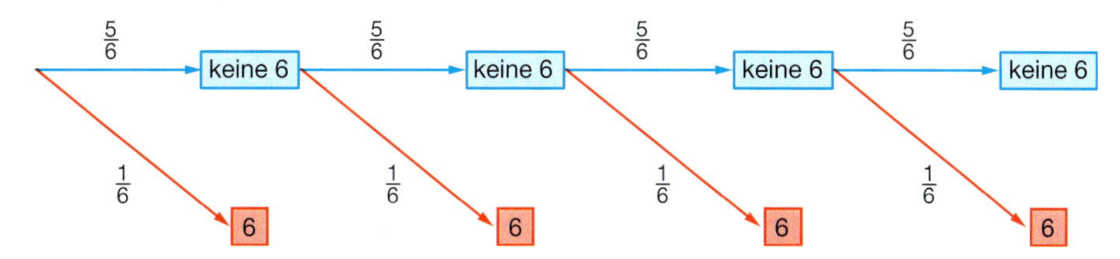

12 *Wahrscheinlichkeiten beim Roulette*

a) Begründen Sie die angegebenen Wahrscheinlichkeiten:
P(rouge) = $\frac{18}{37}$ P(impair) = $\frac{18}{37}$
b) Susanne stellt fest: „Setzt ein Spieler gleichzeitig auf „rouge", „impair" und auf die Zahlen „2", „6", „10", „14", „18", „22", „26" und „30", dann gewinnt er immer. Für diese Ereignisse gelten die folgenden Wahrscheinlichkeiten.

P(rouge) = $\frac{18}{37}$; P(impair) = $\frac{18}{37}$;

P(2, 6, 10, 14, 18, 22, 26, 30) = $\frac{8}{37}$

Die Summe dieser Wahrscheinlichkeiten ist größer als 1. Dies belegt meine Vermutung."
Was halten Sie von dieser Aussage?

		0		
PASSE	1	2	3	MANQUE
	4	5	6	
	7	8	9	
	10	11	12	
PAIR	13	14	15	IMPAIR
	16	17	18	
	19	20	21	
	22	23	24	
NOIR	25	26	27	ROUGE
	28	29	30	
	31	32	33	
	34	35	36	
12P 12M 12D				12D 12M 12P

Aufgaben

13 *Wette des CHEVALIER DE MÉRÉ*

CHEVALIER DE MÉRÉ
1607–1684

Der französische Adelige und Philosoph CHEVALIER DE MÉRÉ war ein leidenschaftlicher Spieler. Häufig verführte er am Pariser Hof seine Mitspieler zu folgendem Würfelspiel: „*Wir werfen vier Würfel gleichzeitig. Wenn keine Sechs dabei ist, gewinnen Sie. Wenn eine oder mehrere Sechsen dabei sind, gewinne ich.*"

a) Weisen Sie nach, dass diese Wette für ihn von Vorteil ist, d.h. dass seine Gewinnchancen größer als 50% sind.

b) Tatsächlich konnte der Chevalier mit diesem Spiel auf Dauer Geld gewinnen. Vermutlich fand er aber bald keine Opfer mehr, die gegen ihn spielen wollten. Er dachte sich eine neue Wette aus: „*Wir werfen ein Paar von Würfeln 24-mal. Wenn keine Doppel-Sechs dabei ist, gewinnen Sie. Wenn eine Doppel-Sechs oder mehrere dabei sind, gewinne ich.*" Ist diese Wette für ihn ebenfalls lukrativ?

Die Anfänge der Wahrscheinlichkeitsrechnung

CHEVALIER DE MÉRÉ, ein Zeitgenosse von BLAISE PASCAL, regte diesen durch einige Fragen an, sich intensiv Problemen der Wahrscheinlichkeitsrechnung zu widmen. Eine der bekanntesten Fragen war die zu der „abgebrochenen Partie".

Der berühmte Mathematiker und Zeitgenosse LEIBNIZ (1646–1716) schätzte den Chevalier offensichtlich sehr: „*CHEVALIER DE MÉRÉ, ..., ein Mann von durchdringendem Verstand, der sowohl Spieler als auch Philosoph war, gab den Mathematikern den Anstoß durch Fragen über Wetten. Sie sollten herausfinden, wie viel ein Spieleinsatz wert ist, falls das Spiel in einem bestimmten Stadium während der Durchführung abgebrochen werden würde. Er veranlasste seinen Freund PASCAL, diesen Sachverhalt zu untersuchen ...*"

PASCAL sandte seine Lösungen an FERMAT, woraus sich eine rege Korrespondenz über mehrere Monate entwickelte. PASCAL: „*Dadurch, dass man die Strenge der Mathematik mit der Ungewissheit des Zufalls verbindet und diese widersprüchlichen Konzepte miteinander versöhnt, ist es gerechtfertigt, den Namen von beiden abzuleiten, sodass der verblüffende Name „Mathematik des Zufalls" nicht als Anmaßung erscheint.*"

BLAISE PASCAL
1623–1662

14 *Das Problem der abgebrochenen Partie*

CHEVALIER DE MÉRÉ hatte folgendes Problem: Zwei Spieler spielen eine Reihe von Partien. Dabei handelt es sich immer um dasselbe Glücksspiel, bei dem es kein Remis gibt und die Chancen zu gewinnen für beide gleich sind. Derjenige Spieler gewinnt 32 Goldstücke, der zuerst fünf Partien gewonnen hat. Aus irgendwelchen Gründen wird das Spiel beim Stand von 4:3 für A abgebrochen. Wie wird nun der Gewinn „fair" verteilt?

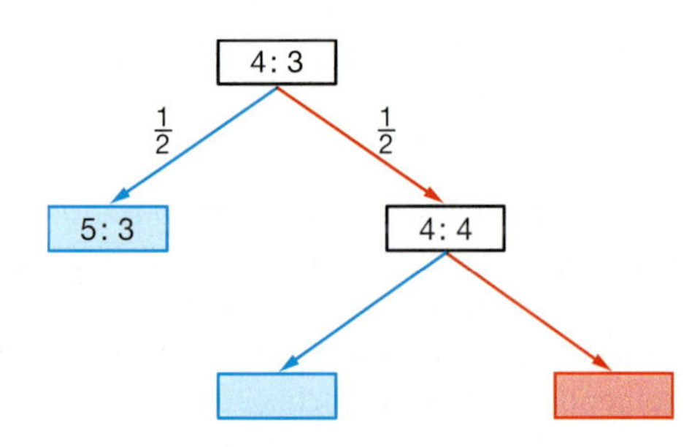

Spielstand jeweils aus Sicht von A

PASCAL schlug vor: „*Der Gewinn ist in dem Verhältnis der Wahrscheinlichkeiten zu verteilen, mit denen A und B von dem Spielstand 4:3 für A aus gewinnen.*"
Ermitteln Sie die Gewinnwahrscheinlichkeiten, indem Sie das Baumdiagramm ergänzen und entsprechende Berechnungen durchführen. Was halten Sie von PASCALS Vorschlag?

1.2 Simulationen

Was Sie erwartet

Eine Simulation ist das Nachspielen von Wirklichkeit. Mithilfe von Simulationen kann man Wahrscheinlichkeiten und Mittelwerte schätzen. Ein besonders interessantes Problem ist das Problem der „vollständigen Serie". Wie viele Überraschungseier (Ü-Eier) muss man kaufen, um alle neun Asterixfiguren zu bekommen, von denen sich jeweils eine in jedem 7. Ü-Ei befindet? Natürlich könnte jede Schülerin und jeder Schüler solange Ü-Eier kaufen, bis sie oder er alle Asterixfiguren besitzt. Der Mittelwert aller Anzahlen von Ü-Eiern, die gekauft wurden, ist ein Schätzwert für den gesuchten Mittelwert. Dieses Verfahren ist jedoch wenig praktikabel und auch teuer. Bequemer und preiswerter erhält man eine Antwort auf diese Frage mithilfe einer Simulation. Dazu muss man jedoch annehmen, dass alle Figuren gleichhäufig vorkommen. In diesem Lernabschnitt erfahren Sie, wie man simuliert und wie vielfältig die Anwendungsgebiete für Simulationen sind.

Aufgaben

1 *Das „Manhattan – Problem"*
Herr Meyer irrt durch New York und sucht sein Hotel. Er erinnert sich lediglich daran, dass er von seinem Hotel aus sieben Kreuzungen überquert hat und dabei niemals nördlich oder östlich abgebogen ist.
a) In der Karte von NY ist Herr Meyers Standort **S** eingetragen. Wo könnte sein Hotel überall liegen?
b) Schätzen Sie, wie groß die Wahrscheinlichkeit dafür ist, dass Herr Meyer sein Hotel **H** findet. Nehmen Sie dabei an, dass sich Herr Meyer auf dem Rückweg an jeder Kreuzung für „nördlich" oder „östlich" mit gleicher Wahrscheinlichkeit entscheidet.
c) Sein Weg durch die Straßen von New York in b) kann folgendermaßen „simuliert" werden: Werfen Sie 7-mal eine Münze und verfolgen Sie den Weg von Herrn Meyer, indem Sie bei „Zahl" östlich und bei „Kopf" nördlich gehen. Simulieren Sie wiederholt seinen zurückgelegten Weg. In welchem Prozentsatz der Simulationen findet er zufällig zu seinem Hotel zurück? (Führen Sie in arbeitsteiligen Gruppen möglichst viele Simulationen durch.)

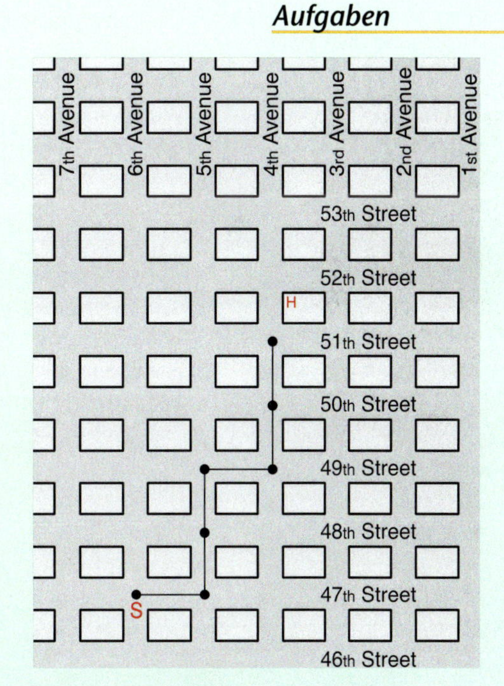

2 *Würfeln ohne Würfel, geht das?*
Peter, Anja, Fritz und Laura wollen ein Würfelspiel spielen, haben aber keinen Würfel. Laura sagt: „Ich drucke auf meinem Computer eine Liste mit Zufallszahlen aus. Damit können wir auch würfeln."
a) Erklären und diskutieren Sie, wie dies möglich ist.
b) Beurteilen und diskutieren Sie den folgenden Vorschlag zur Simulation des Würfelns mit sechs Münzen: „Es werden sechs Münzen geworfen. Erzielt man 0-mal „Kopf", so wirft man erneut. Die Anzahl der Münzen mit „Kopf" steht für die Augenzahl."

Zufallszahlen mit dem Computer
Der Computer kann die Zufallszahlen 0, 1, 2, 3, ..., 9 erzeugen. Diese Zahlen haben in etwa die Eigenschaft von Zahlen, die mit einem idealen Glücksrad erzeugt wurden.
21596 61443
05091 13446
30156 ...
Mehr zu Zufallszahlen finden Sie auf Seite 25.

Aufgaben

Verkehrszählung an einer Kreuzung: 308 Fahrzeuge

Abbieger	Anzahl
Links	102
Geradeaus	52
Rechts	154

3 *Planung von Abbiegespuren*

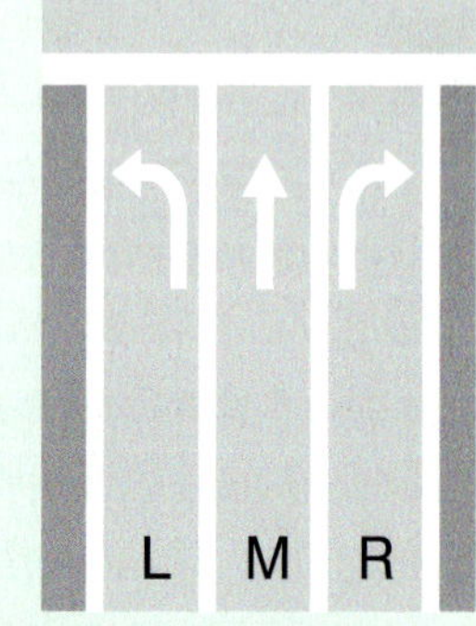

An einer Kreuzung werden drei Spuren eingerichtet. Die Linksabbiegespur soll so gestaltet werden, dass sich dort bis zu sechs Fahrzeuge einordnen können.

a) Welche Fragen könnte man stellen?

b) Das Ergebnis einer Verkehrszählung an der betreffenden Kreuzung ist in der Tabelle wiedergegeben. Mit welcher Wahrscheinlichkeit biegt ein zufällig ankommendes Auto nach links oder nach rechts ab? Wie groß ist die Wahrscheinlichkeit dafür, dass es geradeaus weiterfährt?

c) Ermitteln Sie durch Simulation die Wahrscheinlichkeit, dass von 15 Fahrzeugen, die während einer Rotphase ankommen, mehr als sechs nach links abbiegen. Ergänzen Sie den unvollständigen Simulationsplan in Ihrem Heft und führen Sie die Simulation nach dem Simulationsplan durch. Schnell erhalten Sie viele Simulationen, wenn Sie in arbeitsgleichen Zweiergruppen arbeiten (einer führt den Versuch durch, der andere protokolliert sorgfältig).

Simulation als stark vereinfachte Modellierung der Wirklichkeit

Wir gehen hier vereinfachend von der Annahme aus, dass diese Zählung repräsentativ für das Verkehrsaufkommen ist und dass wir die Wahrscheinlichkeiten durch die beobachteten relativen Häufigkeiten schätzen können.

Simulationsplan

1. Was soll simuliert werden?	■
2. Modellierung	Die Wahrscheinlichkeit, mit der ein ankommendes Auto nach links abbiegt, ist ■.
3. Wahl des Zufallsgerätes: Würfel	Die Ergebnisse 1 und 2 bedeuten „Linksabbieger“, die Ergebnisse 3, 4, 5, oder 6 bedeuten „Rechtsabbieger“ oder „Geradeausfahrer“. Der Würfel muss ■ – mal geworfen werden.
4. Auf was kommt es in der Wurfserie an, d. h. welches Ereignis soll beobachtet und protokolliert werden?	■
5. Festlegung der Anzahl der Wiederholungen der Wurfserie	■

Durchführung der Simulation und Auswertung

6. Protokollieren der Ergebnisse	■
7. Auswertung	Ermitteln der relativen Häufigkeit, mit der die Ergebnisse 1 und 2 in allen Wurfserien vorkommen.

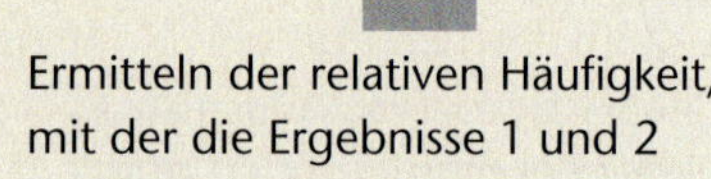

4 *Das Problem der vollständigen Serie*

Bei einer Restaurantkette erhält jeder Kunde bei einer Bestellung im Wert von mindestens 5 € zufällig eines von vier verschiedenen Geschenken.

Mittels Simulation soll geschätzt werden, wie groß die Wahrscheinlichkeit ist, dass ein Kunde nach fünf Bestellungen über 5 € alle vier verschiedenen Geschenke erhalten hat.

a) Wie könnte man die Simulation mit
- einer Urne und Kugeln, die gezogen werden,
- mit einem Glücksrad,
- mit einem Würfel durchführen?

b) Führen Sie die Simulation mit einem der Zufallsgeräte durch und ermitteln Sie so die gesuchte Wahrscheinlichkeit.

Basiswissen

Das Nachspielen eines Zufallsversuches in einem Modell nennt man **Simulation**. Zum Simulieren benötigt man ein geeignetes Zufallsgerät, bei dem die möglichen Ergebnisse dieselben sind, wie bei dem zufälligen Vorgang, den man simulieren möchte. Auch die Wahrscheinlichkeiten für diese Ergebnisse müssen übereinstimmen. Beim Simulieren ist ein **Simulationsplan** hilfreich.

Simulationsplan

Zufallsversuch: Multiple-Choice-Test, zehn Fragen mit je zwei Auswahlantworten. Mit mehr als sechs richtigen Antworten hat man den Test bestanden. Der Prüfling verfügt über keine Kenntnisse, er rät bei jeder Frage.

Frage: Mit welcher Wahrscheinlichkeit besteht man, wenn man nur rät?

Planung der Simulation

1. Modellierung — „Raten": Die Wahrscheinlichkeit, zufällig richtig zu antworten, beträgt 0,5. Die Bearbeitung des Tests wird modelliert durch 10-maliges Raten.

2. Wahl des Zufallsgerätes, Beschreibung des Zufallsversuches

Kopf: „richtige Antwort" Die Münze wird 10-mal geworfen.

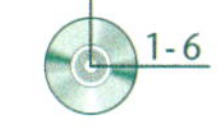

3. Festlegen der interessierenden Zufallsgröße X, ihrer möglichen Werte und des Ereignisses E — X: Die Anzahl von „Kopf" in einer 10er-Serie; mögliche Werte von X: 0, 1, 2, …, 10; Ereignis E: $X \geq 7$

Zufallsgröße: Zuordnung, die jedem Ergebnis des Zufallsversuches die Trefferanzahl (Anzahl „Kopf") zuordnet

4. Anzahl der Wiederholungen — z. B. 1000 Wiederholungen einer 10er-Serie

Durchführung und Auswertung

5. 1000-malige Wiederholung des Versuches. Es wird protokolliert, welchen Wert die Zufallsgröße annimmt.

Protokoll:

Versuch Nr.	1	2	3	4	5	…
Anzahl „Kopf"	4	3	6	8	3	…
Ereignis E tritt ein	–	–	–	✓	–	…

6. Auswertung: Ermittlung der relativen Häufigkeit h(E) — $h(E) = \frac{H(X \geq 7)}{1000} = \ldots$

$H(X \geq 7)$: absolute Häufigkeit des Ereignisses E

Monte-Carlo-Methode

Besonders häufig wird bei der Simulation von Zufallsversuchen die Monte-Carlo-Methode angewendet. Bei der Simulation mit dieser Methode werden Zufallsziffern verwendet. Diese kann man durch Drehen eines Glücksrades oder mit dem Computer mithilfe eines Zufallszahlengenerators (Programm zum Erzeugen von Zufallsziffern) erzeugen. Der Computer erzeugt Zufallsziffern so, dass die Wahrscheinlichkeiten für die möglichen Ergebnisse gleich und praktisch nicht von den vorherigen Ergebnissen abhängig sind.

```
randInt(0,9,5)
     {9 6 3 4 8}
```

Beispiele

A *Besuch auf dem Volksfest*

Wie groß ist die Wahrscheinlichkeit, dass beim zweimaligen Drehen des Glücksrades auf einem Volksfest die Summe der „gezogenen" Zahlen größer als 15 ist? Stellen Sie die ersten vier Punkte eines Simulationsplanes dar.

Lösung:

1. Das Drehen des Glücksrades soll simuliert werden. Modellierung: Alle Felder sind gleichgroß, d.h. alle Zahlen treten mit gleicher Wahrscheinlichkeit auf.
2. Zufallsgerät: Zufallszahlen, Simulation mit zwei Zufallszahlen von 0 bis 9
3. Zweier-Serie mit Zufallszahlen S und T, Zufallsgröße $X = S + T$, Werte für X: 0, 1, …, 18, Ereignis E: $X \geq 16$
4. Anzahl der Wiederholungen: $n = 5000$

Übungen

5 *„Familienstatistik"*

Mit einer Simulation soll ermittelt werden, wie groß die Wahrscheinlichkeit dafür ist, dass eine Familie mit drei Kindern nur Jungen oder nur Mädchen hat.

Ergänzen Sie den unvollständigen Simulationsplan und führen Sie die Simulation gemäß dem Plan durch.

Simulationsplan

Simulationsplan

Zufallsversuch: Eine Familie hat drei Kinder.

Frage: ■

Planung der Simulation

1. Modellierung — Die Wahrscheinlichkeit für eine Jungen- bzw. Mädchengeburt ist 0,5; unabhängig vom Geschlecht vorheriger Kinder.
2. Wahl des Zufallsgerätes, Beschreibung des Zufallsversuches — ■
3. Festlegung des interessierenden Ereignisses E — Ereignis E: ■
4. Anzahl der Wiederholungen — z.B. n = 1000 Der dreifache Münzwurf wird 1000-mal wiederholt.

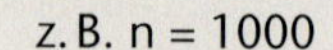

Durchführung

5. n-malige Wiederholung des Versuches, Protokollierung — Protokoll (Anzahl von „Kopf") 2, 2, 1, 0, 2, 3, 1, 1, …
6. Auswertung: Ermittlung der relativen Häufigkeit h(E) — h(E) = ■

Übungen

6 *Nochmals nachgefragt in Übung 5*

a) Häufig kann man dieselbe Simulation mit verschiedenen Zufallsgeräten durchführen. Wie könnte man Übung 5 mit einem Würfel simulieren?

b) Führen Sie eine eigene Simulation mit einem Zufallsgerät Ihrer Wahl durch. In Ihrem Kurs können Sie schnell viele Simulationen durchführen, indem Sie arbeitsgleich in Zweiergruppen, – einer führt den Versuch durch, der andere protokolliert –, arbeiten.

c) Berechnen Sie die theoretische Wahrscheinlichkeit für das Ereignis E (drei Mädchen oder drei Jungen) und vergleichen Sie mit dem Wert für die Wahrscheinlichkeit, den Sie bei der Simulation erhalten haben.

Tipp: Verwenden Sie ein Baumdiagramm.

7 *Noch ein Besuch auf dem Volksfest*

Führen Sie die Simulation in Beispiel A durch. Verwenden Sie dazu die Tabelle mit Zufallszahlen auf Seite 213. Welchen Schätzwert erhalten Sie für die gesuchte Wahrscheinlichkeit?

8 *Mehr oder weniger Fragen*

Interessante Fragen zu Multiple-Choice-Tests (siehe Basiswissen)

Test 1 besteht aus 10 Fragen, Test 2 aus 20 Fragen mit je zwei Auswahlantworten. Jeden der Tests besteht man, wenn man mindestens 70 % der Fragen richtig beantwortet hat.

a) Bei welchem der Tests hat ein „ahnungsloser" Prüfling, der nur rät, die größere Chance zu bestehen? Begründen Sie Ihre Vermutung.

b) Bei einer Simulation von jeweils 500 Multiple-Choice-Tests ergaben sich die folgenden Häufigkeitsverteilungen der Anzahl der richtig geratenen Antworten:

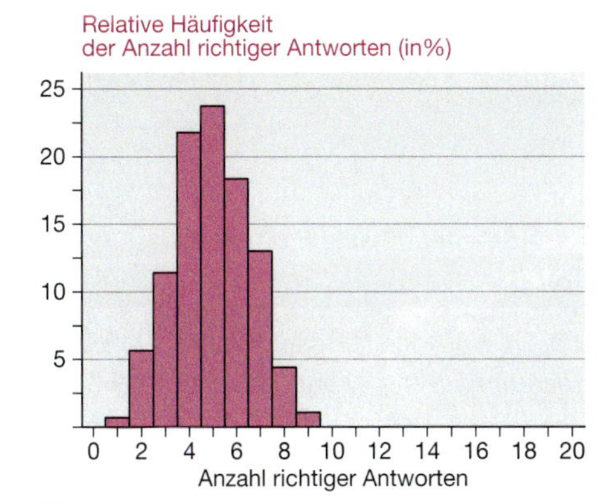

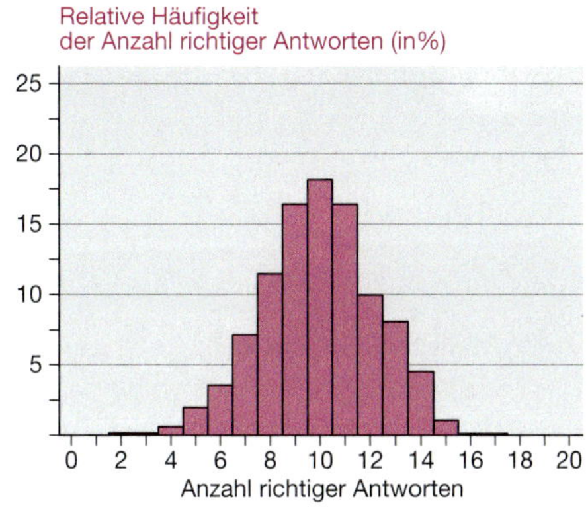

Überprüfen Sie mit den Verteilungen Ihre Vermutung aus Aufgabenteil a).

9 *Ab wann soll ein Test als bestanden gelten?*

Ein Multiple-Choice-Test besteht aus zehn Fragen, bei denen man entweder ja oder nein ankreuzen muss. Es soll festgelegt werden, ab wie vielen richtigen Antworten der Test als bestanden gilt.

a) Wie entscheiden Sie? Begründen Sie Ihren Vorschlag.

b) Die „Bestehensgrenze" kann man auch so festlegen, dass die Wahrscheinlichkeit, nur durch Raten die entsprechende Anzahl von richtigen Antworten zu erzielen, möglichst klein ist, z. B. kleiner als 10 %.

Tipp: Zur Durchführung der entsprechenden Simulationen müssen Sie den Simulationsplan im Basiswissen geringfügig abändern, um die Häufigkeitsverteilung der Anzahl der richtigen Antworten zu erhalten.

Übungen

10 *Eine ungewöhnliche Simulation*

Aus einem Mathematikbuch:

> *„Ein Multiple-Choice-Test besteht aus acht Fragen mit je zwei Auswahlantworten. Ermitteln Sie mithilfe einer Simulation die Wahrscheinlichkeit, mit der man durch Raten genau 0, 1, 2, …, 8 richtige Antworten erhält."*

Anna schlägt vor: „Das geht doch mit dem Galton-Brett aus der Mathematiksammlung ganz einfach."

a) Begründen Sie, dass Annas Vorschlag, den Test mit dem Galton-Brett zu simulieren, sinnvoll ist.

b) Führen Sie die Simulation mit einem realen Galton-Brett durch, wenn Sie ein entsprechendes zur Verfügung haben.

Verwenden Sie ansonsten ein elektronisches Galton-Brett (entweder von der CD „Daten und Zufall" oder eines aus dem Internet).

11 *Das elektronische Galton-Brett*

Das Galton-Brett, so wie es auf dem Foto in Übung 10 abgebildet ist, kann man mit elektronisch erzeugten Zufallszahlen simulieren.

a) Schreiben Sie für das Galton-Brett einen Simulationsplan. Mit welcher Wahrscheinlichkeit rechnen Sie, dass eine Kugel in eines der ersten drei Fächer auf der linken Seite fällt? Gehen Sie dabei davon aus, dass die Kugeln mit einer Wahrscheinlichkeit von 0,5 nach rechts bzw. nach links abgelenkt werden und die Ablenkung unabhängig davon erfolgt, von wo die Kugel vorher gekommen ist.

Überprüfen Sie Ihre Vermutung, indem Sie die Simulation durchführen.

b) Wie müsste man den Simulationsplan abändern, wenn jede Kugel beim Auftreffen auf einen Zapfen mit einer Wahrscheinlichkeit von 0,25 nach links abgelenkt wird? Führen Sie die Simulation aus.

Vergleichen Sie das Ergebnis Ihrer Simulation mithilfe von Zufallszahlen mit den Ergebnissen bei Versuchen mit dem elektronischen Galton-Brett.

12 *Tennis*

John Topp spielt in einem Tennisturnier gegen Max Schnell. Er hat schon oft gegen Max gespielt. Seine eigene Statistik besagt, dass Max der bessere Spieler ist und bisher etwa zwei Drittel aller Sätze gegen ihn gewinnen konnte.

> John stellt fest: *„Blöde, dass in diesem Turnier drei Gewinnsätze gespielt werden. Da sind meine Chancen noch schlechter als bei dem Turnier im nächsten Monat, wo nur zwei Gewinnsätze gespielt werden."*

Mögliches Protokoll für zwei Gewinnsätze

Match	Satzstand (John zuerst)		
1	1:0	2:0	
2	0:1	1:1	2:1
3	1:0	1:1	1:2

a) Hat John recht? Was meinen Sie?

b) Finden Sie durch Simulation heraus, wie groß die Wahrscheinlichkeit ist, dass John ein Match über zwei bzw. drei Gewinnsätze gewinnt (Simulationsplan, Durchführung, Protokoll). Nehmen Sie dazu an, dass Max alle Spiele mit der Wahrscheinlichkeit $\frac{2}{3}$ gegen John gewinnt, und zwar immer unabhängig vom vorherigen Spielverlauf. Was halten Sie jetzt von Johns Meinung über drei Gewinnsätze?

> *Tipp:* Wenn Sie mit der Tabelle der Zufallszahlen simulieren wollen, dann streichen Sie bitte eine der zehn Ziffern (z. B. die „9"). Sie erhalten dann eine Tabelle mit neun verschiedenen Ziffern.

c) Alle Verläufe eines Matches kann man mit einem Baumdiagramm darstellen und damit die Gewinnchancen von John theoretisch berechnen. Vergleichen Sie den theoretischen Wert mit dem aus der Simulation.

Übungen

13 *Beim Basketball*
Jan spielt in einer Basketballmannschaft. Bei einem Spiel trifft er viermal hintereinander „aus dem Feld". Handelt es sich dabei um ein „außergewöhnliches Ereignis"?
Zur Beantwortung dieser Frage benötigt man jedoch noch einige Informationen über Jans Treffsicherheit und die Anzahl der Würfe, die er während eines Spiels nimmt.
Annahmen:
- Jan hat eine Trefferquote von 50 %.
- Er wirft in der Regel in einem Spiel zehnmal aus dem Feld auf den Korb.

Wie häufig trifft Jan bei zehn Würfen mindestens viermal nacheinander?
Erarbeiten Sie einen Simulationsplan und führen Sie eine Simulation durch.

Tipp: Ein Ausschnitt aus dem Protokoll könnte wie folgt aussehen:

10er-Serie	Wurf									
	1	2	3	4	5	6	7	8	9	10
1	1	1	1	0	0	0	1	0	1	1
2	0	1	1	0	1	1	1	1	0	1
3	0	0	0	1	1	0	0	0	1	1
4	1	1	1	0	0	1	0	1	0	1
5	0	0	1	1	1	1	0	0	1	0

1 steht für Treffer,
0 für Fehlwurf

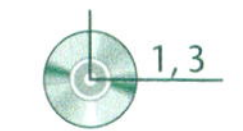

Der Protokollausschnitt stellt eine „Mini-Simulation" mit fünf 10er-Serien dar. Es gibt zwei 10er-Serien mit mindestens vier Treffern nacheinander. Finden Sie diese?

Zufallszahlen und Zufallszahlengeneratoren

Wie erzeugt man ganzzahlige Zufallszahlen, z. B. von 0 bis 9?
Zufallszahlen von 0 bis 9 sind das Protokoll des wiederholten Drehens eines idealen Glücksrades mit zehn gleich großen Feldern.

Zufallszahlengeneratoren
In der Praxis werden Zufallszahlen mit Zufallszahlengeneratoren erzeugt. Dies sind Programme, mit deren Hilfe Computer, aber auch Taschenrechner, sogenannte Pseudozufallszahlen „berechnen" können. Diese Pseudozufallszahlen sind berechnet, haben jedoch Eigenschaften, die denen von echten Zufallszahlen sehr nahe kommen. So sollten sie z. B. gleichmäßig verteilt, aber auch unregelmäßig in der Abfolge sein.

Wie erhält man ganze Zufallszahlen von 0 bis 9?

Zufallszahlen mit Excel

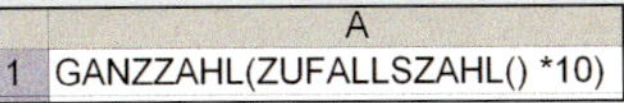

	A
1	GANZZAHL(ZUFALLSZAHL() *10)

Zufallszahlen mit dem GTR

```
randInt(0,9)
```

Zufallszahlen:

12159 66144
30156 90519
59069 01722
54107 58081
99681 81295

Zufallszahlen kann man auch mit einer **Zufallszahlentabelle**, wie auf Seite 213 dieses Buches, erhalten.

Angenommen, man will einen Zufallsversuch simulieren, bei dem das interessierende Ereignis E mit einer Wahrscheinlichkeit von 42 % eintritt.

Simulation mit der Tabelle von Zufallszahlen oder Zufallszahlen aus dem Internet
Man fasst die Zufallszahlen paarweise zusammen. Man kann diese Paare als zweistellige ganze Zufallszahlen von 00 bis 99 betrachten.

Simulation mit dem GTR oder dem Computer
Man erzeugt ganzzahlige Zufallszahlen von 0 bis 99.

$\Rightarrow$ Zufallszahlen von 0 bis 41: Ereignis E tritt ein

Übungen

14 *Experimentieren mit einem Zufallszahlengenerator*

a) Welche möglichen Ergebnisse (Pseudozufallszahlen) werden mit welcher Wahrscheinlichkeit durch die Excel-Befehle

- GANZZAHL(ZUFALLSZAHL() *100),
- GANZZAHL(ZUFALLSZAHL() *6) + 1 und
- GANZZAHL(ZUFALLSZAHL() *12) + 1 erzeugt?

b) Erzeugen Sie ganzzahlige Zufallszahlen von 1 bis 10 (0 bis 36, 1 bis 6) mit dem GTR.

15 *Simulationen*

In einigen Mathematikbüchern finden Sie die folgende Bemerkung: „*Die Erzeugung von Zufallszahlen ist zu wichtig, als dass man dies dem Zufall überlassen kann.*"

Können Sie sich vorstellen, was die obige Bemerkung über Zufallszahlen aussagen will?

16 *Erkältungswelle*

Während einer Erkältungswelle erkranken ca. 45 % der Bevölkerung. Bestimmen Sie mittels Simulation die Wahrscheinlichkeit, dass von den zehn Spielerinnen aus Jessicas Volleyballmannschaft mehr als die Hälfte erkrankt sind.
Erstellen Sie dazu einen Simulationsplan und führen Sie die Simulation durch.
Welche Modellannahme hinsichtlich der Erkrankungswahrscheinlichkeit machen Sie?

Kritisch nachgefragt: Halten Sie Ihre Modellannahme für realistisch?

17 *Ein „Rencontre"-Problem*

rencontre (frz.): Übereinstimmung, Begegnung

Bei einer Familienfeier der Familie Lindemann hat jedes der zehn Familienmitglieder ein Geschenk mitgebracht und in einen großen Sack getan. Anschließend zieht jede der zehn Personen eines der Geschenke aus dem Sack. Wie groß ist die Wahrscheinlichkeit, dass keiner zufällig das Geschenk zieht, das er selbst mitgebracht hat?

a) Entwickeln Sie einen Simulationsplan und führen Sie die Simulation in Ihrer Lerngruppe 400-mal durch.
Schätzen Sie mithilfe der Simulation die gesuchte Wahrscheinlichkeit.

b) Wie verändert sich die Wahrscheinlichkeit, sein eigenes Geschenk zu ziehen, wenn weniger Familienmitglieder zu der Feier kommen?

Aufgaben

18 *Im Supermarkt*

Manchmal kann es vorkommen, dass man im Supermarkt einem Bekannten begegnet. Herr Müller und Frau Meyer kaufen jeden Donnerstag zwischen 16.30 und 18.30 Uhr im selben Supermarkt ein. Der Einkauf dauert erfahrungsgemäß 30 Minuten. Wie groß ist die Wahrscheinlichkeit, dass sie an einem ganz bestimmten Donnerstag gleichzeitig im betreffenden Supermarkt sind?

Entwickeln Sie einen Simulationsplan, indem Sie die Ankunftszeiten x und y von Herrn Müller und Frau Meyer im Supermarkt mit je einer ganzzahligen Zufallszahl zwischen 0 und 120 simulieren.
Schätzen Sie die Wahrscheinlichkeit des Ereignisses E: „Beide sind gleichzeitig im Supermarkt". Simulieren Sie dazu 5000 Donnerstage.

„Der Nächste bitte"

Projekt

Situation: Ein Fluggast kommt zum „Check-In" im Flughafen. Die Wartezeit am Check-In könnte wegen einer langen Schlange dazu führen, dass der Fluggast seinen Flug verpasst oder dass die Fluggesellschaft den Abflug verzögern muss. Beides ist für die Fluggesellschaft nicht wünschenswert. Daher ist sie sehr an der Ankunftszeit ihrer Passagiere und der Zeit interessiert, die für die Abfertigung benötigt wird, damit Verspätungen minimiert werden.

Angenommen, die Fluggesellschaft richtet sich in der Abfertigungshalle eines neuen Flughafens ein. Dann muss sie eine Strategie entwickeln, um die optimale Zahl an Check-In-Schaltern und Personal bereitzustellen. Dies durch Versuch und Irrtum herauszufinden, könnte sehr kostspielig sein oder auch Passagiere vergraulen.

Statistiker der Fluggesellschaft haben mit umfangreichen Untersuchungen die Zeit erfasst, die Fluggäste zum Einchecken benötigen, die zwischen 10.00 und 10.15 Uhr ankommen. In dieser Zeit kamen im Mittel 50 Fluggäste an den Abfertigungsschaltern an. Die entsprechende Untersuchung ergab:

Abfertigungszeiten am Check-In sind für Fluggesellschaften aus Kosten- und Zeitersparnisgründen sehr wichtig. Zurzeit wird versucht, Abfertigungszeiten durch ein Online-Check-In-Verfahren zu verkürzen.

Abfertigungszeit in Minuten

Abfertigungszeit t	1	2	3	4	5	6
Wahrscheinlichkeit P(t)	0,052	0,132	0,158	0,135	0,123	0,104

Abfertigungszeit t	7	8	9	10	11	12
Wahrscheinlichkeit P(t)	0,058	0,034	0,116	0,05	0,026	0,012

In der obigen Tabelle ist die Abfertigungszeit auf die nächste Minute gerundet, P(t) gibt die Wahrscheinlichkeit an, dass für einen Fluggast die Abfertigungszeit t Minuten beträgt.

Übertragen Sie die nebenstehende Tabelle in Ihr Heft und ergänzen Sie diese. Begründen Sie, warum die Zufallszahlen dreistellig sein müssen.

Tabelle zum Simulieren der Abfertigungszeiten

t	P(t)	Zufallszahl N
0	0	000
1	0,052	001 – 052
2	0,132	053 – 184
3	0,158	185 – 342
...	...	...

Es soll eine Simulation für 50 Fluggäste, die zwischen 10.00 und 10.15 Uhr am Abfertigungsschalter ankommen, durchgeführt werden.
- Die Simulation der Abfertigungszeiten soll mit den Zufallszahlen zwischen 0 und 999 erfolgen.
- Ergänzen Sie die nebenstehende Tabelle.

Simulation der Abfertigungszeiten für 50 Passagiere

Fluggast	Zufallszahl	Abfertigungszeit
0	■	■
1	■	■
2	■	■
3	■	■
...	...	...
49	■	■
50	■	■

Es interessiert uns die Gesamtabfertigungszeit X bei 50 eintreffenden Passagieren. Wie wahrscheinlich ist eine Gesamtabfertigungszeit länger als 120 Minuten? Simulieren Sie 1000-mal das Eintreffen von 50 Passagieren, und schätzen Sie die Wahrscheinlichkeit $P(E) = P(X > 120)$ aus den Daten.

Aufgaben

19 *Kundenservice*

Eine Unternehmensberatungsfirma hat im Auftrag einer Elektrohandelskette die Anzahl der Kundenreklamationen pro Wochentag von 10.00 bis 12.00 Uhr in ihrer Niederlassung in Leipzig untersucht. Die Wahrscheinlichkeiten, dass 0 bis 10 Reklamationen anfallen, sind in der nebenstehenden Tabelle zusammengefasst.

Reklamationen pro Tag

Anzahl	Wahrscheinlichkeit
0	0,02
1	0,09
2	0,15
3	0,20
4	0,16
5	0,11
6	0,08
7	0,07
8	0,06
9	0,04
10	0,02

a) Wie könnte die Unternehmensberatungsfirma die Tabelle ermittelt haben?

b) Bestimmen Sie durch Simulation die Wahrscheinlichkeit, dass an fünf Wochentagen insgesamt mehr als 25 Reklamationen anfallen. Um simulieren zu können, müssen wir bestimmte Annahmen machen, z. B. dass die Wahrscheinlichkeiten in der Tabelle für alle Wochentage dieselben sind und die Anzahl der Reklamationen an einem Tag nicht von denen vorangegangener Tage abhängt.

„Differenz trifft"

Bei diesem Spiel mit zwei Würfeln werden zunächst von jedem Spieler insgesamt 18 Spielmarken beliebig auf die Spalten seines Spielfeldes verteilt.

0	1	2	3	4	5

Es wird reihum gewürfelt. Das Ergebnis ist die Differenz der Augenzahlen. Ist sie z. B. 4, dann wird eine Spielmarke in der Spalte „4" weggenommen. Ist keine Spielmarke in dem Feld, so hat man Pech gehabt. Gewonnen hat, wer zuerst alle Spielmarken wegräumen konnte.

1220.ftm
1220.xlsx
1220.ggb

20 *Simulation mit Excel*

Kennt man die Wahrscheinlichkeitsverteilung der Differenz der Augenzahlen, kann man die Spielmarken so setzen, dass diese schnell weggeräumt werden. Man setzt z. B. auf die Differenz, die sehr häufig auftritt, viele Spielmarken usw.

a) Das Ergebnis von 200 Simulationen des Wurfes mit zwei Würfeln:

1. Würfel	2. Würfel	Differenz
4	2	2
3	2	1
1	4	3
4	4	0
2	6	4
5	1	4
6	6	0
5	5	0
6	1	5
5	5	0
2	5	3
2	3	1
5	1	4
6	5	1
6	2	4
...	...	...

Differenz	relative Häufigkeit	absolute Häufigkeit
0	0,180	36
1	0,230	46
2	0,205	41
3	0,205	41
4	0,155	31
5	0,025	5
	1	200

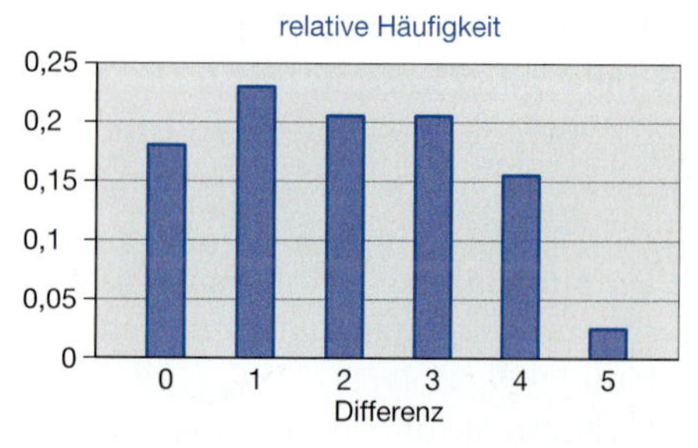

Welche Schlussfolgerung können Sie aus der Simulation für die Verteilung der Chips auf das Spielfeld ziehen?

b) Die Anzahl von 200 Simulationen des Doppelwurfes ist relativ gering. Wenn Sie wiederholt eine Simulation mit zwei Würfeln durchführen, ändert sich die Häufigkeitsverteilung von Simulation zu Simulation noch recht stark. Führen Sie mit Excel wiederholt 1000 Simulationen durch und vergleichen Sie die Häufigkeitsverteilungen. Welche Folgerungen können Sie ziehen?

1.3 Nachgefragt – Empirisches Gesetz der großen Zahlen

Das empirische Gesetz der großen Zahlen ist das vielleicht wichtigste Gesetz für Mathematiker der Versicherungsgesellschaften. Versicherungen können nicht nachträglich von allen Versicherungsnehmern Geld fordern, wenn sich herausstellt, dass die erhobenen Prämien nicht ausreichen, um die angefallenen Schäden zu decken. Daher ist es wichtig, dass die Versicherungsprämien richtig berechnet werden. Dies gelingt dank des Gesetzes der großen Zahlen. Dabei gilt: Je größer die Zahl der erfassten Personen, Güter und Sachwerte, die von den gleichen Risiken bedroht sind, desto besser die Vorhersagen über die Häufigkeit und die Höhe von Schäden. Mit dieser Kenntnis können die Versicherungsmathematiker dann die Versicherungsprämien kalkulieren.

In Lernabschnitt 1.1 haben Sie als Schätzwerte für die Wahrscheinlichkeit, mit der ein Ereignis eintritt, die experimentell bestimmte relative Häufigkeit verwendet. Allerdings blieben interessante Fragen offen:

- *Wie oft muss man den Versuch wiederholen, damit die relative Häufigkeit ein guter Schätzwert für die Wahrscheinlichkeit ist?*
- *Wie gut kann man einem gefundenen Schätzwert „vertrauen"?*

In diesem Lernabschnitt erfahren Sie, wie „nahe" die relativen Häufigkeiten an der Wahrscheinlichkeit liegen, wenn man einen Versuch 100-, 1000- oder 10 000-mal durchführt und wie „sicher" man sich bei der entsprechenden Aussage sein kann.

Für die Versicherungsgesellschaften bedeutet dies: Benötigt man einen Stichprobenumfang von 100, 1000 oder sogar 10 000 Personen, um das Risiko eines Schadenfalls genügend sicher einschätzen zu können?

Aufgaben

1 *Die relativen Häufigkeiten von „Wappen" beim Münzwurf – Was passiert bei wachsender Anzahl der Münzwürfe?*

a) Beschreiben Sie, was in dem Diagramm dargestellt ist. Was ist auf der horizontalen, was auf der vertikalen Achse aufgetragen? Welche gemeinsamen Eigenschaften haben die vier Wiederholungen des 100-fachen Münzwurfes?

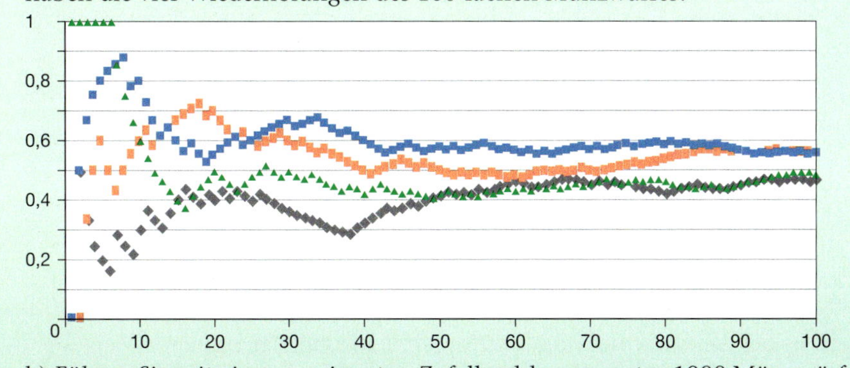

Computersimulation mit einem Zufallszahlengenerator

Relative Häufigkeiten von „Wappen" bei vier Serien von je 100 Münzwürfen

Modellierung: „Wappen" tritt bei einem Münzwurf mit einer Wahrscheinlichkeit von p = 0,5 auf.

b) Führen Sie mit einem geeigneten Zufallszahlengenerator 1000 Münzwürfe selbst durch und veranschaulichen Sie die Entwicklung der relativen Häufigkeiten in einem Diagramm wie in der obigen Abbildung. Vergleichen Sie Ihre Diagramme bei Wiederholungen der Münzwurfserie. Was bleibt gleich, was ändert sich?

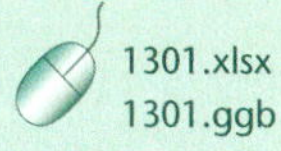

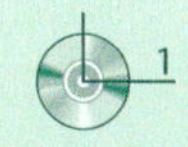

Aufgaben

2 *Was halten Sie davon?*
Kommentieren Sie die folgende Meinung:

> „Wenn ich nur einen Versuch mache, dann interessiert mich nicht die Wahrscheinlichkeit, ob der Versuch gelingt. Bei einem Versuch glückt dieser oder nicht. Die relative Häufigkeit, mit der der Versuch bei einer sehr häufigen Versuchswiederholung gelingt, ist für einen einzigen Versuch unerheblich."

3 *ARS CONJECTANDI – Vermutungskunst*
JAKOB BERNOULLI (1655–1705), ein Schweizer Mathematiker und Physiker, hat mit seinem Buch *ARS CONJECTANDI* (*Die Kunst des Vermutens*) wesentlich zur Entwicklung der Wahrscheinlichkeitstheorie beigetragen. Er beschäftigte sich unter anderem mit der Frage, ob sich Wahrscheinlichkeiten aufgrund von wiederholten Beobachtungen näherungsweise bestimmen lassen. BERNOULLI hat dazu festgestellt:
„Man muss vielmehr noch Weiteres in Betracht ziehen, woran vielleicht niemand bisher auch nur gedacht hat. Es bleibt nämlich noch zu untersuchen, ob durch Vermehrung der Beobachtungen beständig auch die Wahrscheinlichkeit dafür wächst, dass die Zahl der günstigen zu der Zahl der ungünstigen Beobachtungen das wahre Verhältnis erreicht, und zwar in dem Maße, dass diese Wahrscheinlichkeit schließlich jeden beliebigen Grad der Gewissheit übertrifft, oder ob das Problem vielmehr, sozusagen, seine Asymptote hat, d. h. ob ein bestimmter Grad der Gewissheit, das wahre Verhältnis der Fälle gefunden zu haben, vorhanden ist, welcher auch bei beliebiger Vermehrung der Beobachtungen niemals überschritten werden kann." (aus *ARS CONJECTANDI*, 1713, posthum publiziert)

JACOBI BERNOULLI,
Profess. Basil. & utriusque Societ. Reg. Scientiar. Gall. & Pruss. Sodal.
MATHEMATICI CELEBERRIMI,
ARS CONJECTANDI,
OPUS POSTHUMUM.
Accedit
TRACTATUS
DE SERIEBUS INFINITIS,
Et EPISTOLA Gallicè scripta
DE LUDO PILÆ
RETICULARIS.

BASILEÆ,
Impensis THURNISIORUM, Fratrum.
cIↄ Iↄcc xiii.

Lesen Sie den obigen Text aus dem Buch aufmerksam. Welche Probleme sieht JAKOB BERNOULLI im Zusammenhang mit der Ermittlung der Wahrscheinlichkeit durch die häufige Wiederholung des betreffenden Zufallsversuches? Wie stehen Sie dazu?

4 *Zufallsschwankungen beim Münzwurf*
Mit dem Computer wurden 25er-, 100er- und 400er-Serien eines Münzwurfes 1000-mal simuliert. Bei jeder der 1000 Simulationen wurde der Anteil von „Kopf" ermittelt. Die Auswertung der Versuche ergab die folgende Tabelle:

Ergebnisse von 1000 Simulationen

Anzahl der Serien mit der relativen Häufigkeit von „Kopf" im Bereich von:	25er-Serie	100er-Serie	400er-Serie
45 % bis 55 %	334	680	953
40 % bis 60 %	676	960	999
35 % bis 65 %	889	998	1000
30 % bis 70 %	964	1000	1000

Werten Sie die Tabelle hinsichtlich der folgenden Fragen aus:
- Wie groß ist die Wahrscheinlichkeit, dass die relative Häufigkeit von „Kopf"
  - bei einer 25er-Serie in das Intervall [0,45; 0,55] fällt,
  - bei einer 25er- (100er- , 400er-) Serie mehr als 60 % beträgt?
- Wie schätzen Sie die Wahrscheinlichkeit dafür ein, dass bei einer 100er-Serie nur „Kopf" geworfen wird?
- Wie groß ist bei den verschiedenen Wurfserien der Anteil der Simulationsergebnisse, bei denen die relativen Häufigkeiten für „Kopf" um mehr als 0,05 (0,1; 0,15; …) von der theoretischen Wahrscheinlichkeit 0,5 abweichen?
- Vergleichen Sie die Simulationsergebnisse in jeder Zeile miteinander. Was fällt Ihnen auf? Können Sie die Beobachtung erklären?

Basiswissen

Empirisches Gesetz der großen Zahlen – Stabilisierung der relativen Häufigkeiten

Bei manchen Zufallsversuchen ist zunächst keine (theoretische) Wahrscheinlichkeit bekannt, wie z. B. beim Werfen eines unregelmäßigen Würfels. Stabilisieren sich für große Versuchsumfänge n die relativen Häufigkeiten h, mit denen die möglichen Ergebnisse auftreten, um denselben Zahlenwert p, so ordnet man dem betreffenden Ergebnis als Wahrscheinlichkeit den Wert p zu. Die Wahrscheinlichkeit p kann man nur aus den relativen Häufigkeiten schätzen.

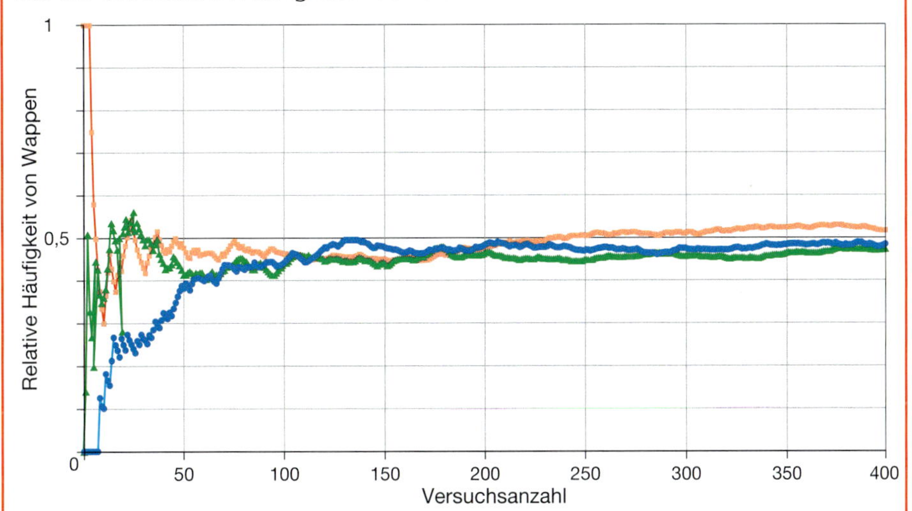

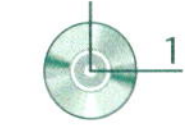

Bei manchen Zufallsversuchen kennt man die Wahrscheinlichkeit p, mit der ein Ereignis eintritt. In diesem Fall stabilisiert sich die relative Häufigkeit um diese Wahrscheinlichkeit p.
Beim Münzwurf z. B. kann man annehmen, dass die Wahrscheinlichkeit p für „Wappen" und für „Zahl" jeweils 0,5 beträgt. Wirft man eine Münze sehr häufig, dann stabilisiert sich die beobachtete relative Häufigkeit h für „Kopf" um den Wert 0,5.

Beispiele

A *Vergleich von Wahrscheinlichkeiten*
Was meinen Sie, ist es wahrscheinlicher, beim 10-fachen Münzwurf mindestens 6-mal „Wappen" oder beim 100-fachen Münzwurf mindestens 60-mal „Wappen" zu werfen?

Lösung:
Schaut man sich die Grafik im Basiswissen an, so sieht man, dass bei zehn Würfen die relative Häufigkeit von „Wappen" bei verschiedenen Versuchsreihen stark schwankt. Daher erscheint es wahrscheinlicher, bei zehn Würfen 0,6 als Anteil von „Wappen" zu erreichen.

B *Richtig oder falsch?*
Das empirische Gesetz der großen Zahlen besagt, dass die relativen Häufigkeiten mit zunehmender Versuchsanzahl „immer näher" an die theoretische Wahrscheinlichkeit kommen.

Lösung:
Betrachtet man die Münzwurfserien in der Grafik im roten Kasten, so fällt auf, dass diese Aussage nicht richtig ist. An dem rot gefärbten Graphen kann man gut erkennen, dass die relativen Häufigkeiten zwischen dem 200. und 250. Versuch sehr nahe an der theoretischen Wahrscheinlichkeit 0,5 liegen. Danach wurden wohl mehr „Wappen" geworfen, sodass die relativen Häufigkeiten nicht „immer näher" an die theoretische Wahrscheinlichkeit kommen.

Übungen

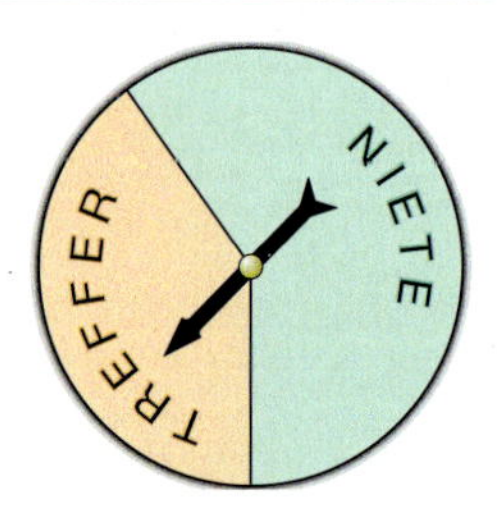

P(TREFFER) = 0,4
P(NIETE) = 0,6

5 *Relative Häufigkeiten*

Ein Glücksrad wird 100-mal gedreht und es wird jedes Mal protokolliert, ob man einen Treffer erzielt hat oder nicht. Mit dem Protokoll kann man die relative Häufigkeit der Treffer nach 0, 1, 2, …, 100 Würfen berechnen.

In den folgenden Diagrammen ist die relative Häufigkeit der Treffer gegenüber der Anzahl der Würfe aufgetragen. Welche Diagramme erscheinen Ihnen verdächtig? Finden Sie sogar Diagramme, die nicht möglich sind? Begründen Sie Ihre Antwort.

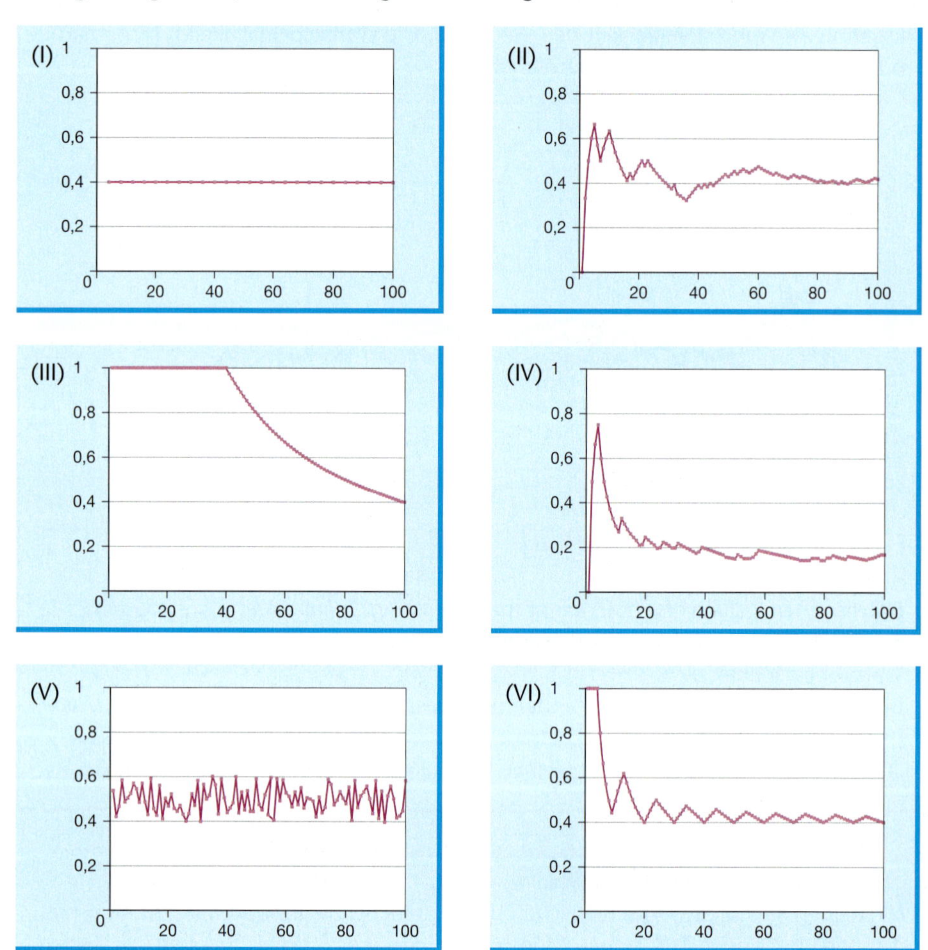

6 *Absolute Häufigkeiten*

a) Begründen Sie: Trägt man die absolute Häufigkeit eines Ereignisses über der Versuchsanzahl auf, so ergibt sich ein monoton wachsender Graph.

b) Können die folgenden Diagramme der absoluten Häufigkeit beim 100-maligen Drehen des Glücksrades aus Übung 5 entstanden sein?

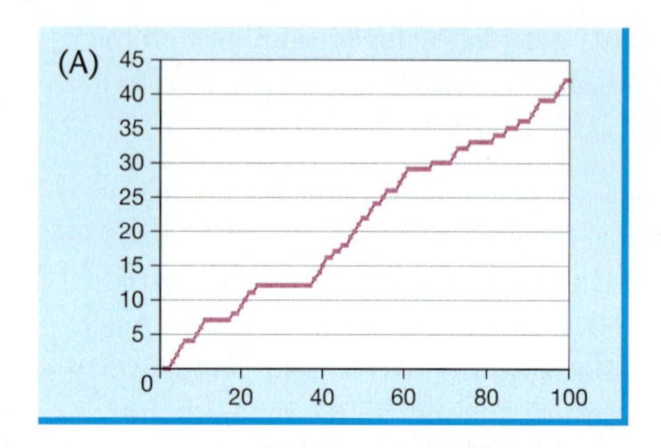

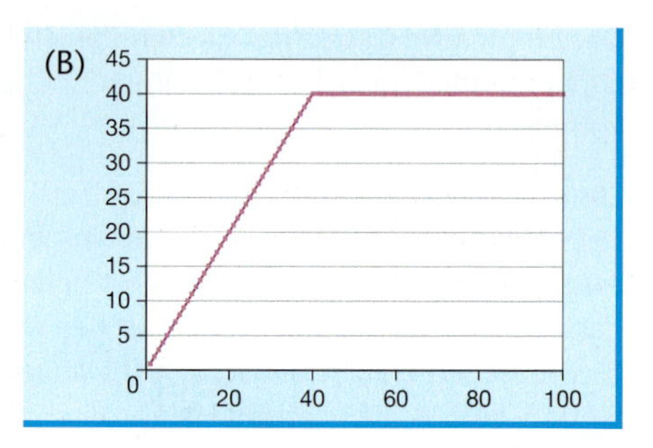

Basiswissen

Prognoseintervalle für relative Häufigkeiten

Angenommen, die Wahrscheinlichkeit, mit der ein Ereignis E (z. B. „Wappen" beim Münzwurf) eintritt, beträgt 0,5. Die bei einer Versuchsreihe ermittelte relative Häufigkeit h für das Eintreten des Ereignisses E „streut" um den Wert 0,5.

Durch umfangreiche Simulationsstudien oder theoretische Berechnungen findet man nebenstehende Tabelle mit Intervallen, in denen die relative Häufigkeit h in ca. 95 % aller Versuchsreihen liegt. Man nennt diese Intervalle **95 %-Prognoseintervalle**. Wie man sieht, hängt die Breite des jeweiligen Prognoseintervalls von der Länge n der Versuchsreihe ab.

n	Intervall für h
25	$0{,}5 \pm 0{,}2$
100	$0{,}5 \pm 0{,}1$
400	$0{,}5 \pm 0{,}05$
1000	$0{,}5 \pm 0{,}03$
10 000	$0{,}5 \pm 0{,}01$

In etwa 5 % der Versuchsreihen kann es dennoch vorkommen, dass die relative Häufigkeit außerhalb des Prognoseintervalls liegt.

13RoKa.xlsx
13RoKa.ggb

Breite von Prognoseintervallen (Faustregel für p = 0,5)
Bei der Auswertung der Tabelle stellt man fest: Die Breite der Prognoseintervalle nimmt mit wachsender Versuchsanzahl n ab.

Es gilt das **$1/\sqrt{n}$-Gesetz**:

Mit mindestens 95 % Sicherheit liegen die relativen Häufigkeiten bei n Versuchen im Intervall $\left[0{,}5 - \frac{1}{\sqrt{n}};\ 0{,}5 + \frac{1}{\sqrt{n}}\right]$.

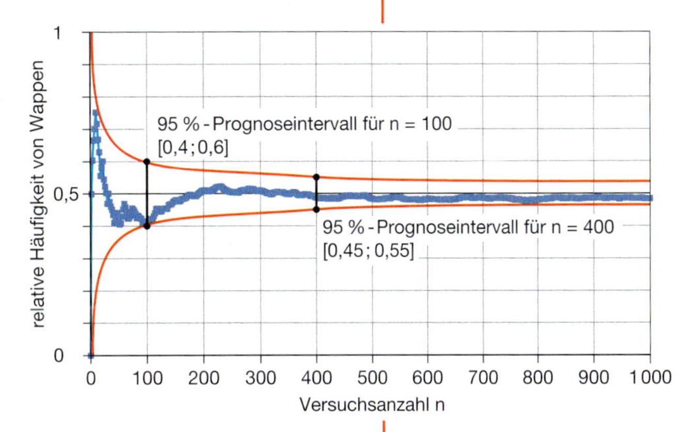

Für Wahrscheinlichkeiten $p \neq 0{,}5$ lassen sich „engere" Prognoseintervalle angeben.
Man ist also auf der sicheren Seite, wenn man auch für solche p mit $\frac{1}{\sqrt{n}}$ rechnet.

Beispiele

A *Prognoseintervall berechnen*
Ein Würfel soll 200-mal geworfen werden. Berechnen Sie das Prognoseintervall, in das mit 95 %-iger Sicherheit die relative Häufigkeit einer geraden Augenzahl fällt. Mit welcher Wahrscheinlichkeit liegt die relative Häufigkeit außerhalb des Intervalls?

Lösung:
Berechnung des 95 %-Prognoseintervalls mit der $1/\sqrt{n}$-Faustregel:

Prognoseintervall $\left[0{,}5 - \frac{1}{\sqrt{200}};\ 0{,}5 + \frac{1}{\sqrt{200}}\right] = [0{,}43;\ 0{,}57]$

Mit 5 %-iger Wahrscheinlichkeit liegt die relative Häufigkeit, mit der eine gerade Augenzahl geworfen wird, außerhalb des Prognoseintervalls. Dies geschieht somit recht selten, kann aber vorkommen.

B *Versuchsanzahl bestimmen*
Wie oft muss man eine Münze werfen, damit die relative Häufigkeit für „Wappen" mit einer Sicherheit von 95 % im Intervall [0,48; 0,52] liegt?

Lösung:
Die gesuchte Versuchsanzahl muss deutlich höher als 400 sein, da das entsprechende Prognoseintervall mit [0,45; 0,55] noch zu groß ist. Mithilfe des $1/\sqrt{n}$-Gesetzes findet man zu dem gegebenen Intervall [0,48; 0,52] die Versuchsanzahl n rechnerisch:

$\frac{1}{\sqrt{n}} = 0{,}02 \Rightarrow \sqrt{n} = \frac{1}{0{,}02} \Rightarrow n = \frac{1}{0{,}02^2} = 50^2 = 2500$

Man muss die Münze mindestens 2500-mal werfen, damit die relative Häufigkeit für „Wappen" mit einer Sicherheit von 95 % im vorgegebenen Intervall liegt.

Übungen

7 *Prognoseintervalle und Versuchszahlen*
Wie oft muss man eine Münze für die folgenden 95 %-Prognoseintervalle für „Kopf" werfen? a) [0,4; 0,6] b) [0,45; 0,55] c) [0,495; 0,505]

8 *In eigenen Worten*
Erklären Sie, was man unter einem 90 %-Prognoseintervall beim n-fachen Münzwurf versteht. Ist das 90 %-Prognoseintervall jeweils kürzer oder länger als das 95 %-Prognoseintervall? Vergleichen Sie mit dem 60 %-Prognoseintervall.

9 *Zum Nachdenken – Richtig oder falsch?*

a) Bei 100 Simulationen des 100-fachen Münzwurfes liegt die relative Häufigkeit für „Kopf" höchstens bei fünf Simulationen außerhalb des Intervalls [0,3; 0,7].

b) Beim n-fachen Münzwurf wird das 95 %-Prognoseintervall der relativen Häufigkeit für „Kopf" mit wachsendem n kleiner.

c) Beim 25-maligen Würfeln kann es vorkommen, das 25-mal das Ergebnis „gerade Zahl" eintritt.

d) Die Wahrscheinlichkeit für 50-mal „Kopf" beim 100-fachen Münzwurf beträgt $\frac{1}{2}$.

10 *Zeitungsmeldung*
Was meinen Sie? Ist diese Zeitungsmeldung eine Sensation?

In unserer Stadt kamen im vergangenen Jahr 1234 Kinder zur Welt, davon waren 739 Jungen.

11 *Anteil der Jungengeburten in NRW*

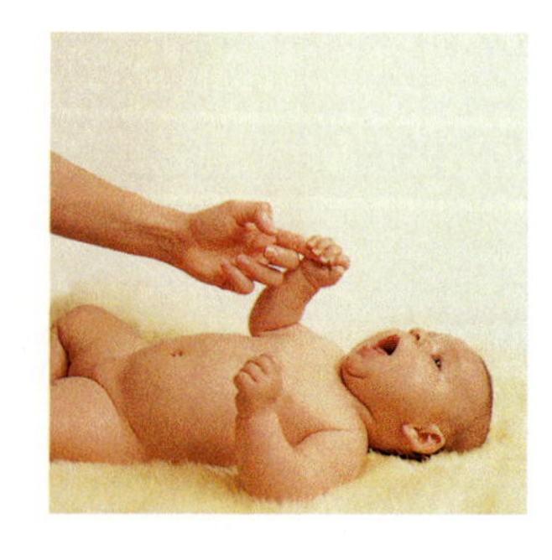

Das *Statistische Landesamt* hat den Jungenanteil unter den Geburten in verschiedenen Städten und Landkreisen in Nordrhein-Westfalen im Jahr 2002 ermittelt. In der folgenden Abbildung ist der Anteil der Jungengeburten in einer bestimmten Stadt oder einem Landkreis auf der y-Achse und die Anzahl der in dieser Stadt (Landkreis) insgesamt Geborenen auf der x-Achse aufgetragen.

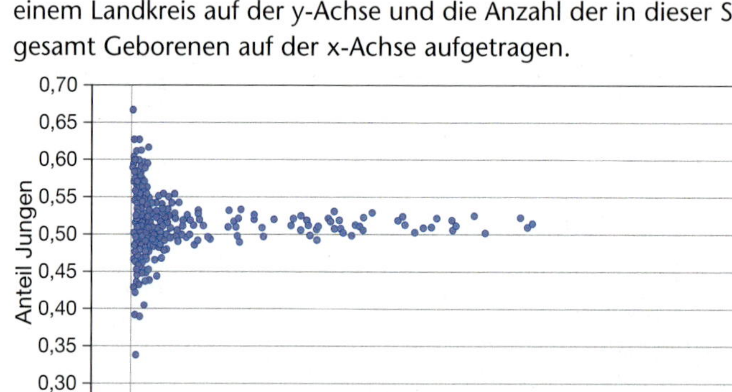

Die Punkte in der Grafik geben ausgewählte Städte und Landkreise wieder. So steht z. B. der Punkt ganz rechts für eine Stadt oder einen Landkreis mit etwa 9600 Neugeborenen und einem Jungenanteil von 0,52.
a) Die Stadt Raesfeld hatte mit 0,337 den geringsten Jungenanteil (28 von 83 Neugeborenen). Die Ortschaft Dahlem hatte den höchsten Jungenanteil mit 0,67 (24 von 36 Neugeborenen). Wo findet man die Orte in der Grafik? Passieren hier merkwürdige Dinge?
b) Der Anteil der Jungengeburten in NRW im Jahr 2002 betrug 0,5141. Bei welchen Neugeborenenzahlen beobachten Sie starke Abweichungen der relativen Häufigkeiten der Jungengeburten von 0,5141? Erklären Sie diese Beobachtung.

Übungen

12 *Psychologischer Test*

Psychologen haben in Untersuchungen festgestellt, dass die meisten Menschen die folgende Aufgabe falsch lösen:

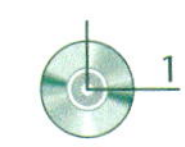

In einer kleinen Klinik A werden wöchentlich im Durchschnitt 20 Kinder geboren, in einer großen Klinik B wöchentlich im Durchschnitt 40 Kinder. In welcher Kinderklinik gibt es mehr Wochen im Jahr, in denen mehr als 60 % der Kinder Mädchen sind?

- in der kleinen Klinik A
- in der großen Klinik B
- in beiden etwa gleich

Was würden Sie antworten? Vergleichen Sie Ihre Antwort mit denen Ihrer Mitschülerinnen und Mitschüler. Warum wird diese Aufgabe wohl häufig falsch gelöst?

13 *Multiple-Choice-Tests im Vergleich*

Eine Lehrerin probiert einen Multiple-Choice-Test von 25 Fragen aus, bei denen man jeweils nur zwischen zwei Antworten wählen kann, von denen eine richtig ist. Man hat den Test bestanden, wenn mindestens 60 %, d. h. 15 Antworten, richtig gelöst sind. Um die Wahrscheinlichkeit zu reduzieren, dass jemand durch Raten besteht, wählt die Lehrerin einen Test von 50 Fragen, lässt die Bestehensgrenze aber bei 60 % (jetzt 30 Fragen).

Ihre Schülerinnen und Schüler meinen, dass sich dadurch nichts ändert, denn man muss zwar mindestens 15 Fragen mehr richtig beantworten, darf aber auch 20 Fragen falsch beantworten. Das gleiche sich aus. Nehmen Sie dazu Stellung.

14 *Verteilung der Ergebnisse beim 20-fachen Münzwurf*

Mit den folgenden Daten können Sie genauer untersuchen, wie nahe die relative Häufigkeit für „Wappen" bei der theoretischen Wahrscheinlichkeit von 0,5 liegt. Nehmen Sie an, jemand simuliert den 20-fachen Münzwurf 1000-mal mit einem Computerprogramm. Die folgende Tabelle und die Grafik zeigen die Ergebnisse dieser Simulation in Form einer Häufigkeitsverteilung.

rel. Häufigkeit	0,1	0,15	0,2	0,25	0,3	...	0,7	0,75	0,8	0,85	0,9
Anzahl	1	1	3	14	35	...	28	16	7	0	1

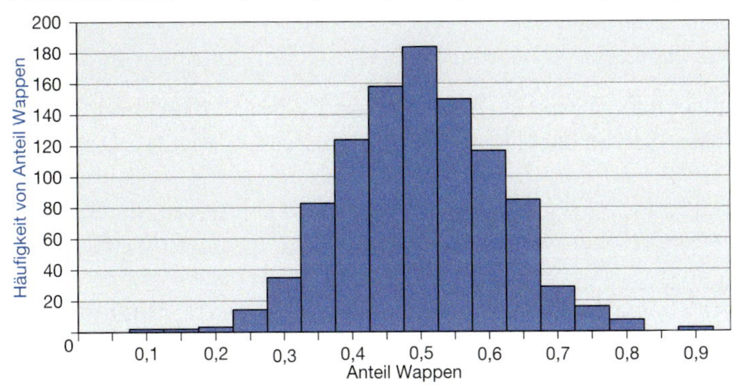

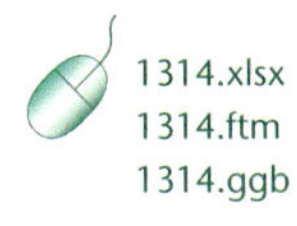

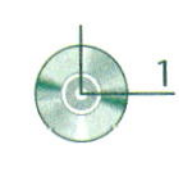

Die Säule über 0,3 enthält 35 Ergebnisse. Das bedeutet, dass in 35 der 1000 Simulationen ein sehr geringer Wappenanteil von 30 % (6-mal „Wappen" bei 20 Würfen) erzielt wurde.

a) Die Säule über 0,5 in der Grafik enthält etwa 180 Ergebnisse. Erklären Sie, was dies bedeutet.

b) Welche Ergebnisse sind für Anzahl und Anteil von „Wappen" theoretisch überhaupt möglich? Warum wurden einige dieser Ergebnisse in dieser Simulation nicht erzielt?

c) Statistiker interessieren sich oft nur für den Bereich der mittleren 95 % aller Ergebnisse. Ermitteln Sie mit der Grafik diesen mittleren 95 %-Bereich. Vergleichen Sie diesen mit dem 95 %-Prognoseintervall, das Sie mit dem $1/\sqrt{n}$-Gesetz für 1000 Simulationen berechnen können.

Aufgaben

15 *Münzwurfserien im Vergleich*

Der Mathematiker JOHN KERRICH warf während seiner Kriegsgefangenschaft 10000-mal eine Münze und notierte viele Zwischenstände zum Anteil von „Kopf“. Nach 10000 Würfen hatte er insgesamt 5067-mal „Kopf“ erhalten. In der folgenden Abbildung sind Teile der experimentellen Daten als drei Serien von je 1000 Würfen gruppiert. Um die Größe der zufälligen Schwankungen der relativen Häufigkeit für verschiedene Versuchsanzahlen hervorzuheben, ist eine besondere Skalierung der x-Achse gewählt worden.

Beschreiben und vergleichen Sie den Verlauf der drei Graphen. Was fällt Ihnen auf? Schreiben Sie einen kurzen Bericht über Ihre Untersuchungsergebnisse.

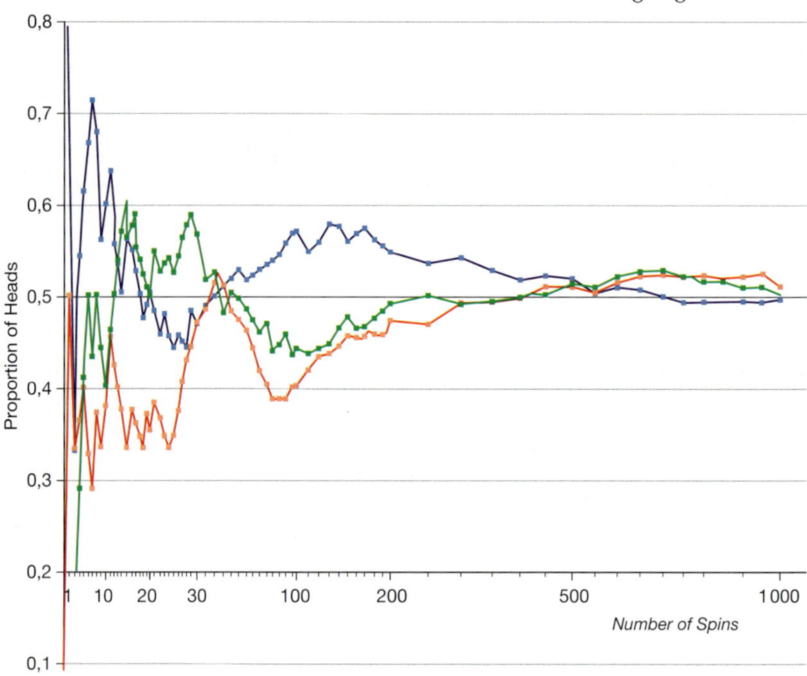

Proportion of Heads in three samples of 1000 successive spins of a coin

Quelle: J.E. KERRICH, An experimental introduction to the theory of probability, 1946

16 *Prognoseintervalle bei einer Wette des CHEVALIER DE MÉRÉ*

Im 17. Jahrhundert war die folgende Wette unter zwei Spielern sehr beliebt:

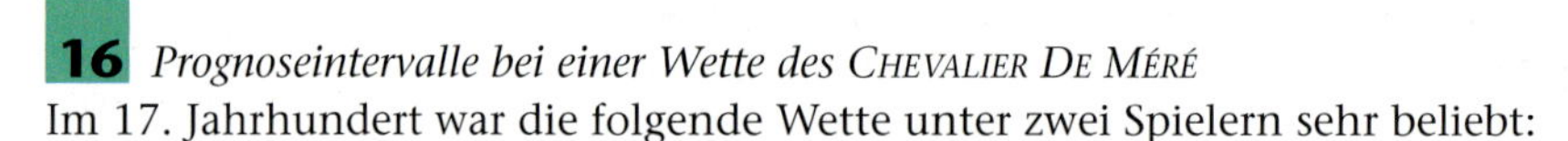
„Vier Würfel werden geworfen. Wenn eine oder mehrere „Sechsen“ dabei sind, gewinne ich. Wenn keine „Sechs“ dabei ist, gewinnst du“.

Nach langen Spielserien hatte sich herausgestellt, dass es günstiger war, darauf zu wetten, dass die Augenzahl 6 beim vierfachen Wurf mindestens einmal erscheint.

a) Wie groß ist die theoretische Gewinnwahrscheinlichkeit bei dieser Wette?

b) Kann man nach 5000 Spielen schon herausfinden, ob diese Wette von Vorteil ist? Argumentieren Sie mit der Breite des Prognoseintervalls für die relativen Häufigkeiten bei einer Versuchsanzahl von 5000.

Hinweis: Für theoretische Wahrscheinlichkeiten $p \neq 0{,}5$ kann man Prognoseintervalle mit einer „verbesserten“ Formel angeben. Die Grenzen des Intervalls, in das die relative Häufigkeit in 95 % von n Versuchen fällt, kann man mit der Formel

$p \pm \frac{2\sqrt{p(1-p)}}{\sqrt{n}}$ berechnen.

c) Wie hängen die Regel aus b) und das $1/\sqrt{n}$-Gesetz zusammen? Schätzt man bei Anwendung des $1/\sqrt{n}$-Gesetzes für Wahrscheinlichkeiten $p \neq 0{,}5$ die Breite der Prognoseintervalle tendenziell zu groß oder eher zu klein ab?

1 Ein Mathematikkurs soll die Wahrscheinlichkeit schätzen, dass beim dreimaligen Würfeln mit einem Tetraederwürfel die Augensumme 10 auftritt. Die Schülerinnen und Schüler entscheiden sich dafür, das Realexperiment in Gruppen sehr häufig durchzuführen.

Gruppe	Anzahl der Würfe	Relative Häufigkeit
1	264	9,1 %
2	404	9,4 %
3	298	9,7 %
4	117	8,6 %
5	265	8,9 %
6	194	9,0 %

Berechnen Sie mit den in der Tabelle dargestellten Ergebnissen die gesuchte Wahrscheinlichkeit. War es geschickt von den einzelnen Gruppen, die relative statt der absoluten Häufigkeit anzugeben?

2 Angenommen, ein guter Schütze trifft die „10" auf der Zielscheibe mit einer Wahrscheinlichkeit von 60 %.
Mittels einer Simulation mit Zufallszahlen wird ermittelt, wie groß die Wahrscheinlichkeit ist, dass dieser Sportler bei fünf Schüssen mindestens viermal trifft.
Ausschnitt aus einem Simulationsprotokoll:

1. 12159	4 Treffer	2. 66144	3 Treffer
3. 05091	4 Treffer	4. 13446	4 Treffer
5. 45653	4 Treffer	6. 13684	3 Treffer
7. 46024	4 Treffer	8. 91410	4 Treffer
9. 51351	5 Treffer	10. 22772	3 Treffer

a) Welche Zufallszahlen stehen für „Treffer in die 10"?
b) Schätzen Sie mit den Ergebnissen der zehn Simulationen die Wahrscheinlichkeit P(vier oder mehr Treffer in die „10").
c) Führen Sie in Ihrem Mathematikkurs möglichst viele weitere Simulationen durch und schätzen Sie dann die gesuchte Wahrscheinlichkeit.

3 Ein Planet wird zufällig ausgewählt. Wie groß ist die Wahrscheinlichkeit, dass dieser Planet der Sonne näher ist als die Erde?

4 Bei einer Befragung von 59 Schülerinnen und Schülern zum Essen in der Mensa wurden die folgenden Ergebnisse zusammengefasst:

	Finden das Essen gut	Finden das Essen nicht gut	Summe
Mädchen	16	16	32
Jungen	19	8	27
Summe	35	24	59

a) Unter den Befragten wählt man zufällig eine Person aus. Wie groß ist die Wahrscheinlichkeit, dass es ein Junge (ein Mädchen) ist?
b) Angenommen, man wählt unter den befragten Mädchen (Jungen) eine Person aus. Wie groß ist die Wahrscheinlichkeit, dass die (der) Betreffende das Essen gut findet?

CHECK UP

Zufall und Wahrscheinlichkeit

Methoden zur Bestimmung von Wahrscheinlichkeiten

1. Realversuch
Ein Zufallsversuch wird 1000-mal wiederholt. Die relative Häufigkeit h(E) ist ein Schätzwert für die Wahrscheinlichkeit P(E).

Tetraederwürfel

Zufallsversuch: Dreimaliges Würfeln
Ereignis E: Augensumme 10

2. Simulation des Zufallsversuches
Die Simulation wird z. B. 1000-mal durchgeführt. Schätzwert für die Wahrscheinlichkeit P(E) ist die entsprechende relative Häufigkeit.
Simulation des dreifachen Wurfes mit einem Tetraederwürfel durch drei Zufallszahlen von 1 bis 4.
E: Summe der drei Zahlen ist 10

3. Abzählen
Annahme: Alle Ergebnisse des Zufallsversuches sind gleichwahrscheinlich. Dann ist:

$$P(E) = \frac{\text{Anzahl der günstigen Ergebnisse}}{\text{Anzahl der möglichen Ergebnisse}}$$

- Alle Ergebnisse des dreimaligen Wurfes mit einem Tetraederwürfel aufschreiben: (1,1,1); (1,1,2); (1,1,3); (1,1,4); (1,2,1) usw.
- Anzahl aller Ergebnisse feststellen
- Anzahl aller Ergebnisse mit Augensumme 10 feststellen
- P(E) berechnen

4. Rechnen mit den Pfadregeln
- Aufstellen eines Baumdiagramms:

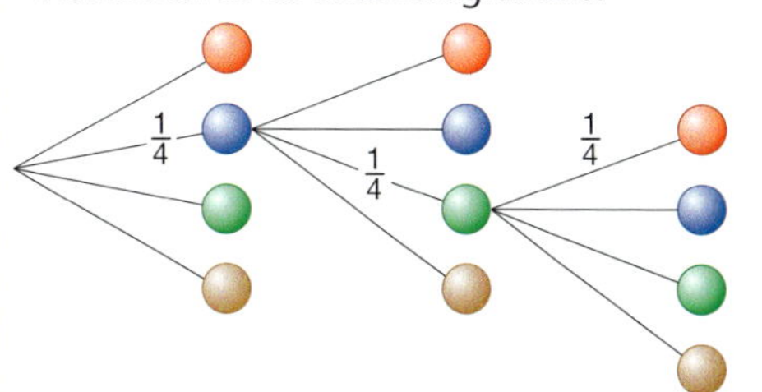

$P(E) = \frac{1}{4} \cdot \frac{1}{4} \cdot \frac{1}{4} + \frac{1}{4} \cdot \frac{1}{4} \cdot \frac{1}{4} + \ldots$

CHECK UP

Simulationen
Das Nachspielen eines Zufallsversuches in einem Modell nennt man Simulation. Eine Simulation muss sorgfältig geplant werden.

Simulationsplan:
1. Beschreibung des realen Zufallsversuches
2. Welche Wahrscheinlichkeit soll bestimmt werden?
3. Modellierung
4. Wahl des Zufallsgerätes
5. Festlegen der Zufallsgröße X
6. Anzahl der Wiederholungen
7. Durchführung und Auswertung

Empirisches Gesetz der großen Zahlen
Stabilisieren sich für große Stichprobenumfänge die relativen Häufigkeiten h, mit denen die möglichen Ergebnisse eintreten, um denselben Zahlenwert p, so ordnet man dem betreffenden Ergebnis die Wahrscheinlichkeit p zu.

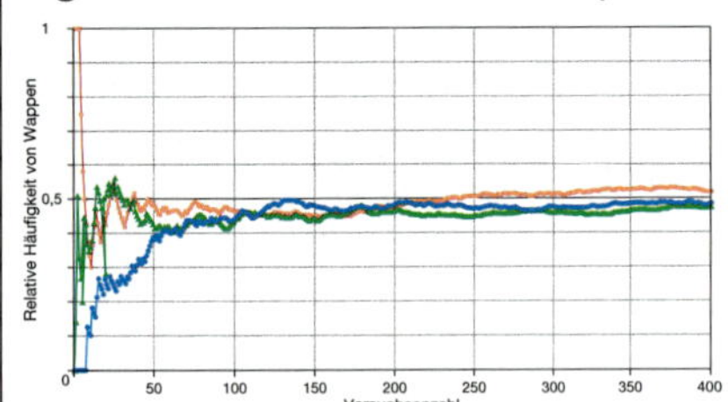

Prognoseintervalle für relative Häufigkeiten
Angenommen, die Wahrscheinlichkeit, mit der ein Ereignis eintritt, beträgt 0,5. Die bei einer Versuchsreihe ermittelte relative Häufigkeit streut um den Wert 0,5.
Durch umfangreiche Simulationen oder theoretische Berechnungen kann man das Intervall finden, in das die relative Häufigkeit bei ca. 95 % der Versuchsreihen fällt.

95 %-Prognoseintervall für die relative Häufigkeit h:

n	Intervall für h
25	0,5 ± 0,2
100	0,5 ± 0,1
400	0,5 ± 0,05
1000	0,5 ± 0,03
10000	0,5 ± 0,01

Die Breite des 95 %-Prognoseintervalls hängt von dem Stichprobenumfang n ab.

Das $1/\sqrt{n}$-Gesetz
Für p = 0,5 liegt die relative Häufigkeit h mit 95 %-iger Sicherheit in dem Prognoseintervall $\left[0{,}5 - \frac{1}{\sqrt{n}};\ 0{,}5 + \frac{1}{\sqrt{n}}\right]$.

5 Aus der nebenstehenden Urne werden nacheinander drei Kugeln ohne Zurücklegen gezogen.
a) Stellen Sie diesen Zufallsversuch mithilfe eines Baumdiagramms dar.

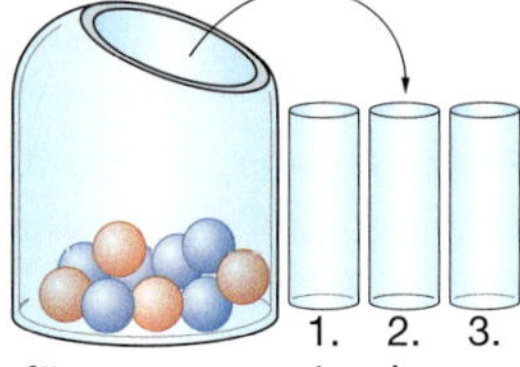

b) Berechnen Sie die Wahrscheinlichkeit für genau zweimal „Rot" und einmal „Blau".

6 Ein Fertigungsteil durchläuft vier Maschinen mit einer Ausschussquote von 4 %, 1 %, 2 % und 1 %. Wie hoch ist die gesamte Ausschussquote?

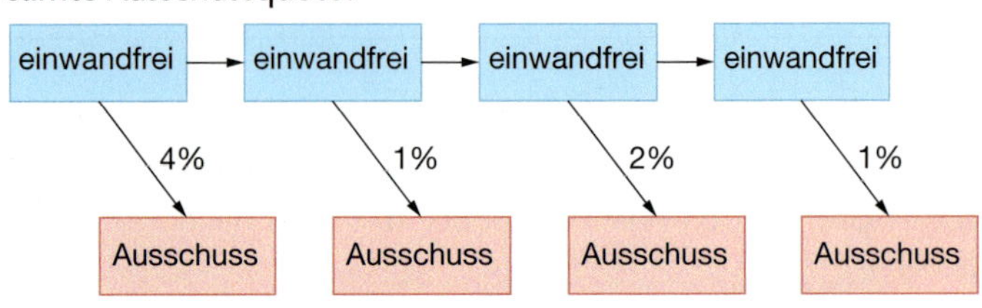

Tipp: Bestimmen Sie zunächst den Anteil der einwandfreien Fertigungsteile.

7 Ermitteln Sie durch Simulation einen Schätzwert für die Anzahl der Würfe mit einer Münze, bis das erste Mal zweimal „Kopf" hintereinander geworfen wird.
Tipp: Ergebnisse wie KK, ZKK, KZKZZKK usw. erfüllen die Bedingung.
a) Erstellen Sie einen Simulationsplan.
b) Führen Sie die Simulation per Hand mithilfe von Zufallszahlen möglichst oft durch und berechnen Sie aus diesen Simulationen die gesuchte Anzahl.
Übrigens: Den Zufallsversuch kann man auch mit einem Würfel simulieren.

8 In einem Restaurant erhält jeder Gast mit einem Essen eines von vier verschiedenen Gewinnlosen. Nehmen Sie an, dass alle vier Lose gleich häufig vorkommen.
Ein Gast hat bereits fünf Lose. Ermitteln Sie durch Simulation die Wahrscheinlichkeit dafür, dass sich darunter alle vier Preise befinden.

9 Angenommen, die Wahrscheinlichkeit einer Jungengeburt und einer Mädchengeburt ist jeweils 0,5. In einem Krankenhaus werden in einem Jahr 100 Kinder geboren.
a) In welchem zu 0,5 symmetrischen Prognoseintervall müsste die relative Häufigkeit der Jungengeburten mit einer 95 %-igen Wahrscheinlichkeit liegen?
b) Tatsächlich waren nur 38 % der in diesem Krankenhaus geborenen Babys männlich. Diskutieren Sie die beiden Meinungen:
„Das kann nicht sein, da die Wahrscheinlichkeit für eine Jungengeburt 0,5 beträgt und wir somit bei 100 Geburten 50 männliche Babys haben müssten."
„Wieso? Mit 95 %-iger Wahrscheinlichkeit liegt die relative Häufigkeit zwischen 40 % und 60 % (siehe Teil a)), mit 5 %-iger Wahrscheinlichkeit aber außerhalb dieses Intervalls."

2 Wahrscheinlichkeitsmodelle

Will man den Zufall „in den Griff bekommen", muss man für die jeweilige Situation ein passendes mathematisches Modell entwickeln. In diesem Kapitel werden zunächst die notwendigen mathematischen Fachtermini bereitgestellt. Dann wird der zentrale Begriff der Wahrscheinlichkeitsverteilung eingeführt. Wie man Wahrscheinlichkeiten von Ereignissen ermitteln und mit ihnen rechnen kann, und was man unter bedingten Wahrscheinlichkeiten versteht, ist auch Thema dieses Kapitels.

2.1 Grundbegriffe stochastischer Modelle

Der klare Aufbau und die Stimmigkeit der mathematischen Modelle ist ein wichtiges Anliegen der Mathematik.
Die bisher schon verwendeten Begriffe (z. B. Zufallsversuch und Ereignis) werden genauer erfasst und systematisch eingeordnet.

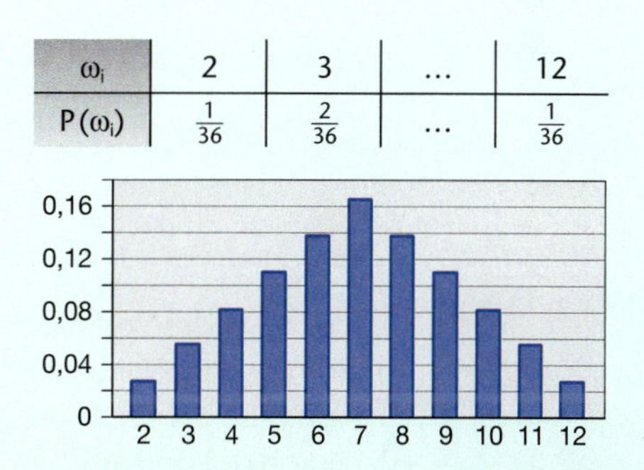

ω_i	2	3	...	12
$P(\omega_i)$	$\frac{1}{36}$	$\frac{2}{36}$	...	$\frac{1}{36}$

2.2 Rechnen mit Ereigniswahrscheinlichkeiten

Verknüpfungen von Ereignissen können in der Mengensprache klar beschrieben und in Diagrammen dargestellt werden. Aus bekannten Wahrscheinlichkeiten von Ereignissen lassen sich nach bestimmten Regeln die Wahrscheinlichkeiten anderer Ereignisse berechnen. Dabei spielt der **Additionssatz** eine zentrale Rolle.

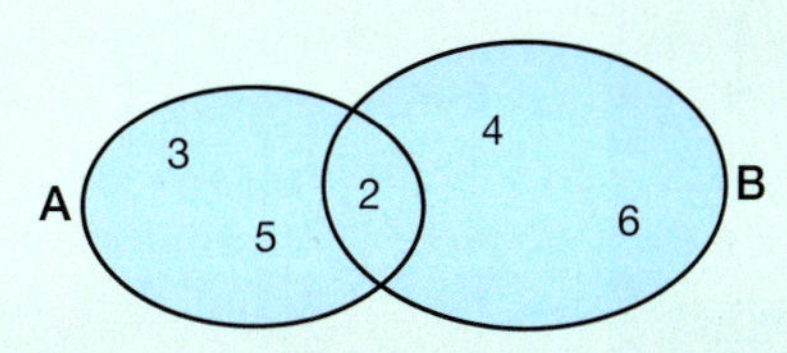

$P(A \cup B) = P(A) + P(B) - P(A \cap B)$

2.3 Zählen und Wahrscheinlichkeiten

Hat ein Zufallsversuch n gleichwahrscheinliche Ergebnisse, so lassen sich Ereigniswahrscheinlichkeiten mit der Laplace-Regel ermitteln:

$$P(E) = \frac{\text{Anzahl der für E günstigen Ergebnisse}}{\text{Anzahl aller Ergebnisse}}$$

Zählprinzipien

	mit Reihenfolge	ohne Reihenfolge
mit Zurücklegen	n^k	$\frac{n!}{(n-k)! \cdot k!}$
ohne Zurücklegen	$\binom{n+k-1}{k}$	$\binom{n}{k}$

2.4 Bedingte Wahrscheinlichkeiten

Unter der bedingten Wahrscheinlichkeit $P(B \mid A)$ versteht man die Wahrscheinlichkeit, dass das Ereignis B eintritt, wenn das Ereignis A bereits eingetreten ist. Bei manchen Baumdiagrammen haben wir solche bedingten Wahrscheinlichkeiten schon intuitiv genutzt, hier erfolgt nun eine systematische Behandlung und die Nutzung in bedeutungsvollen Anwendungen (z. B. in der Medizin oder in der Dunkelfeldforschung).

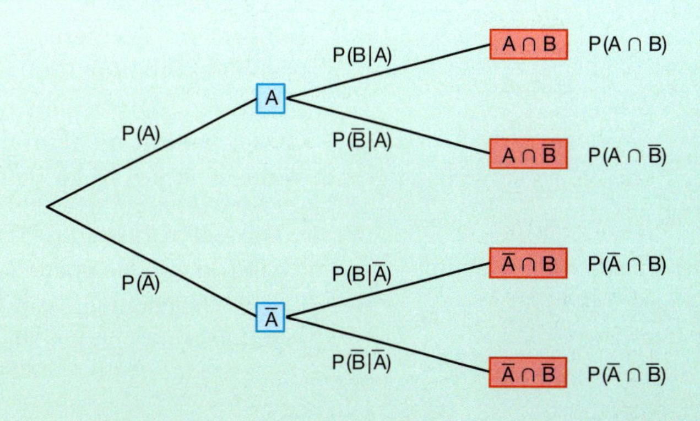

2.1 Grundbegriffe stochastischer Modelle

Was Sie erwartet

Oft kann eine reale Situation, in der der Zufall eine Rolle spielt, durch verschiedene Modelle beschrieben werden. Basis der stochastischen Modelle ist in der Regel ein Zufallsversuch, der gut zur Situation und dem gegebenen Problem passt. Ein Zufallsversuch wird beschrieben durch das verwendete Zufallsgerät, die Menge der möglichen Ergebnisse und die Wahrscheinlichkeiten, mit denen das jeweilige Ergebnis eintritt.

Wie gut das stochastische Modell zur Situation und dem gegebenen Problem passt, kann nicht allein durch die Mathematik beantwortet werden. Der klare Aufbau und die Stimmigkeit der mathematischen Modelle hingegen ist ein wichtiges Anliegen der Mathematik. Hierauf werden wir in diesem Lernabschnitt den Schwerpunkt legen und die bisher verwendeten Begriffe (z. B. Zufallsversuch und Ereignis) genauer erfassen und systematisch einordnen.

Aufgaben

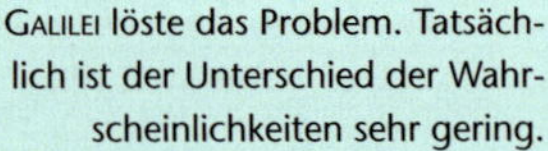

GALILEO GALILEI
1564–1642

GALILEI löste das Problem. Tatsächlich ist der Unterschied der Wahrscheinlichkeiten sehr gering.

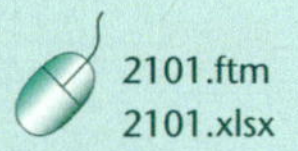

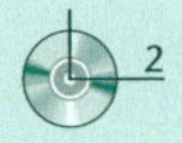

1 *Widerspruch zwischen Erfahrung und Erklärungsmodell*

Der Fürst der Toskana fragte GALILEI: „Warum erscheint beim Wurf dreier Würfel die Summe 10 öfter als die Summe 9, obwohl beide Summen auf sechs verschiedene Arten eintreten können?"

$$\left.\begin{array}{l}1+2+6\\1+3+5\\1+4+4\\2+2+5\\2+3+4\\3+3+3\end{array}\right\}=9 \qquad \left.\begin{array}{l}1+3+6\\1+4+5\\2+2+6\\2+3+5\\2+4+4\\3+3+4\end{array}\right\}=10$$

Offensichtlich vertraute der Fürst der Toskana seinen Beobachtungen bei langen Spielserien mehr als seinen theoretischen Überlegungen, nach denen beide Augensummen gleich häufig auftreten sollten.

a) Mittels einer Simulation wurden 1000 Würfe mit drei Würfeln simuliert und die Ergebnisse protokolliert: 117-mal Augensumme 9 und 128-mal Augensumme 10. Diskutieren Sie, ob der Fürst der Toskana, in die heutige Zeit „versetzt", das Ergebnis der Simulation als einen Beweis seiner Vermutung „Augensumme 10 fällt öfter als Augensumme 9" akzeptieren würde.

b) Erstellen Sie einen eigenen Simulationsplan und führen Sie die Simulation wiederholt einmal für 1000 und dann für 10 000 Würfe mit drei Würfeln mithilfe einer passenden Software aus. Vergleichen Sie.

c) Was stimmt nicht an den theoretischen Überlegungen des Fürsten der Toskana? Verbessern Sie das Modell. Liefert dies eine Erklärung für die Simulationswerte?

Tipp: Sollte Ihnen das Problem Schwierigkeiten bereiten, so vereinfachen Sie die Aufgabe, indem Sie überlegen, welche Augensumme beim Würfeln mit zwei Würfeln wahrscheinlicher ist, die Augensumme 9 oder die Augensumme 10.
(Auf Seite 14 können Sie alle Ergebnisse des Wurfes mit zwei Würfeln sehen.)

Aufgaben

2 *Modellierung eines Tennismatches*

Zwei Tennisspieler A und B spielen ein Match gegeneinander mit zwei Gewinnsätzen, d. h. es hat derjenige gewonnen, der zuerst zwei Sätze gewinnt.
Ein möglicher Spielverlauf, wenn man nur die gewonnenen Sätze aufschreibt, ist (A, B, A). Dies bedeutet, dass A den ersten Satz, B den zweiten Satz und A den dritten Satz gewonnen hat. Dieses Match hätte also A gewonnen.

a) Schreiben Sie alle möglichen Spielverläufe auf. Wie viele Möglichkeiten gibt es?
b) Häufig ist nur das Endergebnis interessant, z. B. A gewinnt mit 2:1 Sätzen. Welche möglichen Ergebnisse gibt es?
c) Angenommen, man wüsste von den zahlreichen Matches, die die beiden Spieler gegeneinander ausgetragen haben, dass die Wahrscheinlichkeit, mit der A einen Satz gegen B gewinnt, etwa $\frac{2}{3}$ beträgt. Weiterhin nehmen wir an, dass die Wahrscheinlichkeit unabhängig vom vorherigen Spielverlauf ist.
Dann kann man die Wahrscheinlichkeiten berechnen, mit denen die einzelnen Spielergebnisse eintreten. Ergänzen Sie das unvollständige Baumdiagramm und berechnen Sie die Wahrscheinlichkeiten für die verschiedenen Ergebnisse.

P(„Ergebnis 2 : 0 für A") = $\frac{2}{3} \cdot \frac{2}{3}$

P(„Ergebnis 2 : 1 für A") = $2 \cdot \frac{2}{3} \cdot \frac{1}{3} \cdot \frac{2}{3}$

P(„Ergebnis 1 : 2 …

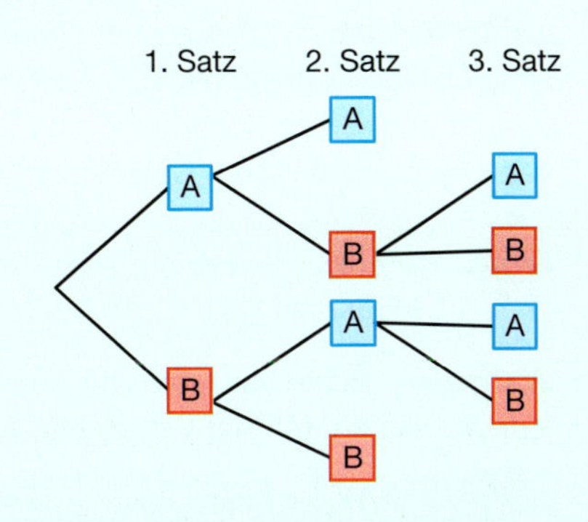

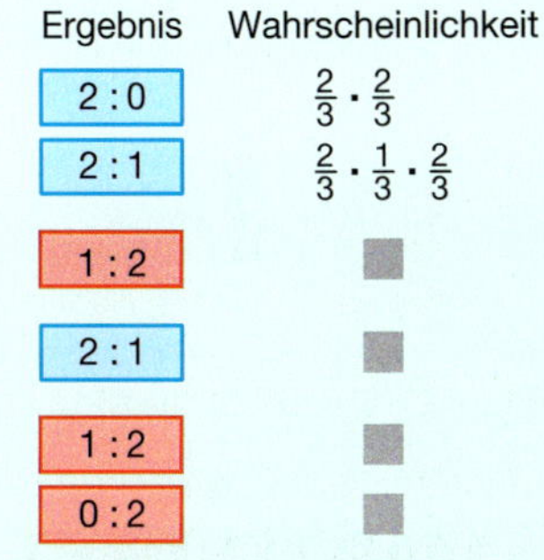

3 *Pasch-Probleme*

Die Schülerinnen und Schüler eines Mathematikkurses bearbeiteten die folgende Aufgabe:

Mit welcher Wahrscheinlichkeit tritt beim Würfeln zweier Würfel ein „Pasch" auf?

Es wurden verschiedene Lösungen gefunden. Nehmen Sie Stellung zu den verschiedenen Modellen. Welches Modell ist Ihrer Meinung nach zutreffend, welches falsch? Wo liegen die Fehler?

Katharina: „Ich habe zuhause mit einem gelben und blauen Würfel gewürfelt. Dabei bin ich darauf gekommen, dass es 36 verschiedene Ergebnisse gibt. Es gibt 6 „günstige Fälle". Damit gilt P(„Pasch") = $\frac{6}{36} \approx 0{,}17$."

Julia: „Ich habe mit zwei weißen Würfeln gewürfelt und 21 verschiedene Ergebnisse notiert: 11, 12, 13, 14, 15, 16, 22, …, 26, 33, …, 36, 44, 45, 46, 55, 56, 66. Es gibt 6 „günstige Fälle". Damit gilt P(„Pasch") = $\frac{6}{21} \approx 0{,}29$."

Timo: „Der erste Wurf kann beliebig sein. Damit der zweite Wurf mit dem ersten Wurf übereinstimmt, ist nur noch eines von sechs möglichen Ergebnissen günstig.
Damit gilt P(„Pasch") = $\frac{1}{6} \approx 0{,}17$."

Bastian: „Für mich ist die Sache klar. Es gibt genau zwei mögliche Ergebnisse, entweder „Pasch" oder „keinen Pasch".
Damit gilt P(„Pasch") = 0,5."

Oskar hat 100-mal gewürfelt und dabei 19-mal einen „Pasch" erzielt. Er behauptet, dass P(„Pasch") = $\frac{19}{100} = 0{,}19$ gilt.

Basiswissen

Zufallsversuche sind Experimente unter festgelegten Bedingungen, die prinzipiell beliebig oft unter gleichen Bedingungen wiederholbar sind und bei denen verschiedene beobachtbare Ergebnisse (Ausgänge) möglich sind. Das jeweilige Ergebnis bei der Ausführung des Experimentes ist nicht vorhersehbar. Um reale Zufallsversuche mathematisch beschreiben zu können, konstruieren wir ein Modell.

Mathematisches Modell für einen Zufallsversuch

Ein **Zufallsversuch** ist ein Experiment, das beschrieben wird durch
(a) die Menge der möglichen Ergebnisse, die **Ergebnismenge** $\Omega = \{\omega_1; \omega_2; \dots; \omega_n\}$,
(b) die **Zuordnung** $\omega_i \to P(\omega_i)$, die jedem Ergebnis ω_i eine Wahrscheinlichkeit $P(\omega_i)$ zuordnet mit $P(\omega_i) \geq 0$ für alle $i = 1, \dots, n$ und $P(\omega_1) + P(\omega_2) + \dots + P(\omega_n) = 1$.
Durch (a) und (b) wird eine **Wahrscheinlichkeitsverteilung** auf der Ergebnismenge Ω definiert.

Zufallsversuch: Wurf mit zwei Würfeln
Der zufällige Vorgang allein, in dem Fall das Werfen der beiden Würfel, beschreibt den Zufallsversuch noch nicht ausreichend. Man muss auch angeben, welche Art von Ergebnissen man protokollieren will. Hier sind verschiedene Ansätze möglich, z.B.:

Ergebnismenge: geordnete Tupel
$\Omega_1 = \{(1,1); (1,2); (1,3); \dots; (6,6)\}$

Ergebnismenge: Augensumme
$\Omega_2 = \{2; 3; 4; \dots; 12\}$

Wahrscheinlichkeitsverteilung unter der Annahme, dass bei beiden Würfeln jede Augenzahl mit der Wahrscheinlichkeit $\frac{1}{6}$ eintritt:

Wahrscheinlichkeitsverteilungen lassen sich übersichtlich in Tabellen oder Diagrammen darstellen.

ω_i	(1,1)	(1,2)	…	(6,6)
$P(\omega_i)$	$\frac{1}{36}$	$\frac{1}{36}$	…	$\frac{1}{36}$

ω_i	2	3	…	12
$P(\omega_i)$	$\frac{1}{36}$	$\frac{2}{36}$	…	$\frac{1}{36}$

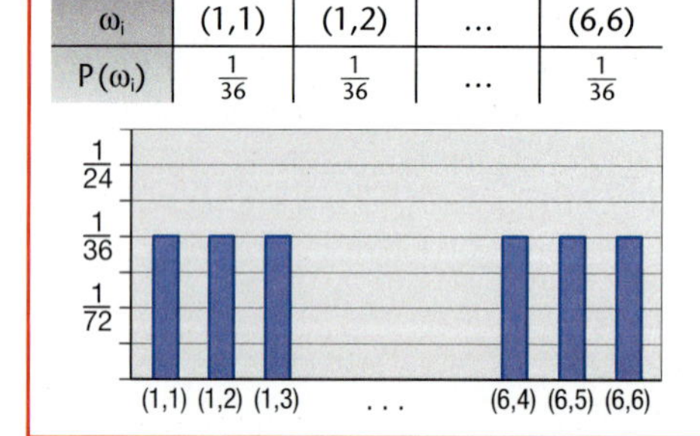

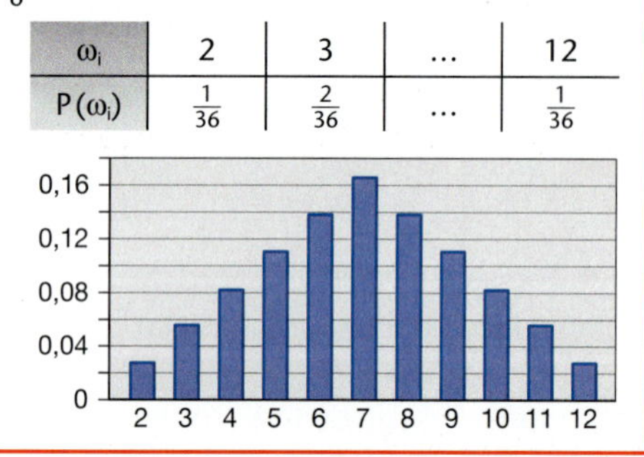

Beispiele

A *Zwei Modelle für den Zufallsversuch „Wurf von drei Münzen"*

Lösung:

a) Als Ergebnis wird protokolliert, welche Seite bei den drei Münzen jeweils oben liegt:
$\Omega_1 = \{(Z,Z,Z); (Z,Z,K); (Z,K,Z); (Z,K,K); (K,Z,Z); (K,Z,K); (K,K,Z); (K,K,K)\}$

ω	(Z,Z,Z)	(Z,Z,K)	…	(K,K,K)
$P(\omega)$	$\frac{1}{8}$	$\frac{1}{8}$	…	$\frac{1}{8}$

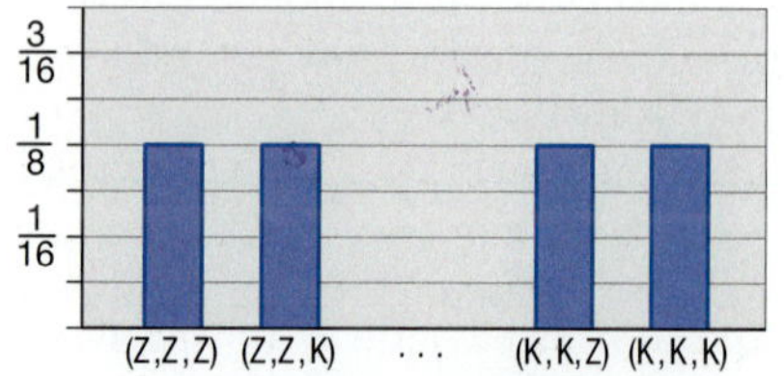

b) Als Ergebnis wird protokolliert, bei wie vielen Münzen „Zahl" oben liegt:
$\Omega_2 = \{0; 1; 2; 3\}$

ω	0	1	2	3
$P(\omega)$	$\frac{1}{8}$	$\frac{3}{8}$	$\frac{3}{8}$	$\frac{1}{8}$

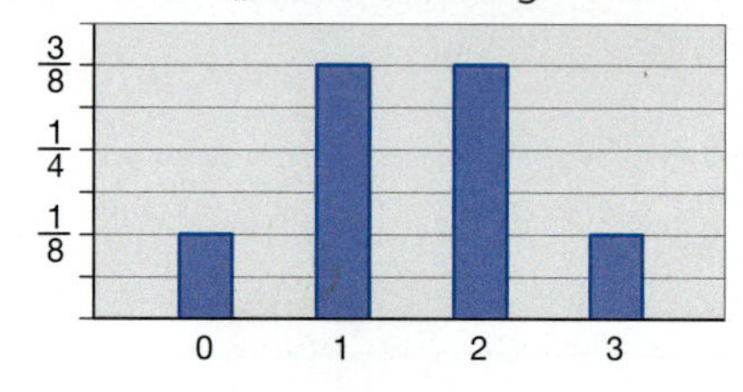

Beispiele

B *Laplace-Versuche*

Besonders einfach lässt sich die Zuordnung der Wahrscheinlichkeiten zu den jeweiligen Ergebnissen eines Zufallsversuches gewinnen, wenn man annehmen darf, dass alle auftretenden Ergebnisse ω gleichwahrscheinlich sind. Solche Zufallsversuche nennt man **Laplace-Versuche**. Einfache Beispiele hierfür sind der „Wurf mit einer Münze" und das „Werfen eines Würfels". Welche Experimente lassen sich noch gut als Laplace-Versuche beschreiben?

Lösung:

Die Annahme der Gleichverteilung erscheint bei den folgenden Zufallsversuchen aufgrund des gleichmäßigen symmetrischen Aufbaus der beteiligten Körper berechtigt.

Würfeln mit regelmäßigen Körpern (Tetraeder, Oktaeder, Dodekaeder, Ikosaeder)	Glücksräder mit gleich großen Sektoren wie z. B. beim Roulette	Ziehung einer Karte aus einem gut durchmischten Kartenspiel mit Zurücklegen

In der Realität gibt es keine idealen Laplace-Zufallsgeräte. So lässt sich die Drehung einer realen Roulette-Scheibe nur angenähert als Laplace-Versuch modellieren. Infolge sehr geringer technisch bedingter Unregelmäßigkeiten sind die 37 Nummern tatsächlich nicht alle gleichwahrscheinlich. Die Roulette-Scheiben werden jedoch regelmäßig ausgetauscht, um die Suche von Spielern nach systematischen Fehlern zu erschweren.

Übungen

4 *Zufallsgeräte beschreiben*

Geben Sie zu jedem Spielgerät, das in Beispiel B beschrieben ist, die Ergebnismenge und die zugehörige Wahrscheinlichkeitsverteilung an.

5 *Münzwurf und Zufallszahlen*

Angenommen, man würde wiederholt mit neun Münzen werfen und jeweils die Anzahl von „Kopf" protokollieren. Warum liefert dieses Verfahren keine brauchbaren Zufallsziffern?

6 *Gleicher Zufallsversuch – verschiedene Ergebnismengen*

Die Zufallsziffern, die mit einem Glücksrad erzeugt wurden, sind zur besseren Übersicht in 5er-Blöcken aufgeschrieben worden.

Aus welchen Elementen besteht die Ergebnismenge Ω für die folgendermaßen beschriebenen Zufallsversuche, wenn man alle Ergebnisse notiert:

a) Anzahl der ungeraden Ziffern in einem 5er-Block,

b) Anzahl der verschiedenen Ziffern in einem 5er-Block,

c) Summe der Ziffern in einem 5er-Block?

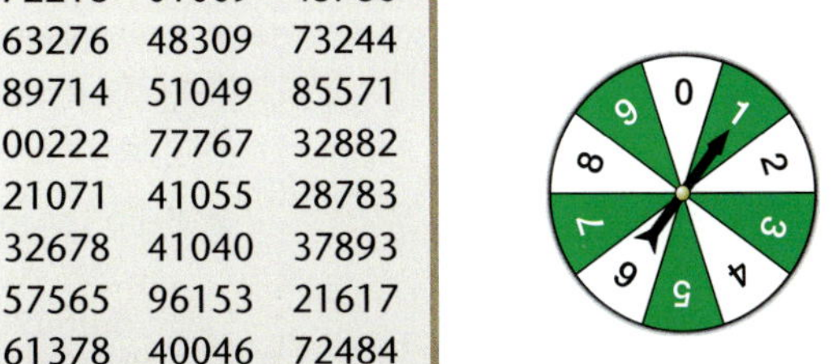

72218	01009	43786
63276	48309	73244
89714	51049	85571
00222	77767	32882
21071	41055	28783
32678	41040	37893
57565	96153	21617
61378	40046	72484
26607	80769	42012

7 *Vierfacher Münzwurf und Wahrscheinlichkeitsverteilung*

Eine Münze wird viermal geworfen. Wir interessieren uns für die Anzahl der Wappen. Beschreiben Sie den Zufallsversuch, indem Sie die Ergebnismenge und die Wahrscheinlichkeitsverteilung angeben.

Übungen

8 *Nochmals vierfacher Münzwurf*
Anna vermutet, dass das Ergebnis „ZZZZ" beim vierfachen Münzwurf weniger wahrscheinlich ist wie das Ergebnis „ZWZW". Nehmen Sie Stellung zu Annas Vermutung.

9 *„Kleine Hausnummer"*
Es wird mit zwei Würfeln gewürfelt und aus den beiden Augenzahlen die kleinste zweistellige Zahl gebildet („Kleine Hausnummer" werfen). Geben Sie die Menge der Ergebnisse zu diesem Versuch an. Ermitteln Sie die zugehörige Wahrscheinlichkeitsverteilung.

Subtrahieren Sie die kleinere von der größeren Augenzahl.

10 *Unterschied der Augenzahlen beim Doppelwurf mit Würfeln*
Bei einem Gewinnspiel mit zwei Würfeln wird der Unterschied der Augenzahlen benötigt. Welche Ergebnisse sind möglich? Was erwarten Sie, wie häufig diese Ergebnisse in etwa auftreten werden, wenn insgesamt 1000-mal gewürfelt wird?

Laplace-Würfel oder realer Würfel?

Mit diesen Sprechweisen wollen wir bewusst hervorheben, dass wir ein **Modell** eines realen Zufallsversuches betrachten. Bei realen Spielwürfeln könnten z. B. kleinste Luftblasen im Kunststoff dazu führen, dass nicht alle Würfelaugen mit der gleichen Wahrscheinlichkeit fallen.

Aus diesem Grund werden für den Gebrauch in Spielcasinos Präzisionswürfel aufwändig hergestellt, die möglichst gut das ideale Laplace-Modell annähern sollen. Bei den Maßen eines Präzisionswürfels treten nur noch Längentoleranzen von rund einem Hundertstel-Millimeter auf. Bereits kleine Abweichungen von der Gleichverteilung könnten von professionellen Spielern bemerkt und gewinnbringend in Wetten eingesetzt werden. Deshalb wird bei Präzisionswürfeln außerdem zur Füllung der Augen nur Farbe mit der Dichte des Würfelmaterials verwendet und die Oberfläche meist so poliert, dass die Würfel durchsichtig erscheinen, wodurch einige Zinkmethoden erkennbar werden würden.

Präzisionswürfel

Um diese Unterscheidung von realen und idealen Zufallsgeräten auszudrücken, müssen wir bei den folgenden Aufgaben eigentlich vom Werfen eines „Laplace-Würfels" oder einer „Laplace-Münze" sprechen, wenn wir unseren Rechnungen das Laplace-Modell zugrunde legen.

GRUNDWISSEN

1 Ein Würfel wird zweimal geworfen. Welches der beiden Ereignisse A, B hat die größere Wahrscheinlichkeit?
A: keine „Sechs" in beiden Würfen B: zwei verschiedene Augenzahlen

2 Beim „Mensch ärgere dich nicht" hat man zu Beginn drei Versuche, eine „Sechs" zu würfeln. Wie groß ist die Wahrscheinlichkeit, die erste „Sechs" genau im dritten Versuch zu erzielen?

3 Wie kann man den Lauf einer Kugel durch ein fünfstufiges Galton-Brett mithilfe einer Münze simulieren? Geben Sie einen genauen Simulationsplan an.

4 Wahrscheinlichkeiten lassen sich mithilfe relativer Häufigkeiten schätzen. Welche Rolle spielt dabei das Gesetz der großen Zahlen?

Übungen

11 *Wahrscheinlichkeitsverteilungen beim Skat*

Beim Skatspiel werden die Spielkarten nach dem folgenden Schema bewertet:

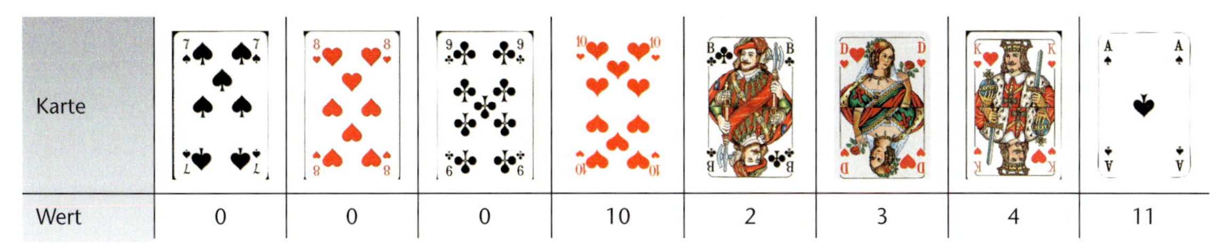

Karte	7 ♠	8 ♥	9 ♣	10 ♥	B	D	K	A
Wert	0	0	0	10	2	3	4	11

a) Es wird eine Karte aus einem gut durchmischten Skatspiel gezogen und der Wert der gezogenen Karte protokolliert. Geben Sie die Ergebnismenge dieses Zufallsversuches an und ermitteln Sie die zugehörige Wahrscheinlichkeitsverteilung.

b) Eine andere Wahrscheinlichkeitsverteilung erhält man, wenn man beim Kartenspiel die „Spielkartenfarben" ♠, ♣, ♥ oder ♦ protokolliert. Geben Sie die Wahrscheinlichkeitsverteilung an.

12 *Ziehen mit Zurücklegen*

Aus einer Urne mit roten (r) und blauen (b) Kugeln werden mit Zurücklegen zwei Kugeln gezogen. Die nebenstehende Wahrscheinlichkeitsverteilung beschreibt diesen Zufallsversuch.

bb	br	rb	rr
0,5625	■	0,1875	■

a) Vervollständigen Sie die Tabelle und begründen Sie Ihr Vorgehen.

b) Kann man aus der Tabelle die Anzahl der Kugeln in der Urne ermitteln? Wenn ja, geben Sie die Anzahl der roten und blauen Kugeln an. Falls nicht, begründen Sie.

13 *Losglück*

In einer Lostrommel befinden sich nur noch fünf Losröllchen, davon ein Gewinnlos und vier Nieten. Anna und Boris ziehen nacheinander je ein Los, und zwar ohne Zurücklegen. Anna meint, dass der, der anfängt, eine größere Gewinnchance hat. Was halten Sie davon? Urteilen und argumentieren Sie mit einem geeigneten Baumdiagramm.

14 *Gewinnchancen beim Roulette*

Beim Roulette gibt es 37 verschiedene Ergebnisse. Ein Spieler hat die Möglichkeit, auf einzelne dieser Zahlen oder auf eine gewisse Zahlenmenge zu setzen. Setzt man z. B. auf ein Zahlenviereck „Carre", so hat man gewonnen, wenn eine der vier Zahlen als Ergebnis der Roulette-Drehung erscheint.

a) Nehmen Sie an, ein Spieler setzt einen Chip auf das „Carre" {14; 15; 17; 18}. Mit welcher Wahrscheinlichkeit wird er gewinnen?

b) Beim nächsten Spiel setzt er auf „Rot". Ermitteln Sie seine Gewinnwahrscheinlichkeit.

c) Im dritten Spiel setzt der Spieler zwei Chips, einen auf „Carre" wie beim ersten Spiel und einen auf „Rot" wie beim zweiten Spiel. Er berechnet seine Gewinnchance, dass er mit dem einen oder dem anderen Chip gewinnt, indem er die Wahrscheinlichkeiten aus den Teilaufgaben a) und b) addiert. Dies ist jedoch nicht richtig. Was hat er falsch gemacht? Berechnen Sie die korrekte Gewinnwahrscheinlichkeit.

Übungen

15 *Wahlprognose*

Ein Meinungsforschungsinstitut erstellt eine Wahlprognose.
Ergebnis auf Grundlage von 2500 Befragten:

Partei	A	B	C	D	E	sonstige
absolute Häufigkeit	875	700	525	225	125	50
relative Häufigkeit	35 %	28 %	21 %	9 %	5 %	2 %

Die Parteien B, C und D beabsichtigen, eine Koalition einzugehen. Auf welchen Stimmenanteil können sie laut der Befragung hoffen?

Basiswissen

Ereignisse und Ereigniswahrscheinlichkeiten

Ein Spieler setzt beim Roulette auf „mittleres Dutzend". Er hofft, dass das Ergebnis beim nächsten Spiel eine Zahl aus der Menge E = {13; 14; 15; …; 24} ist.
Ist dies der Fall, so sagt man, „das Ereignis E ist eingetreten".

Häufig interessiert man sich nicht nur für die einzelnen Ergebnisse von Ω, sondern auch für Teilmengen von Ω. Ein **Ereignis** E fasst Ergebnisse zusammen. Jede Teilmenge E der Ergebnismenge Ω ist ein **Ereignis**. Auch die leere Menge {} ist eine Teilmenge von Ω. Wir betrachten sie formal auch als „Ereignis" und ordnen ihr die Wahrscheinlichkeit 0 zu.

Ereigniswahrscheinlichkeit

Wahrscheinlichkeit von Ereignissen

Die Wahrscheinlichkeit P(E) eines Ereignisses E ist die Summe der Wahrscheinlichkeiten, mit denen jedes Element von E auftritt.

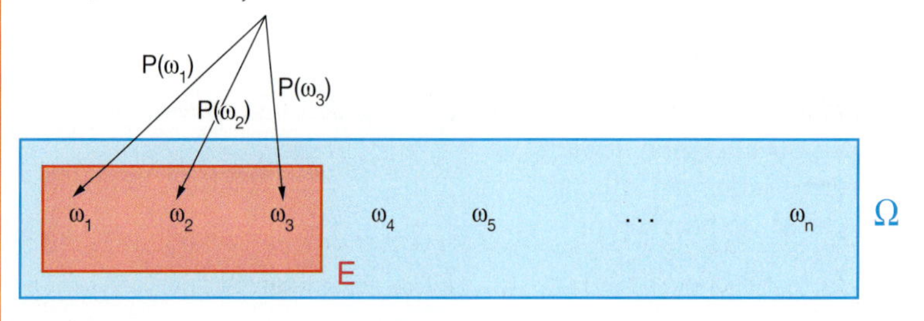

$P(E) = P(\omega_1) + P(\omega_2) + P(\omega_3)$

Allgemein formuliert: $P(E) = \sum_{\omega_i \in E} P(\omega_i)$

Beispiele

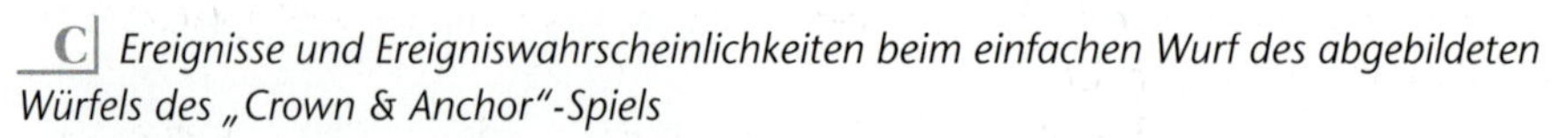

C *Ereignisse und Ereigniswahrscheinlichkeiten beim einfachen Wurf des abgebildeten Würfels des „Crown & Anchor"-Spiels*

Lösung:

Die Ergebnismenge ist Ω = {♥; Krone; ♦; ♣; ♠; Anker}.
Ereignis A: „Das Würfelergebnis zeigt eine rote Farbe", A = {♥; Krone; ♦}
Ereignis B: „Das Würfelergebnis zeigt Krone oder Anker", B = {Krone; Anker}
Unter Annahme des Laplace-Modells lassen sich die Ereigniswahrscheinlichkeiten durch die folgende Summe berechnen:

$P(A) = \frac{1}{6} + \frac{1}{6} + \frac{1}{6} = \frac{1}{2}$

$P(B) = \frac{1}{6} + \frac{1}{6} = \frac{1}{3}$

Beispiele

D *Ereigniswahrscheinlichkeiten bei einem Laplace-Gerät*

Angenommen, ein Ereignis E bei einem Laplace-Versuch mit n verschiedenen Ergebnissen enthält k Elemente. Berechnen Sie P(E) allgemein. Wenden Sie die ermittelte Formel auf das Roulette an und berechnen Sie P(„Carre").

Lösung:

Jedes Ergebnis ω eines Laplace-Versuches mit n Ergebnissen tritt mit der Wahrscheinlichkeit $P(\omega) = \frac{1}{n}$ ein.

Ereigniswahrscheinlichkeit bei einem Laplace-Versuch mit n Ergebnissen

Für ein Ereignis E, das k gleichwahrscheinliche Ergebnisse enthält, gilt:

$$P(E) = \frac{k}{n} = \frac{\text{Anzahl der für E günstigen Ergebnisse}}{\text{Anzahl aller möglichen Ergebnisse}}$$

Somit erhält man beim Roulette für P(„Carre") $= \frac{4}{37}$.

E *Ereigniswahrscheinlichkeiten beim „Schweine-Würfeln"*

Bei dem Glücksspiel „Schweine-Würfeln" werden anstelle zweier Spielwürfel zwei Schweinchen geworfen. Jedes Schweinchen kann auf fünf verschiedene Weisen fallen.

Aus einer umfangreichen Wurfserie sind die folgenden absoluten Häufigkeiten ermittelt worden:

Seite	Suhle	Haxe	Schnauze	Backe
5069	1653	778	171	29

Man erhält die höchste Punktzahl, wenn ein Schweinchen beim Würfeln auf der Schnauze oder seinen Backen zum Liegen kommt, aber nur einen Punkt, wenn es auf der Seite liegen bleibt. Wie groß ist die Wahrscheinlichkeit für das Ereignis, die höchste Punktzahl zu erhalten?

Lösung:

Das Würfeln mit den Schweinchen wird modelliert, indem die Wahrscheinlickeiten mit den relativen Häufigkeiten geschätzt werden.

P(„Schnauze") $= \frac{171}{7700}$; P(„Backe") $= \frac{29}{7700}$

Dann ist P(E) = P(„Schnauze") + P(„Backe") $= \frac{171 + 29}{7700} \approx 0{,}026$.

Übungen

16 *Zufallsziffern*

Bei Zufallsziffern treten die Paare 00, 01, 02, …, 99 mit der gleichen Wahrscheinlichkeit auf. Berechnen Sie die Wahrscheinlichkeit der folgenden Ereignisse:

a) Das Produkt der Ziffern beträgt 4.
b) Beide Ziffern sind kleiner als 5.
c) Die erste Ziffer ist kleiner als die zweite.

17 *Ereignisse beim Würfeln*

Berechnen Sie die Wahrscheinlichkeit für jedes Ereignis, wenn man einen Laplace-Würfel einmal wirft. Die Augenzahl ist:

a) gerade b) durch 3 teilbar c) größer als 6 d) 4 e) kleiner als 1

Zwei der Aufgaben sind nicht ganz ernst zu nehmen. Allerdings kann man dennoch eine mathematisch sinnvolle Antwort geben.

18 *Gewinnwahrscheinlichkeiten beim Roulette*

Informieren Sie sich über die Wettmöglichkeiten beim Roulette (z. B. im Internet). Berechnen Sie für einige der Wettmöglichkeiten die Gewinnwahrscheinlichkeit. Vergleichen Sie mit den jeweiligen Auszahlungsquoten. Was stellen Sie fest?

Übungen

19 *Lotterie*

Bei einer Lotterie wird mit einem Glücksrad mit den Ziffern 0, 1, …, 9 eine vierstellige Nummer „gezogen“. Wie groß ist die Wahrscheinlichkeit, dass die gezogene Nummer mit 3 beginnt und mit einer 2 oder 0 endet?

20 *Zufallswahl*

Die nebenstehende Tabelle stellt die Altersverteilung der eingeschriebenen Studenten an einer Universität dar. Aus der Immatrikulationsliste wird zufällig eine Person ausgewählt. Ermitteln Sie die Wahrscheinlichkeit, dass diese Person

a) 25 Jahre oder älter ist,

b) zu den 18- bis 24-Jährigen gehört.

Alter	männlich	weiblich
18–19	1320	1436
20–21	1420	1583
22–24	1531	1649
25–29	950	1142
30–34	563	808
35+	384	699

21 *Genau eine „Sechs“*

Mit welcher Wahrscheinlichkeit erhält man beim Werfen mit sechs Laplace-Würfeln genau einmal eine „Sechs“?

Zur Geschichte des Würfelns

Bereits in der Antike wurde gewürfelt, dabei waren verschiedene Geschicklichkeits- und Glücksspiele in Griechenland und Rom verbreitet. Neben den heute noch üblichen Würfeln wurden häufig sogenannte Astragale verwendet, die knöchernen Sprungbeine vom Hinterbein eines Schafes, die in vier verschiedene Positionen fallen konnten. Jeder der vier breiteren Seitenflächen wurde ein Zahlenwert zugeordnet (1, 3, 4 und 6). Da Astragale nicht gleichmäßig symmetrisch geformt sind, treten die Ergebnisse nicht mit gleicher Wahrscheinlichkeit auf. Bei Glücksspielen wurde üblicherweise mit vier Astragalen gewürfelt. Als bester Wurf galt der „Venus“-Wurf, bei dem alle vier Astragale eine andere Seite zeigen mussten. Überliefert ist, dass der „Hund“ als besonders schlechtes Wurfergebnis galt, allerdings lassen sich heute die zugehörigen Seitenkombinationen nicht zweifelsfrei rekonstruieren. Historiker vermuten, dass die noch heute verwendete Redensart „auf den Hund gekommen“ auf das Würfeln mit den Astragalen zurückzuführen ist.

Knöchelspielerin
Römische Statue
130–150 n. Chr.

Astragale wurden auch für Orakelsprüche verwendet. Bei dem sogenannten Buchstabenorakel wurden beispielsweise fünf Astragale geworfen und die Augensumme gebildet, die zwischen 5 (1, 1, 1, 1, 1) und 30 (6, 6, 6, 6, 6) lag. Diesen 26 möglichen Ergebnissen wurden in umgekehrter Reihenfolge die Buchstaben des griechischen Alphabets zugeordnet. Der höchste Summenwert 30, das „alpha“, hatte dabei folgenden Orakelspruch: *Alles wirst du glücklich tun, das sagt der Gott.*

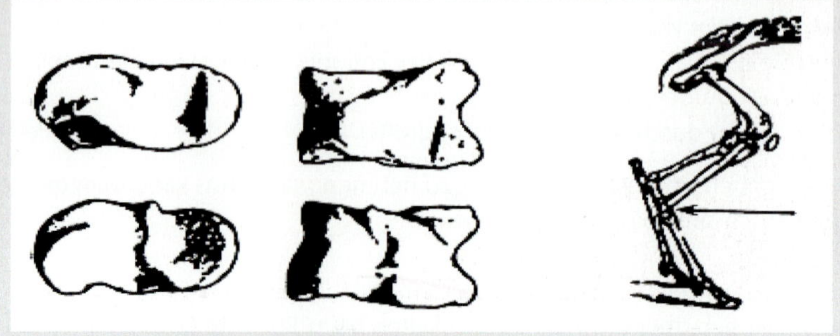

Quelle: Ineichen, Robert; Würfel und Wahrscheinlichkeit in der Antike; Spektrum 1996

Aufgaben

22 *Seltsame Würfel*

Gegeben sind drei Würfel, deren Seiten, wie auf den Würfelnetzen angegeben, beschriftet sind.

A: 2; 2, 2, 2; 6; 6

B: 3; 3, 3, 3; 3; 3

C: 4; 1, 4, 1; 5; 5

a) Ein Spieler wirft den Würfel A, ein anderer den Würfel B. Wer die höhere Augenzahl hat, gewinnt. Mit welcher Wahrscheinlichkeit gewinnt der Spieler mit dem Würfel B gegen den Spieler mit dem Würfel A?

b) Mit welcher Wahrscheinlichkeit gewinnt man mit Würfel C gegen B bzw. mit A gegen C? Was erscheint an diesem Ergebnis paradox?

23 *Warten auf die erste „Sechs"*

Das „Warten auf die erste Sechs" ist Ihnen aus der Spielpraxis sicher „leidvoll" vertraut. Rein theoretisch könnte das Warten „ewig" dauern. Entweder die Augenzahl „Sechs" fällt im 1. Wurf, im 2. Wurf, im 3. Wurf usw. Als Ergebnismenge erhalten wir so die unendliche Menge $\Omega = \{1; 2; 3; 4; 5; \ldots\}$.

a) Berechnen Sie die Wahrscheinlichkeiten $p_1, p_2, p_3, \ldots, p_n$ der Ergebnisse 1, 2, 3, …, n. Welcher Zusammenhang besteht zwischen den einzelnen Wahrscheinlichkeiten?

b) Weisen Sie nach, dass die unendliche Summe der Wahrscheinlichkeiten $p_1 + p_2 + p_3 + \ldots + p_n + \ldots = 1$ ist.
Hilfreich ist die nachfolgende Summenformel $1 + \left(\frac{5}{6}\right) + \left(\frac{5}{6}\right)^2 + \left(\frac{5}{6}\right)^3 + \ldots = 6$.

Wenn Sie mehr über diese Summenformel erfahren möchten, so recherchieren Sie unter dem Stichwort „Geometrische Reihe".

c) Durch Simulation mit einem Computerprogramm erhält man die Verteilung der relativen Häufigkeiten der Ergebnisse 1, 2, 3, … (Abbildung unten).
Beschreiben Sie die Form dieser Häufigkeitsverteilung und untersuchen Sie, inwiefern diese mit den theoretisch berechneten Wahrscheinlichkeiten übereinstimmt.

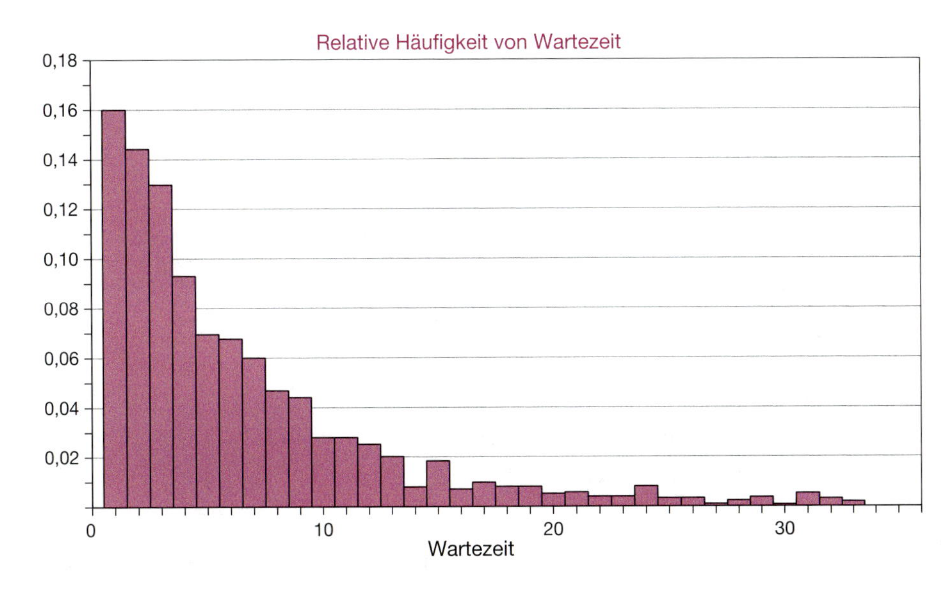

2.2 Rechnen mit Ereigniswahrscheinlichkeiten

Was Sie erwartet

Wenn mehrere Ereignisse eintreten können, dann kann man sich z. B. dafür interessieren, mit welcher Wahrscheinlichkeit beide Ereignisse gleichzeitig eintreten. Interessant könnte es auch sein, mit welcher Wahrscheinlichkeit ein Ereignis oder ein anderes Ereignis eintritt. Unter dem Ereignis „A oder B" ($A \cup B$) versteht man, dass entweder das Ereignis A oder das Ereignis B eintritt oder beide zusammen.

Beim Roulette kann man diese Verknüpfung von Ereignissen leicht veranschaulichen. Ein Spieler setzt zwei Jetons, einen auf die mittlere Zahlenspalte „mittleres Dutzend", kurz 12^M, und den anderen auf die geraden Zahlen „pair".

Ereignis A: „mittleres Dutzend"; Ereignis B: „gerade"

Aus den bekannten Wahrscheinlichkeiten $P(A)$ und $P(B)$ kann man z. B. die Wahrscheinlichkeit $P(A \cup B)$ berechnen. Letztere ist die Wahrscheinlichkeit, dass der Spieler mit mindestens einem der beiden Jetons gewinnt.

Aufgaben

1 *Ereignisse und Wahrscheinlichkeiten beim Roulette*

Beim Roulette setzt ein Spieler je einen Jeton auf „mittleres Dutzend" (Ereignis A) und auf „gerade" (Ereignis B).

a) Ermitteln Sie $P(A)$ und $P(B)$.

b) Mit welcher Wahrscheinlichkeit gewinnt der Spieler mit beiden Jetons gleichzeitig?

c) Welche Ergebnisse enthält das Ereignis $A \cup B$?

d) Kann man mit den Ergebnissen aus Teilaufgabe a) die Wahrscheinlichkeit $P(A \cup B)$ berechnen, indem man $P(A)$ und $P(B)$ addiert?

Tipp: Als Ergebnis erhält man $\frac{24}{37}$.

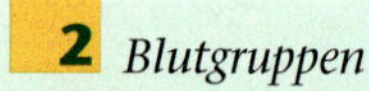

2 *Blutgruppen*

Eine Aufteilung deutscher Bundesbürger nach Blutgruppen ergab folgende Tabelle:

Blutgruppe	0	A	B	AB
prozentualer Anteil	41 %	43 %	11 %	5 %

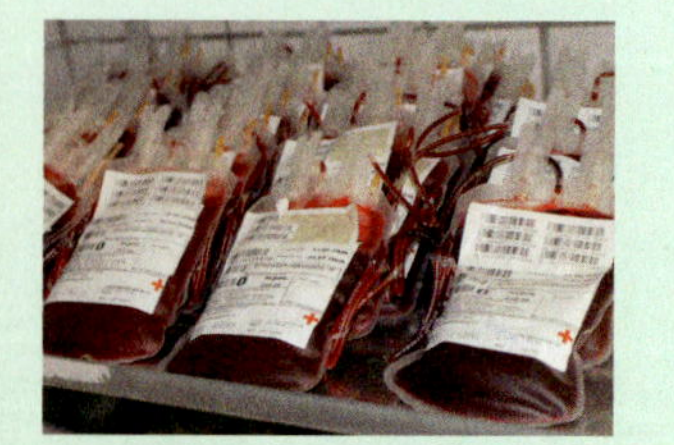

Menschen mit der Blutgruppe A bzw. B entwickeln bereits kurz nach der Geburt Antikörper gegen Blut der Blutgruppe B bzw. A. Als Spenderblut kommt daher nur Blut der Blutgruppe 0 oder der eigenen Blutgruppe infrage. Wie stehen die Chancen, dass eine zufällig ausgewählte Person als Blutspender für eine Person der Gruppe A bzw. B infrage kommt?

3 *Fächerwahl*

Die Jahrgangsstufe 12 eines Gymnasiums besuchen insgesamt 120 Schülerinnen und Schüler. Es gibt zwei Leistungskurse Mathematik, die insgesamt von 34 Schülerinnen und Schülern besucht werden. Die Hälfte der 14 Teilnehmer des Leistungskurses Physik hat auch Mathematik als Leistungskurs. Eine Person aus der Jahrgangsstufe 12 werde zufällig ausgewählt. Mit welcher Wahrscheinlichkeit hat die Person folgende Leistungskurse gewählt:

- Mathematik und Physik,
- entweder Mathematik oder Physik oder beide Fächer,
- weder Mathematik noch Physik?

Basiswissen

Rechnen mit Ereigniswahrscheinlichkeiten

Verknüpfungen von Ereignissen

Und – Verknüpfung
Sowohl das Ereignis A als auch das Ereignis B tritt ein.

Oder – Verknüpfung
Mindestens eines der Ereignisse A, B tritt ein.

Mengenschreibweise

$A \cap B$ | **$A \cup B$**

Beispiel: Würfel
A: „Die Augenzahl ist eine Primzahl"
B: „Die Augenzahl ist gerade"

$A = \{2; 3; 5\}$ $P(A) = \frac{1}{2}$

$B = \{2; 4; 6\}$ $P(B) = \frac{1}{2}$

„Die Augenzahl ist eine Primzahl **und** eine gerade Zahl"
$A \cap B = \{2\}$

„Die Augenzahl ist eine Primzahl **oder** eine gerade Zahl"
$A \cup B = \{2; 3; 4; 5; 6\}$

Mengendiagramme

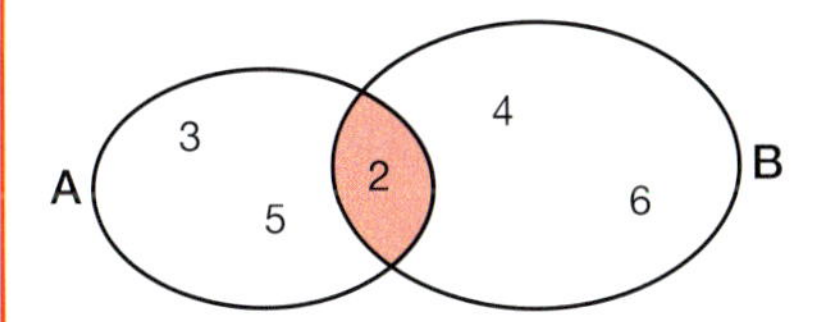

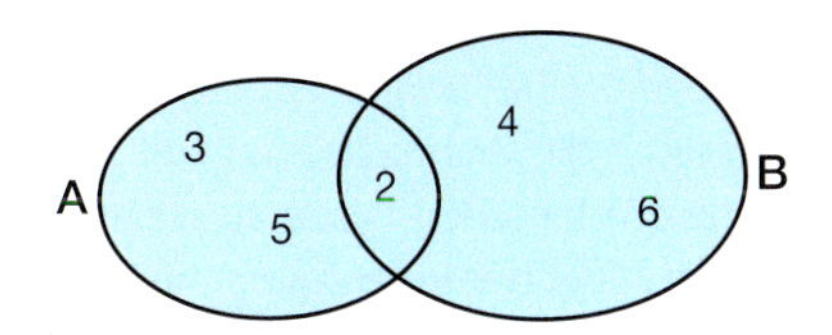

Offensichtlich gilt in dem obigen Beispiel $P(A \cup B) \neq P(A) + P(B)$.
Richtig ist der **Additionssatz** für zwei Ereignisse A, B:
$P(A \cup B) = P(A) + P(B) - P(A \cap B)$.

Beispiele

A *Karten ziehen*

Aus einem gut durchmischten Kartenspiel mit 52 Karten wird eine Karte gezogen.
Wie groß ist die Wahrscheinlichkeit, dass es sich um eine „♥-Karte" oder einen „König" handelt? Berechnen Sie die gesuchte Wahrscheinlichkeit mithilfe der obigen Formel.

Lösung: P(„♥") = $\frac{13}{52}$; P(„König") = $\frac{4}{52}$

P(„♥ und König") = $\frac{1}{52}$, da das Ereignis „♥ und König" nur dann eintritt, wenn die gezogene Karte ein „♥-König" ist.

P(„♥ oder König") = $\frac{13}{52} + \frac{4}{52} - \frac{1}{52} = \frac{16}{52} = \frac{4}{13}$

B *Blutgruppenverteilung*

Eine Aufteilung nach Blutgruppen des AB0- und des Rhesus-Systems mit Rh(D)+ bzw. Rh(D)– ergibt für Deutschland die folgende Häufigkeitsverteilung:
Wie groß ist die Wahrscheinlichkeit, dass eine zufällig ausgewählte Person die Blutgruppe Rh(D)– (Rhesus negativ) oder die Blutgruppe A besitzt?

	0	A	B	AB
Rh(D)+	35 %	37 %	9 %	4 %
Rh(D)–	6 %	6 %	2 %	1 %

Lösung:
Die Prozentangaben in der Tabelle ergeben in der Summe 100 %. Jede Angabe bezieht sich auf eine Und-Verknüpfung von Ereignissen, z. B. beträgt die relative Häufigkeit für die Blutgruppe A und Rh(D)– dann 6 %. Mit diesen relativen Häufigkeiten kann man mit dem Additionssatz die gesuchte Wahrscheinlichkeit ermitteln:

$$P(A \cup Rh(D)-) = P(A) + P(Rh(D)-) - P(A \cap Rh(D)-)$$
$$= (37\,\% + 6\,\%) + (6\,\% + 6\,\% + 2\,\% + 1\,\%) - 6\,\% = 52\,\%$$

Beispiele

C *Spezialfall des Additionssatzes*

Von 1456 Schülerinnen und Schülern einer Schule wohnen 630 in einer Ortschaft mit mehr als 20000 Einwohnern (Ereignis A), 435 in einer Ortschaft mit 2000 bis 19999 Einwohnern (Ereignis B) und 391 in einer Ortschaft mit weniger als 2000 Einwohnern (Ereignis C). Ein Schüler wird zufällig ausgewählt. Wie groß ist die Wahrscheinlichkeit, dass er in einer Ortschaft mit weniger als 20000 Einwohnern lebt?

Lösung:

$P(B \cup C) = \frac{435}{1456} + \frac{391}{1456} = \frac{59}{104} \approx 0{,}567$

Zur Berechnung der Wahrscheinlichkeit $P(B \cup C)$ kann man den vereinfachten Additionssatz anwenden, da $P(B \cap C) = 0$ gilt. Keiner der Schüler kann gleichzeitig in einem Ort des Typs B und in einem Ort des Typs C wohnen. Mathematiker sagen, dass sich die Ereignisse B und C gegenseitig ausschließen.

Für sich gegenseitig ausschließende Ereignisse A und B gelten:

- $P(A \cap B) = 0$
- vereinfachter Additionssatz $P(A \cup B) = P(A) + P(B)$

Übungen

Zur Erinnerung:
In der Stochastik bedeutet A oder B: entweder tritt das Ereignis A oder das Ereignis B ein oder beide gleichzeitig.

4 *Anwendung des Additionssatzes*

a) Wie groß ist die Wahrscheinlichkeit dafür, bei einem Wurf mit zwei Würfeln die Augensumme 8 oder einen Pasch zu erzielen?

b) Sebastian berechnet die Wahrscheinlichkeit des Ereignisses A, beim Wurf mit zwei Würfeln mindestens eine „Sechs" zu erzielen, mit der Formel $P(A) = \frac{1}{6} + \frac{1}{6} - \frac{1}{36}$.
Rabea schlägt als Ergebnis $P(A) = \frac{1}{6} + \frac{1}{6}$ vor, denn die Ereignisse (Sechs, keine Sechs) und (keine Sechs, Sechs) schließen einander aus. Wer hat Recht? Versuchen Sie die gesuchte Wahrscheinlichkeit auf einem anderen Weg zu bestimmen.

5 *Wurf mit zwei Münzen*

Marc stellt fest, dass die Wahrscheinlichkeit, beim Wurf mit zwei Münzen mindestens einmal „Kopf" zu erzielen, mit dem Additionssatz berechnet werden kann:

P(„eine Münze zeigt Kopf oder die andere Münze zeigt Kopf")
= P(„eine Münze zeigt Kopf") + P(„die andere Münze zeigt Kopf") $= \frac{1}{2} + \frac{1}{2} = 1$

Was halten Sie von seiner Argumentation und von dem Ergebnis?

6 *Haustiere*

Aus einer Befragung unter 180 Schülerinnen und Schülern der Oberstufe eines Gymnasiums nach den Haustieren Hund und Katze liegt die folgende unvollständige Tabelle vor:

		Katze		
		ja	nein	Σ
Hund	ja	■	45	57
	nein	58	■	■
	Σ	■	■	180

a) Vervollständigen Sie die Tabelle.

b) Wie groß ist die Wahrscheinlichkeit, dass ein zufällig ausgewählter Schüler der Oberstufe einen Hund oder eine Katze besitzt?

7 *Zum Üben und Interpretieren des Additionssatzes*

Angenommen, 80 % der Kinder einer Grundschule können schwimmen. 58 % der Kinder in der Grundschule sind Mädchen. Nehmen Sie weiter an, dass 50 % aller Kinder Mädchen sind und schwimmen können. Welcher Prozentsatz der Kinder der Grundschule kann schwimmen oder ist ein Mädchen?

Übungen

8 *Ereignisse beim Würfeln*

Es wird ein Würfel einmal geworfen und die folgenden Ereignisse werden betrachtet:

A: „Augenzahl ist ungerade“ B: „Augenzahl ist durch 3 teilbar“

a) Welche der Ereignisse sind eingetreten, wenn eine 3 bzw. 2 geworfen wurde?

b) Drücken Sie die beiden Ereignisse $A \cap B$ und $A \cup B$ als Mengen in aufzählender Form sowie in Worten aus.

c) Vergleichen Sie die Ereigniswahrscheinlichkeiten $P(A)$, $P(B)$, $P(A \cup B)$ und $P(A \cap B)$ der Größe nach.

Mengensprache in der Stochastik

Bereits in anderen Gebieten der Mathematik haben Sie Mengen kennengelernt, wie z. B. Definitions- oder Wertebereiche bei Funktionen in der Analysis oder Lösungsmengen von linearen Gleichungssystemen. Auch in der Stochastik ist die Mengensprache hilfreich. Insbesondere Ereignisse und ihre Verknüpfungen lassen sich mithilfe von Mengen in knapper Form beschreiben und darstellen.

Schreibweise	Mengenbild	Sprechweise
$A \cap B$	A, B, Ω	**Durchschnitt von A und B:** Das Ereignis **A und B** enthält alle Ergebnisse, die in A und B liegen. Das Ereignis A und B tritt genau dann ein, wenn **sowohl A als auch B** eintritt.
$A \cup B$	A, B, Ω	**Vereinigung von A und B:** Das Ereignis **A oder B** enthält alle Ergebnisse, die entweder in A oder B liegen. Das Ereignis A oder B tritt genau dann ein, wenn **mindestens eines der beiden Ereignisse** eintritt.
$\overline{A}$	A, $\overline{A}$, Ω	**Gegenereignis von A:** Das Ereignis $\overline{A}$ (lies A quer) beinhaltet alle Ergebnisse, die nicht zu A gehören. Das Ereignis $\overline{A}$ tritt genau dann ein, wenn **A nicht** eintritt.

9 *Mindestens, höchstens oder ganz genau?*

Bei Problemen aus der Wahrscheinlichkeitsrechnung kommt es darauf an, die Fragestellung genau zu erfassen. So macht es einen Unterschied, ob beim vierfachen Wurf einer Laplace-Münze

- A: **mindestens** einmal,
- B: **genau** einmal oder
- C: **höchstens** einmal

„Zahl“ dabei war. Schreiben Sie die zu den drei Ereignissen gehörenden Ergebnisse auf und bestimmen Sie die Ereigniswahrscheinlichkeiten. Welche lassen sich besonders einfach ermitteln?

Besondere Ereignisse und ihre Wahrscheinlichkeiten

Gegenereignis $\overline{A}$:	$\overline{A}$ tritt genau dann ein, wenn A nicht eintritt. $P(\overline{A}) = 1 - P(A)$
Unmögliches Ereignis { }:	Die Menge enthält kein Element. $P(\{\}) = 0$
Sicheres Ereignis Ω:	Die Menge enthält alle möglichen Ergebnisse. $P(\Omega) = 1$

Übungen

10 *Mensch ärgere Dich nicht*
Beim „Mensch ärgere Dich nicht"-Spiel interessiert man sich beim Spielstart für die Wahrscheinlichkeit, dass bei drei Würfen mit einem Laplace-Würfel mindestens einmal die Augenzahl 6 fällt. Bestimmen Sie die gesuchte Ereigniswahrscheinlichkeit auf unterschiedlichen Wegen. Eine Ihrer Lösungen sollte mit dem Gegenereignis zu „mindestens einmal die Augenzahl 6" berechnet werden.

11 *Zusammenfassende Übungsaufgaben*
Angenommen, Sie würfeln gleichzeitig mit einem vierseitigen Laplace-Würfel (Tetraeder) und einem sechsseitigen Laplace-Würfel.
a) Wie viele gleichwahrscheinliche Ergebnisse gibt es?
b) Berechnen Sie die Wahrscheinlichkeit der folgenden Ereignisse:
A: „Augensumme 4" B: „Pasch" C: „Augensumme 4 oder Pasch"
c) Schließen sich die Ereignisse A und B aus Teilaufgabe b) gegenseitig aus? Wie verhält sich dies mit den Ereignissen „Augensumme 3" und „Pasch"?

12 *Wahlverhalten bei Zusatzfächern*
In dem nebenstehenden „Mengendiagramm" ist das Wahlverhalten von Schülerinnen und Schülern einer Jahrgangsstufe dargestellt, die Zusatzfächer in Ergänzung zu ihren Pflichtfächern gewählt haben.

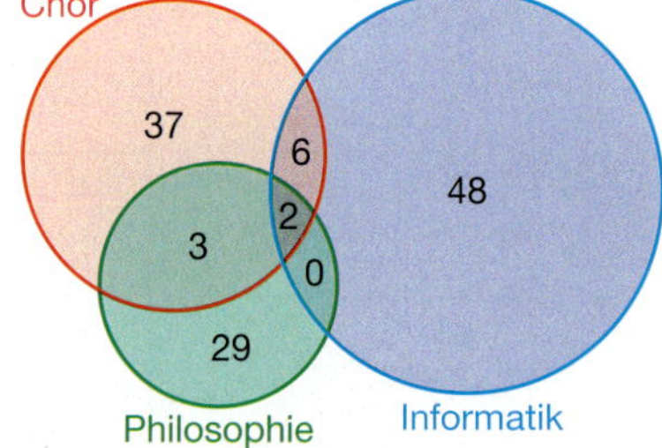

a) Interpretieren Sie das Diagramm. Wie viele der Schülerinnen und Schüler belegen alle drei Zusatzfächer, wie viele Chor und Philosophie usw.?
b) Wie groß ist die Wahrscheinlichkeit, dass eine zufällig ausgewählte Person aus der Menge der Schülerinnen und Schüler mit Zusatzfächern an mindestens zwei Zusatzfächern teilnimmt?

13 *Qualitätskontrolle*
In einer Kiste werden 35 Maschinenteile angeliefert. Angenommen, es wurden acht der Teile beim Transport beschädigt oder bereits defekt in die Kiste gepackt. Zur Qualitätskontrolle entnimmt ein Mitarbeiter zufällig fünf Teile und überprüft sie. Wie groß ist die Wahrscheinlichkeit, dass er zumindest ein defektes Teil entdeckt?

14 *Das kleine Geburtstagsproblem*
Julia trifft sich mit vier Freundinnen. Wie groß ist die Wahrscheinlichkeit, dass von den fünf Mädchen mindestens zwei im selben Monat Geburtstag haben?

Der Lösungsweg ist in Ansätzen dargestellt. Ergänzen Sie den Text und die Rechnung.

Arbeiten mit dem Gegenereignis erspart Aufwand:

Ereignis A: „Mindestens zwei Mädchen haben im selben Monat Geburtstag."
Gegenereignis $\overline{A}$: „Alle Mädchen haben ■ Geburtstag."

Berechnung der Wahrscheinlichkeit für das Gegenereignis:

beliebige Auswahl des Geburtsmonats	beliebiger Monat, nur nicht der Geburtsmonat des 1. Mädchens	beliebiger Monat, nur nicht die Geburtsmonate der ersten beiden Mädchen …
⟶	⟶	⟶
$\frac{12}{12}$	$\frac{11}{12}$	$\frac{10}{12}$
Mädchen 1	Mädchen 2	Mädchen 3

$P(\overline{A}) = \frac{12}{12} \cdot \frac{11}{12} \cdot \frac{10}{12} \cdot$ ■ $P(A) = 1 - P(\overline{A}) = 1 -$ ■

Axiome der Wahrscheinlichkeitsrechnung

In diesem Buch haben Sie bereits viel mit Wahrscheinlichkeiten gearbeitet. Dabei wurden die Wahrscheinlichkeiten im Rahmen passender Wahrscheinlichkeitsmodelle bestimmt. Bei Laplace-Versuchen hilft die Modellannahme der Gleichverteilung, bei anderen Zufallsversuchen lässt sich die Stabilisierung der relativen Häufigkeiten (Empirisches Gesetz der großen Zahlen) nutzen.

Was sind nun aber Wahrscheinlichkeiten? Gibt es eine Definition, die die verschiedenen Zugänge zu Wahrscheinlichkeitsmodellen erfasst?

Diese Fragen haben sich Mathematiker seit den Anfängen der Wahrscheinlichkeitsrechnung gestellt und intensiv untereinander diskutiert, ohne zunächst zu einem befriedigenden Ergebnis zu gelangen. Zu Beginn des 20. Jahrhunderts kam man schließlich zu einer Lösung. Der Grundbegriff der Wahrscheinlichkeitsrechnung wurde nicht inhaltlich, sondern „axiomatisch" festgelegt. Das bedeutet, es wurde mit der Definition nicht erfasst, was genau eigentlich eine Wahrscheinlichkeit ist, sondern welche Eigenschaften Wahrscheinlichkeiten erfüllen sollen. Diese axiomatische Vorgehensweise ist auch in anderen mathematischen Gebieten üblich (z. B. in der Linearen Algebra bei der Definition von Vektoren als Elemente eines Vektorraums mit festgelegten Eigenschaften und Verknüpfungen). Axiome sind Grundsätze einer mathematischen Theorie, die ohne Beweis angenommen werden und aus denen sich die Sätze dieser Theorie herleiten lassen.

A. N. KOLMOGOROW
1903–1987

Im Jahre 1933 stellte der russische Mathematiker ANDREI NIKOLAJEWITSCH KOLMOGOROW ein Axiomensystem der Wahrscheinlichkeitsrechnung auf. Die von ihm formulierten Axiome für Zufallsversuche mit endlichen Ergebnismengen $\Omega = \{\omega_1; \omega_2; \ldots; \omega_n\}$ lehnen sich an unmittelbar einsichtige Eigenschaften von relativen Häufigkeiten an.
Auch die Laplace-Wahrscheinlichkeit erfüllt die drei Axiome.

Eigenschaften relativer Häufigkeiten	**Axiome der Wahrscheinlichkeitsrechnung**
Für die relative Häufigkeit **h** eines Ereignisses $A \subset \Omega$ gilt:	Es sei P eine Funktion, die jedem Ereignis $A \subset \Omega$ eine reelle Zahl $P(A)$ zuordnet. P ist eine Wahrscheinlichkeitsverteilung, wenn folgende Eigenschaften erfüllt sind:
(i) Relative Häufigkeiten sind nichtnegativ: $\mathbf{h(A) \geq 0}$	(Axiom 1) $\mathbf{P(A) \geq 0}$
(ii) Die relative Häufigkeit der Ergebnismenge ist 100 %: $\mathbf{h(\Omega) = 1}$	(Axiom 2) $\mathbf{P(\Omega) = 1}$
(iii) Für unvereinbare Ereignisse A und B mit $A \cap B = \{\}$ gilt der Additionssatz: $\mathbf{h(A \cup B) = h(A) + h(B)}$	(Axiom 3) Wenn $A \cap B = \{\}$, dann gilt: $\mathbf{P(A \cup B) = P(A) + P(B)}$

Alle bisher benutzten weiteren Rechenregeln für Wahrscheinlichkeiten lassen sich mithilfe der drei Axiome von KOLMOGOROW herleiten.

2.3 Zählen und Wahrscheinlichkeiten

Was Sie erwartet

Viele Zufallsversuche können mit einer Ergebnismenge mit endlich vielen Elementen modelliert werden, bei der die Ergebnisse alle gleichwahrscheinlich sind.

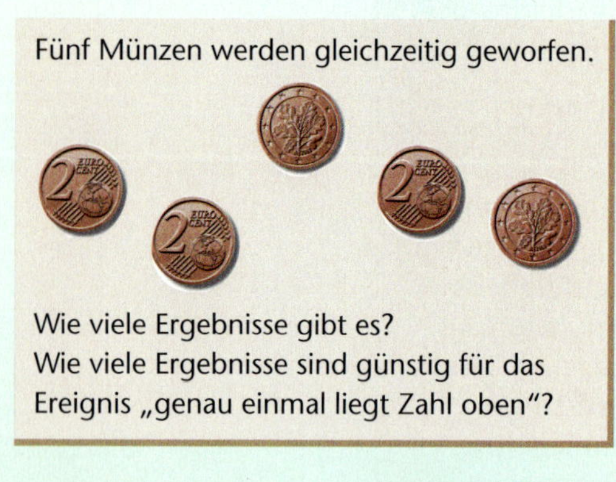

Die Wahrscheinlichkeit für das Eintreten eines Ereignisses kann man in diesen Fällen mit der Laplace-Formel berechnen als Quotienten aus der Anzahl der Ergebnisse, die günstig für das Eintreten des betreffenden Ereignisses sind, und der Anzahl aller möglichen Ergebnisse. Offensichtlich muss man gut zählen können, will man Wahrscheinlichkeiten auf diesem Wege berechnen. Zum Glück gibt es einige Zählprinzipien, die in vielen Situationen hilfreich sind.

Aufgaben

1 *Münzwurf*

In dem Text zu „*Was Sie erwartet*" ist in der Abbildung ein Ergebnis des Wurfes mit fünf Münzen dargestellt. Ein Ergebnis kann man als eine Liste mit fünf Elementen, bestehend aus „Zahl" und „Wappen", darstellen, die die Einzelergebnisse der verschiedenen Münzen angibt, z. B. beginnend mit der 2-Cent-Münze, die „Zahl" anzeigt, (Z; Z; W; Z; W). Statt Liste mit fünf Elementen sagt man auch 5-Tupel oder Quintupel.

n-Tupel: Liste mit n Elementen

2-Tupel: Liste mit 2 Elementen

a) Wie viele verschiedene Ergebnisse gibt es beim fünffachen Münzwurf?

b) Wie groß ist die Wahrscheinlichkeit, dass bei dem Wurf mit fünf Münzen genau eine Münze mit „Zahl" nach oben liegt?

2 *T-Shirts – Kombinationen*

Ein bestimmtes T-Shirt wird in vier verschiedenen Größen und in neun verschiedenen Farben hergestellt. Wie viele verschiedene Kombinationen von Größe – Farbe muss ein Bekleidungsgeschäft auf Lager haben, damit das Geschäft die gesamte Linie dieses T-Shirts führt?

3 *Gewinnwahrscheinlichkeiten bei „3 aus 5"*

Bei einer Lotterie wird mit einer Urne und fünf Kugeln (Lose) mit den Nummern von 1 bis 5 gespielt. Sie kreuzen drei Gewinnzahlen auf dem Lottoschein an. Drei Kugeln werden ohne Zurücklegen gezogen. Auf die Reihenfolge der Ziehung kommt es in dem Fall nicht an.

a) Schätzen Sie, wie groß die Wahrscheinlichkeit für drei „Richtige" ist.

b) Spielen Sie „3 aus 5" häufig in Ihrem Kurs. Sie können schnell eine größere Zahl von Spielen machen, wenn Sie mehrere Gefäße mit fünf Losen verwenden. Schätzen Sie mit Ihren Ergebnissen die Wahrscheinlichkeit für drei „Richtige".

c) Sie können die Wahrscheinlichkeit für drei „Richtige" auch theoretisch bestimmen. Schreiben Sie dazu für eine mögliche Ziehung beim Lotto „3 aus 5" alle Möglichkeiten auf. Beachten Sie dabei, dass die Reihenfolge keine Rolle spielt. Geben Sie P(drei „Richtige") an.

Basiswissen

Grundlegendes Zählprinzip

Aus der Reklame eines Autohauses:

Angebotspalette bei unserem neuen Modell

drei *Motorenvarianten:*
Diesel, Benziner, Hybrid

vier *Farben:*
schwarz, grau, weiß, rot

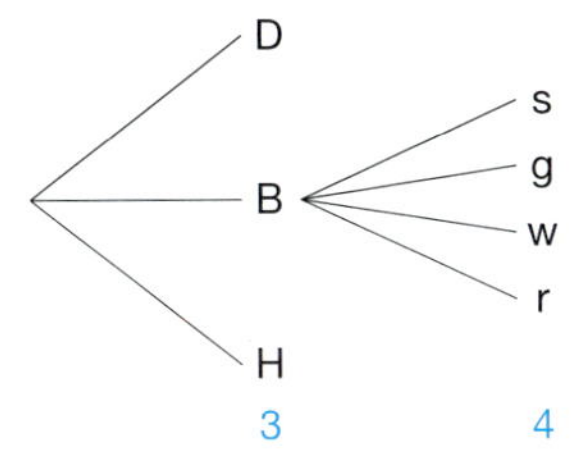

Man kann $3 \cdot 4 = 12$ verschiedene Modelle konfigurieren.

Wie man richtig zählt

Für einen zweistufigen Prozess mit n_1 Ergebnissen auf der ersten Stufe und n_2 Ergebnissen auf der zweiten Stufe, ist die **Gesamtanzahl der Ergebnisse $n_1 \cdot n_2$**.

Verallgemeinerung:

Ein k-stufiger Prozess mit jeweils $n_1, n_2, \ldots, n_k$ Ergebnissen auf jeder Stufe hat insgesamt $n_1 \cdot n_2 \cdot \ldots \cdot n_k$ mögliche Ergebnisse.

Beispiele

A *Passwortkombinationen*

Tabea möchte ihren Computer mit einem Passwort schützen. Sie wählt ein Passwort, das fünf Zeichen lang ist. Als Zeichen verwendet sie Buchstaben in Groß- oder Kleinschreibung und Ziffern. Wie viele verschiedene Passwörter könnte sie generieren?

Lösung:

Es gibt 26 Buchstaben. Mit Groß- und Kleinschreibung erhält man 52 verschiedene Buchstaben. Dazu kommen noch 10 verschiedene Ziffern. Für das fünfstellige Passwort erhält man also $62 \cdot 62 \cdot 62 \cdot 62 \cdot 62 = 62^5 = 916\,132\,832$ Möglichkeiten.

B *Verteilung beim Ankreuzen*

Ein Multiple-Choice-Test besteht aus zwölf Fragen mit je vier Auswahlantworten. Es darf jeweils nur eine der Antworten angekreuzt werden. Auf wie viele verschiedene Arten können alle zwölf Aufgaben des Tests beantwortet werden?

Lösung:

Bei jeder Frage gibt es vier Möglichkeiten, das Kreuz zu setzen. Somit gibt es insgesamt $4 \cdot 4 \cdot 4 \cdot \ldots \cdot 4 = 4^{12} = 16\,777\,216$ Möglichkeiten, den Test zu beantworten.

Übungen

4 *Handy-PIN vergessen*

Annika hat den vierstelligen Sicherheitscode ihres Handys vergessen. Sie erinnert sich nur, dass die erste Ziffer eine 1 oder eine 2 ist, dass die zweite Ziffer größer als 5 war und die beiden anderen Ziffern jeweils eine 6, 7 oder 8 waren. Wie viele PIN-Nummern müsste sie im ungünstigsten Fall durchprobieren, um die richtige Nummer herauszufinden?

Wissen Sie, wie häufig Sie die PIN-Nummer Ihres Handys ausprobieren dürfen, bevor das Handy gesperrt wird?

5 *„Buchstabensalat"*

Auf wie viele verschiedene Arten kann man die Buchstaben des Wortes **LEIB** anordnen? Ermitteln Sie die Anzahl mithilfe der Produktregel. Vielleicht hilft Ihnen dabei das unvollständige Baumdiagramm.
Schreiben Sie alle möglichen Buchstabenanordnungen auf. Wie viele dieser Worte ergeben einen Sinn?

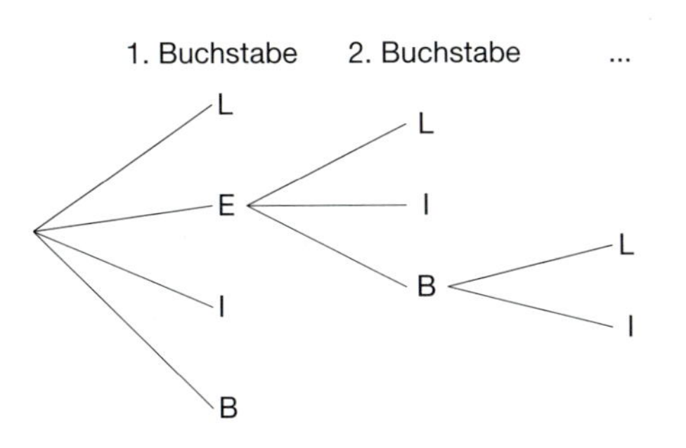

Diese Worte nennt man Anagramme.

Basiswissen

Spezielle Zählprinzipien beim „Urnenmodell"

Ziehen aus einer Urne mit Berücksichtigung der Reihenfolge

In den folgenden Beispielen wird jeweils aus einer Urne mit fünf verschiedenen Kugeln gezogen. Beim Zählen der Ergebnisse soll es auch auf die Reihenfolge ankommen.

Ziehen mit Zurücklegen

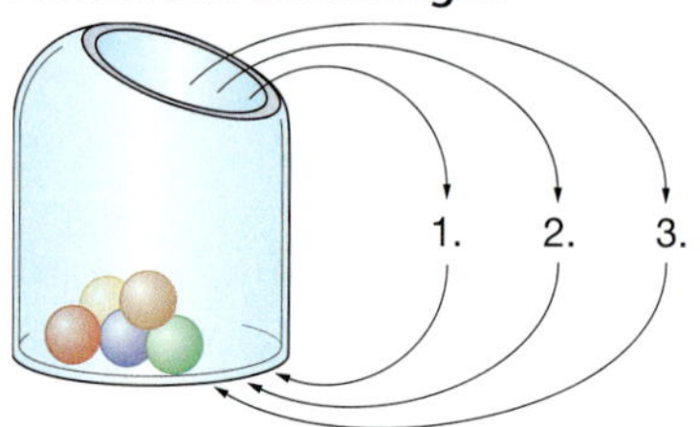

Dreimal Ziehen mit Zurücklegen

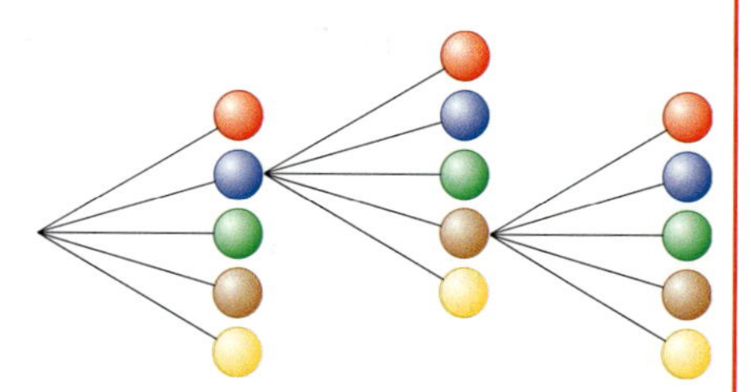

Man erhält $5 \cdot 5 \cdot 5 = 5^3 = 125$ verschiedene Ergebnisse.

Verallgemeinerung:
Aus einer Urne mit n unterscheidbaren Kugeln wird k-mal eine Kugel mit Zurücklegen gezogen. Es gibt $\mathbf{n \cdot n \cdot \ldots \cdot n = n^k}$ **verschiedene Ergebnisse.**

Ziehen ohne Zurücklegen

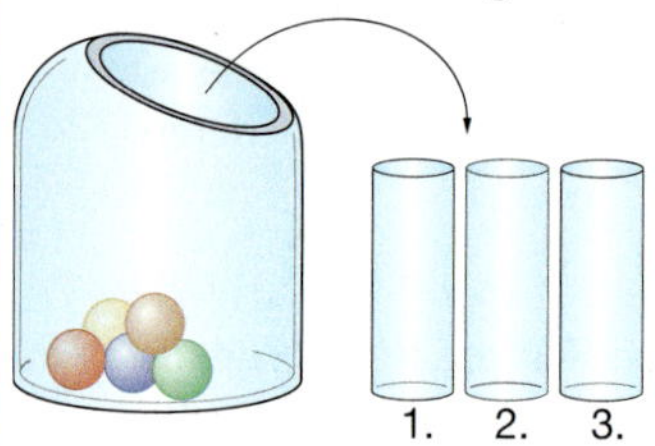

Dreimal Ziehen ohne Zurücklegen

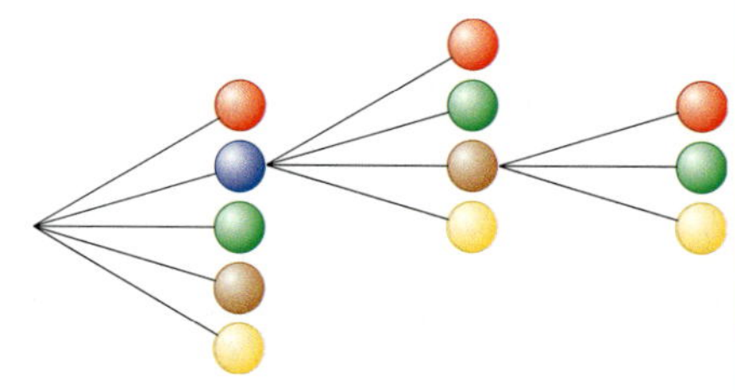

Man erhält $5 \cdot 4 \cdot 3 = 60$ verschiedene Ergebnisse.

```
5 nPr 3
             60
```

Die Anzahl der Ziehungen von k aus n Kugeln kann man auch mit dem GTR berechnen. Schauen Sie in Ihrem Handbuch zum GTR nach.

Verallgemeinerung:
Aus einer Urne mit n unterscheidbaren Kugeln wird k-mal eine Kugel ohne Zurücklegen gezogen. Man erhält $\mathbf{n \cdot (n-1) \cdot \ldots \cdot (n-k+1)}$ **verschiedene Ergebnisse.**

Spezialfall: **Permutationen**

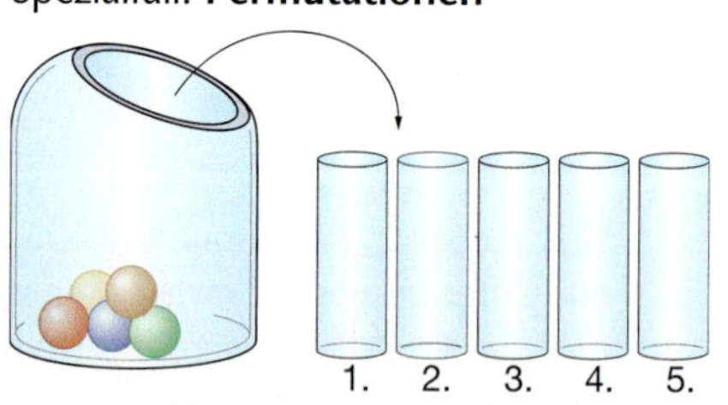

Alle Kugeln **ohne Zurücklegen** ziehen

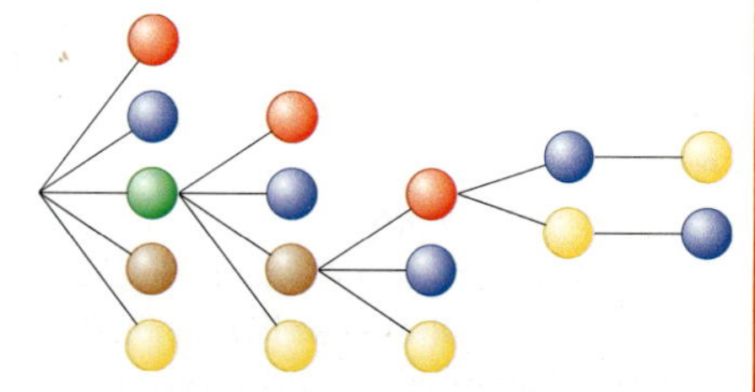

Man erhält $5 \cdot 4 \cdot 3 \cdot 2 \cdot 1 = 120$ verschiedene Ergebnisse bzw. Anordnungen von Kugeln.

```
5!
             120
```

Mit dem GTR kann man n! schnell berechnen. Probieren Sie die Fakultätsfunktion auf Ihrem Taschenrechner aus.

Verallgemeinerung: Auf wie viele Arten kann man n Objekte anordnen?
Aus einer Urne mit n unterscheidbaren Kugeln werden alle Kugeln ohne Zurücklegen gezogen. Man erhält $\mathbf{n \cdot (n-1) \cdot \ldots \cdot 3 \cdot 2 \cdot 1}$ **verschiedene Ergebnisse.**
Verwendet man die „**Fakultätsschreibweise**", so kann man dieses Produkt abgekürzt schreiben: $n \cdot (n-1) \cdot \ldots \cdot 3 \cdot 2 \cdot 1 = n!$
Man kann n Kugeln auf n! verschiedene Weisen nacheinander anordnen. Statt von n! Anordnungen spricht man auch von **n! Permutationen.**

Beispiele

C *Anordnung von Büchern*

Auf wie viele Arten kann Anne acht Bücher auf einem Brett ihres Bücherregals anordnen?

Lösung:

Stelle	1.	2.	3.	4.	5.	6.	7.	8.
Wahlmöglichkeiten	8	7	6	5	4	3	2	1

Es handelt sich um eine Permutation von acht Objekten, also gibt es $8! = 40\,320$ Möglichkeiten.

D *Beim Optiker*

Eine Verkäuferin wählt aus einer Kollektion von zehn Sonnenbrillen vier aus und arrangiert sie auf einem Regal von oben nach unten. Auf wie viele Arten geht dies?

Lösung:

Stelle im Regal von oben	1.	2.	3.	4.
Wahlmöglichkeiten	10	9	8	7

Die vier Brillen können auf $10 \cdot 9 \cdot 8 \cdot 7 = 5040$ Arten ausgewählt und angeordnet werden. Verwendet man die Schreibweise mit Fakultäten, erhält man $\frac{10!}{(10-4)!} = \frac{10!}{6!} = 5040$.

Mit der „Fakultätsschreibweise" erhält man für die Anzahl der Ziehungen von k Kugeln aus einer Urne mit n Kugeln **ohne Zurücklegen** unter Berücksichtigung ihrer **Reihenfolge** die Formel:
$n \cdot (n-1) \cdot \ldots \cdot (n-k+1) = \frac{n!}{(n-k)!}$

E *Besondere Passwörter*

Berechnen Sie die Wahrscheinlichkeit, dass ein Passwort, bestehend aus zwei großen Buchstaben, gefolgt von drei Ziffern, zufällig nur die Buchstaben A oder B enthält.

Lösung:

Es gibt $26^2 \cdot 10^3 = 676\,000$ verschiedene Passwörter. Von diesen Passwörtern enthalten $2^2 \cdot 10^3 = 4000$ lediglich die Buchstaben A und B.
Die gesuchte Wahrscheinlichkeit beträgt $p = \frac{4000}{676\,000} = \frac{4}{676} \approx 0{,}0059$.

Übungen

Übungsaufgaben zum Zählen (6–15):
Entscheiden Sie bei allen Aufgaben zunächst, welches Modell das passende ist: Ziehen mit oder Ziehen ohne Zurücklegen.

6 *Noch mal besondere Passwörter*

Wie viele verschiedene Passwörter gibt es
a) mit zwei Ziffern, gefolgt von drei Buchstaben und einer weiteren Ziffer,
b) mit drei Buchstaben, gefolgt von drei Ziffern?

7 *Toto – 13er-Wette*

Bei den 13 Paarungen des Spielplans kann auf
1 Sieg der erstgenannten Mannschaft (Heimsieg),
0 Unentschieden oder
2 Sieg der zweitgenannten Mannschaft (Auswärtssieg) getippt werden.

a) Wie viele verschiedene Tippreihen sind möglich?
b) Wie viele Tippreihen mit genau 13 bzw. 12 Richtigen gibt es?
c) Lars schlägt vor: „Die Wahrscheinlichkeit für 13 bzw. 12 Richtige bei der 13er-Wette kann man mit dem Quotienten aus dem Ergebnis von b) und dem Ergebnis von a) berechnen." Was halten Sie davon?

8 *Medaillenverteilung*

Acht Sprinter treten zum Finale an. Auf wie viele Arten können die Gold-, Silber- und Bronzemedaille theoretisch vergeben werden, wenn keine Medaille mehrfach vergeben wird?

Übungen

9 *Das Problem des „travelling salesman"*
Auf wie viele Arten kann ein Kundenbetreuer zehn Kunden nacheinander besuchen?

10 *Sicherheit*
Ein Sicherheitsbeauftragter will für Passwörter nur die drei Buchstaben A, B und C verwenden. Wie lang müssen die Passwörter sein, damit die Ratewahrscheinlichkeit kleiner als 0,001 ist?

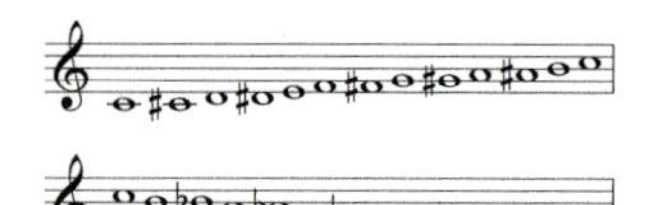

11 *12-Ton-Musik*
In der 12-Ton-Musik muss jeder Ton der chromatischen Tonleiter genau einmal verwendet werden, bevor er wiederholt werden darf. Eine Folge von zwölf Tönen nennt man eine Tonreihe. Wie viele verschiedene Tonreihen gibt es?

12 *Im Kino*
Drei Jungen und drei Mädchen sitzen nebeneinander in einer Sitzreihe im Kino.
a) Auf wie viele Arten können die sechs Personen nebeneinander sitzen?
b) Begründen Sie, warum es 72 Anordnungen gibt, bei denen jeweils ein Mädchen neben einem Jungen sitzt.
c) Mit welcher Wahrscheinlichkeit tritt das in b) beschriebene Ereignis zufällig ein?

13 *Anordnung mit identischen Objekten*
Anna pflanzt elf Pflanzen hintereinander in ein Beet ein. Dabei sind vier der Pflanzen rot, fünf gelb und zwei lila. Erläutern Sie, warum die Anzahl der möglichen Anordnungen mit dem Ansatz $\frac{11!}{4! \cdot 5! \cdot 2!}$ berechnet wird.

14 *Anordnung mit identischen Kugeln*
Jochen legt rote und weiße Kugeln in eine Reihe. Auf wie viele Arten geht dies, wenn er
a) 8 rote und 5 weiße, b) r rote und w weiße Kugeln hat?

15 *Anordnungen im Kreis*
a) Auf wie viele Arten können vier verschiedene Objekte A, B, C, D im Kreis angeordnet werden?

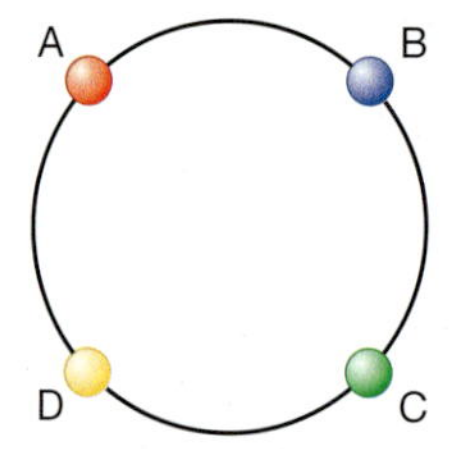

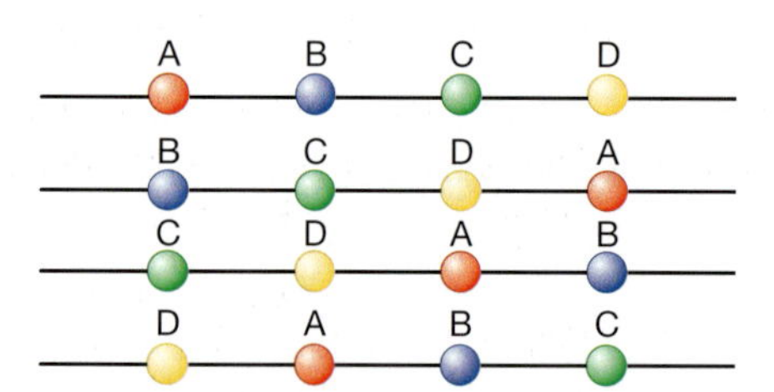

Vergleichen Sie die abgebildeten linearen Anordnungen miteinander. Vergewissern Sie sich, dass die vier verschiedenen linearen Anordnungen (Permutationen) der Objekte die gleiche kreisförmige Anordnung ergeben. Begründen Sie, dass die Anzahl der kreisförmigen Anordnungen der vier Objekte A, B, C, D dann $\frac{4!}{4}$ beträgt.
b) Mit welcher Formel kann man die Anzahl von n verschiedenen kreisförmig angeordneten Objekten berechnen?

KURZER RÜCKBLICK

1 Skizzieren Sie die Graphen der Funktionen $f(x) = 3x + 1$ und $g(x) = x^2 - 2x$.

2 Prüfen Sie, ob der Punkt $(3|-2)$ auf der Geraden $g(x) = 3x - 2$ liegt.

3 Lösen Sie die Gleichung $V = \frac{1}{3}\pi r^2 h$ nach r und h auf. Welche geometrische Bedeutung hat die Gleichung?

Übungen

16 *„Glücksrad gegen Lotto"*

Bei einem Firmenjubiläum soll für die Gäste zur Unterhaltung ein Glücksspiel angeboten werden. Ein Mitarbeiter der Marketingabteilung schlägt zwei Varianten vor:

Spiel A: „Glücksspirale"	**Spiel B: „3 aus 9"**
Die Spieler setzen auf eine dreistellige Glückszahl. Jede Ziffer darf nur einmal vorkommen, die 0 ist nicht erlaubt.	Die Spieler tippen wie beim Lotto drei verschiedene Zahlen von 1 bis 9.
Gegen Ende des Festes wird die Gewinnzahl ermittelt. Dazu werden drei Kugeln aus einer Urne mit den Kugeln 1 bis 9 ohne Zurücklegen gezogen. Gewonnen hat derjenige, der die richtige Zahl getippt hat.	In einer Urne liegen die Kugeln 1 bis 9. Es werden drei Kugeln ohne Zurücklegen gezogen. Gewonnen hat man, wenn man die richtigen Zahlen getippt hat.

Erklären Sie, warum beim Spiel A die Gewinnwahrscheinlichkeit geringer ist als beim Spiel B. Berechnen Sie die Wahrscheinlichkeiten.

Basiswissen

Giulia hat fünf Spielfilme für das Wochenende ausgeliehen und möchte drei davon nacheinander ansehen. Sie entscheidet sich, welchen Film sie zunächst ansehen will, welchen als zweiten und welchen als dritten. Sie hat die Wahl zwischen $5 \cdot 4 \cdot 3$, d.h. 60 verschiedenen Möglichkeiten. Angenommen, Giulia möchte drei von diesen Filmen kaufen. Dann spielt die Reihenfolge keine Rolle. Die Kaufentscheidung für die Filme A, B, C ist dieselbe wie die für B, A, C, usw.
Beim Anschauen entscheidet man sich also für das Urnenmodell Ziehen ohne Zurücklegen mit Berücksichtigung der Reihenfolge, die Kaufauswahl lässt sich durch **Ziehen ohne Zurücklegen ohne Berücksichtigung der Reihenfolge** modellieren. Um die „Kombinationen von drei Filmen", die den gleichen Kauf darstellen, zu kompensieren, muss man 60 durch 3! (Anzahl der möglichen Reihenfolgen der drei ausgewählten Filme) dividieren. Man kann also zehn verschiedene Kaufentscheidungen treffen.

Ziehen ohne Zurücklegen ohne Berücksichtigung der Reihenfolge

Aus einer Urne, in der sich fünf Kugeln mit den Nummern 1 bis 5 befinden, werden drei Kugeln „mit einem Griff" gezogen. Beim Zählen der Ergebnisse soll es nicht auf die Reihenfolge der gezogenen Kugeln ankommen.

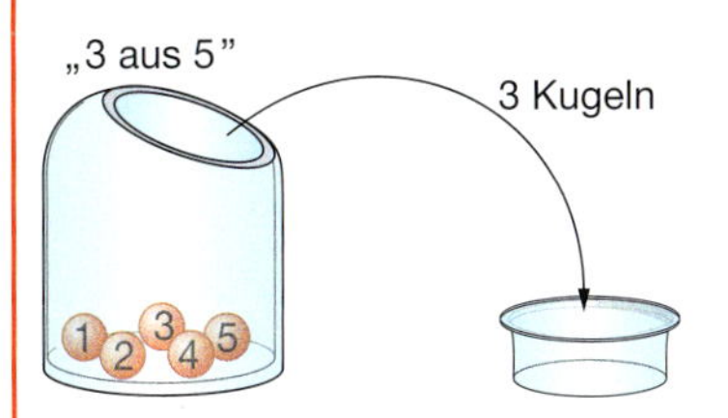

Würde man die Reihenfolge berücksichtigen, so wären beim Ziehen von drei Kugeln ohne Zurücklegen $5 \cdot 4 \cdot 3$ Ergebnisse möglich. Wenn es nicht auf die Reihenfolge ankommt, in der die Kugeln gezogen werden, dann sind jeweils 3! Permutationen der drei gezogenen Kugeln in ihrer Auswahl identisch.

Die Anzahl der verschiedenen Ergebnisse bei „3 aus 5" ist somit $\frac{5 \cdot 4 \cdot 3}{3!} = 10$.

Verallgemeinerung „k aus n": Aus einer Urne mit n verschiedenen Kugeln werden k Kugeln ohne Zurücklegen und ohne Berücksichtigung der Reihenfolge gezogen.

Man erhält $\frac{n \cdot (n-1) \cdot (n-2) \cdot \ldots \cdot (n-k+1)}{k!} = \frac{n!}{(n-k)! \cdot k!}$ verschiedene Ergebnisse.

Für diese Anzahl schreibt man kurz $\binom{n}{k}$ (sprich „n über k").

Die Terme $\binom{n}{k}$ nennt man **Binomialkoeffizienten**.

Mit dem GTR kann man z.B. $\binom{5}{3}$ bequem ausrechnen. Schauen Sie in Ihrem Handbuch nach.

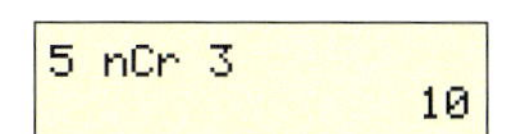

Beispiele

F *Fruchtsäfte*

In einem Lebensmittelsupermarkt sind zehn verschiedene Fruchtsäfte im Angebot. Auf wie viele Arten können davon drei verschiedene ausgewählt werden?

Lösung:

Die Reihenfolge, in der die Fruchtsäfte ausgesucht werden, spielt keine Rolle. Da es sich um verschiedene Fruchtsäfte handeln soll, werden Fruchtsäfte ohne Zurücklegen „gezogen". Man kann auf

$\binom{10}{3} = \frac{10!}{(10-3)! \cdot 3!} = \frac{10!}{7! \cdot 3!} = 120$

Arten seine Auswahl treffen.

G *Teambildung*

Von sieben vorgeschlagenen Personen werden drei in das Event-Team der 12. Jahrgangsstufe eines Gymnasiums gewählt. Auf wie viele Arten geht dies?

Lösung:

Wenn es um das Ermitteln von Anzahlen geht, dann muss man zunächst entscheiden, ob es sich um Ziehen mit oder ohne Zurücklegen handelt. Anschließend muss man noch entscheiden, ob die Reihenfolge eine Rolle spielt oder nicht. Ein passendes Modell ist eine Urne mit den sieben Zetteln, auf denen die Namen der Kandidaten stehen. Dann werden drei Zettel ohne Zurücklegen gezogen. Auf die Reihenfolge innerhalb der Ziehung kommt es nicht an.

Das Event-Team kann also auf $\binom{7}{3} = \frac{7!}{(7-3)! \cdot 3!} = 35$ Arten gebildet werden.

H *Zusammensetzung einer Testgruppe*

Aus einer Gruppe von 10 Männern und 15 Frauen werden 3 Männer und 4 Frauen für einen medizinischen Test zufällig ausgewählt. Auf wie viele Arten kann die Testgruppe zusammengestellt werden?

Lösung:

Man kann sich den Auswahlprozess als zweistufigen Entscheidungsprozess vorstellen: Zuerst werden 4 Frauen aus 15 möglichen ausgewählt, hier gibt es 1365 verschiedene Möglichkeiten. Anschließend werden 3 Männer aus 10 möglichen ausgewählt. Nach der Produktregel gibt es somit insgesamt

$\binom{15}{4} \cdot \binom{10}{3} = \frac{15!}{(15-4)! \cdot 4!} \cdot \frac{10!}{(10-3)! \cdot 3!} = 1365 \cdot 120 = 163\,800$

verschiedene Zusammensetzungen der Testgruppe.

Übungen

17 *Einen Ausschuss wählen*

Auf wie viele Arten kann ein Ausschuss gewählt werden?

a) 3 Personen aus einer Gruppe von 5
b) 5 Personen aus einer Gruppe von 20
c) 6 Personen aus einer Gruppe von 12
d) 1 Person aus einer Gruppe von 10

18 *Testauswahl*

Ein Test besteht aus 25 Fragen. Den Studierenden wird gesagt, dass sie 15 Fragen auswählen und beantworten sollen. Auf wie viele verschiedene Arten können sie den Test bearbeiten?

19 *Bücher auf eine Reise mitnehmen*

Eva hat sich zwölf Bücher aus der örtlichen Bibliothek ausgeliehen. Am Wochenende möchte sie vier von diesen Büchern lesen. Auf wie viele Arten kann sie die vier Bücher aus den zwölf Büchern auswählen?

Übungen

20 *Gesundheit*

Aus einer Gruppe von 10 Joggern und 15 „Nicht-Joggern" wählt ein Forscher der Universitätsklinik fünf Personen für eine Studie von Kreislauferkrankungen aus.

a) Wie viele verschiedene Auswahlmöglichkeiten gibt es, wenn bei der Wahl zwischen Joggern und „Nicht-Joggern" nicht unterschieden wird?

b) Auf wie viele Arten kann die Auswahl getroffen werden, wenn man möchte, dass genau drei Jogger an der Studie teilnehmen?

c) Wie groß ist die Wahrscheinlichkeit, dass bei einer Zufallsauswahl der Teilnehmer an der Studie genau drei Jogger zu der Untersuchungsgruppe gehören?

21 *Lotto*

Lotto heißt auch „6 aus 49". Beim Lotto werden sechs Kugeln gezogen.

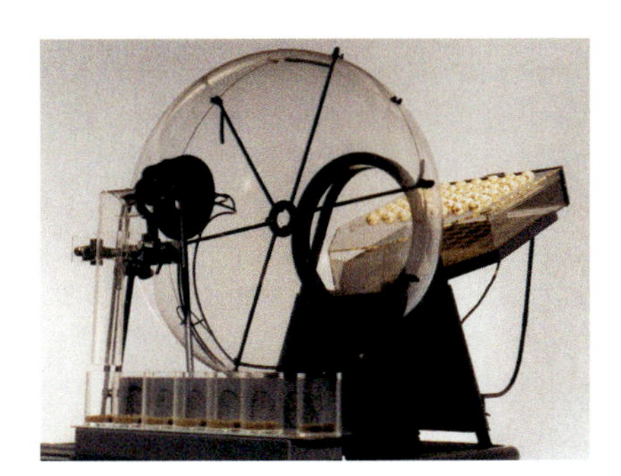

a) Wie viele verschiedene Ziehungen sind möglich? Begründen Sie, dass P(„sechs Richtige") $\approx 0{,}7 \cdot 10^{-8}$ ist.

b) Berechnen Sie die Wahrscheinlichkeit dafür, drei Richtige zu erzielen. Orientieren Sie sich dabei an Beispiel H: Bei drei Richtigen hat man zufällig drei der sechs Gewinnzahlen richtig getippt und die anderen drei …

22 *Zufall oder nicht?*

Marc und Julia diskutieren über den Zufall. „Angenommen, in einer Urne sind 14 blaue und 8 rote Kugeln. Wenn ich nun aus dieser Urne 12 Kugeln ohne Zurücklegen ziehe und 10 oder mehr der gezogenen Kugeln blau sind, dann kann dies kein Zufall sein", stellt Marc fest.

a) Mit wie vielen blauen Kugeln würden Sie rechnen, wenn man aus der Urne 12 Kugeln ohne Zurücklegen zieht?

b) Julia entgegnet: „Das sieht ja recht ungewöhnlich aus. Aber unmöglich sind solche Ereignisse nicht. Man kann sogar die Wahrscheinlichkeit dafür berechnen, dass man bei deinem Zufallsversuch zufällig solche „extremen" Ereignisse erhält. Ich mache dies einmal für das Ereignis „10 blaue Kugeln" vor. Vielleicht hilft auch meine Skizze."

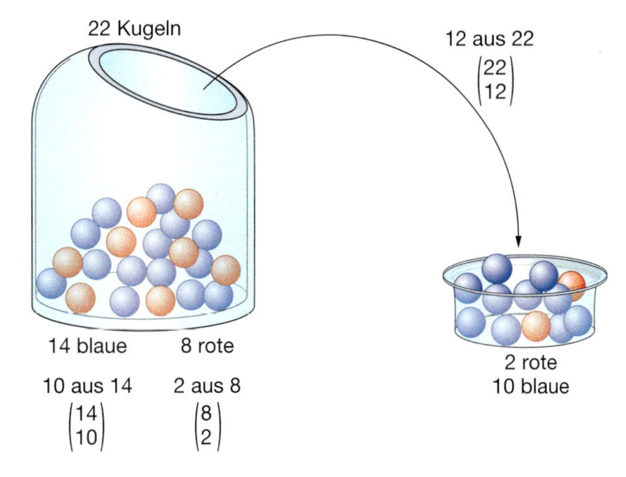

$$P(\text{„10 blaue Kugeln"}) = \frac{\binom{14}{10} \cdot \binom{8}{2}}{\binom{22}{12}} \approx 0{,}044$$

Erläutern Sie, wie Julia gerechnet hat.

c) Das Ereignis „10 blaue Kugeln" beim Ziehen von 12 Kugeln weicht recht stark von dem ab, was wir erwarten. Berechnen Sie P(„11 blaue Kugeln") und P(„12 blaue Kugeln"). Mit diesen Ergebnissen kann man P(„mindestens 10 blaue Kugeln") berechnen. Was bedeutet das Ergebnis für Marcs und Julias Diskussion?

23 *Tennisturnier, Setzliste*

An einem Tennisturnier nehmen acht Spitzentennisspieler und acht weniger starke Spieler teil. Normalerweise versuchen die Veranstalter durch eine Setzliste zu verhindern, dass die Spitzenspieler zu früh aufeinander treffen. Ist dieses Risiko bei einer Zufallsauswahl der Kontrahenten wirklich so groß? Berechnen Sie die Wahrscheinlichkeit, dass bei einem einfachen Losverfahren in den ersten vier Begegnungen bereits sechs oder mehr der Spitzenspieler stehen und sich so frühzeitig gegenseitig aus dem Turnier werfen.

Beim Tennis wird im KO-System gespielt:
Wenn ein Spieler verliert, ist er ausgeschieden.

Aufgaben

24 *Pokertest – Berechnen der Wahrscheinlichkeiten für den Test*

Zufallszahlen werden sehr häufig mit einem Programm, einem sogenannten Zufallszahlengenerator erzeugt. Selbstverständlich sind es keine echten Zufallszahlen, da sie berechnet wurden. Man nennt sie daher auch Pseudozufallszahlen. Um zu überprüfen, inwieweit sie ähnliche Eigenschaften wie echte Zufallszahlen haben, muss man sie statistischen Tests unterziehen.

Ein besonders bekannter Test ist der **Pokertest**:

Beim Pokertest werden die Zufallszahlen in Fünfergruppen unterteilt. Dann vergleicht man die relative Häufigkeit der von dem Pokerspiel her bekannten Muster mit der theoretischen Wahrscheinlichkeit, mit der diese Muster auftreten müssten.

Muster		Beispiel
alle verschieden	abcde	24610
ein Paar	aabcd	51281
zwei Paar	aabbc	23382
Drilling	aaabc	85525
Drilling + Paar	aaabb	19991
vier gleiche	aaaab	77377
fünf gleiche	aaaaa	11111

a) Begründen Sie, dass ist die Wahrscheinlichkeit p für einen Block mit fünf gleichen Ziffern dann $\frac{10}{10^5}$ beträgt.

b) Die Wahrscheinlichkeiten für die anderen Muster kann man nach dem folgenden Ansatz berechnen. Wir verwenden als Beispiel „ein Paar“ aabcd.

> Man wählt zunächst die beiden Stellen im Fünferblock aus, an denen das Paar stehen soll. Dies geht auf $\binom{5}{2}$ Arten. Dann benötigt man noch vier verschiedene Ziffern. Diese kann man auf $10 \cdot 9 \cdot 8 \cdot 7$ Arten auswählen. Somit erhält man
>
> $P(\text{„ein Paar“}) = \frac{\binom{5}{2} \cdot 10 \cdot 9 \cdot 8 \cdot 7}{10^5} = 0{,}504.$

Berechnen Sie mit diesem oder einem leicht abgeänderten Ansatz P(„Drilling“), P(„Drilling + Paar“), P(„vier gleiche“) und P(„fünf gleiche“). Vergleichen Sie Ihre Ergebnisse mit den Werten in der Tabelle in Aufgabe 25.

c) Die Wahrscheinlichkeit P(„zwei Paar“) wird mit der Formel

$P(\text{„zwei Paar“}) = \frac{\binom{5}{2} \cdot \binom{3}{2} \cdot \frac{1}{2} \cdot 10 \cdot 9 \cdot 8}{10^5}$ berechnet. Begründen Sie, warum diese Formel stimmt, und berechnen Sie die entsprechende Wahrscheinlichkeit.

25 *Pokertest – Durchführung*

Mithilfe der Kombinatorik, der Theorie vom systematischen Zählen, kann man die Wahrscheinlichkeiten berechnen, mit denen bestimmte Muster bei Zufallszahlen auftreten (siehe auch Aufgabe 24).

Muster			Beispiel	Wahrscheinlichkeit
alle verschieden	all different	abcde	24610	0,3024
ein Paar	one pair	aabcd	51281	0,5040
zwei Paar	two pairs	aabbc	23382	0,1080
Drilling	drilling	aaabc	85525	0,0720
Drilling + Paar	full house	aaabb	19991	0,0090
vier gleiche	poker	aaaab	77377	0,0045
fünf gleiche	grande	aaaaa	11111	0,0001

Untersuchen Sie, inwieweit die Pseudozufallszahlen in der in diesem Buch abgedruckten Tabelle (siehe Seite 213) in etwa die Eigenschaften von Zufallszahlen besitzen. Werten Sie dabei in Ihrem Kurs möglichst viele Fünfergruppen aus, indem Sie zählen, wie häufig entsprechende Muster auftreten. Vergleichen Sie die ermittelten relativen Häufigkeiten mit den Wahrscheinlichkeiten. Wie lautet Ihr Urteil?

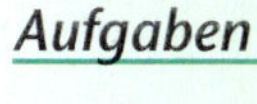

26 *Wahrscheinlichkeiten – berechnet mit Zählregeln und durch Simulation*
Die 25 Gemeinderäte von Bauhausen diskutieren über den Einbau einer Küche in die Gemeindehalle. 17 der Gemeinderäte sind für das Küchenprojekt und 8 lehnen den Einbau einer Küche ab.
a) Sechs Gemeinderäte verlassen den Saal, darunter vier „Nein-Sager". Ist das Zufall oder spricht das dafür, dass die „Nein-Sager" eher den Saal verlassen?

Tipp: Gehen Sie zur Berechnung P(genau 4 „Nein-Sager") wie folgt vor:
1. Wie viele Ergebnisse gibt es, wenn man aus 25 Personen 6 auswählt? (Die Frage lautet hier: Ziehen mit oder ohne Zurücklegen.)
2. Wie viele der Ergebnisse enthalten genau 4 „Nein-Sager"?
3. Berechnen Sie die gesuchte Wahrscheinlichkeit als Quotienten aus der Anzahl der Ergebnisse mit genau 4 „Nein-Sagern" und der Anzahl aller möglichen Ergebnisse. Berechnen Sie genauso P(5 „Nein-Sager") und P(6 „Nein-Sager"). Um P(Anzahl der „Nein-Sager" ≥ 4) zu bestimmen, addieren Sie alle Ergebnisse.

b) Lösen der Teilaufgabe a) durch Simulation:

Mit der berechneten Wahrscheinlichkeit kann man zwar nicht sicher entscheiden, ob es sich bei der großen Anzahl von „Nein-Sagern" unter den sechs Gemeinderäten um ein zufälliges Freignis handelt oder nicht. Dennoch kann man einschätzen, ob es sich eher um Zufall handelt oder nicht.

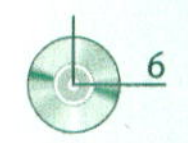

Simulationsplan

1. Was soll simuliert werden?	Eine Zufallsstichprobe von sechs Personen
2. Modellierung	Die 25 Gemeinderatsmitglieder erhalten die Nummern 1 bis 25. Die Befürworter des Kücheneinbaus erhalten die Zahlen von 1 bis 17, diejenigen, die die Küche ablehnen, die Zahlen von 18 bis 25.
3. Zufallsgerät	Zufallszahlen von 1 bis 25 (GTR oder Tabelle) Die Zufallsauswahl von sechs Gemeinderäten wird simuliert, indem man sechs Zufallszahlen aus 1 bis 25 erzeugt. Kommt eine Zufallszahl doppelt vor, so nimmt man die nächste.
4. Worauf muss man achten?	Kommt mindestens 4-mal eine Zahl von 18 bis 25 vor?
5. Festlegung der Anzahl der Simulationen	z. B. 100
6. Protokollieren	Ergebnisse (6-Tupel) mit mindestens 4-mal eine Zufallszahl von 18 bis 25
7. Auswertung	Berechnung der relativen Häufigkeit der 6-Tupel mit mindestens 4-mal eine Zufallszahl von 18 bis 25 unter allen 100 Simulationen

Führen Sie die 100 Simulationen arbeitsteilig mit dem GTR durch. Vergleichen Sie die relative Häufigkeit, die Sie mittels Simulation gefunden haben, mit der berechneten Wahrscheinlichkeit aus Teilaufgabe a).
c) *Kritisch nachgefragt*
Bei der Simulation muss man eine weitere Zufallszahl erzeugen, wenn eine doppelt vorkommt. Warum? Kann man auf diese Forderung verzichten?

27 *Verallgemeinerung*
A und B sind zwei Mengen, die keine gemeinsamen Elemente haben. A enthält a verschiedene Objekte und B enthält b verschiedene Objekte. Angenommen, man wählt x Objekte zufällig aus den Mengen A und B aus. Mit welcher Wahrscheinlichkeit wählt man dabei genau r Objekte der Menge A und s Objekte der Menge B aus? Muss man für die Variablen r und s Bedingungen oder Einschränkungen angeben?

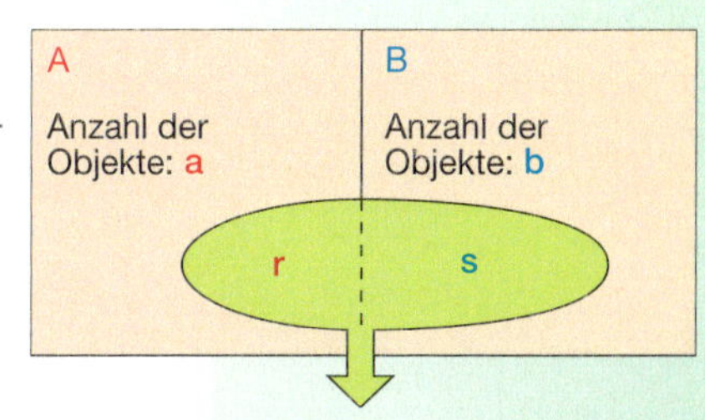

2.4 Bedingte Wahrscheinlichkeit

Was Sie erwartet

Ein besonders tragisches Schiffsunglück war der Untergang der Titanic im Jahre 1912. Da das zu seiner Zeit größte Passagierschiff nicht genügend Rettungsboote besaß, kamen bei dem Unglück etwa 1500 Menschen um, die meisten waren Männer. Lag dies daran, dass Männer bei diesem Schiffsunglück geringere Überlebenschancen hatten als Frauen, oder lag es einfach daran, dass der Anteil der Männer an Bord dreimal so groß war wie der der Frauen? Mathematisch gesehen bedeutet dies, dass man feststellen muss, ob die Überlebenschance davon abhängig ist, ob eine Person männlich oder weiblich ist.

Der gesunde Menschenverstand legt nahe, dass sich die Einschätzung der Wahrscheinlichkeit verändern kann, wenn zusätzliche Bedingungen gegeben sind bzw. wenn bekannt ist, dass ein bestimmtes Ereignis eingetreten ist. Diesen Sachverhalt kann man mit sogenannten bedingten Wahrscheinlichkeiten beschreiben.

Aufgaben

1 *Beeinflussen Informationen die Einschätzung von Wahrscheinlichkeiten?*
Mit einem Knobelbecher wurde mit zwei Würfeln, einem gelben und einem blauen, gewürfelt. Das Ergebnis des Wurfes ist noch nicht bekannt.

a) Beantworten Sie die folgenden Fragen:
- Wie groß ist die Wahrscheinlichkeit, dass ein Pasch gewürfelt wurde?
- Wie groß ist die Wahrscheinlichkeit, dass ein Pasch gewürfelt wurde, wenn man weiß, dass beide Augenzahlen gerade sind?
- Wie groß ist die Wahrscheinlichkeit, dass ein Pasch gewürfelt wurde, wenn bekannt ist, dass mit dem gelben Würfel die Augenzahl 1 gewürfelt wurde?

b) Was halten Sie von der Aussage, dass Zusatzinformationen zu einer anderen Einschätzung der Wahrscheinlichkeit, mit der ein Ereignis eintritt, führen **müssen**?

2 *Ziehen ohne Zurücklegen*
Aus der nebenstehenden Urne werden zufällig zwei Kugeln nacheinander ohne Zurücklegen gezogen. Berechnen Sie die Wahrscheinlichkeiten in den Teilaufgaben a) und b). Benutzen Sie die Ergebnisse, um das Baumdiagramm mit den passenden Wahrscheinlichkeiten zu beschriften.

a) Bestimmen Sie P(1. Kugel blau) und P(1. Kugel rot).
b) Unter P(2. Kugel rot | 1. Kugel blau) versteht man die Wahrscheinlichkeit, dass die 2. gezogene Kugel rot ist, wenn im 1. Zug eine blaue Kugel gezogen wurde. Berechnen Sie:

P(2. Kugel rot | 1. Kugel blau),
P(2. Kugel blau | 1. Kugel blau),
P(2. Kugel rot | 1. Kugel rot) und
P(2. Kugel blau | 1. Kugel rot).

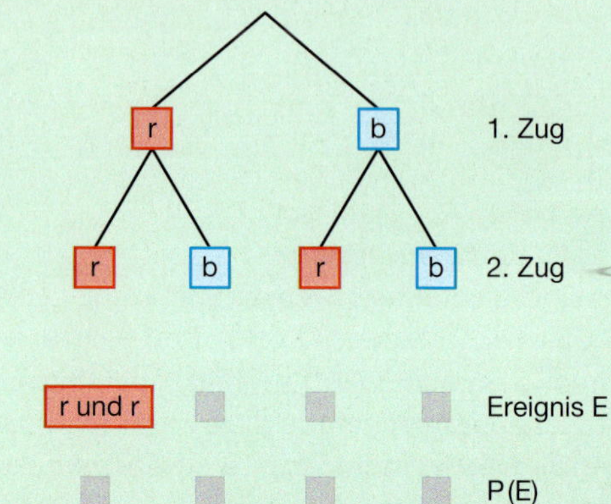

Aufgaben

3 *Bedingte Wahrscheinlichkeiten*

a) Beantworten Sie die in dem vorangegangenen Text „*Was Sie erwartet*“ aufgeworfene Frage, ob die Überlebenschance einer zufällig ausgewählten Person auf der Titanic vom Geschlecht abhängig ist. Lassen Sie dabei die Kinder unberücksichtigt.

Titanic Disaster – Official Casualty Figures

		Survival	lost	on board
Children	First class second class third class	6 24 27	0 0 52	6 24 79
Women	First class Crew second class third class	140 20 80 76	4 3 13 89	144 23 93 165
Men	First class Crew second class third class	57 192 14 75	118 693 154 387	175 885 168 462
Total		711	1513	2224

Quelle: British Parliamentary Papers, Shipping Casualties, 1912

b) Wie groß ist der Anteil der Geretteten unter den Passagieren der ersten Klasse, der zweiten Klasse und der dritten Klasse?

c) Berechnen Sie den Anteil der Geretteten unter den Frauen in der dritten Klasse und vergleichen Sie diesen mit dem Anteil der Geretteten unter den Männern in der ersten Klasse.

d) Berechnen Sie die Überlebenschance der Kinder. Lässt sich mit den Ergebnissen aller Teilaufgaben die These stützen, dass Passagiere und Crew auf der Titanic nach dem Prinzip „Women and children first“ gehandelt haben?

4 *Lügendetektor – ein nicht ganz ernst zu nehmendes Problem*

Fehler beim Lügendetektor-Test

Ein Lügendetektor ist natürlich nicht fehlerfrei. Grundsätzlich gibt es zwei Arten von Fehlern:

- Ein Mensch, der lügt, wird nicht als Lügner entlarvt. Seine Lügen werden fälschlicherweise als wahr angesehen.
- Ein Mensch, der die Wahrheit sagt, wird fälschlicherweise der Lüge bezichtigt.

Bei einem Test der „Sicherheit“, mit der ein Lügendetektor „arbeitet“, wurde mit 150 zufällig ausgewählten Personen die nebenstehende Tabelle erstellt.

Entscheidung des Detektors

	Person lügt	Person lügt nicht	
Testperson lügt	55	4	59
Testperson lügt nicht	7	84	91
	62	88	150

a) Interpretieren Sie, was die einzelnen Zahlenangaben in der Tabelle bedeuten. Diskutieren Sie mithilfe der Tabelle, was Sie unter der „Sicherheit“ des Testgerätes verstehen wollen. Würden Sie den betreffenden Lügendetektor als „vertrauenswürdig“ ansehen?
Informieren Sie sich darüber, ob Lügendetektoren an deutschen Gerichten zugelassen sind.

b) Beantworten Sie die folgenden Fragen:

- Wie groß ist der Anteil der Lügner an allen getesteten Personen?
- Schätzen Sie die Wahrscheinlichkeit, mit der der betreffende Detektor einen Lügner überführt.
- Mit welcher Wahrscheinlichkeit wird ein „Nichtlügner“ fälschlicherweise der Lüge bezichtigt?
- Wie sicher kann man sein, dass eine Person, die der Lüge bezichtigt wurde, auch tatsächlich gelogen hat?

Basiswissen

Vierfeldertafel:

Tabelle, mit der die Verteilung der Ereignisse A, $\overline{A}$, B und $\overline{B}$ zusammengefasst wird

Was versteht man unter der bedingten Wahrscheinlichkeit P(B|A)?

Es seien A und B zwei Ereignisse. Die **bedingte Wahrscheinlichkeit P(B|A)** ist die Wahrscheinlichkeit dafür, dass das Ereignis B eintritt, wenn bekannt ist, dass das Ereignis A eingetreten ist.

Beispiel

Bei einer Verzehrstudie werden 8250 Personen befragt, ob sie sich vegetarisch ernähren oder nicht.

Ergebnis der Befragung:

Absolute Häufigkeiten

	Ja	Nein	Summe
Männlich	53	3497	3550
Weiblich	141	4559	4700
Summe	194	8056	8250

Relative Häufigkeiten

	Ja	Nein	Summe
Männlich	0,006	0,424	0,430
Weiblich	0,017	0,553	0,570
Summe	0,023	0,977	1

Angenommen, Sie wählen aus diesen 8250 Personen zufällig eine Person aus.
Sei A das Ereignis, dass die ausgewählte Person männlich und $\overline{A}$ das Ereignis, dass die ausgewählte Person weiblich ist.
Sei weiterhin B das Ereignis, dass die ausgewählte Person Vegetarier und $\overline{B}$ das Ereignis, dass die ausgewählte Person kein Vegetarier ist.

Dann gelten: $P(A) = P(\text{„männlich“}) = 0{,}430$
$P(A \cap B) = P(\text{„männlich und Vegetarier“}) = 0{,}006$

Die **bedingte Wahrscheinlichkeit P(B|A)** bezieht sich auf die Grundmenge A, die befragten Männer. Sie ist die Wahrscheinlichkeit dafür, dass ein zufällig ausgewählter Mann Vegetarier ist. Es gilt $P(B|A) = \frac{53}{3550} = 0{,}015$.

Baumdiagramm

Übersetzen der tabellarisch erfassten Daten in ein Baumdiagramm

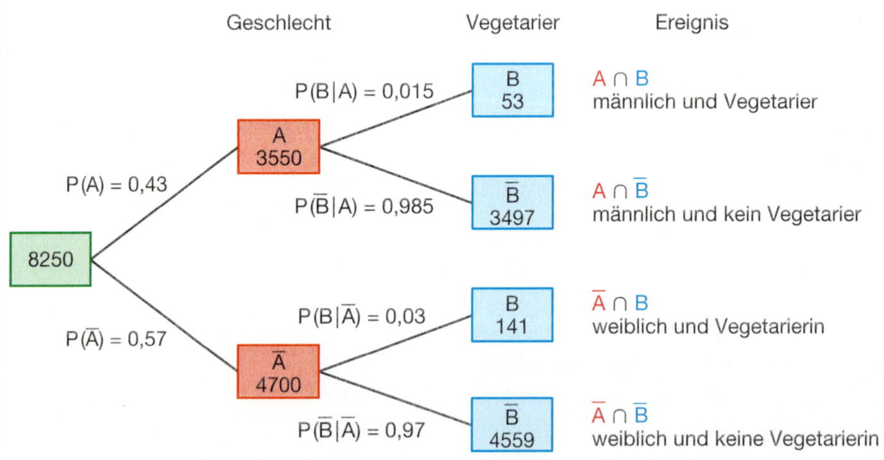

Den obersten Pfad des Baumdiagramms kann man wie folgt interpretieren:
$P(A \cap B) = P(A) \cdot P(B|A) = 0{,}43 \cdot 0{,}015 = 0{,}006$

Multiplikationsregel

Multiplikationsregel

Die Wahrscheinlichkeit dafür, dass das **Ereignis A und** das **Ereignis B** eintreten, wird mit der Formel $P(A \cap B) = P(A) \cdot P(B|A)$ berechnet.

Bedingte Wahrscheinlichkeit

Regel zur Berechnung der bedingten Wahrscheinlichkeit

$P(B|A) = \frac{P(A \cap B)}{P(A)}$; $P(A) \neq 0$

Beispiele

A *Vegetarierstatistik*

Wie werden in dem Beispiel im Basiswissen die Daten für die Tabelle der relativen Häufigkeiten aus den absoluten Häufigkeiten berechnet, und was bedeuten diese Zahlen?

Lösung:

Absolute Häufigkeiten

	(Veg.) Ja	(Veg.) Nein	Summe
Männlich	53	3497	3550
Weiblich	141	4559	4700
Summe	194	8056	8250

A: männlich
$\overline{A}$: weiblich
B: Vegetarier
$\overline{B}$: kein Vegetarier

Relative Häufigkeiten

	(Veg.) Ja	(Veg.) Nein	Summe
Männlich	$\frac{53}{8250} = 0{,}006$	$\frac{3497}{8250} = 0{,}424$	$\frac{3550}{8250} = 0{,}43$
Weiblich	$\frac{141}{8250} = 0{,}017$	$\frac{4559}{8250} = 0{,}553$	$\frac{4700}{8250} = 0{,}57$
Summe	$\frac{194}{8250} = 0{,}023$	$\frac{8056}{8250} = 0{,}977$	1

In jedem der eingefärbten Felder der Tabelle steht die relative Häufigkeit, mit der zwei Ereignisse bei der Befragung gleichzeitig aufgetreten sind:

$h(A \cap B) = h($„männlich und Vegetarier“$) = 0{,}006$
$h(A \cap \overline{B}) = h($„männlich und kein Vegetarier“$) = 0{,}424$
$h(\overline{A} \cap B) = h($„weiblich und Vegetarierin“$) = 0{,}017$
$h(\overline{A} \cap \overline{B}) = h($„weiblich und keine Vegetarierin“$) = 0{,}553$

In der Randspalte $h(A)$ und $h(\overline{A})$
In der Randspalte $h(B)$ und $h(\overline{B})$

B *Urnenaufgabe*

Eine der drei Urnen wird nach dem folgenden Verfahren ausgewählt: Ein Würfel wird geworfen. Bei Augenzahl 1 wird die Urne U_1 ausgewählt, bei Augenzahl 2 oder 3 die Urne U_2. Ansonsten nimmt man die Urne U_3.
Aus der gewählten Urne wird eine Kugel gezogen.

U_1 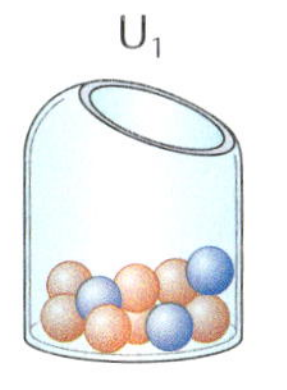 U_2 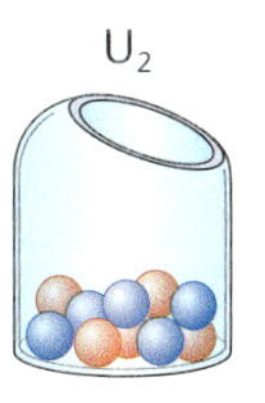 U_3 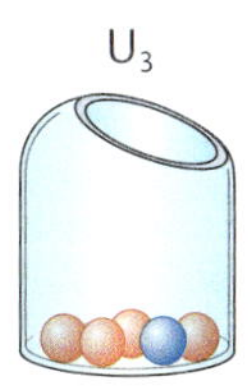

a) Wie groß ist die Wahrscheinlichkeit, dass die Kugel blau ist?
b) Angenommen, die gezogene Kugel ist blau. Wie groß ist die Wahrscheinlichkeit, dass sie aus der Urne U_1 stammt?

Lösung:

Übersichtlich lässt sich die Situation mit einem Baumdiagramm darstellen:

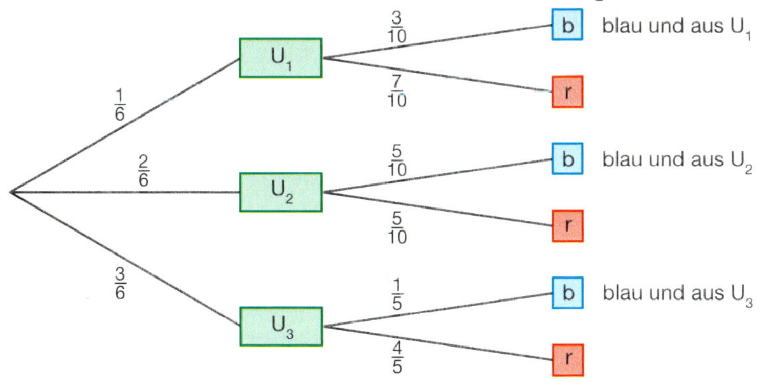

a) Zur Berechnung von $P($„blau“$)$ wendet man den Additionssatz an: Führen verschiedene Pfade zu demselben Ereignis (hier: „blau“), so muss man die Pfadwahrscheinlichkeiten addieren.
Es gilt also $P(\text{„blau“}) = \frac{1}{6} \cdot \frac{3}{10} + \frac{2}{6} \cdot \frac{5}{10} + \frac{3}{6} \cdot \frac{1}{5} = \frac{19}{60}$.

b) Anwendung der Formel zur Berechnung für bedingte Wahrscheinlichkeiten:

$$P(U_1 \mid b) = \frac{P(U_1 \text{ und } b)}{P(b)} = \frac{\frac{1}{6} \cdot \frac{3}{10}}{\frac{19}{60}} = \frac{3}{19}$$

Beispiele

C *Berechnung von bedingten Wahrscheinlichkeiten*

Bei einem Spiel wird mit zwei Würfeln gewürfelt. Wie groß ist die Wahrscheinlichkeit, dass die Augensumme größer als 7 ist, wenn man weiß, dass mindestens einer der Würfel die Augenzahl 4 zeigt?

Man kann die Frage durch Abzählen oder mithilfe der Regel zum Berechnen von bedingten Wahrscheinlichkeiten beantworten.

Lösung durch Abzählen:

								Augensumme > 7			
						(1,6)					
					(1,5)	(2,5)	(2,6)				
				(1,4)	(2,4)	(3,4)	(3,5)	(3,6)			
			(3,1)	(2,3)	(3,3)	(4,3)	(4,4)	(4,5)	(4,6)		
		(2,1)	(2,2)	(3,2)	(4,2)	(5,2)	(5,3)	(5,4)	(5,5)	(5,6)	
	(1,1)	(1,2)	(3,1)	(4,1)	(5,1)	(6,1)	(6,2)	(6,3)	(6,4)	(6,5)	(6,6)
Augensumme	**2**	**3**	**4**	**5**	**6**	**7**	**8**	**9**	**10**	**11**	**12**

Rotfärbung zeigt: mindestens ein Würfel zeigt eine 4

Die Ergebnismenge wird eingeschränkt auf die elf rot gekennzeichneten Würfelergebnisse, bei denen mindestens ein Würfel die Augenzahl 4 zeigt. Unter diesen gibt es fünf mit einer Augensumme größer als 7.

$P(\text{„Augensumme} > 7\text{“} \mid \text{„mindestens eine 4“}) = \frac{5}{11}$

Lösung mithilfe der Formel für bedingte Wahrscheinlichkeiten:

$P(\text{„mindestens eine 4“}) = \frac{11}{36}$; $P(\text{„Augensumme} > 7 \text{ und mindestens eine 4“}) = \frac{5}{36}$

$$P(\text{„Augensumme} > 7\text{“} \mid \text{„mindestens eine 4“}) = \frac{P(\text{„Augensumme} > 7 \text{ und mindestens eine 4“})}{P(\text{„mindestens eine 4“})} = \frac{\frac{5}{36}}{\frac{11}{36}} = \frac{5}{11}$$

Die Wahrscheinlichkeit für eine Augensumme größer als 7 ist deutlich größer, wenn man weiß, dass mindestens einer der Würfel die Augenzahl 4 zeigt.

Übungen

5 *Richtiges Anwenden der Multiplikationsregel*

Angenommen, 20 % der Abonnenten einer Zeitung lesen eine bestimmte Werbeanzeige. Nehmen Sie weiterhin an, dass 9 % derjenigen, die diese Anzeige lesen, das Produkt auch kaufen. Berechnen Sie mit diesen Annahmen die Wahrscheinlichkeit, dass ein Abonnent der Zeitung die Anzeige liest und das Produkt kauft.

6 *Übersetzen von Daten in ein Baumdiagramm*

Es wurden 800 Fahrgäste einer Nahverkehrslinie danach befragt, ob sie eine Zeitfahrkarte besitzen oder nicht. 288 der befragten Fahrgäste waren weiblich. Von diesen besaßen 187 eine Zeitfahrkarte. Von den befragten männlichen Fahrgästen besaßen 128 keine Zeitfahrkarte.

a) Stellen Sie die Daten in einer Vierfeldertafel einmal mit absoluten und dann mit relativen Häufigkeiten dar. Übertragen Sie die Daten auch in ein Baumdiagramm.

b) Wie groß ist der Anteil der Zeitkartenbesitzer an allen befragten Personen?

7 *Ergänzen und Auswerten von Tabellen und Baumdiagrammen*

Bei einer Kontrolle vor einer Schule stellte die Polizei fest, dass 18,5 % der männlichen Radfahrer und 30,2 % der weiblichen Radfahrer einen Helm trugen. Insgesamt wurden 325 Schülerinnen und Schüler kontrolliert, von denen 56 % Mädchen waren.

		Helmträger		
		Ja	Nein	Summe
Geschlecht	Männlich	0,185	■	■
	Weiblich	0,302	■	0,56
	Summe	■	■	■

a) Überprüfen Sie, ob die Daten richtig in die Vierfeldertafel eingetragen sind, ergänzen Sie die fehlenden Daten und übersetzen Sie die Daten in ein Baumdiagramm.

b) Berechnen Sie den Anteil aller Helmträger unter den überprüften Schülerinnen und Schülern.

c) Wie groß ist der Anteil der Jungen unter allen Personen, die einen Helm trugen?

Übungen

8 *Übungen zur bedingten Wahrscheinlichkeit*

Sie haben bereits gesehen, wie nützlich die Produktregel zur Berechnung von Wahrscheinlichkeiten in einem Baumdiagramm ist. Zur Übung nehmen Sie einmal an, dass Sie aus einer Urne mit fünf roten und einer blauen Kugel nacheinander zufällig zwei Kugeln ziehen:

a) ohne Zurücklegen,
b) mit Zurücklegen.

Berechnen Sie jeweils die folgenden Wahrscheinlichkeiten:
P(1. Kugel rot), P(1. Kugel blau),
P(2. Kugel rot | 1. Kugel rot), P(2. Kugel blau | 1. Kugel rot),
P(1. Kugel rot | 2. Kugel blau), P(1. Kugel blau | 2. Kugel blau).

Ergänzen Sie für die Teilaufgaben a) und b) das Baumdiagramm mit den entsprechenden Wahrscheinlichkeiten längs der Pfade.

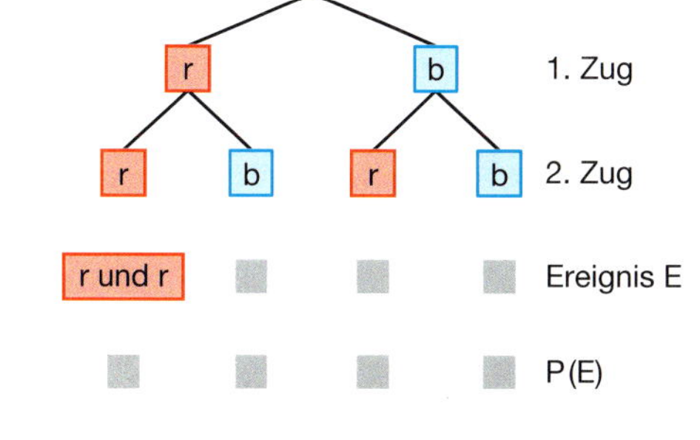

9 *Bürgerbefragung*

Eine Stadt möchte ein neues Jugendzentrum bauen. Bei einer Bürgerbefragung stimmten 68 % der Befragten dem Neubau zu. Von denen, die dem Neubau zustimmten, waren 35 % jünger als 21 Jahre. Wie könnte eine Fragestellung heißen, zu deren Lösung $0{,}68 \cdot 0{,}35$ berechnet werden muss?

10 *Gesundheit*

Bei einer Studie mit 100 zufällig ausgewählten Personen wurde festgestellt, dass 40 von ihnen täglich mehr als die empfohlene Salzmenge von 5 g zu sich nehmen.
Von denjenigen mit einem hohen Salzkonsum hatten 50 % einen erhöhten Blutdruck, von denjenigen, die weniger als 5 g Salz täglich zu sich nehmen, hatten 15 % einen erhöhten Blutdruck.

a) Stellen Sie die Daten in einer Tabelle dar.
b) Wie groß ist in dieser Untersuchung der Anteil der Personen mit erhöhtem Salzverzehr an den Personen mit erhöhtem Blutdruck?

Empfohlen werden fünf Gramm Salz pro Tag. Das erscheint viel. Doch die Deutschen verzehren im Schnitt etwa zehn Gramm, das Doppelte der empfohlenen Menge. Salz versteckt sich in vielen Lebensmitteln, vor allem in Fertiggerichten.
Bayerischer Rundfunk online 21.08.2011

11 *Pfadregeln, nachgefragt (etwas für Theoretiker)*

In der Formelsammlung findet man die folgenden Regeln:

Hilfreiche Formeln mit bedingten Wahrscheinlichkeiten

Produktregel: $P(A \cap B) = P(A) \cdot P(B \mid A)$

Totale Wahrscheinlichkeit: $P(B) = P(A \cap B) + P(\overline{A} \cap B)$

BAYES´sche Regel: $P(A \mid B) = \dfrac{P(A) \cdot P(B \mid A)}{P(A) \cdot P(B \mid A) + P(\overline{A}) \cdot P(B \mid \overline{A})}$

Regeln aus der Formelsammlung

Erläutern Sie mithilfe des Baumdiagramms die obigen drei Formeln.

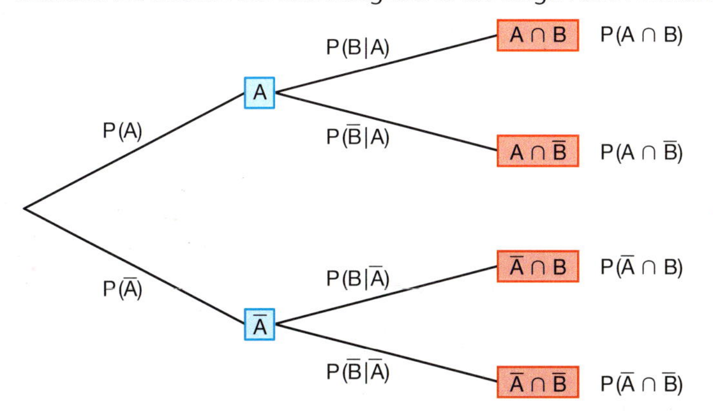

Übungen

possible answers:
50 %, 53 %, 54 %, 55 %, 57 %

12 *Aus einem amerikanischen Test für Studierende*

In a certain city, 60 percent of the registered voters are Democrats and the rest are Republicans. In a mayoral race, if 75 percent of the registered voters who are Democrats and 20 % of the registered voters who are Republicans are expected to vote for candidate A, what percent of the registered voters are expected to vote for candidate A?

Zum Training von Begriffen, Baumdiagrammen und Berechnen von Wahrscheinlichkeiten

13 *Typische Fragestellungen mit bedingten Wahrscheinlichkeiten*

Die beiden Tabellen stellen die Ergebnisse einer Kundenbefragung dar, und zwar zum einen mit absoluten und zum anderen mit relativen Häufigkeiten.

A: Der Kunde kauft Zahnpasta
$\overline{A}$: Der Kunde kauft keine Zahnpasta
B: Der Kunde kauft Mundwasser
$\overline{B}$: Der Kunde kauft kein Mundwasser

Absolute Häufigkeiten

	B	$\overline{B}$	Summe
A	200	600	800
$\overline{A}$	50	150	200
Summe	250	750	1000

Relative Häufigkeiten

	B	$\overline{B}$	Summe
A	0,2	0,6	0,8
$\overline{A}$	0,05	0,15	0,2
Summe	0,25	0,75	1

a) Berechnen Sie die Wahrscheinlichkeit dafür, dass ein zufällig aus dieser Stichprobe ausgewählter Kunde
nur Zahnpasta, nur Mundwasser, Zahnpasta und Mundwasser, mindestens eines der beiden Produkte kauft.

b) Ermitteln Sie alle bedingten Wahrscheinlichkeiten $P(A|B)$, $P(A|\overline{B})$, $P(B|A)$ usw. Erläutern Sie zunächst, um welches Ereignis es sich jeweils handelt.
Z. B. $A|B$: Aus der Menge der Kunden in der Stichprobe, die Mundwasser gekauft haben, wird zufällig eine Person ausgewählt. Das Ereignis $A|B$ ist eingetreten, wenn diese Person auch Zahnpasta kauft.

Tipp: Berechnen Sie die Wahrscheinlichkeiten auch mit der Formel von Bayes.

GMAT: Graduate Management Admission Test

14 *Eine Aufgabe aus dem GMAT-Test – reichen die Daten?*

Bei einer Befragung von Firmen hinsichtlich ihrer Erwartungen an die zukünftigen Beschäftigten bezüglich Computer- und guter Rechtschreibfertigkeiten war ein Ergebnis, dass 20 % der Firmen sowohl Computerfertigkeiten (C) als auch gute Rechtschreibfertigkeiten (R) erwarteten.
Wie viele der Firmen erwarten weder Computer- noch Rechtschreibfertigkeiten?
Welche der beiden Zusatzinformationen benötigt man zum Beantworten dieser Frage, Info 1 oder Info 2 oder gar beide?

Info 1: Von denjenigen Firmen, die Computerfertigkeiten verlangen, fordert die Hälfte auch gute Rechtschreibfertigkeiten.

Info 2: 45 % der Firmen erwarten keine Computerfertigkeiten, dafür aber gute Rechtschreibfertigkeiten.

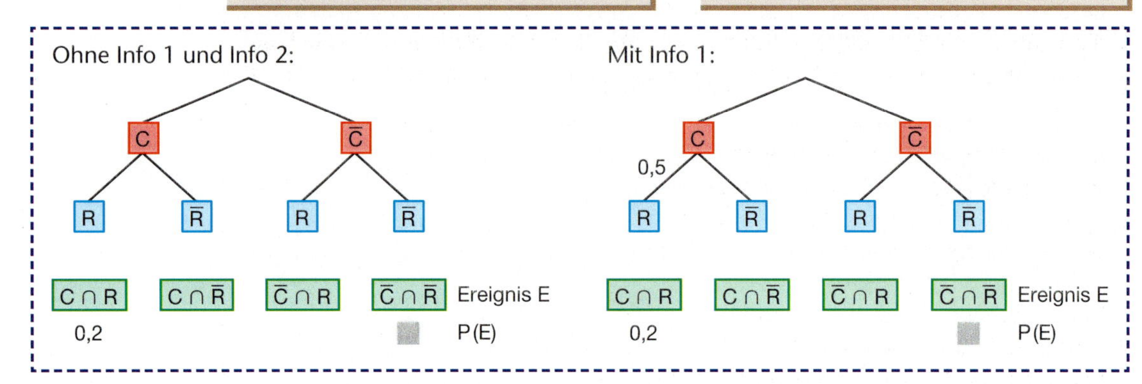

Welche relativen Häufigkeiten können nun in dem zweiten Baumdiagramm noch angegeben werden? Reicht Info 2 zur Bestimmung von ■?

Aus der Medizin 1

Übungen

15 *Meningitiserkrankung*

Die Meningitiserkrankung (Hirnhautentzündung) tritt in einem bestimmten Bundesland einmal unter 50 000 Personen auf. Erfahrungsgemäß leidet etwa die Hälfte der an Meningitis erkrankten Patienten unter Genicksteife (sogenannter Meningismus). Ein steifes Genick kann jedoch auch andere Krankheitsursachen haben. Im Durchschnitt tritt dieses Symptom bei einem von 20 Patienten auf, die eine Arztpraxis aufsuchen.

a) Ergänzen Sie die Daten in der Tabelle, sodass Sie einen Überblick über die vorkommenden absoluten Häufigkeiten erhalten. Gehen Sie dabei am besten von einer Gesamtanzahl von 100 000 Personen aus.

	Meningitis	keine Meningitis	Gesamt
steifer Hals	■	■	■
kein steifer Hals	■	■	■
Gesamt	2	■	100 000

b) Kevin klagt über einen steifen Hals und macht sich Sorgen: Könnte das ein erstes Anzeichen einer Meningitis sein? Der Arzt, den Kevin aufsucht, gibt Entwarnung: „Keine Panik. Wir müssen Sie erst noch genauer untersuchen. Die Wahrscheinlichkeit, dass Sie an Meningitis erkrankt sind, beträgt 0,02 %."
Erklären Sie, wie der Arzt zu dieser Wahrscheinlichkeitsaussage kommt.

Bedingte Wahrscheinlichkeiten und medizinische Tests

In der Medizin werden häufig Tests eingesetzt, um schnell eine Diagnose für oder gegen eine bestimmte Krankheit zu erhalten. Bekannte Beispiele sind der ELISA-Test auf HIV oder die Untersuchung mit Röntgenstrahlen auf Lungenkrebs. Diese Art von Tests sind beliebt, da sie relativ schnell durchzuführen und nicht invasiv sind. Allerdings sind sie meistens nicht so präzise wie andere Tests (z. B. Entnahme einer Gewebeprobe bei Verdacht auf Lungenkrebs). Die folgende Tabelle fasst die möglichen Ergebnisse eines medizinischen Tests zusammen:

		Testergebnis	
		positiv (+)	negativ (–)
Patient in Wirklichkeit	erkrankt (K)	K und +	K und –
	nicht erkrankt ($\overline{K}$)	$\overline{K}$ und +	$\overline{K}$ und –

Die in der Tabelle gelb gekennzeichneten Felder stellen Fehldiagnosen dar.

Bedeutung des Testergebnisses für den Arzt:

Testergebnis +: Hinweis auf Erkrankung

Testergebnis –: Hinweis darauf, dass der Patient nicht an der betreffenden Erkrankung leidet

Wichtige Parameter, die die Leistungsfähigkeit eines Tests beschreiben, sind die Sensitivität und die Spezifität.
Sensitivität: Wahrscheinlichkeit, dass ein Erkrankter positiv getestet wird: $P(+ \mid K)$
Spezifität: Wahrscheinlichkeit, dass ein Gesunder negativ getestet wird: $P(- \mid \overline{K})$
Besonders wichtig: Daneben interessiert sich der Mediziner insbesondere für die Wahrscheinlichkeit $P(K \mid +)$, dass ein positiv getesteter Patient tatsächlich erkrankt ist und für $P(\overline{K} \mid -)$, dass ein negativ getesteter Patient tatsächlich gesund ist.

Ein Test wandelt gemäß seiner Leistungsfähigkeit eine gegebene Vortestwahrscheinlichkeit in eine Nachtestwahrscheinlichkeit um (siehe Abb.). Häufig werden Testergebnisse fehlinterpretiert, da man von hoher Sensitivität und Spezifität in der Regel bei einem positiven Testergebnis nicht auf eine hohe Wahrscheinlichkeit schließen kann, dass der Patient tatsächlich erkrankt ist (siehe Übung 15).

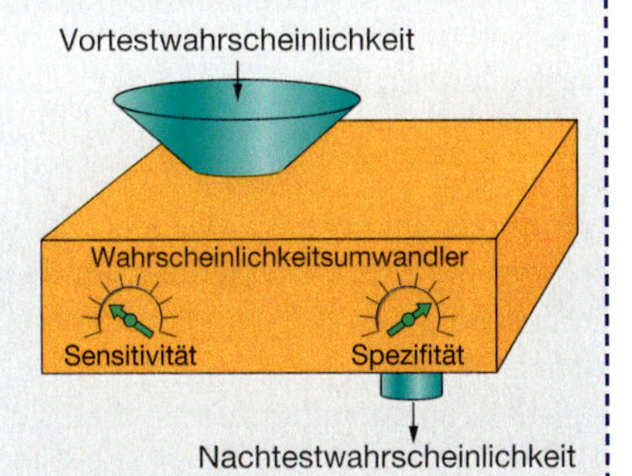

Aus der Medizin 2

Übungen

16 *Labortest*

Bei einem Labortest auf eine bestimmte Krankheit erhält man bei erkrankten Personen ein positives Testergebnis mit einer Wahrscheinlichkeit von 90 % und bei nicht erkrankten Personen ein negatives Testergebnis von 91 %. Untersuchungen an größeren Bevölkerungsgruppen haben gezeigt, dass die betreffende Krankheit in der Bevölkerung mit einer Wahrscheinlichkeit von 1 % auftritt.

a) Beurteilen Sie die Sensitivität und die Spezifizität des Tests.

b) Stellen Sie die Daten in einer Tabelle dar und berechnen Sie mit dem Satz von Bayes die Wahrscheinlichkeit $P(K|+)$, d. h. die Wahrscheinlichkeit, dass ein Patient mit einem positiven Test tatsächlich erkrankt ist.

c) Der behandelnde Arzt möchte einen Patienten, der einen positiven Laborwert hat, davon überzeugen, dass das Risiko, dass er wirklich erkrankt ist, nach wie vor nicht sehr hoch ist. Da hilft der Satz von Bayes wohl nicht. Der Arzt versucht es mit einer Tabelle mit absoluten Zahlen. Wie könnte der Arzt die Tabelle errechnet haben und wie könnte er argumentieren? Berechnen Sie mit der Tabelle $P(K|+)$.

Tipp: Überlegen Sie zunächst, auf welche Grundmenge sich $P(K|+)$ bezieht.

		Testergebnis		
		+	–	Summe
Patient in Wirklichkeit	K (erkrankt)	90	10	100
	$\overline{K}$ (nicht erkrankt)	891	9009	9900
	Summe	981	9019	10000

17 *Kritisch nachgefragt*

In der Übung 16 wird ein medizinischer Test vorgestellt, der auf den ersten Blick sehr aussagekräftig zu sein scheint:

$P(+|\text{erkrankt}) = 0{,}90$ und $P(-|\text{nicht erkrankt}) = 0{,}91$

Wenn man allerdings $P(\text{erkrankt}|+)$ berechnet, d. h. die Wahrscheinlichkeit, dass man tatsächlich erkrankt ist, wenn der Test positiv ausgefallen ist, so ist man überrascht:

$P(\text{erkrankt}|+) = \frac{90}{981} = 0{,}092$

Woran liegt es, dass diese Wahrscheinlichkeit trotz des recht sicheren Tests noch so gering ist?

Zur Beantwortung der Frage sollten Sie in Übung 16 die Wahrscheinlichkeit, dass die betreffende Erkrankung in der Bevölkerung auftritt, auf 2 % und dann auf 10 % abändern. Was beobachten Sie?

18 *Machen Screenings Sinn?*

Gesundheitspolitiker diskutieren immer wieder über den Sinn und Unsinn von Screening. Nehmen Sie einmal an, es wäre beabsichtigt, die gesamte Bevölkerung Deutschlands auf HIV+ mit dem ELISA-Test zu untersuchen. Abgesehen von der praktischen Durchführbarkeit und den Kosten würden auch Fragen aufkommen, die mit der Sensitivität und der Spezifität des ELISA-Tests zusammenhängen.

Angenommen, die Sensitivität des ELISA-Tests beträgt 99,9 % und die Spezifität 99,8 %. Nehmen Sie weiter an, dass die Wahrscheinlichkeit, den HI-Virus zu haben, in der Bundesrepublik 0,0005 beträgt und die Bevölkerungszahl etwa 82 Millionen ist.
Erstellen Sie eine Vierfeldertafel, um die Ergebnisse dieses Screenings zusammenzufassen.
Welche Schlussfolgerungen können Sie ziehen? Halten Sie ein solches Screening für sinnvoll?

	Test +	Test –	Summe
HIV	■	■	■
nicht HIV	■	■	■
Summe	■	■	82 Mio.

Übungen

19 *Unabhängigkeit von Ereignissen*
Laura und Matthias führen einen Geschmackstest mit 120 Kolleginnen und Kollegen durch. Sie finden heraus, dass 40 von ihnen korrekt den Unterschied zwischen Butter und Margarine herausschmecken.
a) Hängt das Ergebnis davon ab, ob die Befragten ganz bewusst im Alltag ausschließlich Butter oder Margarine verwenden? Überprüfen Sie Ihre Vermutung mithilfe der in der Tabelle gezeigten Ergebnisse der Befragung.

unterscheiden Butter von Margarine

verwenden bewusst Butter oder Margarine		Ja	Nein	Summe
	Ja	22	16	38
	Nein	18	64	82
	Summe	40	80	120

b) Die folgende Tabelle stellt den Zusammenhang zwischen Geschlecht und Fähigkeit, Butter von Margarine zu unterscheiden, dar.

unterscheiden Butter von Margarine

Geschlecht		Ja	Nein	Summe
	Mann	18	36	54
	Frau	22	44	66
	Summe	40	80	120

Welche Schlussfolgerungen können Sie aus den beiden Geschmackstests ziehen? Begründen Sie Ihre Schlussfolgerungen.

Basiswissen

Unabhängige Ereignisse

Mit den Daten aus Teilaufgabe b) von Übung 19 kann man annehmen, dass die Ereignisse „ist männlich" und „kann Butter von Margarine unterscheiden" **unabhängige Ereignisse** sind. Wählt man eine der 120 Personen, die an dem Geschmackstest teilgenommen haben, zufällig aus, so ändert sich die Wahrscheinlichkeit, dass diese Person Butter von Margarine unterscheiden kann, nicht, wenn man weiß, dass die betreffende Person männlich ist.

Zwei Ereignisse A und B nennt man **unabhängig**, wenn die Wahrscheinlichkeit, mit der das Ereignis A eintritt, nicht davon abhängt, ob das Ereignis B eingetreten ist. Diese Überlegungen legen die folgende Definition nahe.

Stochastische Unabhängigkeit von Ereignissen

Definition:
Zwei Ereignisse A und B sind genau dann stochastisch unabhängig, wenn
$P(A \mid B) = P(A)$.
Entsprechend gilt:
Zwei Ereignisse A und B sind genau dann stochastisch unabhängig, wenn
$P(B \mid A) = P(B)$.

Multiplikationsregel für stochastisch unabhängige Ereignisse:
Zwei Ereignisse A und B sind genau dann stochastisch unabhängig, wenn
$\mathbf{P(A \cap B) = P(A) \cdot P(B)}$.

Beispiele

D *Unabhängigkeit beim Basketball*

Welche der folgenden Ereignisse A und B sind unabhängig?

a) A: Ein zufällig ausgewählter Sportler ist Basketballspieler.
B: Die letzte Ziffer seiner Telefonnummer ist eine 1.

b) A: Ein zufällig ausgewählter Sportler ist Basketballspieler.
B: Er ist größer als 1,95 m.

Lösung:

Hier kann man aus dem Sachkontext heraus vermuten, ob die vorliegenden Ereignisse unabhängig sind. In a) sind die beiden Ereignisse unabhängig, da die Telefonnummer des Spielers in der Regel nichts mit seiner sportlichen Betätigung zu tun hat. In b) sind die Ereignisse in der Regel nicht unabhängig, da die Information, dass der Sportler Basketballspieler ist, das Eintreten des Ereignisses B wahrscheinlicher macht.

E *Test auf Unabhängigkeit mithilfe der Vierfeldertafel*

Angenommen, es sind $P(A) = \frac{1}{4}$, $P(B|A) = \frac{1}{2}$ und $P(B|\overline{A}) = \frac{1}{4}$. Mit diesen Wahrscheinlichkeitsangaben kann man die zugehörige Vierfeldertafel konstruieren und ermitteln, ob A und B unabhängige Ereignisse sind.

Lösung:

	B	$\overline{B}$	Summe
A	$\frac{1}{8}$	$\frac{1}{8}$	$\frac{1}{4}$
$\overline{A}$	$\frac{3}{16}$	$\frac{9}{16}$	$\frac{3}{4}$
Summe	$\frac{5}{16}$	$\frac{11}{16}$	1

Die Ereignisse A und B sind nicht unabhängig, denn es gelten:

$P(B|A) = \frac{\frac{1}{8}}{\frac{1}{4}} = \frac{1}{2}$ und $P(B) = \frac{5}{16}$

Übungen

20 *Ziehen mit und ohne Zurücklegen*

In Aufgabe 2 wurden zufällig nacheinander zwei Kugeln ohne Zurücklegen gezogen.

a) Ändern Sie die Aufgabe in „Ziehen mit Zurücklegen“. Zeichnen Sie den zugehörigen Baum und berechnen Sie die entsprechenden Wahrscheinlichkeiten.

b) Angenommen, in der Urne befindet sich eine sehr große Anzahl von Kugeln, z. B. 4000 rote und 2000 blaue Kugeln. Es werden erneut zwei Kugeln gezogen.
Wie unterscheiden sich die Wahrscheinlichkeiten beim Ziehen von zwei Kugeln mit und ohne Zurücklegen?

21 *Produkt- und Summenregel für unabhängige Ereignisse*

Grundsätzlich gelten folgende Regeln zum Berechnen von Wahrscheinlichkeiten:

Produktregel: $P(A \cap B) = P(A) \cdot P(B|A)$

Summenregel: $P(B) = P(A) \cdot P(B|A) + P(\overline{A}) \cdot P(B|\overline{A})$

Formulieren Sie eine möglichst einfache Produktregel und eine möglichst einfache Summenregel für den Fall, dass die Ereignisse A und B unabhängig sind.

22 *Triebwerksstörung*

Ein Flugzeug mit drei Triebwerken startete vom Miami International Airport zu einem Flug nach Südamerika. Direkt nach dem Start fiel ein Triebwerk aus. Das Flugzeug kehrte unmittelbar um und landete sicher in Miami, obwohl auch die anderen beiden Triebwerke versagten.

a) Gehen wir davon aus, dass ein Triebwerk beim Start mit der Wahrscheinlichkeit 0,0001 ausfällt. Die Wahrscheinlichkeit, dass alle drei Triebwerke ausfallen, beträgt dann laut FAA (Federal Aviation Administration) $0{,}0001^3$. Welche Annahmen hat die FAA gemacht, um zu diesem Ergebnis zu kommen?

b) Bei der Untersuchung des Vorfalls stellte die FAA fest, dass der Mechaniker, der in allen drei Triebwerken das Öl ausgetauscht hat, bei allen Triebwerken den Öldichtungsring falsch eingesetzt hatte. Beurteilen Sie jetzt die Annahme der FAA in Teilaufgabe a).

Aufgaben

23 *Dunkelfeldforschung*

Häufig werden kriminelle Delikte nicht aufgedeckt, und man muss davon ausgehen, dass man bei einer entsprechenden Befragung keine wahre Antwort bekommt. Es gibt also eine gewisse Dunkelziffer von strafbaren Handlungen, die nicht ans Tageslicht kommen. Um sich dennoch einen Überblick über die Dunkelziffer z. B. von Schwarzfahrern in einem öffentlichen Verkehrsverbund zu verschaffen, führt ein Kriminologe eine Befragung von 600 zufällig ausgewählten Personen nach dem folgenden Verfahren durch:

> Die interviewte Person würfelt in einer Kabine, die nicht eingesehen werden kann, mit einem Würfel. Wirft die Person eine „1“, dann **muss** sie die nachfolgende Frage **wahrheitsgemäß** beantworten:
> *Haben Sie schon einmal absichtlich ein öffentliches Verkehrsmittel benutzt ohne gültigen Fahrschein?*
> ja ☐ nein ☐
> Würfelt die Person keine „1“, dann **muss** sie bei der Beantwortung der Frage **lügen**.

Es sei h der Anteil der Schwarzfahrer.

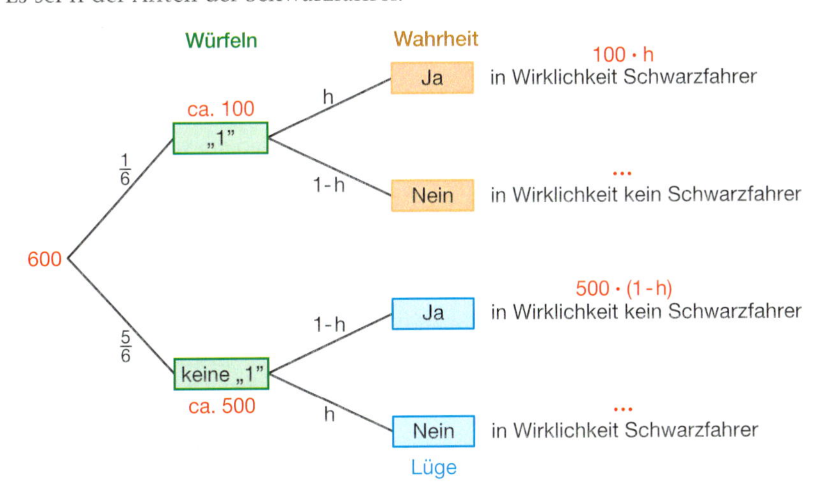

Man kann diese Aufgabe auch mit absoluten Zahlen lösen.

a) Erläutern Sie, inwiefern das oben beschriebene Befragungsverfahren dabei hilft, die Dunkelziffer der Schwarzfahrer zu erfassen. Mit welchen Schwierigkeiten wäre bei einer direkten Befragung zu rechnen?

b) Begründen Sie, warum der Anteil der „Ja“-Antworten folgendermaßen berechnet werden kann:
$h(\text{„Ja“}) = \frac{1}{6} \cdot h + \frac{5}{6} \cdot (1 - h)$

c) Angenommen, die Anzahl der „Ja“-Antworten bei der Untersuchung beträgt 305. Schätzen Sie mit dieser Angabe den Anteil der Personen, die schon einmal absichtlich schwarzgefahren sind. Mit welchen Unsicherheiten ist dieser Schätzwert behaftet?

d) Berechnen Sie einen Schätzwert für den Anteil an Schwarzfahren unter der Annahme, dass von 1000 zufällig ausgewählten Fahrgästen 61 % die Antwort „Ja“ ankreuzten. Würden Sie dieser Statistik mehr trauen?

e) Man könnte das Befragungsverfahren noch ändern, indem man das vorgeschaltete Würfelexperiment variiert.

- Warum funktioniert die folgende Würfel-Variante nicht: Die Wahrheit sagen bei „Augenzahl gerade“ und Lügen bei „Augenzahl ungerade“?
- Untersuchen Sie mittels einer Simulation, ausgehend von einem bekannten Anteil h an Schwarzfahrern, welche vorgeschalteten Zufallsversuche möglichst sichere Schätzwerte für den wirklichen Anteil der Schwarzfahrer liefern.

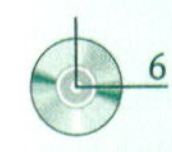

CHECK UP

Wahrscheinlichkeitsmodelle

Grundbegriffe stochastischer Modelle

Mathematisches Modell für einen Zufallsversuch

Zufallsversuch: Ein Experiment, das beschrieben wird durch

(a) die **Ergebnismenge** $\Omega = \{\omega_1; \omega_2; \ldots; \omega_n\}$ und

(b) die **Zuordnung** $\omega_i \to P(\omega_i)$, die jedem Ergebnis ω_i eine Wahrscheinlichkeit $P(\omega_i)$ zuordnet.

Dabei gelten: $P(\omega_i) \geq 0$ für alle i und

$P(\omega_1) + \ldots + P(\omega_n) = 1$

Durch (a) und (b) wird eine **Wahrscheinlichkeitsverteilung** auf der Ergebnismenge Ω definiert.

Darstellung von Wahrscheinlichkeitsverteilungen

Versuch: Zweimaliges Würfeln

Die Summe der Augenzahlen wird protokolliert:

$\Omega = \{2; 3; \ldots; 12\}$

Tabelle

ω_i	$P(\omega_i)$
2	$\frac{1}{36}$
3	$\frac{2}{36}$
4	$\frac{3}{36}$
⋮	⋮
12	$\frac{1}{36}$

Diagramm

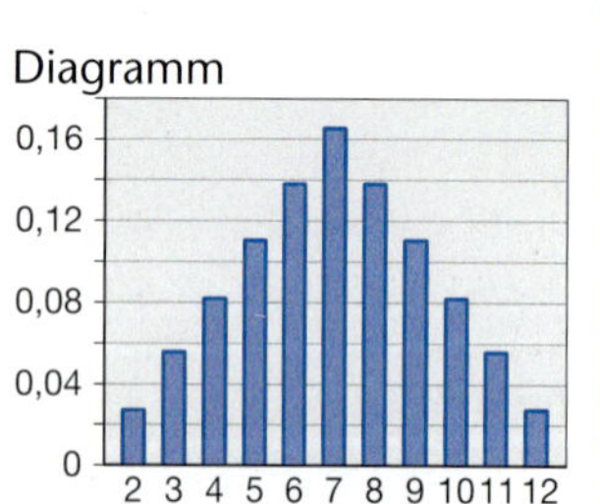

Ereignis und Ereigniswahrscheinlichkeit

Ereignis: Ein Ereignis fasst Ergebnisse eines Zufallsversuches zusammen.

Jede Teilmenge E der Ergebnismenge Ω ist ein Ereignis.

Wahrscheinlichkeit eines Ereignisses P (E)

P(E) ist die Summe der Wahrscheinlichkeiten, mit denen jedes Element von E auftritt:

$P(E) = \sum_{\omega_i \in E} P(\omega_i)$

Ereigniswahrscheinlichkeiten bei einem Laplace-Versuch

Ein Laplace-Versuch hat n verschiedene gleich wahrscheinliche Ergebnisse $\omega_1, \omega_2, \ldots, \omega_n$.

Dann ist $P(\omega_i) = \frac{1}{n}$.

Für ein Ereignis E, das k gleich wahrscheinliche Ergebnisse enthält, gilt:

$P(E) = \frac{k}{n} = \frac{\text{Anzahl der für E günstigen Ergebnisse}}{\text{Anzahl aller möglichen Ergebnisse}}$

1 Angenommen, Sie würfeln mit zwei Tetraederwürfeln mit den Augenzahlen 1, 2, 3 und 4 und protokollieren die Augensumme.

a) Wie lautet die Ergebnismenge?

b) Stellen Sie die zugehörige Wahrscheinlichkeitsverteilung in Form einer Tabelle und eines Diagramms dar.

c) Geben Sie die Wahrscheinlichkeit der folgenden Ereignisse an: Die Augensumme ist

(1) größer als 5, (2) höchstens 4, (3) kleiner als 4, (4) mindestens 4 und höchstens 6.

2 Das nebenstehende Glücksrad wird gedreht.

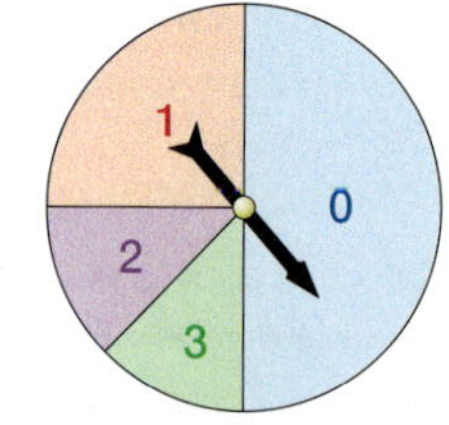

a) Erstellen Sie die zugehörige Wahrscheinlichkeitsverteilung.

b) Angenommen, das Glücksrad wird zweimal gedreht und die Summe der Zahlen protokolliert.

Geben Sie die Ergebnismenge und die Wahrscheinlichkeitsverteilung als Tabelle und als Diagramm an.

3 Zwei natürliche Zufallszahlen werden aus 0, 1, 2 und 3 erzeugt. Protokolliert wird der Unterschied der beiden Ziffern (Betrag der Differenz). Geben Sie die Ergebnismenge und die zugehörige Wahrscheinlichkeitsverteilung an.

4 Warum stellen die folgenden Verteilungen keine Wahrscheinlichkeitsverteilung dar?

a)

ω	2	4	6	8	10	12
$P(\omega)$	$\frac{1}{20}$	$\frac{5}{20}$	$\frac{9}{20}$	$\frac{6}{20}$	$-\frac{3}{20}$	$\frac{2}{20}$

b)

ω	3	4	5	6	7
$P(\omega)$	$\frac{1}{8}$	$\frac{2}{8}$	$\frac{4}{8}$	$\frac{2}{8}$	$\frac{1}{8}$

5 Beim Würfeln mit zwei Würfeln eignet sich als Ergebnismenge besonders gut die folgende Menge

$\Omega = \{(1,1); (1,2); \ldots; (6,5); (6,6)\}$.

Stellen Sie jedes der folgenden Ereignisse als Teilmenge von Ω dar und geben Sie die Eintrittswahrscheinlichkeit an.

a) Die Augensumme beträgt 10.

b) Mindestens einer der Würfel zeigt eine „6".

c) Das Produkt der beiden Augenzahlen ist 12.

d) Der Betrag der Differenz der beiden Augenzahlen ist 2.

6 Geben Sie ein Beispiel für ein Ereignis E an, für das P(E) = 1 gilt.

7 Ein Forscher untersucht die Anzahl der Jungen und Mädchen in einer Familie. Nehmen Sie an, dass die Wahrscheinlichkeit für eine Jungengeburt genauso groß ist wie für eine Mädchengeburt.

Zeigen Sie, dass die Wahrscheinlichkeit, dass unter den drei Kindern einer Familie genau ein Mädchen ist, $\frac{3}{8}$ beträgt.

CHECK UP

8 Angenommen, 80 % der Schüler eines Mathematikkurses mögen Apfelsinen, 60 % mögen Äpfel und 52 % mögen Apfelsinen und Äpfel. Berechnen Sie den Anteil der Schüler, die Apfelsinen oder Äpfel oder beides mögen.

9 Ein Schüler bewirbt sich um einen Praktikumsplatz bei zwei Firmen A und B. Er schätzt, dass er mit 70 %-iger Wahrscheinlichkeit bei der Firma A und mit 45 %-iger Wahrscheinlichkeit bei der Firma B einen Praktikumsplatz erhalten wird. Er meint, dass er somit sicher sein kann, dass er bei einer der Firmen einen Praktikumsplatz finden wird.
Stimmt das? Begründen Sie Ihre Antwort.

10 Bei einer Befragung in einem Mathematikkurs wurden die beiden folgenden Fragen gestellt:
„Sind Sie weiblich?" und „Ist Ihre Lieblingsfarbe Rot?".
Bei dieser Befragung betrug der Anteil der „Ja-Antworten" auf die erste Frage 40 % und auf die zweite Frage 27 %.
Kann man mit diesen Ergebnissen die Wahrscheinlichkeit dafür berechnen, dass eine zufällig aus dem Kurs ausgewählte Person weiblich ist oder die Farbe Rot als Lieblingsfarbe hat?
Welche Zusatzinformation benötigen Sie für den Fall, in dem Sie die gefragte Wahrscheinlichkeit nicht berechnen können?

11 Schließen sich beim Wurf zweier Würfel die beiden Ereignisse A: „Augensumme ist durch 4 teilbar" und B: „Unterschied der Augenzahlen ist 3" gegenseitig aus? Begründen Sie.

12 Eine Münze wird fünfmal geworfen. Wie groß ist die Wahrscheinlichkeit, dass zumindest einmal „Kopf" fällt?
Tipp: Berechnen Sie zunächst die Wahrscheinlichkeit für das Gegenereignis.

13 Ein Passwort hat an der ersten Stelle einen Buchstaben. Die folgenden fünf Zeichen können ein Buchstabe oder eine Ziffer sein. Dabei wird zwischen Groß- und Kleinschreibung unterschieden. Wie viele verschiedene Passwörter sind möglich?

14 Angenommen, ein beliebiger fünfstelliger PIN kann aus den Ziffern von 0 bis 9 gebildet werden.
a) Wie viele verschiedene PINs sind möglich?
b) Anna sagt, dass bei ihrem PIN keine Ziffer mehrfach vorkommt. Wie viele verschiedene PINs mit dieser Eigenschaft gibt es?

15 Auf wie viele Arten können bei einem Pferderennen die zwölf teilnehmenden Pferde die ersten drei Plätze belegen?
Bei einem Pferderennen kann man auf den Einlauf, d. h. die Belegung der ersten drei Plätze, wetten. Wie groß ist die Wahrscheinlichkeit, dass eine Person, die von Pferden nichts versteht, zufällig gewinnt?

16 Auf wie viele Arten kann man zehn Spieler
a) nebeneinander,
b) im Kreis anordnen?

Rechnen mit Ereigniswahrscheinlichkeiten

Verknüpfung von Ereignissen A und B

Und-Verknüpfung
Ereignis A und Ereignis B treten gleichzeitig ein.

Oder-Verknüpfung
Entweder Ereignis A oder Ereignis B tritt ein oder beide gleichzeitig.

Mengenschreibweise
$A \cap B$ $\quad$ $A \cup B$

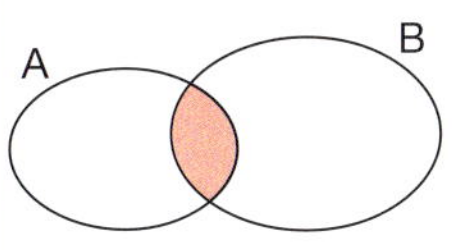

Für sich gegenseitig ausschließende Ereignisse A und B gilt:
$P(A \cap B) = 0$

Additionssatz:
$P(A \cup B) = P(A) + P(B) - P(A \cap B)$

Besondere Ereignisse und ihre Wahrscheinlichkeiten

Gegenereignis $\overline{A}$: $\overline{A}$ tritt genau dann ein, wenn A nicht eintritt: $P(\overline{A}) = 1 - P(A)$

Unmögliches Ereignis {}: Die Menge enthält kein Element: $P(\{\}) = 0$

Sicheres Ereignis Ω: Die Menge enthält alle möglichen Ergebnisse: $P(\Omega) = 1$

Zählen und Wahrscheinlichkeiten

Zählprinzipien

1. Grundprinzip
Ein k-stufiger Prozess mit $n_1, n_2, \ldots, n_k$ Ergebnissen auf jeder Stufe hat insgesamt $n_1 \cdot n_2 \cdot \ldots \cdot n_k$ mögliche Ergebnisse.

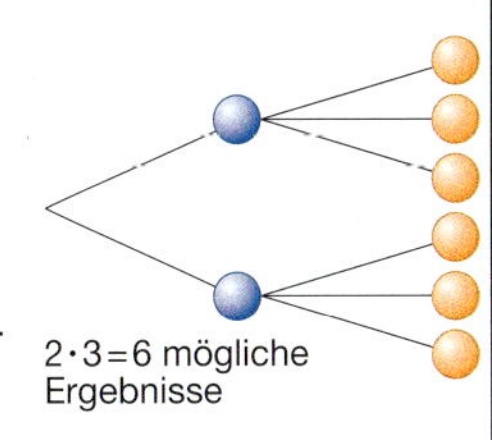

2. Spezielle Zählprinzipien

a) **Ziehen mit Zurücklegen mit Reihenfolge**
n – unterscheidbare Kugeln, k – Ziehungen
$n \cdot n \cdot \ldots \cdot n = n^k$ verschiedene Ergebnisse

b) **Ziehen ohne Zurücklegen mit Reihenfolge**
n – unterscheidbare Kugeln, k – Ziehungen
$n \cdot (n-1) \cdot \ldots \cdot (n-k+1) = \frac{n!}{(n-k)!}$ verschiedene Ergebnisse

c) **Spezialfall Permutationen**
Ziehen aller Kugeln ohne Zurücklegen mit Reihenfolge $n \cdot (n-1) \cdot (n-2) \cdot \ldots \cdot 2 \cdot 1 = n!$ verschiedene Permutationen

CHECK UP

„k aus n“ – Ziehen ohne Zurücklegen und ohne Reihenfolge – Binomialkoeffizient
Zieht man k Kugeln ohne Zurücklegen und ohne die Reihenfolge zu berücksichtigen aus einer Urne mit n Kugeln, so erhält man
$\frac{n!}{(n-k)! \cdot k!} = \frac{n \cdot (n-1) \cdot (n-2) \cdot \ldots \cdot (n-k+1)}{k!}$
verschiedene Ergebnisse. Für diesen Term schreibt man kurz $\binom{n}{k}$. Die Terme $\binom{n}{k}$ nennt man **Binomialkoeffizienten**.

Bedingte Wahrscheinlichkeit

Bedingte Wahrscheinlichkeit P(B | A)
Wahrscheinlichkeit dafür, dass B eintritt, wenn A bereits eingetreten ist

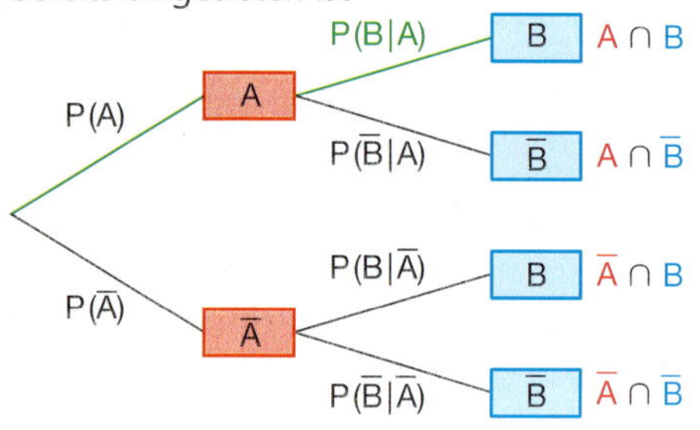

Multiplikationsregel
$P(A \cap B) = P(A) \cdot P(B \mid A)$

Regel zur Berechnung der bedingten Wahrscheinlichkeit
$P(B \mid A) = \frac{P(A \cap B)}{P(A)}$; $P(A) \neq 0$ (Satz von Bayes)

Bedingte Wahrscheinlichkeit und Vierfeldertafel mit absoluten Häufigkeiten

	A	$\bar{A}$	Summe
B	52	48	100
$\bar{B}$	65	16	81
Summe	117	64	181

$P(A) = \frac{117}{181} = 0{,}646$ $P(B) = \frac{100}{181} = 0{,}553$
$P(A \cap B) = \frac{52}{181} = 0{,}287$
$P(B \mid A) = \frac{52}{117} = 0{,}444$ $P(A \mid B) = \frac{52}{100} = 0{,}52$

Unabhängige Ereignisse
Ereignisse, bei denen die Eintrittswahrscheinlichkeit des einen Ereignisses nicht durch das Eintreten des anderen Ereignisses beeinflusst wird:
In diesem Fall gelten $P(A \mid B) = P(A)$, $P(B \mid A) = P(B)$ und $P(A \cap B) = P(A) \cdot P(B)$.

17 Ein Test besteht aus 25 Fragen. Der Prüfling kann sich 15 Fragen aussuchen, die er bearbeiten möchte. Auf wie viele Arten kann er seine Auswahl treffen?

18 Aus zwölf Schülerinnen und Schülern werden zwei Volleyballmannschaften zu je sechs Spielerinnen und Spielern ausgelost.
a) Auf wie viele Arten kann diese Wahl ausgehen?
b) Angenommen, unter den zwölf Schülerinnen und Schülern sind vier Aktive, die im Verein Volleyball spielen. Wie groß ist die Wahrscheinlichkeit, dass alle vier „Profis“ in dieselbe Mannschaft gelost werden?

19 Es werden 500 Personen befragt, ob sie Produkt A oder Produkt B bevorzugen. Eine Auswertung der Befragung nach dem Geschlecht ergibt die folgende Vierfeldertafel:

Markenwahl	Produkt A	Produkt B	Summe
männlich	52	158	210
weiblich	189	101	290
Summe	241	259	500

a) Stellen Sie die Daten in einer Tabelle mithilfe von relativen Häufigkeiten dar.
b) Angenommen, Sie wählen eine der befragten Personen zufällig aus. Wie groß sind die folgenden Wahrscheinlichkeiten: P(männlich), P(Produkt A), P(weiblich und Produkt A)?
c) Berechnen Sie P(Produkt A | weiblich) und interpretieren Sie, was man unter dieser Wahrscheinlichkeit versteht.
d) Berechnen Sie P(weiblich | Produkt A) und interpretieren Sie, was man unter dieser Wahrscheinlichkeit versteht.

20 Angenommen, für ein Diagnoseverfahren gilt: Erkrankte werden mit 97 %-iger Wahrscheinlichkeit als „krank“ diagnostiziert (Test positiv). Nichterkrankte werden mit einer 98 %-igen Wahrscheinlichkeit als „nicht krank“ diagnostiziert (Test negativ). Gehen Sie davon aus, dass die Erkrankungswahrscheinlichkeit in der Bevölkerung 4 % beträgt.
a) Stellen Sie die Daten mithilfe einer Vierfeldertafel oder eines Baumdiagramms dar.
b) Berechnen Sie die Wahrscheinlichkeit, dass ein positives Testergebnis falsch ist, also P(nicht erkrankt | +).
c) Berechnen Sie die Wahrscheinlichkeit, dass ein positives Testergebnis richtig ist, also P(krank | +).

21 Interpretieren Sie an dem Beispiel von Aufgabe 20 den Unterschied zwischen P(krank | +) und P(+ | krank).

22 Erklären Sie, weshalb $P(B \mid A) = 0$ gilt, wenn A und B zwei sich gegenseitig ausschließende Ereignisse sind.

23 In Deutschland haben 41 % aller Bürger die Blutgruppe 0 und 15 % aller Bürger sind Rhesus negativ. Angenommen, Blutgruppenzugehörigkeit und Rhesusfaktor sind unabhängig. Wie groß ist die Wahrscheinlichkeit, dass ein zufällig ausgewählter Deutscher die Blutgruppe 0 hat und Rhesus negativ ist?

3 Umgang mit Daten

Bei statistischen Untersuchungen werden oft lange Listen von „Rohdaten" erhoben. Je mehr Daten vorliegen, desto schwerer fällt der Überblick. Wenn es sich um die Verteilung eines bestimmten Merkmals handelt, so müssen die zugehörigen Daten geordnet, in übersichtlichen Diagrammen dargestellt und für bestimmte Zwecke und Vergleiche auch auf wenige aussagekräftige Kennwerte reduziert werden.

Für die Forschung von besonderem Interesse ist die Suche nach dem Zusammenhang zwischen zwei Merkmalen. Die Darstellung von Daten zweier quantitativer Merkmale in Streudiagrammen lässt Vermutungen über statistische Zusammenhänge zu, die dann mithilfe von Ausgleichsgeraden oder -kurven beschrieben werden.

Die beschreibende Statistik kann zwar statistische Auffälligkeiten und Zusammenhänge aufzeigen, bei der Interpretation und Bewertung sind aber Methoden der beurteilenden Statistik und vor allem auch Kenntnisse aus den jeweiligen Sachbereichen notwendig.

3.1 Verteilungen untersuchen

Empirische Häufigkeitsverteilungen werden in Säulendiagrammen oder in Histogrammen dargestellt. Zunächst können die Verteilungen von ihrer Form her (symmetrisch oder schief) gewisse Aufschlüsse über die Daten liefern. Zur Charakterisierung der Verteilungen können bestimmte Lagemaße (Mittelwert) und Streuungsmaße (Varianz und Standardabweichung) berechnet und zum schnellen Vergleich herangezogen werden.

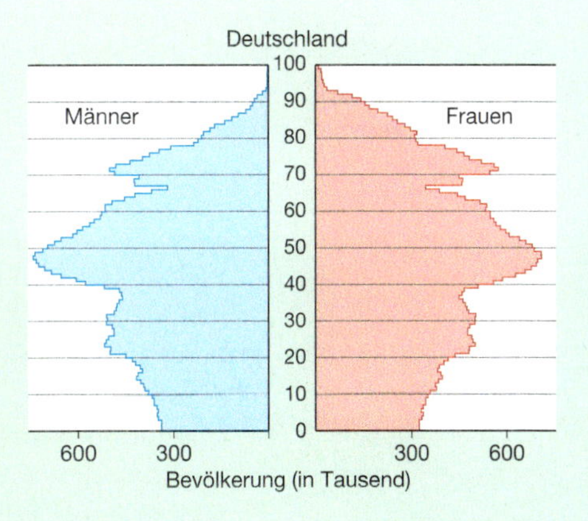

3.2 Beziehungen zwischen zwei Merkmalen

Beobachtungen oder Messungen zweier Merkmale (z. B. Gewicht und Körpergröße ausgewählter Personen) werden in Tabellen festgehalten und im Streudiagramm veranschaulicht. Die Form der Punktwolke lässt erste Vermutungen über Beziehungen zu, so weist etwa eine schmale Punktwolke auf einen linearen Zusammenhang hin. Dieser wird dann durch eine „Regressionsgerade" modelliert. Über die Güte dieser Modellierung kann man über die Darstellung der Abweichungen (Residuendiagramm) oder auch über ein spezielles Zusammenhangsmaß (Korrelationskoeffizient) Aufschluss gewinnen. Vorsicht ist bei der Interpretation geboten, so muss eine starke statistische Korrelation keineswegs einen kausalen Zusammenhang bedeuten.

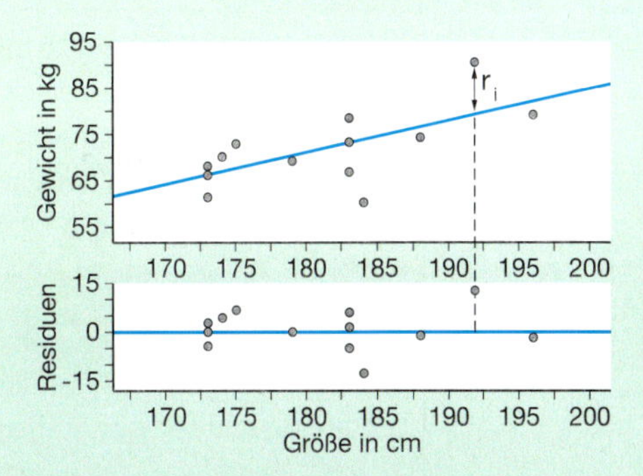

3.1 Verteilungen untersuchen

Was Sie erwartet

In den vorangegangenen Kapiteln haben Sie Häufigkeitsverteilungen bei Simulationen von Zufallsversuchen erzeugt. Allgemein lassen sich Ergebnisse von statistischen Erhebungen in Form von Verteilungen übersichtlich darstellen, wie z. B. bei der Verteilung von Körpermaßen oder der Altersverteilung von Frauen und Männern. In diesem Lernabschnitt erfahren Sie, wie man solche Verteilungen beschreiben, durch statistische Kennzahlen charakterisieren und so miteinander vergleichen kann. Dabei erwerben Sie die Fähigkeit zum Lesen und Interpretieren von Daten.

Aufgaben

1 *Bevölkerungspyramiden im Vergleich*

Die folgenden Grafiken zeigen den Altersaufbau der deutschen Bevölkerung und der türkischen Bevölkerung im Jahr 2012, nach Geschlechtern getrennt, in Form eines Paar-Balkendiagramms.

(Quelle: US-Bureau of Census, International DATA-Base)

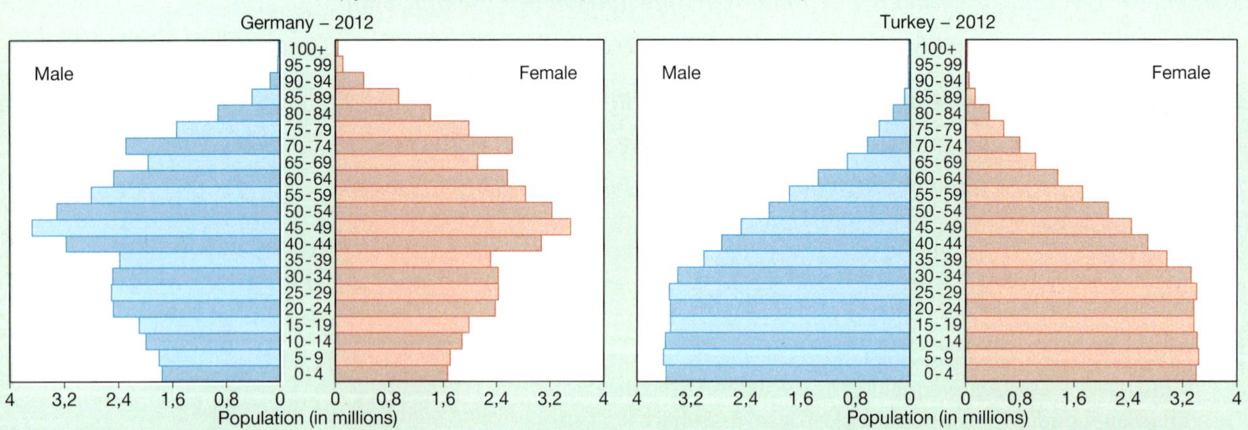

- „Lesen" Sie die beiden grafischen Darstellungen: Was wird jeweils dargestellt? Welche Informationen über die Altersverteilung in den jeweiligen Ländern können Sie entnehmen?
- Vergleichen Sie gemeinsam mit Ihrem Sitznachbarn die Altersverteilungen von Männern und Frauen in jeweils einem Land miteinander: Welche Gemeinsamkeiten und welche Unterschiede sind sichtbar? Was fällt Ihnen auf?
- Was erwarten Sie: Welche Formen haben die Bevölkerungspyramiden der USA, von Indien oder Nigeria?

Präsentieren Sie Ihre Ergebnisse Ihren Mitschülerinnen und Mitschülern.

Hinweis: Wenn Sie weitere Informationen über die Altersverteilung in verschiedenen Ländern erhalten möchten, so finden Sie diese in der internationalen Datenbank des US-Bureau of Census, http://www.census.gov/population/international/data/idb/informationGateway.php.

Eine nach Lebensjahren differenziertere und animierte Bevölkerungspyramide der BRD finden Sie auf den Seiten des Statistischen Bundesamtes, http://www.destatis.de/bevoelkerungspyramide/.

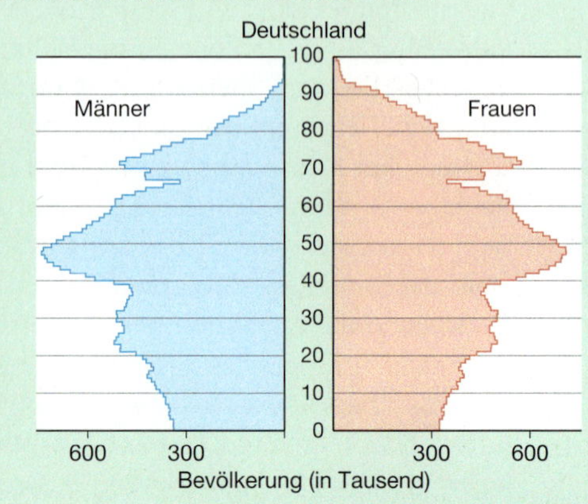

Aufgaben

2 *Altersverteilung von Schülerinnen und Schülern*

Die nachfolgende Tabelle zeigt die Altersverteilung von 522 Schülerinnen und Schülern verschiedener Schulen, aus der 11. Jahrgangsstufe, nach Geschlecht getrennt.

		Geschlecht	
		männlich	weiblich
Alter	16	56	92
	17	141	184
	18	27	16
	19	4	1
	20	1	0
	Summe	229	293

a) Stellen Sie die relativen Häufigkeiten der verschiedenen Altersstufen für Schülerinnen und Schüler in einem gemeinsamen Säulendiagramm dar. Der Anfang ist gemacht.

b) Vergleichen Sie die beiden Altersverteilungen anhand der Grafik und mit geeigneten Kennzahlen (z. B. Mittelwerte). Welche Gemeinsamkeiten und welche Unterschiede gibt es?

Besonders einfach lassen sich Säulendiagramme zu Häufigkeitstabellen mit einer Tabellenkalkulation erstellen.

3 *Haushaltsgrößen im Vergleich*

Das Statistische Bundesamt veröffentlicht jedes Jahr die Verteilung der Größen von Privathaushalten in der BRD. Die nachfolgende Tabelle gibt an, wie viele 1-Personen-, 2-Personen-Haushalte usw. es 1970 und 2010 gegeben hat.

Haushalte in Tausend	1 Person	2 Personen	3 Personen	4 Personen	5 und mehr Personen
1970	5527	5959	4314	3351	2839
2010	16195	13793	5089	3846	1378

Quelle: Statistisches Bundesamt http://www.destatis.de

a) Vergleichen Sie die Gesamtanzahl aller Privathaushalte 2010 und 1970. Wie lässt sich der Unterschied erklären?

b) Vergleichen Sie die beiden Verteilungen der Haushaltsgrößen. Stellen Sie dazu die Häufigkeitsverteilungen in geeigneter Form grafisch dar. Was fällt auf?

c) Im Jahr 2010 betrug, laut Statistischem Bundesamt, die *durchschnittliche Haushaltsgröße* 2,03. Was gibt diese Kennzahl an?

4 *Ergebnisse von Zufallsversuchen grafisch erfasst*

Nachfolgend finden Sie einige Diagramme, bei denen die x-Achse nicht beschriftet wurde. Die y-Achse gibt die absoluten Häufigkeiten der aufgetretenen Merkmalsausprägungen an. Ordnen Sie die nachfolgend beschriebenen Situationen den Diagrammen zu. Jeder der beschriebenen Zufallsversuche wurde 1000-mal wiederholt. Begründen Sie Ihre Auswahl:

a) Anzahl der „Sechsen“ beim dreifachen Würfeln eines Spielwürfels,

b) Anzahl der „Wappen“ beim dreifachen Münzwurf,

c) Augenzahlen beim Würfeln eines Tetraederwürfels.

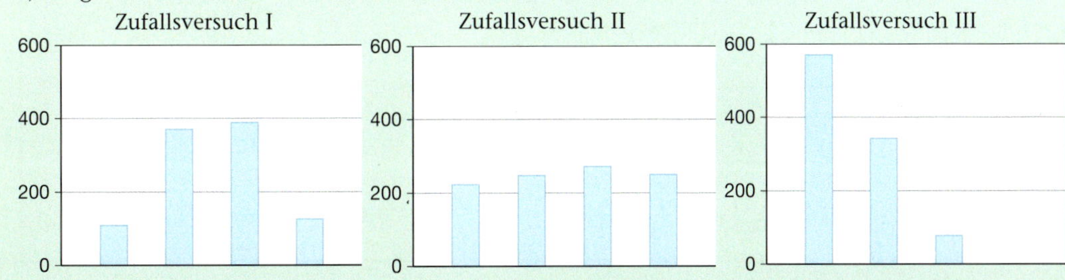

Basiswissen

Bei einer **Häufigkeitsverteilung** werden den beobachteten Werten eines Merkmals, wie z. B. Alter, Geburtsmonat oder Haushaltsgröße, deren absolute oder relative Häufigkeiten eindeutig zugeordnet.

Merkmalswert	a_1	a_2	...	a_r
Absolute Häufigkeit	$H(a_1)$	$H(a_2)$	...	$H(a_r)$

Quelle: Statistisches Bundesamt www.destatis.de

31RoKa.xlsx

Nachfolgend finden Sie einen Ausschnitt aus der Häufigkeitsverteilung der Geburtenzahlen in der BRD im Jahr 2005.

Geburtsmonat	Jan.	Feb.	März	...	Nov.	Dez.
Absolute Häufigkeit	57 338	53 165	57 071	...	52 765	54 724

Formen von Häufigkeitsverteilungen

Wenn man Häufigkeitsverteilungen miteinander vergleichen möchte, ist es hilfreich, Verteilungen grafisch, z. B. als Säulendiagramm, darzustellen und ihre Formen genauer zu betrachten. Dabei treten häufig folgende idealtypische Verteilungsformen auf:

Gleichverteilung

Geburtenzahlen in der BRD im Jahr 2005

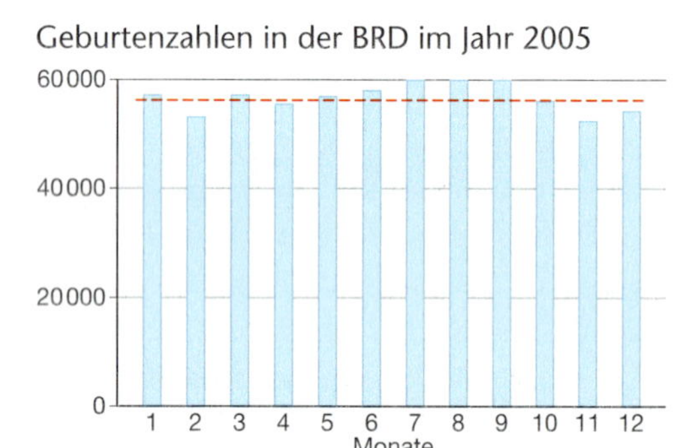

Eingipflig und symmetrisch

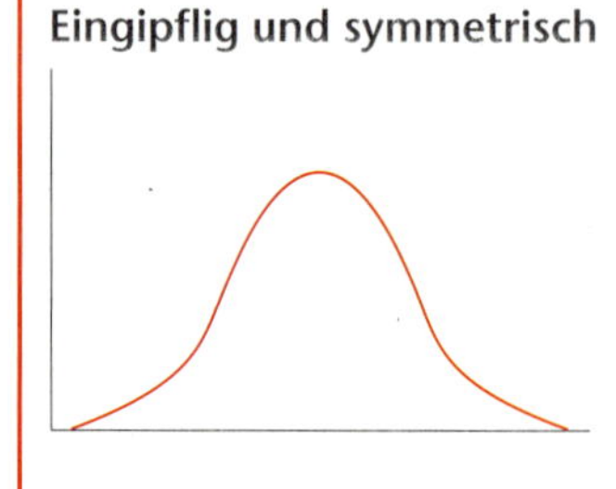

Simulation des zehnfachen Münzwurfes

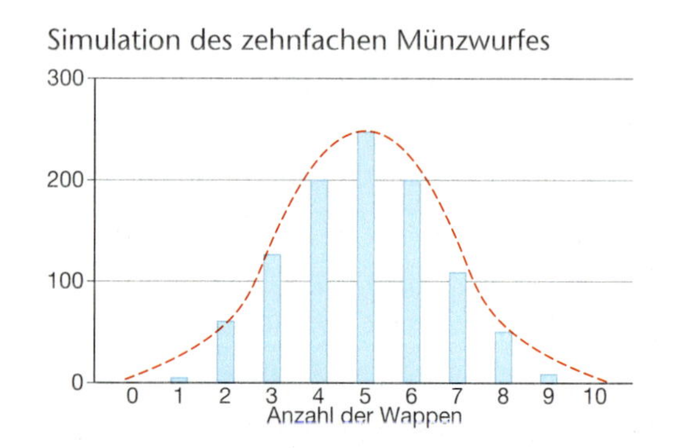

Eingipflig und schief

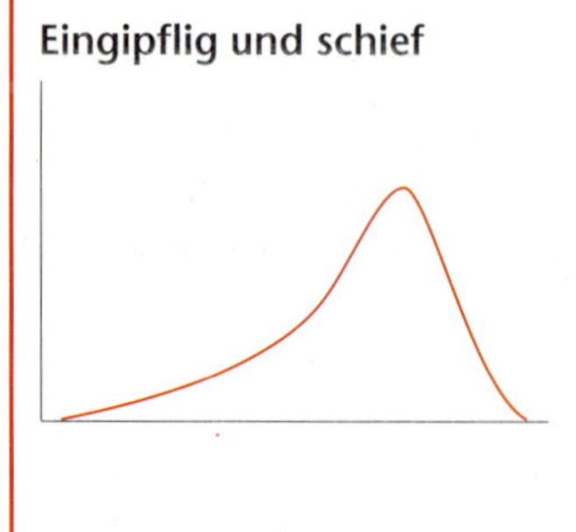

Samenverteilung in einer Frucht

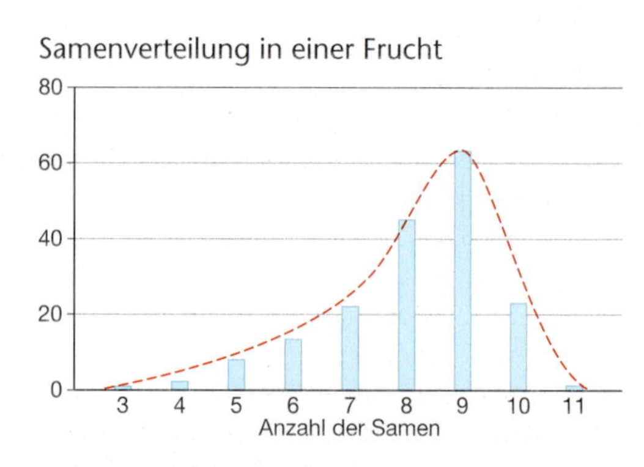

Beispiele

A *Geburtenverteilung*

Im Jahr 2005 wurden, laut Statistischem Bundesamt, insgesamt 685 795 Kinder in Deutschland geboren. Welche Aussagen lassen sich der grafischen Darstellung der Geburtenverteilung in dem Basiswissen auf der vorherigen Seite entnehmen?

Lösung:

In jedem Monat werden nahezu gleich viele Kinder geboren, durchschnittlich etwa 57 150 Kinder (685 795 : 12). Betrachtet man die Verteilung genauer, so findet man die folgenden Abweichungen von der Gleichverteilung:
Die höchsten Geburtenzahlen lagen 2005 in den Sommermonaten Juli bis September.
Die geringsten Geburtenzahlen findet man in den Monaten Februar und November, beide vergleichsweise kurze Monate mit 28 bzw. 30 Tagen.

B *Die durchschnittliche Haushaltsgröße 2010*

In Aufgabe 3 sind Daten über die Verteilung der Haushaltsgrößen in der BRD 2010 angegeben. Wie könnte man mit diesen Daten das arithmetische Mittel der Haushaltsgrößen schätzen? Vergleichen Sie Ihren Schätzwert mit dem vom Statistischen Bundesamt angegebenen Durchschnittswert 2,03.

Lösung:

Laut Statistischem Bundesamt gab es im Jahr 2010 in Deutschland insgesamt 16 195 000 + 13 793 000 + 5 089 000 + 3 846 000 + 1 378 000 = 40 301 000 Haushalte.
Auffällig ist, dass bei einer Merkmalsausprägung eine Klasse mit „5 Personen oder mehr" angegeben wurde. Verwendet man bei der Berechnung des arithmetischen Mittels für diese Klasse als Merkmal „5 Personen", so erhält man nur einen Mindestwert als Schätzung. Als durchschnittliche Haushaltsgröße wird das sogenannte gewichtete arithmetische Mittel verwendet:
$\bar{x} = (16195 \cdot 1 + 13793 \cdot 2 + 5089 \cdot 3 + 3846 \cdot 4 + 1378 \cdot 5) : 40301 \approx 2{,}02$
Unser Ergebnis liegt um weniger als 0,5 % unter der vom Statistischen Bundesamt angegebenen (gerundeten) durchschnittlichen Haushaltsgröße von 2,03.

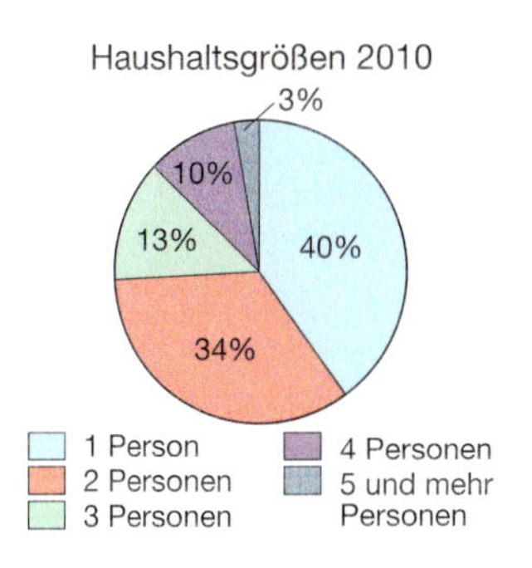

Übungen

5 *Gleichverteilung*

Geben Sie Situationen an, in denen Sie eine (nicht) gleichförmige Häufigkeitsverteilung über die Tage einer Woche (eines Monats) erwarten.

6 *Verteilungsformen*

Skizzieren und beschreiben Sie die Form der beiden folgenden Verteilungen:
a) Alter der Personen, die im letzten Jahr in der BRD verstorben sind,
b) Alter der Personen, die im letzten Jahr den Führerschein gemacht haben.

7 *Samenproduktion einer Pflanze*

Ein Botaniker hat 178 Früchte einer Pflanzenart untersucht und in jeder Frucht die vorhandenen Samen gezählt.

Anzahl der Samen	3	4	5	6	7	8	9	10	11
Anzahl der Früchte	1	2	8	13	22	45	63	23	1

a) Die Häufigkeitsverteilung der Samen ist im Basiswissen auf der vorherigen Seite grafisch dargestellt. Welche Aussagen über die Samenproduktion der vorliegenden Pflanzenart kann man aus der Verteilungsform gewinnen?
b) Ermitteln Sie die durchschnittliche Samenanzahl pro Frucht. Was sagt diese Kennzahl über die vorliegende Häufigkeitsverteilung aus, was nicht?
c) In der Sekundarstufe I haben Sie neben dem arithmetischen Mittel einen weiteren Mittelwert, den Median (oder Zentralwert), kennengelernt. Bestimmen Sie den Median zur Häufigkeitsverteilung. Erläutern Sie Ihre Vorgehensweise und vergleichen Sie Ihr Ergebnis mit der in b) berechneten durchschnittlichen Samenanzahl.

Basiswissen

Die am häufigsten verwendeten Mittelwerte sind das **arithmetische Mittel** und der **Median**. Sie werden auch als Lagemaße einer Verteilung bezeichnet.

Mittelwerte

Das arithmetische Mittel

Das arithmetische Mittel wird häufig auch der Durchschnitt genannt.

Berechnung aus den Rohdaten

Summe aller Merkmalswerte $x_1, x_2, \ldots, x_n$ dividiert durch deren Anzahl n:

$$\bar{x} = \frac{x_1 + x_2 + \ldots + x_n}{n} = \frac{\sum_{i=1}^{n} x_i}{n}$$

Berechnung mithilfe von Häufigkeitstabellen

Man berechnet das gewichtete arithmetische Mittel mithilfe der absoluten Häufigkeiten $H(a_i)$ bzw. der relativen Häufigkeiten $h(a_i)$.

$$\bar{x} = \frac{H(a_1) \cdot a_1 + H(a_2) \cdot a_2 + \ldots + H(a_r) \cdot a_r}{n}$$

$$\bar{x} = \frac{\sum_{i=1}^{r} H(a_i) \cdot a_i}{n} = \sum_{i=1}^{r} h(a_i) \cdot a_i$$

Der Median (oder Zentralwert)

Der Median $\tilde{x}$ ist der Wert, der in einer der Größe nach geordneten Datenreihe in der „Mitte" liegt.

Berechnung des Medians aus den Rohdaten

Die Daten werden der Größe nach geordnet. Nun ist eine Fallunterscheidung notwendig, um die Mitte zu erfassen:

Ungerade Anzahl von Daten

Platznummer	1.	2.	3.	4.	5.	6.	7.	8.	9.
Daten	0	2	5	5	8	9	12	15	20

Mitte bei Nummer 5:
$\tilde{x} = 8$

Gerade Anzahl von Daten

Platznummer	1.	2.	3.	4.	5.	6.	7.	8.	9.	10.
Daten	3	4	4	6	7	8	9	10	10	35

Mitte zwischen Nummer 5 und 6:
$$\tilde{x} = \frac{7 + 8}{2} = 7{,}5$$

Beispiele

C *Mittelwert und Median im Vergleich*

Bestimmen Sie das arithmetische Mittel und den Median der Daten 0, 2, 4, 3, 5, 0, 0, 6, 5, 5. Welche Eigenschaften im Hinblick auf die Daten besitzen diese beiden Kennzahlen? Wie verhalten sie sich, wenn der höchste vorkommende Datenwert größer wird?

Lösung: $\bar{x} = \frac{3 \cdot 0 + 1 \cdot 2 + 1 \cdot 3 + 1 \cdot 4 + 3 \cdot 5 + 1 \cdot 6}{10} = 3$ und $\tilde{x} = \frac{3+4}{2} = 3{,}5$

Ordnet man die angegebenen Daten als Punkte auf einer Skala an, so wird deutlich, dass sich die Abweichungen der Daten vom arithmetischen Mittel nach oben und unten ausgleichen. Addiert man alle Differenzen
$(0 - 3) + (0 - 3) + (0 - 3) + (2 - 3) + (3 - 3) + (4 - 3) + (5 - 3) + (5 - 3) + (5 - 3) + (6 - 3)$,
so erhält man als Summe die Null. Der Median teilt die Datenmenge in zwei Hälften. Das arithmetische Mittel verändert sich, wenn der größte Datenwert 6 durch 8 ersetzt wird ($\bar{x} = 3{,}2$), der Median bleibt jedoch unverändert.

Übungen

8 *Mittelwerte von Verteilungen*

a) Bestimmen Sie jeweils den Median $\tilde{x}$ und das arithmetische Mittel $\bar{x}$ der folgenden Häufigkeitsverteilungen und vergleichen Sie die beiden Werte.

b) Geben Sie die Form einer Verteilung an, bei der Median und arithmetisches Mittel praktisch zusammenfallen werden.

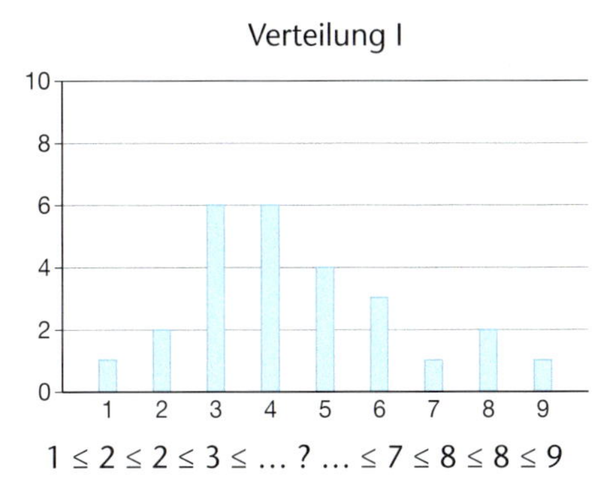

$1 \leq 2 \leq 2 \leq 3 \leq \ldots ? \ldots \leq 7 \leq 8 \leq 8 \leq 9$

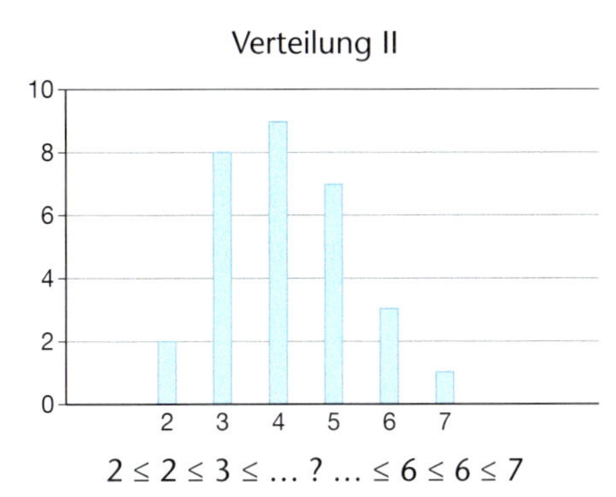

$2 \leq 2 \leq 3 \leq \ldots ? \ldots \leq 6 \leq 6 \leq 7$

9 *Richtig oder falsch?*

Untersuchen Sie, welche der folgenden Aussagen richtig und welche falsch sind. Verwenden Sie dazu die Definition des Medians und geeignete Datenbeispiele.

- Genau 50 % der erhobenen Daten sind kleiner als der Median.
- Höchstens 50 % der erhobenen Daten sind größer als der Median.
- Mindestens 50 % der erhobenen Daten sind kleiner oder gleich dem Median.

10 *Mittelwerte und „Ausreißer"*

In einem Statistik-Lehrbuch heißt es:
„Das arithmetische Mittel ist robust gegenüber Ausreißern, der Median nicht".
Erläutern Sie diese Aussage mithilfe des folgenden Beispiels:
Neun Personen verdienen jeweils 1000 € monatlich und eine Person verdient 100 000 €.
Das arithmetische Mittel der Einkommen beträgt 10 900 €, der Median nur 1000 €.

11 *Welchen Mittelwert verwenden?*

Preise von Haushaltsgeräten sind in Kaufhäusern, Elektrofachgeschäften und Internetshops verschieden. In vielen Testuntersuchungen werden daher mittlere Preise angegeben. Sollte man hierzu den Median oder das arithmetische Mittel verwenden?

12 *Mittlere Studiendauer*

In einem Studienfach beträgt das arithmetische Mittel der Studiendauer 11,8 Semester und der Median 9 Semester. Was kann man über die Form der Verteilung vermuten?

GRUNDWISSEN

1 Was versteht man unter der bedingten Wahrscheinlichkeit $P(A|B)$?

2 Definieren Sie „stochastische Unabhängigkeit zweier Ereignisse".

3 Ein Doppelwürfel wird hundertmal geworfen und die Ergebnisse (Augensumme) werden mithilfe einer Häufigkeitsverteilung dargestellt.
Unterscheidet sich diese Häufigkeitsverteilung von der Wahrscheinlichkeitsverteilung der Zufallsgröße „Augensumme beim Doppelwürfel"?

Übungen

13 *Verteilung von Körpergrößen – Klasseneinteilung*

a) Erheben Sie in Ihrem Mathematikkurs Daten über die Körpergrößen Ihrer Mitschülerinnen und Mitschüler.
Der Übersicht halber ist es sinnvoll, mehrere Beobachtungswerte zu Klassen zusammenzufassen. Mittels einer Strichliste können Sie leicht eine Häufigkeitsverteilung ermitteln.

Körpergröße in cm	weiblich	männlich
von 150 bis unter 160		
von 160 bis unter 170		
von 170 bis unter 180		
von 180 bis unter 190		
von 190 bis unter 200		

Welche Aussagen lassen sich daraus gewinnen?

b) Wie könnten Sie die Durchschnittsgrößen der Schülerinnen und Schüler aus der Häufigkeitsverteilung ermitteln? Warum liefert Ihr Verfahren im Allgemeinen nur Näherungswerte für die durchschnittliche Körpergröße?

14 *Vergleich von Verteilungen*

3114.ftm
3114.ggb

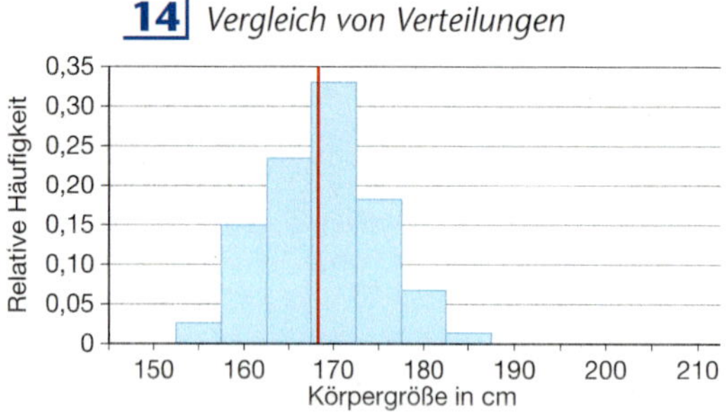

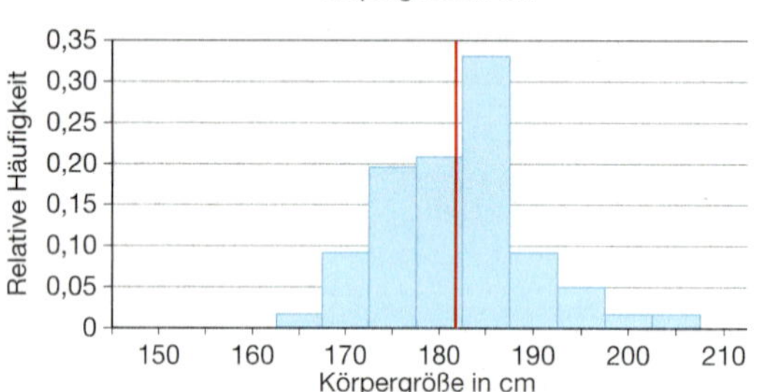

In den beiden nebenstehenden Diagrammen sind die Häufigkeitsverteilungen der Körpergrößen von 275 Studentinnen und 67 Studenten einer Universität nach Geschlecht getrennt dargestellt. Weiterhin sind die arithmetischen Mittel beider Verteilungen rot markiert.

a) Inwiefern gleichen bzw. unterscheiden sich die Diagramme von Säulendiagrammen?

b) Vergleichen Sie die Lage und Form der beiden Häufigkeitsverteilungen miteinander. Welche Aussagen lassen sich über die Körpergrößen der Studierenden aus dieser Darstellung gewinnen?

c) Wo könnte bei beiden Verteilungen in etwa der Median liegen?

Klasseneinteilung und Histogramm mit gleich breiten Klassen

Das Histogramm wird zur Darstellung von Häufigkeitsverteilungen bei vielen verschiedenen Werten eines quantitativen Merkmals verwendet. Im nachfolgenden Histogramm finden Sie die Körpergrößen von 342 Studierenden einer Universität (Daten aus Übung 14).

So wird ein Histogramm erstellt:

1. Ein Histogramm erfordert die Einteilung der Daten in zumeist gleich große Klassen. Klassen kann man als „halboffene Intervalle" beschreiben, z. B. enthält die Klasse [167,5; 172,5) alle Daten x, für die 167,5 cm ≤ x < 172,5 cm gilt.
2. Anschließend wird für jede Klasse die Anzahl der Daten ermittelt, die in die betreffende Klasse fallen, und damit die relative Häufigkeit bestimmt.
3. Über den entsprechenden Intervallen werden Rechtecke gezeichnet, deren Höhe die (relative) Häufigkeit darstellt. Bei benachbarten Klassen grenzen die Rechtecke direkt aneinander.

Halboffene Klassen kann man als Intervalle beschreiben.

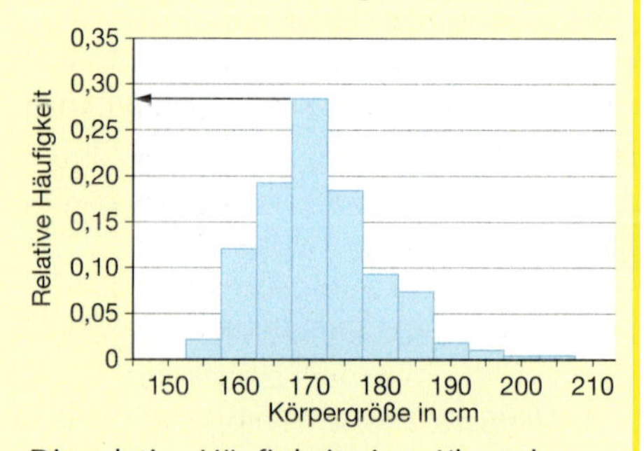

Die relative Häufigkeit einer Klasse kann man direkt an der Höhe des Rechtecks ablesen, z. B. sind rund 27 % der befragten Studierenden mindestens 167,5 cm groß und kleiner als 172,5 cm.

Übungen

15 *Altersklassen in der BRD*
In Aufgabe 1 auf Seite 82 ist der Altersaufbau von Männern und Frauen in der BRD im Jahr 2012 dargestellt. Auch hier wurde eine Klasseneinteilung vorgenommen. Welche? Warum wählt man in den üblichen grafischen Darstellungen der Altersverteilung nicht andere Klassenbreiten, wie z. B. 10-Jahres- oder Halbjahres-Intervalle?

16 *Ein Datensatz – verschiedene Histogramme*
Die beiden folgenden Histogramme zeigen denselben Datensatz zu einer Umfrage zum Medien- und Freizeitverhalten von Schülerinnen und Schülern. Die Jugendlichen wurden nach der Zeit gefragt, die sie wöchentlich vor dem TV verbringen.

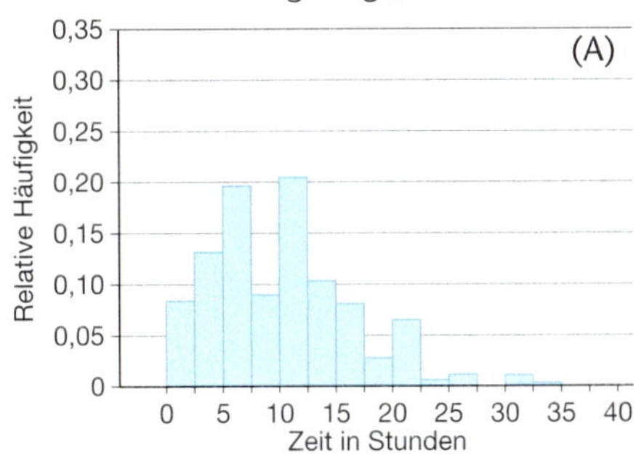

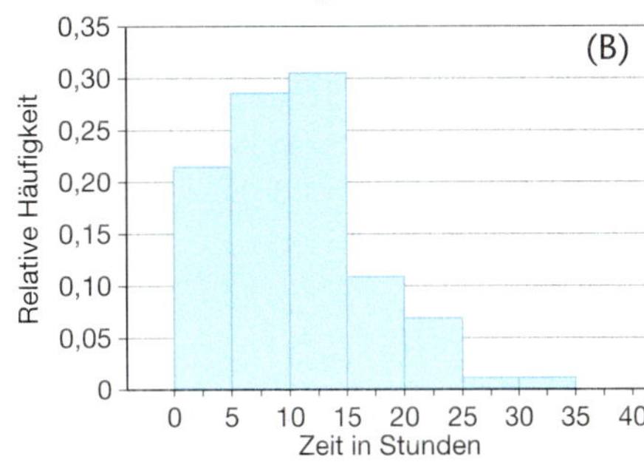

a) Welche Gemeinsamkeiten und welche Unterschiede weisen die beiden Histogramme auf? Warum ist das so?
b) Welche Aussagen können Sie den beiden grafischen Darstellungen über die wöchentliche Fernsehnutzung der befragten Schülerinnen und Schüler entnehmen?
c) Welche der beiden Darstellungen würden Sie bevorzugen? Warum?

17 *Notenspiegel im Vergleich*
Ein Mathematiklehrer unterrichtet in zwei Parallelklassen und lässt dort jeweils die gleiche Arbeit schreiben. Es ergeben sich die folgenden Notenverteilungen:

Note	1	2	3	4	5	6
Klasse A	3	6	5	4	1	2
Klasse B	1	5	8	5	1	0

a) Berechnen Sie die Notendurchschnitte. Welche Informationen verschweigen diese Kennzahlen?
b) Vergleichen Sie die schriftlichen Leistungen der beiden Klassen.
Wie lassen sich die Unterschiede in den Notenverteilungen beschreiben?

18 *Messung von Reaktionszeiten mit einem Fahrsimulator*
Die nachfolgenden Daten sind Reaktionszeiten (in ms) von 26 Versuchspersonen, die in einem Fahrsimulator erhoben wurden. Dabei wurde die Zeit zwischen dem Erscheinen eines unvorhergesehenen Hindernisses bis zur Betätigung der Bremse gemessen. Weiterhin wurden die Versuchspersonen in zwei Gruppen eingeteilt. In der Versuchsgruppe II wurde der Test nach der Einnahme einer festgelegten Menge Alkohol durchgeführt.

Die Reaktionszeit eines Autofahrers hat Einfluss auf die Länge des Anhalteweges beim Bremsen.

Gruppe I: 639, 775, 736, 605, 801, 989, 518, 912, 835, 755, 1045, 1148, 1236
Gruppe II: 1015, 1165, 948, 978, 1167, 1345, 1124, 1169, 1205, 1219, 1079, 1408, 1079

Reaktionszeitmessung in Millisekunden (ms)

Vergleichen Sie die beiden Datensätze miteinander. Welche Unterschiede fallen Ihnen auf? Wie lassen sich diese Unterschiede mithilfe geeigneter Kennzahlen erfassen?

Übungen

19 *Entscheidung gesucht*

In einem Kurs fordert die Lehrerin ihre Schülerinnen und Schüler auf, ein Maß für die mittlere Abweichung vom arithmetischen Mittel zu finden. Damit soll dann für die Daten 2, 1, 5, 7 und 5 diese Maßzahl berechnet werden. Anton, Anna, Bert und Beate haben vier unterschiedliche Ansätze, die zu folgenden Ergebnissen führen:

Anton: $(4-2)+(4-1)+(4-5)+(4-7)+(4-5)=0;\quad \frac{0}{5}=0$

Beate: $|4-2|+|4-1|+|4-5|+|4-7|+|4-5|=10;\quad \frac{10}{5}=2$

Bert: $(4-2)^2+(4-1)^2+(4-5)^2+(4-7)^2+(4-5)^2=24;\quad \frac{24}{5}=4{,}8$

Anna: $(4-2)^2+(4-1)^2+(4-5)^2+(4-7)^2+(4-5)^2=24;\quad \sqrt{\frac{24}{5}}=2{,}19\ldots$

a) Welche Ideen stecken hinter diesen Ansätzen?
b) Begründen Sie, welche Methode Sie favorisieren und erläutern Sie, was Ihnen an den anderen Methoden nicht gefällt.

Basiswissen

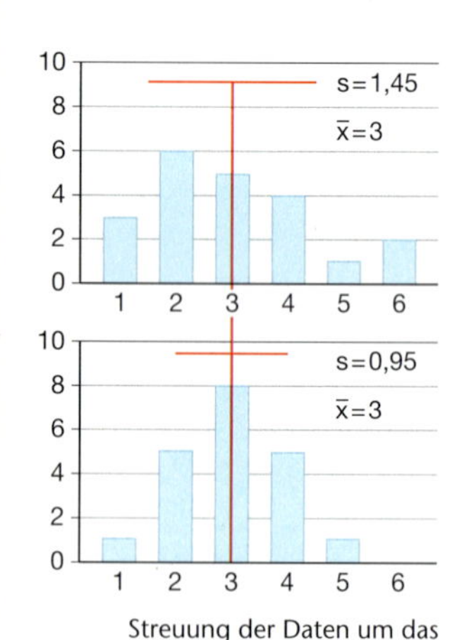

Streuung der Daten um das arithmetische Mittel $\bar{x}$

Hinweise zu der besonderen Bedeutung der Standardabweichung erhalten Sie in den Lernabschnitten 4.2 und 4.3.

Streuung messen

Streuungsmaße liefern eine Aussage über die Lage der einzelnen Daten bezüglich des Mittelwertes. Sie ergänzen den Mittelwert um eine zusätzliche Information über die zugrunde liegende Verteilung. Es gibt verschiedene Streuungsmaße, u.a. die mittlere quadratische oder die mittlere absolute Abweichung vom arithmetischen Mittel (oder Median).

Häufig wird die mittlere quadratische Abweichung der Daten $x_1, x_2, \ldots, x_n$ von ihrem arithmetischen Mittel $\bar{x}$ verwendet, da sich mit Quadraten einfacher als mit Beträgen rechnen lässt.
Die mittlere quadratische Abweichung vom Mittelwert nennt man **Varianz**.

Varianz $V = s^2 = \frac{(x_1-\bar{x})^2+(x_2-\bar{x})^2+\ldots+(x_n-\bar{x})^2}{n} = \frac{\sum_{i=1}^{n}(x_i-\bar{x})^2}{n}$

Berechnung mithilfe von Häufigkeitsverteilungen

$V = \frac{H(a_1)\cdot(a_1-\bar{x})^2+H(a_2)\cdot(a_2-\bar{x})^2+\ldots+H(a_r)\cdot(a_r-\bar{x})^2}{n} = \frac{\sum_{i=1}^{r}H(a_i)\cdot(a_i-\bar{x})^2}{n}$

Die Wurzel aus der Varianz heißt **Standardabweichung**.
$s=\sqrt{V}$

Beispiele

D *Reaktionszeiten*

Berechnen Sie für die folgenden fünf Reaktionszeiten 639 ms, 775 ms, 736 ms, 605 ms und 801 ms das arithmetische Mittel, die Varianz V und die Standardabweichung s. Achten Sie dabei auf die Einheiten.

Lösung:

Arithmetisches Mittel: $\bar{x}=\frac{1}{5}\cdot(639+775+736+605+801)=711{,}2$ (in ms)

Varianz: $V=\frac{1}{5}\cdot\big((639-711{,}2)^2+(775-711{,}2)^2+(736-711{,}2)^2+(605-711{,}2)^2+(801-711{,}2)^2\big)=5848{,}16$ (in ms^2)

Standardabweichung (mit Einheiten): $s=\sqrt{V}=\sqrt{5848{,}16\,ms^2}\approx 76{,}5\,ms$

Die Varianz lässt sich wegen der Quadrate nicht gut interpretieren. In unserem Beispiel erhalten wir eine sehr große Zahl mit der Einheit Millisekunden zum Quadrat (ms^2). Die Standardabweichung hat als Einheit Millisekunden und erscheint somit der Fragestellung nach der Streuung eher angemessen.

Beispiele

E *Varianz einer Häufigkeitsverteilung*

Hat man eine Häufigkeitsverteilung vorliegen, so lässt sich die Varianz einfach mithilfe der absoluten Häufigkeiten berechnen.

Merkmalsausprägung a_i	0	1	2	3	4	5	6
Häufigkeit $H(a_i)$	3	0	1	1	1	3	1

Lösung:

Zum Beispiel können das arithmetische Mittel und die Varianz der gegebenen Verteilung wie folgt berechnet werden:

$$\bar{x} = \frac{3 \cdot 0 + 0 \cdot 1 + 1 \cdot 2 + 1 \cdot 3 + 1 \cdot 4 + 3 \cdot 5 + 1 \cdot 6}{10} = 3$$

$$s^2 = \frac{1}{10}\left(3 \cdot (0-3)^2 + 0 \cdot (1-3)^2 + 1 \cdot (2-3)^2 + 1 \cdot (3-3)^2 + 1 \cdot (4-3)^2 + 3 \cdot (5-3)^2 + 1 \cdot (6-3)^2\right) = 5$$

Übungen

20 *Standardabweichung berechnen*

Berechnen Sie das arithmetische Mittel und die Standardabweichung der angegebenen Häufigkeitsverteilung mithilfe der Tabelle. Der Anfang ist gemacht.

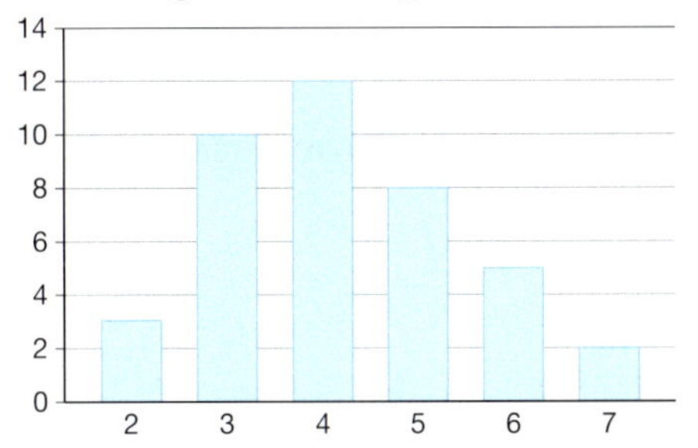

a_i	$H(a_i)$	$a_i - \bar{x}$	$H(a_i) \cdot (a_i - \bar{x})^2$
2	3	−2,2	14,52
3	10	■	■
4	12	■	■
5	■	■	■
6	■	■	■
7	■	■	■
Σ	40	■	■

21 *Standardabweichungen vergleichen*

Ordnen Sie die Verteilungen aufsteigend nach der Größe der Standardabweichung. Schätzen, begründen und rechnen Sie gegebenenfalls nach.

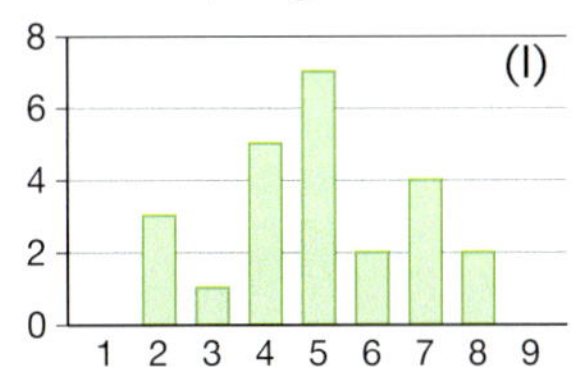

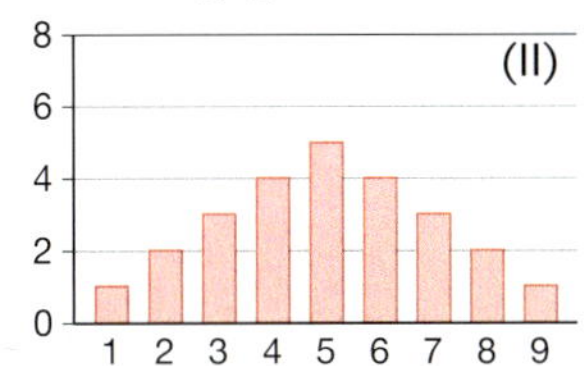

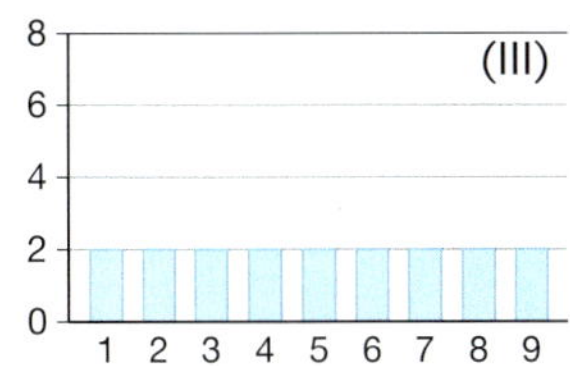

22 *Reaktionszeiten selbst ermitteln und vergleichen*

Über die Strecke, die ein Lineal durchfällt, ehe es eine Versuchsperson fängt, kann deren Reaktionszeit bestimmt werden. Messen Sie in Partnerarbeit Ihre Reaktionszeiten jeweils zehnmal hintereinander und notieren Sie die Ergebnisse. Vergleichen Sie anschließend Ihre Ergebnisse mithilfe der Kennzahlen arithmetisches Mittel und Standardabweichung miteinander. Welche Aussagen können Sie aus diesen beiden Kennzahlen gewinnen?

Versuchsanleitung: Eine Versuchsperson legt ihre Hand in Höhe der 0-Markierung um das Lineal, sodass sie es gerade nicht berührt. Sobald der Versuchspartner das Lineal fallen lässt, soll die Versuchsperson es so schnell wie möglich festhalten. An der Zeigefinger-Oberkante kann wiederum die Länge der Strecke s abgelesen werden, die das Lineal gefallen ist, bis die Versuchsperson es festhielt.
Mithilfe des Weg-Zeit-Gesetzes des freien Falls kann aus dieser Strecke s (in m) die Reaktionszeit t bestimmt werden.

Strecke s (in m)	0,155	0,18	0,175	■	■	■
Reaktionszeit t (in ms)	178	192	189	■	■	■

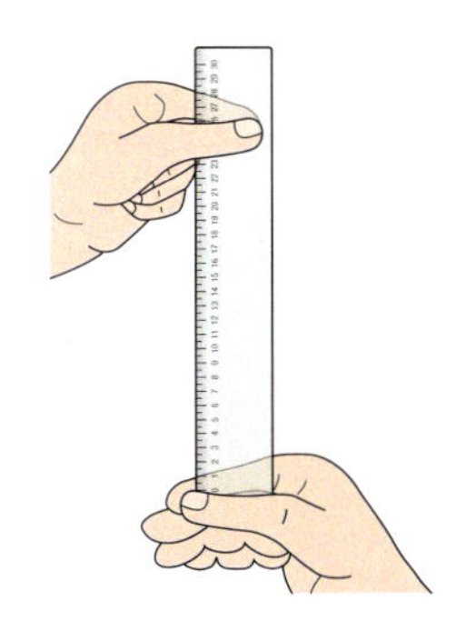

$t = \sqrt{\frac{2s}{g}}$ mit $g = 9{,}81\ \frac{m}{s^2}$

Übungen

23 *Zwei Verteilungen mit Unterschieden*

Die beiden Diagramme zeigen zwei Verteilungen zum Stichprobenumfang n = 100, die den gleichen Mittelwert aufweisen.

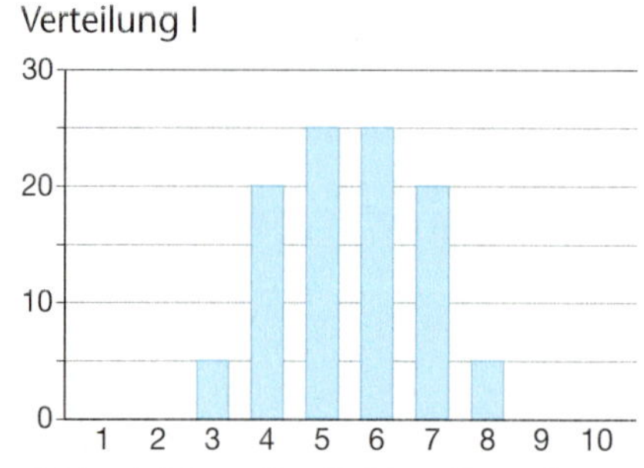

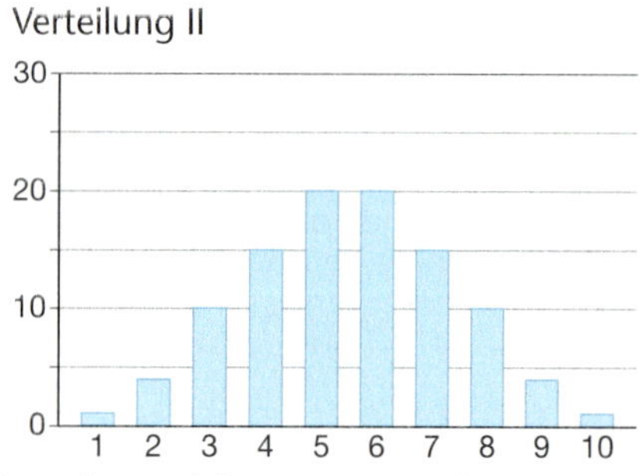

a) Vergleichen Sie die Verteilungsformen miteinander. Welche Gemeinsamkeiten und welche Unterschiede fallen Ihnen auf?

b) Berechnen Sie die Standardabweichung beider Verteilungen. Ermitteln Sie für beide Verteilungen den Anteil der Daten, der im Intervall $[\bar{x} - s; \bar{x} + s]$ liegt.
Zeichnen Sie die Intervalle in die Diagramme ein.

Deutung der Standardabweichung bei glockenförmigen Histogrammen

Viele Häufigkeitsverteilungen zeigen annähernd eine glockenförmige symmetrische Gestalt, wie z. B. die nachfolgend dargestellte Körpergrößenverteilung von 275 Studentinnen.

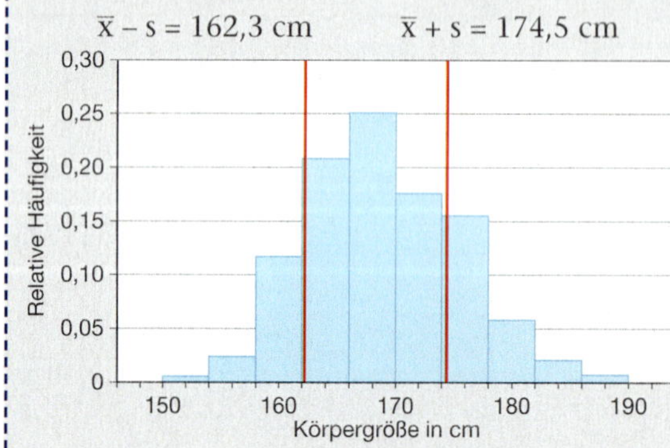

Arithmetisches Mittel:
$\bar{x} \approx 168{,}4$ cm

Standardabweichung:
$s \approx 6{,}1$ cm

Rund 68 % der Studentinnen haben eine Körpergröße, die im Intervall [162,3 cm; 174,5 cm] liegt.

Faustregel: Hat das Histogramm annähernd eine Glockengestalt, so liegen:

- etwa 68 % der Daten im Intervall $[\bar{x} - s; \bar{x} + s]$.
- etwa 95 % der Daten im Intervall $[\bar{x} - 2s; \bar{x} + 2s]$.

24 *Länge der Handspanne*

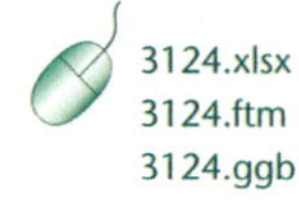

3124.xlsx
3124.ftm
3124.ggb

Messen Sie zuhause Ihre Handspannenlänge. Führen Sie weitere Messungen bei möglichst vielen erwachsenen Personen (Eltern, Freunde, …) durch. Bitte kennzeichnen Sie die Daten nach dem Merkmal „Geschlecht“ und sammeln Sie die Messdaten in der nächsten Unterrichtsstunde.

a) Stellen Sie die Daten nach Geschlecht getrennt grafisch in Form eines Histogramms dar. Beschreiben Sie die Form der Verteilungen.

b) Berechnen Sie anschließend die durchschnittliche Handspannenlänge sowie die Standardabweichung. Gibt es Unterschiede hinsichtlich des Geschlechts?

c) Welcher Anteil der Daten liegt jeweils im Intervall $[\bar{x} - s; \bar{x} + s]$ bzw. $[\bar{x} - 2s; \bar{x} + 2s]$?

25 *Streuung messen mit Quartilen*

Varianz und Standardabweichung sind Streumaße, die sich auf das arithmetische Mittel beziehen. Ein einfach zu ermittelndes Streumaß, das sich auf den Median bezieht, ist die sogenannte Quartilsdifferenz $q_{\frac{3}{4}} - q_{\frac{1}{4}}$ aus dem dritten und dem ersten Quartil.

a) Informieren Sie sich im Internet oder mithilfe geeigneter Fachliteratur darüber, wie Quartile gebildet werden und was diese Kennzahlen angeben. Ermitteln Sie anschließend die Quartile und die Quartilsdifferenz für die beiden Häufigkeitsverteilungen aus Übung 23.

b) Eine weitere grafische Darstellung, die Sie vielleicht in der Sekundarstufe I kennengelernt haben, ist der Boxplot. Verwenden Sie Ihre Ergebnisse aus Teilaufgabe a) und zeichnen Sie die zu den Verteilungen gehörigen Boxplots. Vergleichen Sie deren Formen miteinander. Was fällt Ihnen auf?

Aufgaben

Boxplot

Der **Boxplot** transformiert fünf statistische Kennzahlen in ein grafisches Verteilungssymbol. Er besteht aus:

- einer **Skala** (parallel zur Hauptachse des Boxplots),
- einem Rechteck vom **unteren Quartil** $q_{\frac{1}{4}}$ bis zum **oberen Quartil** $q_{\frac{3}{4}}$,
- einem Querstrich auf der Höhe des **Medians** $\tilde{x}$,
- zwei Verbindungsstrecken (Antennen) von der Mitte der Box zu den **Extremwerten der Daten**.

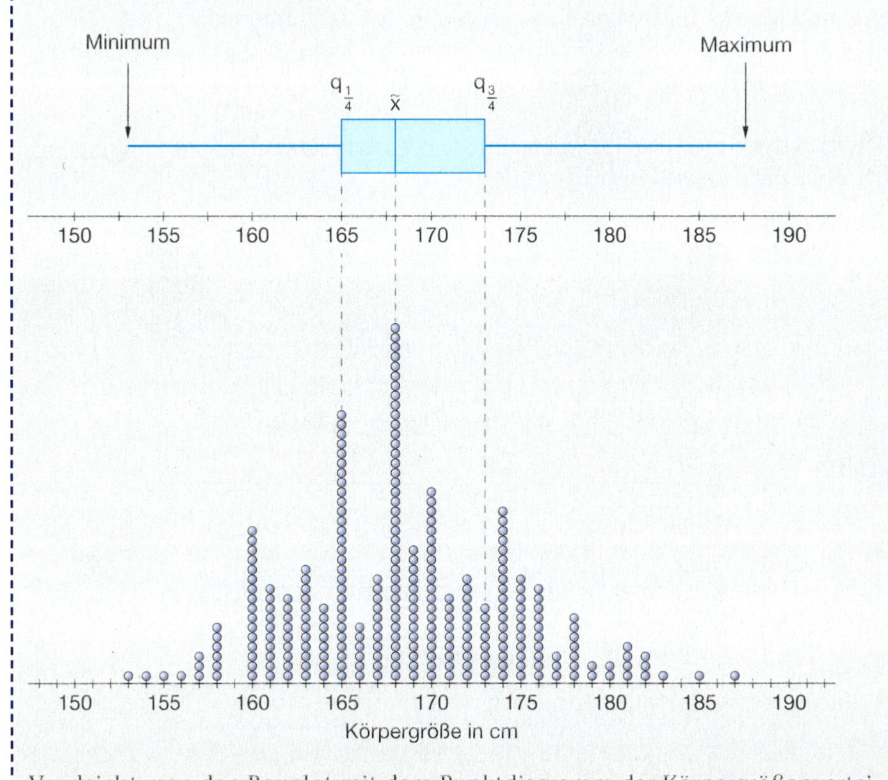

In einem Punktdiagramm (engl.: Dotplot) steht jeder Datenpunkt für einen Datenwert.

Vergleicht man den Boxplot mit dem Punktdiagramm der Körpergrößenverteilung von Studentinnen (vgl. die Daten in dem Exkurs auf der vorhergehenden Seite), so wird deutlich, dass der Boxplot weniger Informationen enthält. Er reduziert den Datensatz auf wenige statistische Kennzahlen.

Die Körpergrößedaten aus Übung 14 können Sie auch mit Boxplots vergleichen.

Aufgaben

26 *Boxplots lesen*

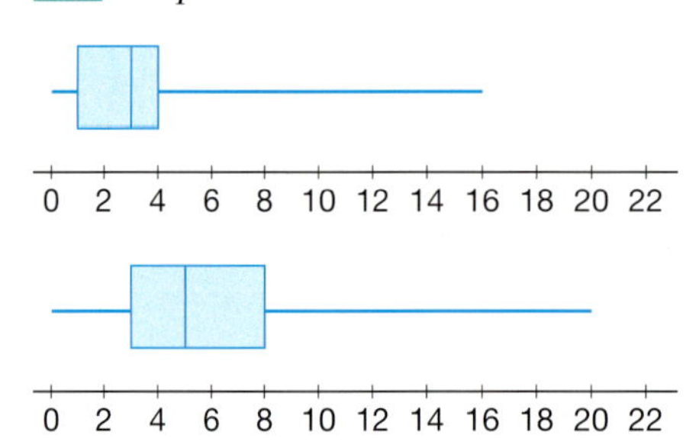

Die beiden nebenstehenden Boxplots zeigen Daten aus einer Umfrage zum Medien- und Freizeitverhalten von Schülerinnen und Schülern.
Die Jugendlichen wurden nach der Zeit gefragt, die sie wöchentlich mit Lesen sowie mit der Bearbeitung von Hausaufgaben verbringen.

a) Welche der beiden Datensätze weist eine höhere Streuung auf?
b) Welche der nachfolgenden Aussagen kann man den Boxplots über die Freizeitgestaltung der befragten Jugendlichen entnehmen?
• Höchstens 25 % aller befragten Jugendlichen lesen weniger als eine Stunde pro Woche in ihrer Freizeit.
• Genau die Hälfte aller befragten Jugendlichen wendet pro Woche mindestens drei und höchstens acht Stunden für die Erledigung ihrer Hausaufgaben auf.
• Die befragten Jugendlichen verbringen mehr Zeit mit Hausaufgaben als mit Lesen.

27 *Boxplots vergleichen*

Nachfolgend sind weitere Daten zur Freizeitgestaltung von Jugendlichen, wie die wöchentliche Zeit für Hausaufgaben, für die Nutzung eines TV-Gerätes oder Computers, aufgezeigt. Analysieren Sie die vorliegenden Daten mittels der folgenden Fragen und fassen Sie Ihre Ergebnisse in einem Bericht zusammen.
a) Gibt es Unterschiede zwischen den befragten Schülerinnen und Schülern? Interpretieren Sie die Umfrageergebnisse, indem Sie die Boxplots miteinander vergleichen.
b) Die Daten stammen aus dem Jahr 2001. Bei welchen Merkmalen würden Sie vergleichbare bzw. unterschiedliche Ergebnisse erwarten, wenn man die Umfrage heute noch einmal wiederholen würde? Warum?

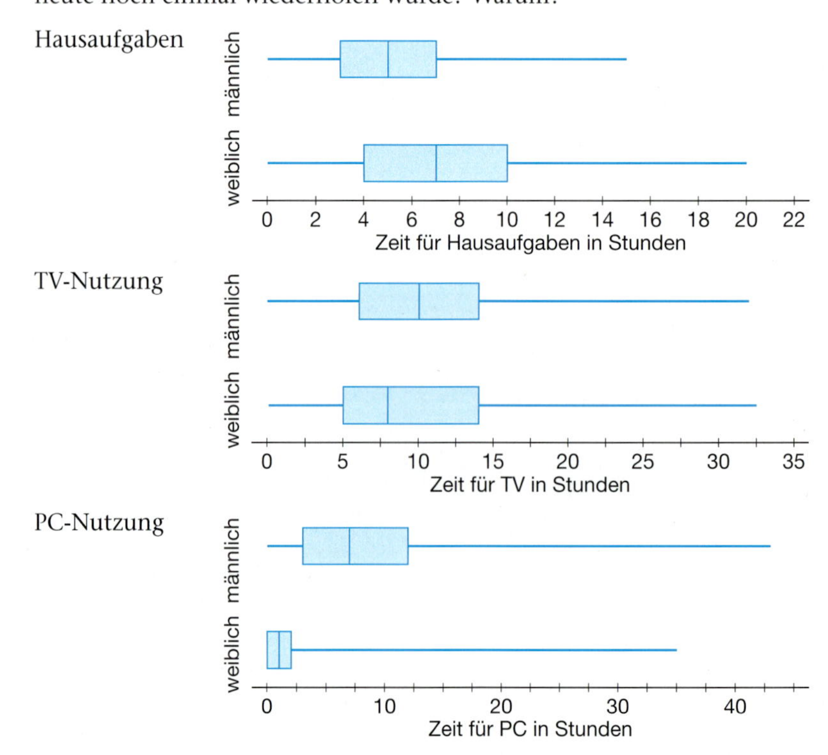

3.2 Beziehungen zwischen zwei Merkmalen

Was Sie erwartet

Bis jetzt haben Sie sich mit der Aufbereitung von Daten und der Beschreibung von Häufigkeitsverteilungen befasst. Dabei haben Sie Mittelwerte und die Standardabweichung als wichtige statistische Kennzahlen kennengelernt. Ein zentrales Anliegen in der Wissenschaft ist die Suche nach Zusammenhängen zwischen zwei oder mehreren Merkmalen. Hierbei hilft die Regressionsrechnung, in die dieser Lernabschnitt einen Einblick gibt.

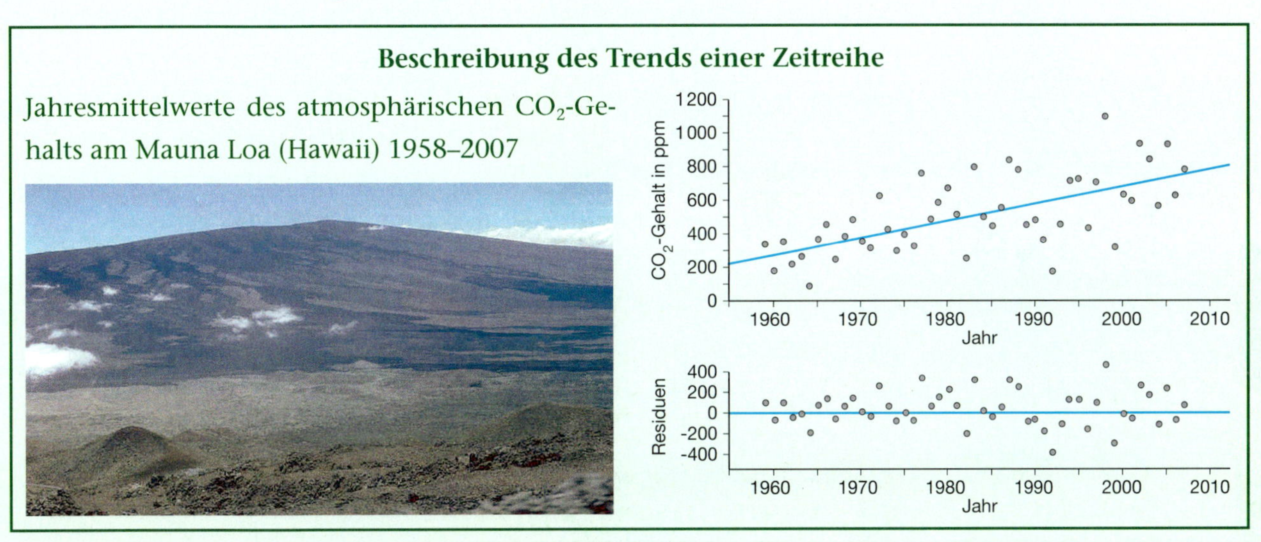

Beschreibung des Trends einer Zeitreihe

Jahresmittelwerte des atmosphärischen CO_2-Gehalts am Mauna Loa (Hawaii) 1958–2007

Wir beschränken uns auf zwei quantitative Merkmale, deren Zusammenhang untersucht werden soll. Bei solchen Untersuchungen werden in der Regel zunächst Daten gesammelt, in einer Tabelle übersichtlich protokolliert und dann grafisch in einem „Streudiagramm" dargestellt. Insbesondere im Streudiagramm lassen sich Muster erkennen, aus denen Vermutungen über Zusammenhänge oder Trends aufgestellt werden. Von besonderem Interesse sind lineare Zusammenhänge. Falls die „Datenwolke" einen linearen Zusammenhang vermuten lässt, wird dieser mit einer „optimalen" ***Ausgleichsgerade*** *erfasst. Verschiedene Methoden zur Erstellung von* ***Ausgleichsgeraden*** *(insbesondere der Regressionsgeraden) werden an Beispielen behandelt und dabei auch die Interpretationsmöglichkeiten und -grenzen kritisch beleuchtet. Für andere vermutete (nichtlineare) Zusammenhänge gibt es* ***Ausgleichskurven****; auch dies wird an einigen Beispielen konkretisiert.*

Aktuelle Daten finden Sie zum Download unter: http://www.esrl.noaa.gov/gmd/obop/mlo/

Die Darstellung der Abweichungen (Residuen) der Datenpunkte von der Regressionsgeraden im ***Residuendiagramm*** *hilft bei der Beurteilung der Güte der Anpassung. Über die Stärke des linearen Zusammenhangs gibt der sogenannte* ***Korrelationskoeffizient*** *Auskunft. Keinesfalls darf jedoch von einer statistisch belegten hohen Korrelation der beiden Merkmale auf einen kausalen Zusammenhang geschlossen werden. Dieser muss mithilfe der entsprechenden Theorien aus dem jeweiligen Fachgebiet (Biologie, Soziologie, Psychologie usw.) abgeleitet werden.*

Aufgaben

1 *Zusammenhänge erforschen und beschreiben*

(A) Körpergröße und Armspannweite

(B) Buchdicke und Seitenzahl

(C) Kopfumfang und Schuhgröße

Vermuten

a) Besteht in allen Fällen ein Zusammenhang zwischen den beiden Merkmalen? Wie würden Sie diesen beschreiben?

Daten helfen

b) Hier finden Sie für die drei Beispiele einige Messergebnisse. Zu den in (A) erhobenen Daten ist auch das Streudiagramm gezeichnet. Zeichnen Sie die Streudiagramme zu (B) und (C). Werden mit diesen Daten Ihre Vermutungen aus Teilaufgabe a) bestätigt?

Experimente:
Zu allen drei Fällen können Sie auch eigene Daten erheben und diese zur weiteren Bearbeitung heranziehen.

(A) (Körpergröße und Armspannweite in cm)

Kg	148	175	172	157	157	160	165
Aw	150	172	170	158	152	158	161

(B) (Buchdicke mit Umschlag in cm, Seitenzahl)

Bd	1,0	1,7	0,8	2,9	1,1	3,1	1,3
Sz	126	344	140	752	162	512	216

(C) (Kopfumfang und Schuhgröße in cm)

Ku	60	55	60	55	57	51	57
Sg	25	24	30	22	26	23	24

Streudiagramm zu (A)

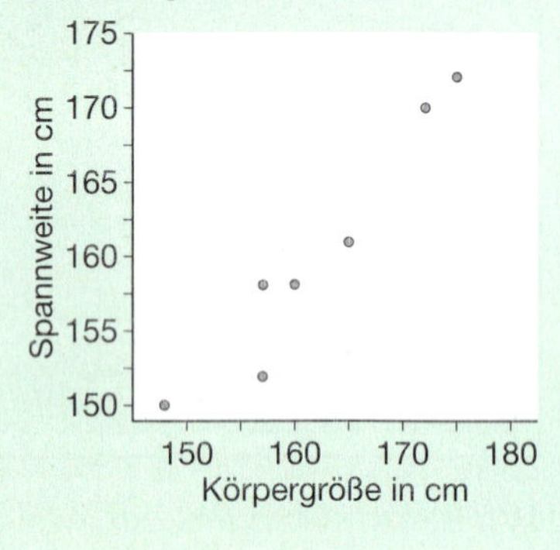

Ausgleichsgerade

c) Passen Sie jedem Streudiagramm „nach Augenmaß" möglichst gut eine Gerade an. Welche Kriterien haben Sie für „möglichst gut" angewandt? Vergleichen Sie mit den Ergebnissen Ihrer Mitschülerinnen und Mitschüler.

Wenn Sie eine Gerade fänden, auf der alle Punkte lägen, dann würde ein perfekter linearer Zusammenhang bestehen. Allerdings ist dies in keinem der drei Beispiele möglich. Bewerten Sie in jedem Fall die Stärke des linearen Zusammenhangs auf einer Skala von 0 (kein Zusammenhang) bis 1 (alle Punkte auf einer Geraden).

Ausgleichsgerade „nach Augenmaß" zu (A)

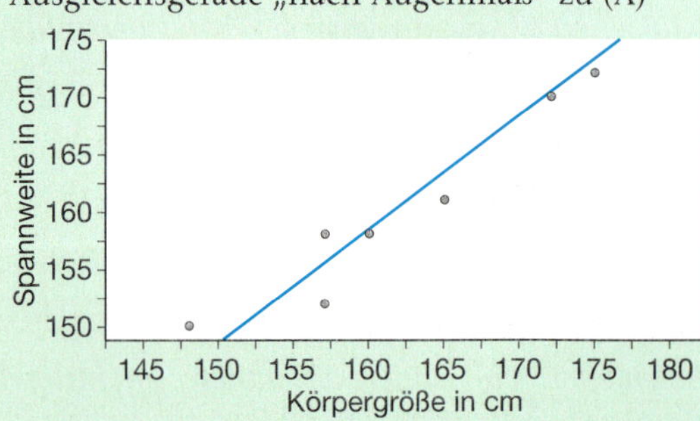

Regressionsgerade mit dem GTR

d) Auf Ihrem GTR können Sie Tabellen eingeben, Streudiagramme zeichnen und eine spezielle Ausgleichsgerade, die sogenannte Regressionsgerade, ermitteln. Bestimmen Sie für jedes der drei Beispiele die Regressionsgerade und vergleichen Sie mit Ihren Ergebnissen aus Teilaufgabe c). Es wird jedes Mal auch ein Wert r angegeben. Kann dieser ein Maß für die Stärke des linearen Zusammenhangs sein? Vergleichen Sie mit Ihren obigen persönlichen Bewertungen die Stärke des Zusammenhangs.

```
LinReg
 y=ax+b
 a=.8579545455
 b=21.15422078
 r²=.9323419683
 r=.9655785666
```

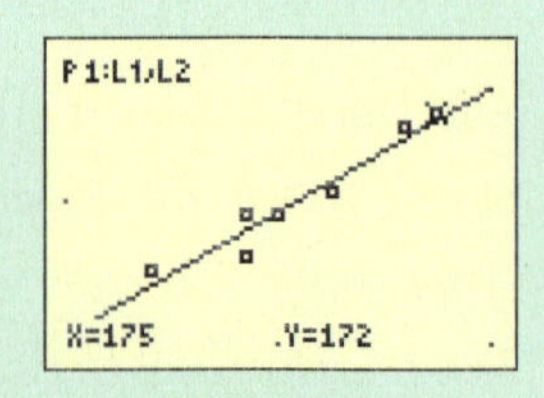

2 *Trends und Prognosen bei Zeitreihen*

Werden die Sprinterinnen und Sprinter immer schneller? Wo werden die Zeiten im Jahr 2020 liegen, wo im Jahr 2050? Nähern sich die Spitzenzeiten der Sprinterinnen denen der Männer an? Wann werden die Frauen gleichziehen?

Wir versuchen mithilfe der Daten in der Tabelle und der grafischen Darstellung im Streudiagramm Antworten zu finden.

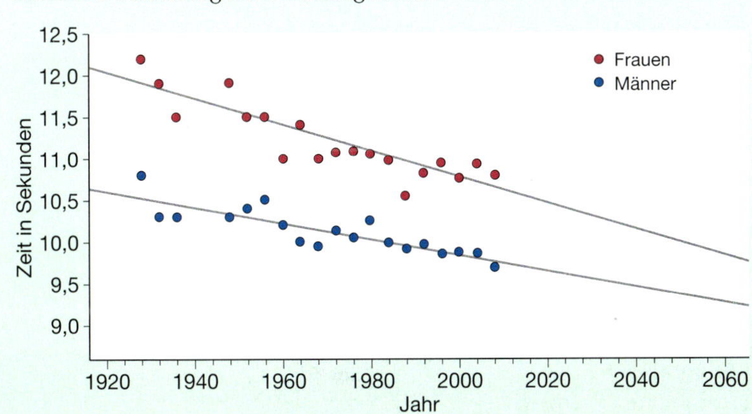

Aufgaben

Siegerzeiten im 100 m-Lauf bei den Olympischen Spielen:

Jahr	Stadt	100 Meter Männer	100 Meter Frauen
1896	Athen	12,00	
1900	Paris	11,00	
1904	St. Louis	11,00	
1908	London	10,80	
1912	Stockholm	10,80	
1920	Antwerpen	10,80	
1924	Paris	10,60	
1928	Amsterdam	10,80	12,20
1932	Los Angeles	10,30	11,90
1936	Berlin	10,30	11,50
1948	London	10,30	11,90
1952	Helsinki	10,40	11,50
1956	Melbourne	10,50	11,50
1960	Rom	10,20	11,00
1964	Tokyo	10,00	11,40
1968	Mexico City	9,95	11,00
1972	München	10,14	11,07
1976	Montreal	10,06	11,08
1980	Moskau	10,25	11,06
1984	Los Angeles	9,99	10,97
1988	Seoul	9,92	10,54
1992	Barcelona	9,96	10,82
1996	Atlanta	9,84	10,94
2000	Sydney	9,87	10,75
2004	Athen	9,85	10,93
2008	Peking	9,69	10,78

a) Erläutern Sie das Streudiagramm. Finden Sie damit erste Antworten zu den obigen Fragen. Was fällt Ihnen im Streudiagramm zusätzlich auf?

Streudiagramm

b) Die beiden in das Streudiagramm eingezeichneten „Ausgleichsgeraden" sollen einen „linearen Trend" in der Entwicklung beschreiben. Ist dies nach Ihrer Meinung in dem gegebenen Zeitraum gerechtfertigt?
Wie sollte eine solche Ausgleichsgerade durch die Punktwolke gelegt werden? Geben Sie einige Kriterien an. Vergleichen Sie Ihre Kriterien untereinander.

Ausgleichsgerade
linearer Trend

c) Die oben eingezeichneten Geraden sind die in der Statistik oft verwendeten „Regressionsgeraden". Sie haben die Gleichungen $y = -0{,}0096x + 29$ und $y = -0{,}016x + 42$. Welche Bedeutung hat jeweils die Steigung a in dem gegebenen Sachzusammenhang? Nehmen Sie Stellung zu dem Sinn dieser Interpretationen.

Geradengleichung $y = ax + b$
Interpretation der Steigung a im Sachzusammenhang

d) Welche Prognosewerte liefern die Regressionsgeraden für die Olympiajahre 2020 und 2050? Mit dem Schnittpunkt der beiden Geraden erhalten Sie sogar eine Antwort auf die Frage, wann die Frauen mit den Männern gleichziehen. Was halten Sie von diesen Prognosen? Bewerten Sie diese kritisch. Könnte eine andere Kurve, anstelle einer Geraden, die langfristige Entwicklung besser erfassen?

Prognosen
Möglichkeiten und Grenzen

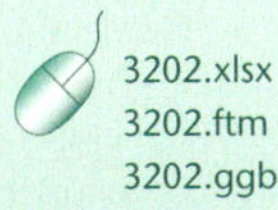
3202.xlsx
3202.ftm
3202.ggb

e) *Was passiert, wenn …*
Mit der Ausgleichsgeraden kann man auch zurückblicken. Welche Zeit würde man damit für den Olympiasieger bei der Olympiade 1900 in Paris erhalten? Vergleichen Sie mit der realen Zeit in der Tabelle. Wie wird sich die Regressionsgerade für die Männer verändern, wenn man die Siegerzeiten von 1896 bis 1924 einbezieht? Wie ändern sich damit die Prognosewerte für 2020 und 2050?

Zur Argumentation genügen qualitative Aussagen.
Mit dem GTR oder der Software können Sie diese überprüfen.

Basiswissen

Anpassung von Geraden an Daten – Regressionsgerade

Ziel

Beziehungen zwischen zwei quantitativen Merkmalen X und Y entdecken, untersuchen und beschreiben.

Besteht ein Zusammenhang zwischen Gewicht und Körpergröße von Fußballern?

Vermutung

Oft liegt aus dem Sachzusammenhang eine Vermutung vor.

Je größer, desto schwerer. Linearer Zusammenhang?

Datentabelle erstellen

Zur Stützung der Vermutung werden Beobachtungen/Messungen vorgenommen und in einer Tabelle festgehalten.

Größe in cm	190	187	186	165	172	176	178
Gewicht in kg	86	77	82	62	64	74	80

Streudiagramm zeichnen

Zur Tabelle wird ein Streudiagramm erstellt. Ein Paar (x|y) von Messwerten erscheint als Punkt im Diagramm, alle Paare bilden eine „Punktwolke".

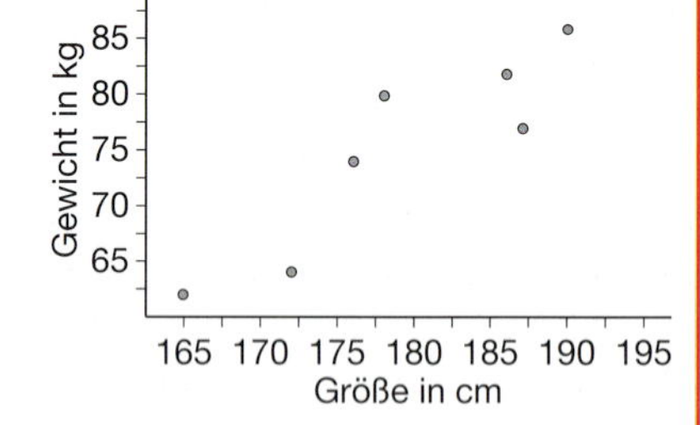

Modellierung des vermuteten linearen Zusammenhangs mit einer Ausgleichsgeraden

Zur Anpassung der Geraden gibt es mehrere Methoden. Dabei liefern die vertikalen Abstände der Datenpunkte von der Ausgleichsgeraden („Residuen") wertvolle Hilfe.

Methode nach Augenmaß

Nach Augenmaß wird eine Gerade eingefügt, die von den Datenpunkten „möglichst wenig" abweicht.

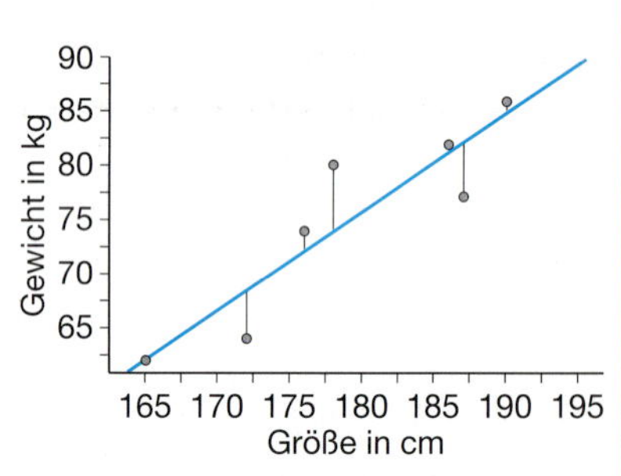

Methode der kleinsten Quadrate

Man berechnet die Steigung a und den Achsenabschnitt b der *Regressionsgeraden* $y = ax + b$ so, dass die Summe der Quadrate der Residuen minimiert wird.

Diese Methode wird in der Statistik favorisiert. Die danach bestimmte Ausgleichsgerade wird als **Regressionsgerade** bezeichnet. GTR und Statistik-Software können **Regressionsgeraden** berechnen.

Residuendiagramm als Hilfe zur Anpassung

Hier werden die vertikalen Abstände der Datenpunkte von der Ausgleichsgeraden eigens dargestellt. Bei einer guten Anpassung sollten die Residuen möglichst nahe an der Nulllinie liegen, sich nach oben und unten ausgleichen und kein systematisches Muster zeigen.

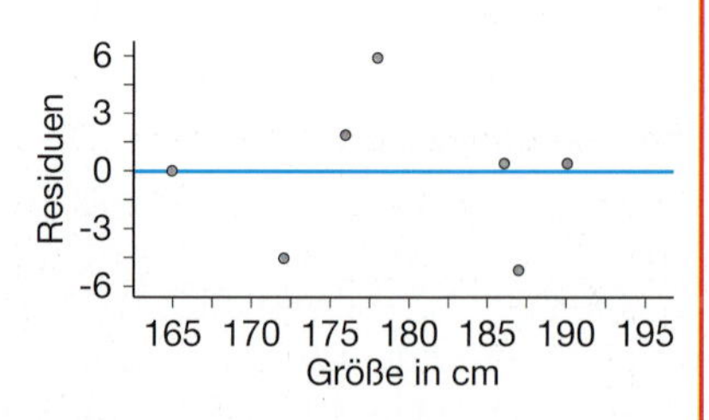

Interpretation und Auswertung

Im Modell kann zu einer Merkmalsausprägung x die zugehörige Merkmalsausprägung y berechnet werden. Abweichungen können festgestellt und untersucht werden.

Ein 1,81 m großer Spieler hat ein Gewicht von durchschnittlich 76,9 kg. Der 1,78 m große Spieler ist mit 80 kg vergleichsweise schwer.

Prognosen können erstellt werden, insbesondere bei Zeitreihen. Diese sind im Allgemeinen nur in der Nähe des erhobenen Datenbereichs möglich.

Wichtig:
Ein linearer Zusammenhang bei realen Daten kann rein statistisch sein. Ob dies auch ein kausaler Zusammenhang ist, bedarf zusätzlicher Untersuchungen von Sachexperten.

Beispiele

A *Der Gesang des Teichrohrsängers im Frühling*

Das Männchen der Teichrohrsänger fällt während der Paarungszeit durch seinen Gesang auf. Er singt sehr laut, wohlklingend und abwechslungsreich, mit einer Fülle verschiedener Motive in ständigem Wechsel von Tempo und Klangfarbe. Aus gezielten Beobachtungen und Messungen kann man vermuten, dass die Anzahl der verschiedenen Motive (Gesangsvorrat) einen Einfluss auf die Zeit bis zur Paarung hat. In dem Streudiagramm sind einige Messungen abgetragen.

Welcher Zusammenhang lässt sich aufgrund des Streudiagramms vermuten?
Wie lassen sich die Parameter a und b der Regressionsgeraden $y = ax + b$ in diesem Zusammenhang interpretieren?

Quelle: Aus einer Vorlesung Mathematik für Biologen

Lösung:
Je größer der Gesangsvorrat, desto früher der Paarungstag.
Die Punktwolke lässt die Beschreibung durch ein lineares Modell zu.
Bedeutung der Parameter:
$a = -1{,}01$ ist die Steigung der Geraden.
Interpretation: *Jeder Gesang im Repertoire verkürzt die Wartezeit um etwa einen Tag.*
$b = 59{,}9$ gibt die Stelle an, an der die Regressionsgerade die y-Achse schneidet.
Interpretation: *Ein Männchen ganz ohne Gesänge müsste im Mittel etwa 60 Tage auf die Paarung warten.*
Kritische Würdigung: Die Interpretation von b macht in der Realität wenig Sinn, da es wohl kein Teichrohrmännchen ohne Gesang gibt (?) oder dieses wohl dann nicht zur Paarung kommt. Auch vom statistischen Verfahren her ist äußerste Vorsicht geboten, wenn man Werte der Regressionsgeraden weit außerhalb der gemessenen Punktwolke betrachtet. Zudem sollte der festgestellte statistische Zusammenhang durch eine größere Anzahl von Messungen abgesichert werden.

Regressionsgerade mit dem GTR

WERKZEUG

Beispiel: Körpermaße von sieben Kindern

Kopfumfang in cm	60	55	60	55	57	51	57
Schuhgröße	25	24	30	22	26	23	24

Bearbeitungsschritte mit dem GTR

Eingabe der Daten	Funktion LinReg	Grafik erstellen
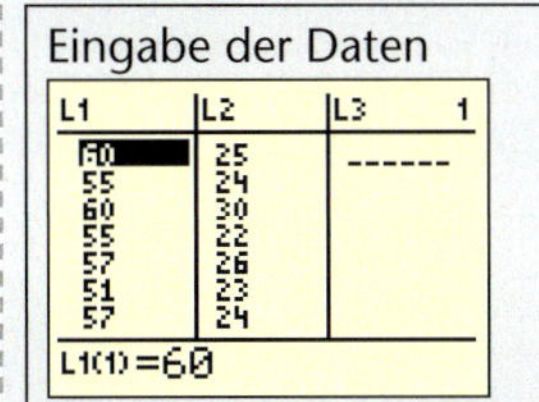	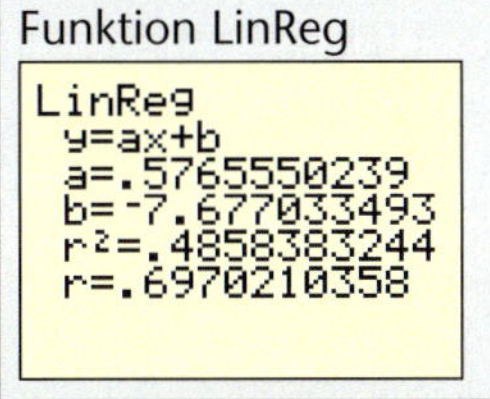	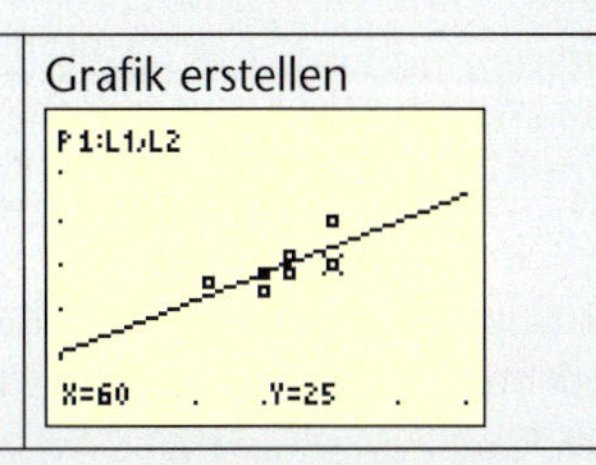

Die Funktion LinReg gibt nicht nur die Steigung und den Achsenabschnitt der Regressionsgeraden an (hier $y = 0{,}58x - 7{,}68$), sondern zwei weitere statistische Kennzahlen. Nähere Informationen zur Kennzahl r (Korrelationskoeffizient) finden Sie auf Seite 103 in diesem Lernabschnitt.

Übungen

3 *Die Grille als Thermometer*

Reiben Grillen ihre vorderen Flügel aneinander, so entsteht ein Ton, sie „zirpen". Man vermutet eine Beziehung zwischen der Häufigkeit des Zirpens (Zirprate) und der Temperatur in der Umgebung. In der Tabelle sind einige Messdaten festgehalten.

Temperatur in °C	16	18	19	20	22	23	25
Anzahl des Zirpens pro 15 s	20	21	23	27	30	34	39

a) Zeichnen Sie ein Streudiagramm und entscheiden Sie, ob die Modellierung des Zusammenhangs zwischen Zirprate und Temperatur mit einer linearen Funktion sinnvoll ist. Zeichnen Sie gegebenenfalls eine Ausgleichsgerade zu der Punktwolke und geben Sie die Gleichung $y = ax + b$ an.
Interpretieren Sie die Parameter a und b im Sachzusammenhang.

b) Schätzen Sie mithilfe der Ausgleichsgeraden
- die Zirprate (Anzahl der Töne pro 15 Sekunden) bei 30 °C,
- die Umgebungstemperatur für eine Zirprate von 45 Tönen pro 15 Sekunden.

c) Kann man die Grille als Thermometer benutzen? Was lässt sich über die Genauigkeit und den Geltungsbereich dieses „Thermometers" aussagen?

4 *Bundesliga – Tipps für Trainer und Manager*

Führen Sie die Untersuchungen an der gerade aktuellen Bundesligatabelle durch und vergleichen Sie.

Die nebenstehende Tabelle gibt die 1. Fußballbundesliga vom 1. Mai 2011 wieder. Welchen Zusammenhang vermuten Sie jeweils zwischen:

a) Anzahl der Tore und Anzahl der Gegentore,

b) Anzahl der Tore und Punktzahl,

c) Anzahl der Gegentore und Punktzahl?

Überprüfen Sie Ihre Aussage mithilfe von Streudiagrammen. Bestimmen Sie gegebenenfalls die Regressionsgeraden. Welche Bedeutung haben jeweils die Parameter a und b der Regressionsgeraden $y = ax + b$ im Sachzusammenhang?

Platz		Verein	Spiele	G	U	V	Tore	Pkt
1. (1.)	■	Borussia Dortmund	32	22	6	4	64:19	72
2. (2.)	■	Bayer Leverkusen	32	19	7	6	62:43	64
3. (4.)	▲	Bayern München	32	17	8	7	71:38	59
4. (3.)	▼	Hannover 96	32	18	3	11	45:42	57
5. (5.)	■	1. FSV Mainz 05	32	16	4	12	47:37	52
6. (6.)	■	1. FC Nürnberg	32	13	8	11	45:40	47
7. (8.)	▲	SC Freiburg	32	13	5	14	41:47	44
8. (7.)	▼	Hamburger SV	32	12	7	13	44:50	43
9. (9.)	■	1899 Hoffenheim	32	10	10	12	47:46	40
10. (10.)	■	FC Schalke 04	32	11	7	14	36:39	40
11. (12.)	▲	Kaiserslautern	32	11	7	14	43:48	40
12. (13.)	▲	VfB Stuttgart	32	11	6	15	57:56	39
13. (11.)	▼	Werder Bremen	32	9	11	12	43:58	38
14. (14.)	■	1. FC Köln	32	11	5	16	43:61	38
15. (16.)	▲	VfL Wolfsburg	32	8	11	13	39:45	35
16. (15.)	▼	Eintracht Frankfurt	32	9	7	16	30:44	34
17. (17.)	■	Bor. M'gladbach	32	9	5	18	45:64	32
18. (18.)	■	FC St. Pauli	32	8	5	19	33:58	29

5 *Alpenpassstraßen*

In der Tabelle sind für einige Passstraßen in der Schweiz jeweils die Höhe des Alpenpasses, die beim Befahren der Passstraße insgesamt zu überwindende Höhendifferenz und ihre Gesamtlänge angegeben. In den Streudiagrammen ist für 23 verschiedene Schweizer Alpenpassstraßen einmal der Zusammenhang zwischen Höhe und Passlänge, zum anderen der Zusammenhang zwischen Höhendifferenz und Passlänge dargestellt.

Name	Passlänge in km	Passhöhe in m	Höhendifferenz in m
St. Gotthard	27	2108	1594
Bernina	37	2328	1921
Maloja	49	1815	1482
Simplon	64	2005	3049
St. Bernard	87	2473	3892

Höhendifferenz insgesamt: $h_1 + h_2$

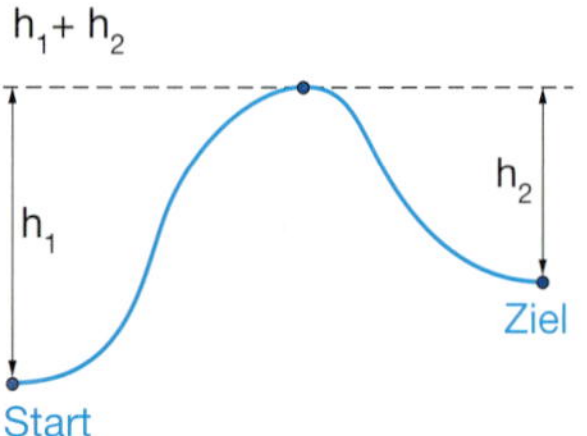

Welches Diagramm gehört zu welchem Zusammenhang? In welchem Fall erscheint die Beschreibung des Zusammenhangs durch eine Regressionsgerade sinnvoll? Lässt sich dies auch aus dem Sachzusammenhang begründen?

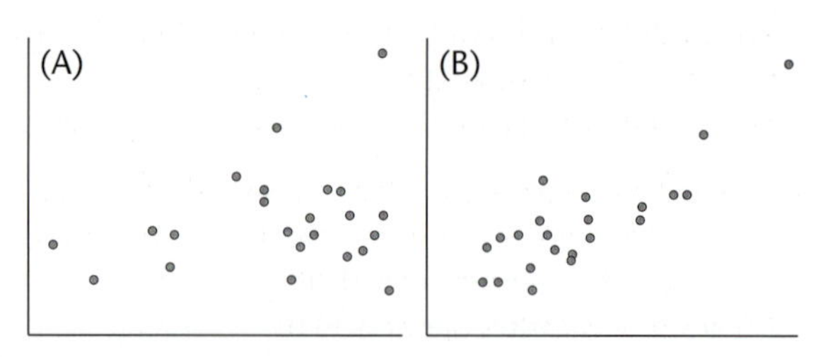

Anpassung einer linearen Modellfunktion an gegebene Daten

Wie gut beschreibt die Regressionsgerade den Zusammenhang zwischen den beiden Merkmalen x und y? Eine erste Bewertung liefert die Form der Datenwolke. Wenn sich die Punktwolke der Datenpunkte in einem „schmalen“ Band um eine Gerade einschließen lässt, so ist dies ein Indiz für einen linearen Zusammenhang. Weiteren Aufschluss gewinnt man mit dem *Residuendiagramm.*

Dabei werden die vertikalen Abweichungen $\mathbf{r}_i$ (*Residuen*) der einzelnen Daten y_i vom Modellwert $y = ax + b$ für jeden Wert x_i aufgetragen: $\mathbf{r}_i = y_i - (a x_i + b)$. Schwanken die Residuen $\mathbf{r}_i$ unregelmäßig und nahe um den Wert Null, so spricht dies für eine gute Anpassung und somit für eine gute Eignung des verwendeten linearen Modells.
Falls das Residuendiagramm ein auffälliges Muster aufweist, so deutet dies darauf hin, dass man eventuell ein anderes, besseres Anpassungsmodell finden kann.

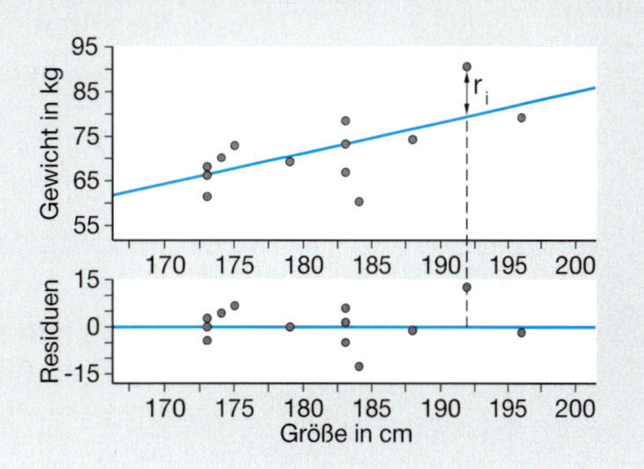

6 *Textabschnitt und Schriftgröße auf dem Computer*

Ein Text wird mit dem Textverarbeitungsprogramm auf dem Computer erstellt. Dabei ist das Format (Schriftart, Schriftgröße, Zeilenlänge, Zeilenabstand usw.) vorgegeben, die Zeilenfolge erreicht eine bestimmte Abschnittshöhe.
Was passiert, wenn wir die Schriftgröße variieren? Welcher Zusammenhang besteht zwischen Schriftgröße und Abschnittshöhe?

In der Tabelle sind einige Werte für den folgenden Textabschnitt festgehalten.

> Das Männchen der Teichrohrsänger fällt während der Paarungszeit durch seinen Gesang auf. Er singt sehr laut, wohlklingend und abwechslungsreich, mit einer Fülle verschiedener Motive in ständigem Wechsel von Tempo und Klangfarbe. Aus gezielten Bobachtungen und Messungen kann man vermuten, dass die Anzahl der verschiedenen Motive (Gesangsvorrat) einen Einfluss auf die Paarungszeit hat. In dem Streudiagramm sind einige Messungen abgetragen.

Abschnittshöhe

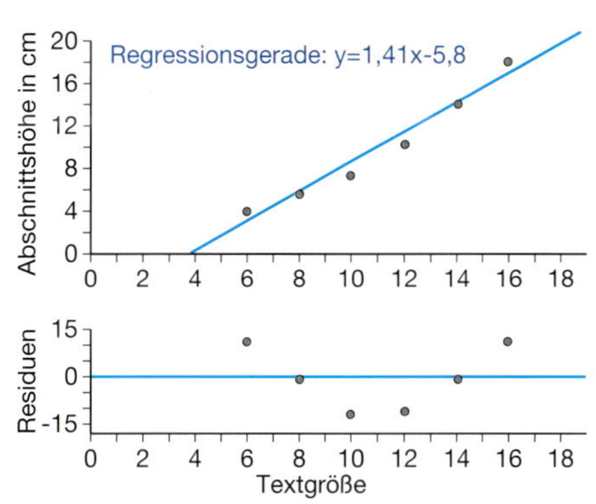

a) Welche Bedeutung hat der Faktor $a = 1{,}41$ in der Gleichung der Regressionsgeraden? Interpretieren Sie im Sachzusammenhang.
b) Was sagt das Residuendiagramm über die Eignung der Geradenanpassung aus?
c) Passt eine quadratische Ausgleichskurve besser (Befehl „QuadReg“ auf dem GTR)?
d) Lässt sich der quadratische Zusammenhang durch geometrische Überlegungen bei der Veränderung der Schriftgröße stützen?

Übungen

Schriftgröße	Abschnittshöhe in cm
6	3,9
8	5,5
10	7,2
12	10,1
14	14,0
16	18,0

Sie können sich eine eigene Tabelle mit Ihrem Computer erstellen und diese auswerten. Achten Sie dabei darauf, dass Sie alle Formatgrößen bis auf die Schriftgröße fest gewählt lassen.

GRUNDWISSEN

Aus einer Urne mit zwei roten und einer blauen Kugel werden nacheinander zwei Kugeln gezogen: einmal mit Zurücklegen und einmal ohne Zurücklegen.

Bestimmen Sie jeweils die Wahrscheinlichkeiten x und y in dem zugehörigen Baumdiagramm und berechnen Sie jeweils die Wahrscheinlichkeit P(zwei rote Kugeln oder zwei blaue Kugeln).

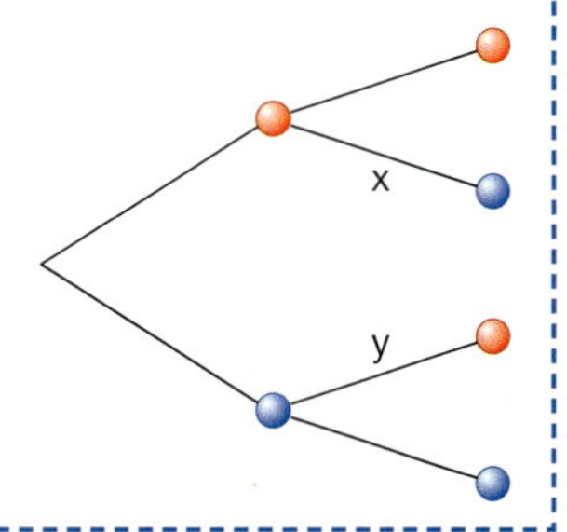

Zur Erinnerung:

Die **Regressionsgerade** ist die Ausgleichsgerade, bei der die Summe der Quadrate der Residuen minimal ist.

Eigenschaften der Regressionsgeraden y = a x + b

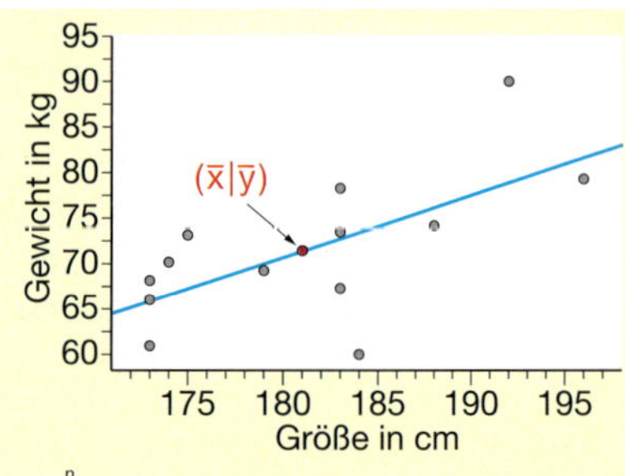

(1) Die Summe der Residuen ist null.

(2) Die Regressionsgerade geht durch den „Schwerpunkt" $(\overline{x}|\overline{y})$, wobei $\overline{x}$ und $\overline{y}$ jeweils die arithmetischen Mittel der Daten x_i und y_i mit $i = 1, \ldots, n$ sind.

(3) Die Steigung a der Regressionsgeraden lässt sich berechnen mithilfe der Formel: $a = \frac{\sum_{i=1}^{n}(x_i - \overline{x}) \cdot (y_i - \overline{y})}{\sum_{i=1}^{n}(x_i - \overline{x})^2}$

(4) Mit der Steigung lässt sich durch Einsetzen des Schwerpunktes in die Gleichung nun auch der Achsenabschnitt b berechnen: $b = \overline{y} - a \cdot \overline{x}$

Übungen

7 *Eigenschaften durch Ausrechnen und Experimentieren bestätigen*

3207.ggb

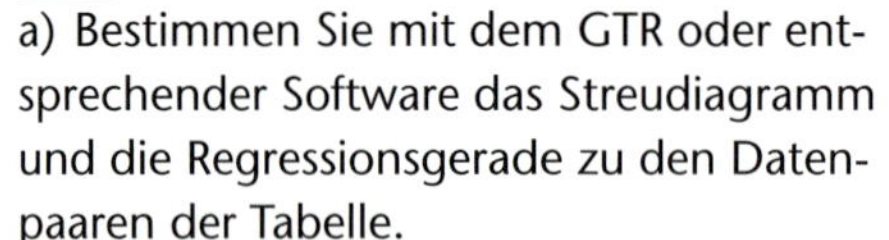

a) Bestimmen Sie mit dem GTR oder entsprechender Software das Streudiagramm und die Regressionsgerade zu den Datenpaaren der Tabelle.

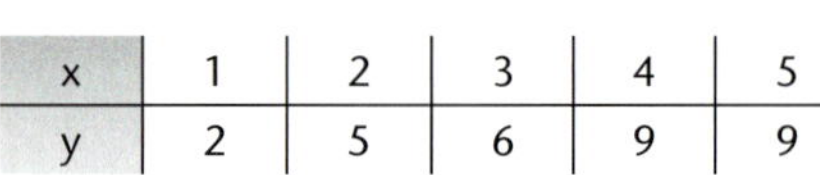

x	1	2	3	4	5
y	2	5	6	9	9

b) Bestätigen Sie dann durch Ausrechnen die obigen Eigenschaften (1) und (2).

c) Laden Sie die nebenstehende Datei und bestätigen Sie damit experimentell, dass
- in einer Schar paralleler Geraden diejenige, die durch den Schwerpunkt verläuft, die kleinste Summe der Residuenquadrate besitzt,
- unter den Geraden, die den Schwerpunkt enthalten, die Regressionsgerade die Summe der Residuenquadrate minimiert.

8 *Warum geht jede Regressionsgerade durch $S(\overline{x}|\overline{y})$? – Hilfe aus der Analysis*

Für Experten geeignet

a) Versuchen Sie die folgende Argumentation nachzuvollziehen und erläutern Sie die einzelnen Umformungsschritte.

Für die Residuen gilt: $r_i = y_i - (a x_i + b)$

Für die Summe S der Abstandsquadrate gilt: $S(a, b) = \sum_{i=1}^{n} r_i^2 = \sum_{i=1}^{n}(y_i - a x_i - b)^2$

S ist eine Funktion von zwei Variablen a und b.
Falls a konstant gelassen wird, hat man eine Schar von Funktionen:

$S_a(b) = \sum_{i=1}^{n}(y_i - a x_i - b)^2$

Notwendige Bedingung für relative Extrema: $S'_a(b) = 0$

Mit $S'_a(b) = -2\sum_{i=1}^{n}(y_i - a x_i - b)$ folgt: $\sum_{i=1}^{n}(y_i - a x_i - b) = 0$

Ausführlich aufgeschrieben: $y_1 + y_2 + \ldots + y_n - a(x_1 + x_2 + \ldots + x_n) - n \cdot b = 0$

Division durch n liefert: $\frac{y_1 + y_2 + \ldots + y_n}{n} - \frac{a(x_1 + x_2 + \ldots + x_n)}{n} - b = 0$

Also: $\overline{y} - a\,\overline{x} - b = 0$
Das bedeutet: Unter allen parallelen Geraden (a konstant) hat diejenige die minimale Summe der Abstandsquadrate $S_a(b)$, die den Schwerpunkt $S(\overline{x}|\overline{y})$ enthält.

b) Zeigen Sie anhand der Rechnung im Kasten, dass die Summe der Residuen bei allen Geraden, die durch den Schwerpunkt gehen, null ist.

Warum werden gerade die quadratischen Abweichungen minimiert?

Die „optimale" Ausgleichsgerade wird bei der Regressionsrechnung so bestimmt, dass die Summe der Residuenquadrate minimiert wird. Dies geschieht unter anderem wegen der möglichst einfachen rechnerischen Ausführbarkeit. Wenn man statt der Residuenquadrate die senkrechten Abstände zur Geraden oder die Beträge der Residuen zur Minimierung heranziehen würde, so wäre der rechnerische Aufwand viel größer; einfache Formeln wären nicht möglich.

Die Minimierung der quadratischen Abweichungen kann aber auch Nachteile haben. Falls in einem Datensatz ein oder mehrere Ausreißer vorkommen, werden die Residuen durch das Quadrieren besonders groß und verzerren die Gerade in Richtung der Ausreißer. Man kann dann z. B. die Regressionsgerade ohne Berücksichtigung der Ausreißer bestimmen; dies muss im Sachzusammenhang diskutiert werden.

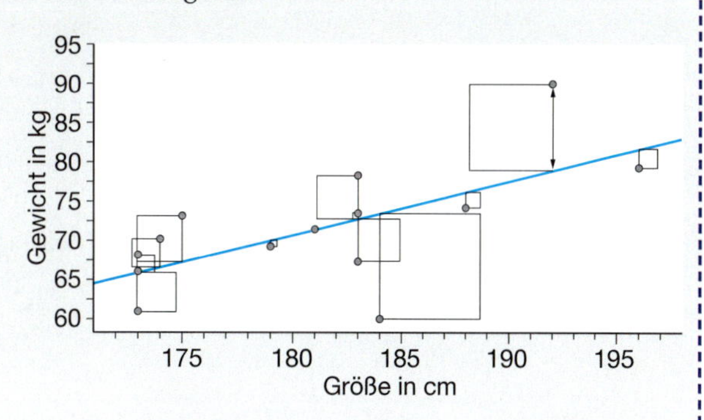

Der Korrelationskoeffizient

Basiswissen

Der **Korrelationskoeffizient r** ist ein Maß für die „Stärke" und „Richtung" des linearen Zusammenhangs zwischen den Datenpunkten zweier quantitativer Merkmale. Er nimmt Werte zwischen –1 und +1 an.
Wenn r positiv ist, so steigt die zugehörige Regressionsgerade, bei negativem r fällt sie. Die Grenzen $|r| = 1$ werden erreicht, wenn alle Punkte auf einer fallenden bzw. steigenden Geraden liegen.

Werte in der Nähe von 0 deuten auf keinen oder nur einen geringen linearen Zusammenhang hin. Es kann aber durchaus ein anderer Zusammenhang (z. B. quadratisch) bestehen. Je näher die Werte an 1 oder an –1 liegen, umso stärker ist der lineare Zusammenhang.

Die Formel zur Berechnung lautet:

$$r = \frac{\sum_{i=1}^{n}(x_i - \bar{x}) \cdot (y_i - \bar{y})}{\sqrt{\sum_{i=1}^{n}(x_i - \bar{x})^2 \cdot \sum_{i=1}^{n}(y_i - \bar{y})^2}}$$

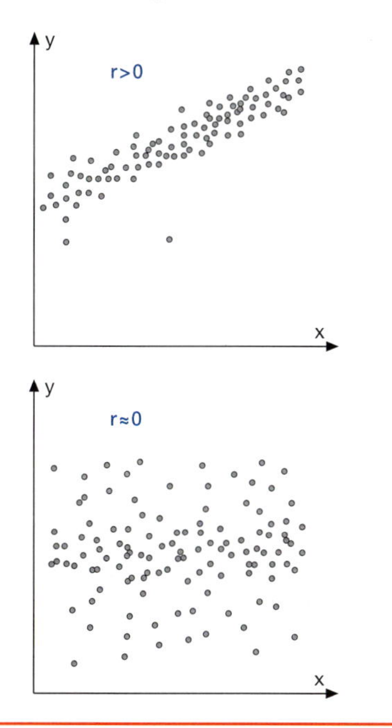

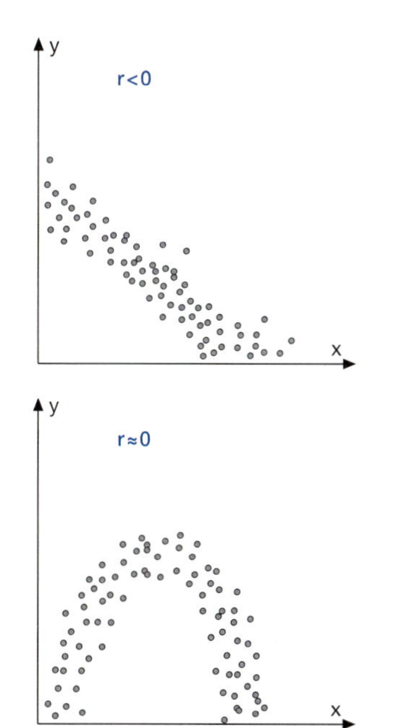

Übungen

9 *Korrelation einschätzen*

Nachfolgend sind Datenpunkte in fünf Streudiagrammen angegeben. Ordnen Sie den Streudiagrammen die beste Beschreibung der Korrelation zu.

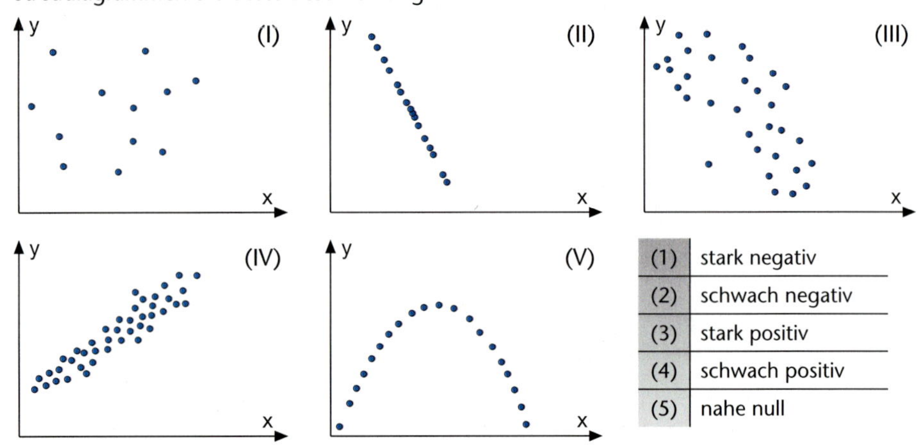

(1)	stark negativ
(2)	schwach negativ
(3)	stark positiv
(4)	schwach positiv
(5)	nahe null

WERKZEUG

Berechnen des Korrelationskoeffizienten

Die Berechnung des Korrelationskoeffizienten, z. B. mithilfe der oben angegebenen Formel, ist schon bei kleinen Datenmengen recht aufwändig. Zum Glück kann dies heute dem Computer mit der entsprechenden Software übertragen werden.

Auf dem GTR wird mit der Gleichung der Regressionsgeraden auch der Korrelationskoeffizient r (und dessen Quadrat r^2) angegeben.

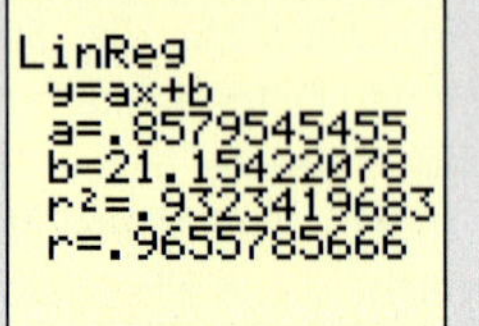

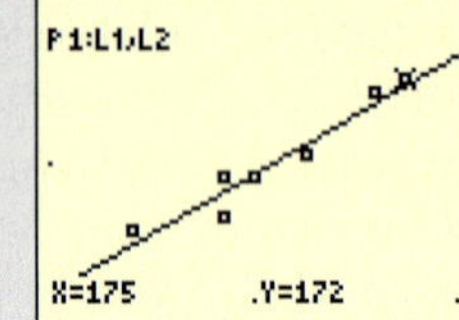

Kausalität und Korrelation

Zwar kann die Berechnung des Korrelationskoeffizienten dem Rechner übertragen werden, bei der Interpretation ist aber der Experte mit Sach- und Hintergrundwissen gefragt. Selbst wenn zwei Merkmale stark miteinander korrelieren ($|r|$ nahe 1), kann man ohne Zusatzinformation nicht auf einen kausalen Zusammenhang schließen. So darf man aus einer stark positiven Korrelation zwischen der Höhe des Taschengeldes und der Mathematiknote (in Notenpunkten) nicht ohne weiteres schließen, dass ein höheres Taschengeld zu besseren Mathematikleistungen führt oder umgekehrt.

Der lineare Zusammenhang zwischen zwei Größen x und y kann rein zufällig sein, oder es kann eine verborgene dritte Größe z dahinter stecken. Übersehene Hintergrundvariablen können Scheinkorrelationen produzieren. Zum Beispiel besteht eine positive Korrelation zwischen der Lesefähigkeit von Kindern und deren Schuhgröße. Verantwortlich dafür ist offensichtlich die Hintergrundvariable „Alter“.

10 *Ohne Kommentar*

Die Leistung eines Schülers hängt von der Länge des Bücherregals in seinem Kinderzimmer ab.

Wähler stimmen konservativer, wenn ihr Wahllokal in einer Kirche war.

Eine britische Studie ergab, dass gesund ernährte Dreijährige (viel Früchte, Gemüse, Reis und Teigwaren) im Alter von achteinhalb Jahren einen höheren Intelligenzquotienten haben als Kinder, deren Ernährung aus viel Fett, Zucker und verarbeiteten Lebensmitteln bestand.

Aufgaben

11 *Armlänge und Körpergröße*

Nachfolgend finden Sie ein Streudiagramm, in dem die Körpergrößen und Armlängen von 50 Studierenden nach Geschlecht getrennt aufgezeigt werden.

a) Interpretieren Sie das folgende Streudiagramm.

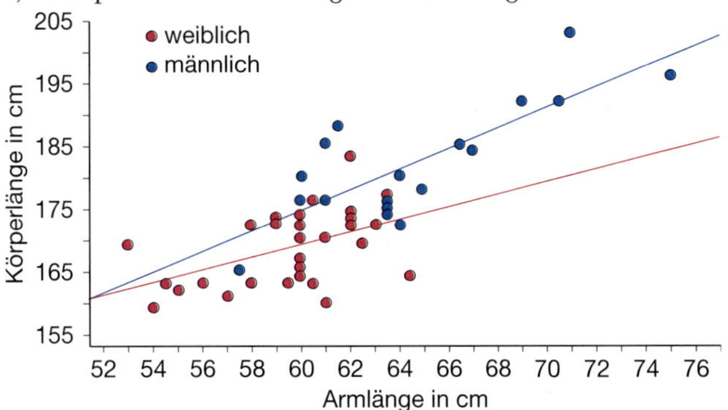

Korrelationskoeffizient für die weiblichen Daten: $r_w = 0{,}47$
Korrelationskoeffizient für die männlichen Daten: $r_m = 0{,}79$

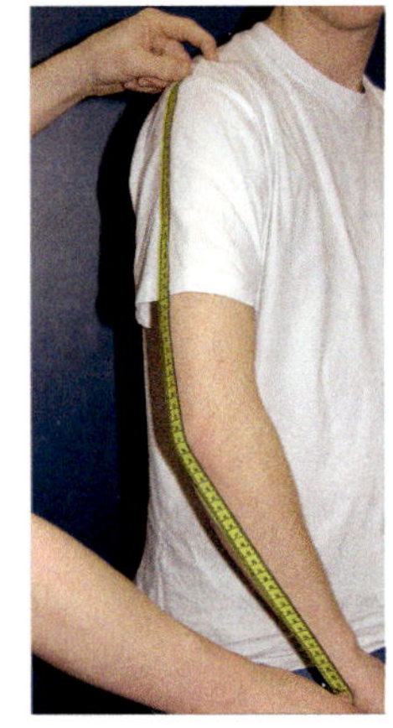

b) Schätzen Sie den Korrelationskoeffizienten r für die Datenpaare der Gesamtgruppe und begründen Sie Ihr Ergebnis. Sie können Ihren Schätzwert überprüfen, indem Sie r mithilfe des zugehörigen Datensatzes mit einem geeigneten Computerprogramm berechnen.

3211.ggb
3211.ftm
3211.xlsx

Warum passen Pullis immer so schlecht?

Projekt

Problemstellung: Oft sind Pullover an den Ärmeln zu kurz oder an den Schultern zu lang. Wie hängen eigentlich Armlänge, Schulterbreite und Körpergröße zusammen? Gibt es Unterschiede zwischen Männern und Frauen?

Datenerhebung: Zur Untersuchung dieser Fragen messen bzw. fragen Sie die folgenden Merkmale bei Ihren Mitschülerinnen und Mitschülern ab.
Fallen Ihnen weitere Merkmale ein, die Ihnen bei der Beantwortung der oben genannten Fragestellung helfen könnten?

- Schulterbreite (vom Halsansatz zum Schulterpunkt)
- Armlänge (vom Schulterpunkt über den Ellenbogen bis zum Handgelenk)
- Geschlecht
- Körpergröße

Wie lassen sich diese Körpermaße möglichst genau messen?

„Richtiges Maßnehmen" ist nicht leicht. Hinweise dazu finden Sie im Internet.

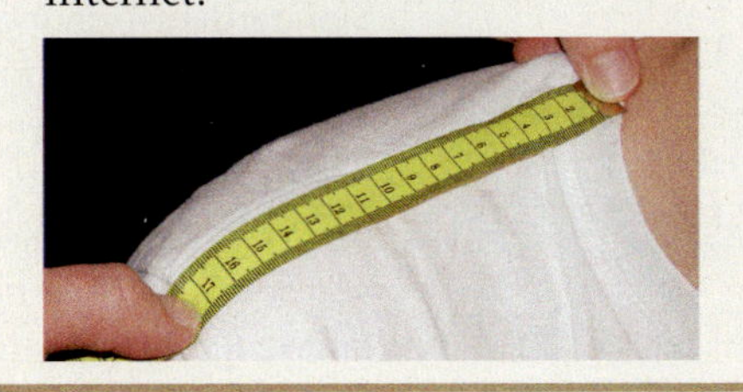

Messprotokoll erstellen: Notieren Sie die Daten übersichtlich in Form einer Tabelle. Sie können dann in ein Tabellenkalkulationsprogramm oder den GTR eingegeben werden.

Codename	Körpergröße	Armlänge	Schulterbreite	Geschlecht	■
Fee	164	60	15	w	■
Alice	169	62,5	14,5	w	■
Arno Nym	174	63,5	20	m	■

Informieren Sie sich im Internet unter dem Suchwort „Konfektionsgrößen" darüber, welche Normmaße den Kleidergrößen S, M, L und XL zugrunde liegen. Vergleichen Sie mit Ihren Daten.

Auswertung: Werten Sie die erhobenen Daten im Hinblick auf die oben genannten Fragestellungen aus. Welche statistischen Darstellungen und Kennzahlen eignen sich dazu? Welche Schlussfolgerungen ergeben sich aus Ihrer Datenanalyse?

Umgang mit Daten

Verteilungen und Kenngrößen

Darstellung von Häufigkeitsverteilungen: Tabelle

Wert	x_1	x_2	x_3	...	x_n
Absolute Häufigkeit	H_1	H_2	H_3	...	H_n
Relative Häufigkeit	h_1	h_2	h_3	...	h_n

Gesamtanzahl der Werte: n; $h_i = \frac{H_i}{n}$ (rel. Häufigkeit)

Diagramme

Häufigkeitsverteilungen werden u.a. mit Balkendiagrammen, Histogrammen oder Boxplots dargestellt. Bei Histogrammen werden die Daten in Klassen eingeteilt.

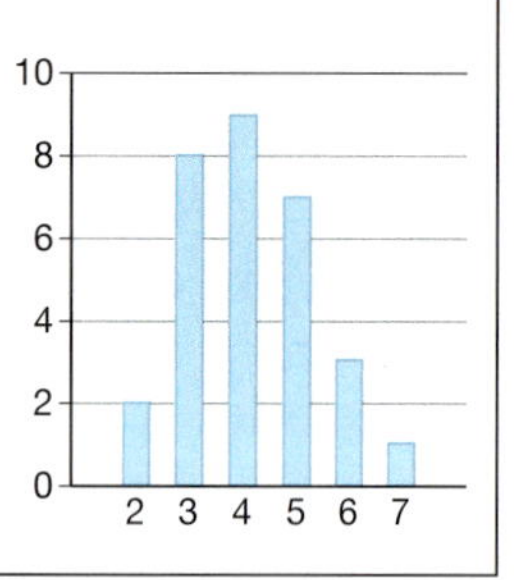

Mittelwerte

- **Arithmetisches Mittel $\bar{x}$:**

$$\bar{x} = \frac{\sum_{i=1}^{n} x_i}{n} \quad \text{oder} \quad \bar{x} = \frac{\sum_{i=1}^{r} H(a_i) \cdot a_i}{n} = \sum_{i=1}^{r} h(a_i) \cdot a_i$$

- **Median $\tilde{x}$:** Werte der Größe nach anordnen. Ist n ungerade, dann ist der Median der mittlere Wert. Ist n gerade, dann ist der Median die Mitte der beiden mittleren Werte.

Streuung

- **Standardabweichung s:**

$$s = \sqrt{\frac{\sum_{i=1}^{n} (x_i - \bar{x})^2}{n}} = \sqrt{\frac{\sum_{i=1}^{r} H(a_i) \cdot (a_i - \bar{x})^2}{n}}$$

Beziehung zwischen zwei Merkmalen

Streudiagramm und Ausgleichsgerade

Manche Streudiagramme legen nahe, dass ein linearer Zusammenhang zwischen zwei Merkmalen besteht. Diesen kann man durch eine **Ausgleichsgerade** modellieren.

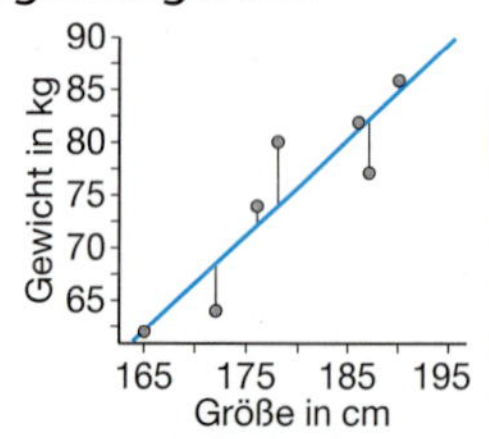

Streudiagramm, Ausgleichsgerade, Residuen

Regressionsgerade

Ausgleichsgerade, bei der die Summe der quadratischen Abweichungen minimal ist.

Korrelationskoeffizient r: Maß für die Richtung und die Stärke des linearen Zusammenhangs

1 Die Häufigkeitsverteilung des Alters der Frauen zwischen dem 15. und 60. Lebensjahr, die in Bayern im Jahr 2000 geheiratet haben, ist in der Tabelle dargestellt.

Alter in Jahren	Rel. Häufigkeit in %
15 bis unter 20	6
20 bis unter 25	37
25 bis unter 30	31
30 bis unter 35	10
35 bis unter 40	8
40 bis unter 45	3
45 bis unter 50	3
50 bis unter 55	1
55 bis unter 60	1

a) Stellen Sie die Altersverteilung grafisch mit einem Histogramm dar.

b) Berechnen Sie das Durchschnittsalter der Frauen bei der Hochzeit. Auf welches Problem stoßen Sie bei der Berechnung des Durchschnittsalters und wie können Sie dieses näherungsweise lösen?

2 In einem Softwareunternehmen beträgt der Median aller Monatsgehälter 3200 € und das arithmetische Mittel 3400 €.

a) Erklären Sie den Unterschied zwischen dem Median und dem arithmetischen Mittel der Gehälter.

b) Angenommen, der Chef des Unternehmens, der das höchste Gehalt bezieht, erhält eine erhebliche Gehaltserhöhung.
Wie verändern sich der Median und das arithmetische Mittel der Gehälter?

3 In der Tabelle ist die Laufleistung zweier verschiedener Reifen in fünf Tests dargestellt.

Reifen A

Test	Laufleistung
1	66 000 km
2	43 000 km
3	37 000 km
4	50 000 km
5	54 000 km

Reifen B

Test	Laufleistung
1	54 000 km
2	49 000 km
3	47 000 km
4	48 000 km
5	52 000 km

Berechnen Sie für beide Reifen das arithmetische Mittel und die Standardabweichung. Welche (vorsichtigen) Schlüsse können Sie aus diesen Kenngrößen ziehen?

4 Der Geschäftsführer einer Großbäckerei möchte erfahren, ob seine Marketingaktivitäten erfolgreich sind. Eine Stichprobe von zehn zufällig ausgewählten Monatsumsätzen mit den zugehörigen Marketingausgaben (in Tausend €) ist in der Tabelle dargestellt.

Marketingausgaben x	24	15	19	26	14	17	20	13	18	21
Umsatz y	200	185	221	240	183	162	185	149	181	211

a) Stellen Sie die Tabelle in einem Streudiagramm dar.
Begründen Sie, warum man einen linearen Zusammenhang vermuten kann.

b) Berechnen Sie mit einem geeigneten Werkzeug die Gleichung der Regressionsgeraden. Der Korrelationskoeffizient sollte r = 0,785 lauten.
Zeichnen Sie die Regressionsgerade in das Streudiagramm ein. Beurteilen Sie mithilfe des Korrelationskoeffizienten die Stärke des linearen Zusammenhangs.

4 Wahrscheinlichkeitsverteilungen

Den in Kapitel 3 behandelten empirischen Häufigkeitsverteilungen von Merkmalen werden in diesem Kapitel die theoretischen Wahrscheinlichkeitsverteilungen von Zufallsgrößen gegenübergestellt, dabei werden Unterschiede und Beziehungen deutlich. Als spezielle Wahrscheinlichkeitsfunktionen werden im Schwerpunkt die Binomialverteilung und die Normalverteilung beschrieben und zur Modellierung zufälliger Vorgänge verwendet. Hiermit werden wichtige Grundlagen für die im Kapitel 5 im Mittelpunkt stehenden Verfahren der beurteilenden Statistik bereitgestellt.

4.1 Zufallsgrößen und Erwartungswert

Wenn die Ergebnisse eines Zufallsversuches durch reelle Zahlen beschrieben werden, so spricht man von Zufallsgrößen. Entsprechend zu dem Mittelwert und der Streuung bei der empirischen Häufigkeitsverteilung lassen sich der Erwartungswert einer Zufallsgröße und deren Standardabweichung berechnen. Diese Größen können dann zum Vergleich von Wahrscheinlichkeitsverteilungen herangezogen und im Rahmen der Modellierung interpretiert werden.

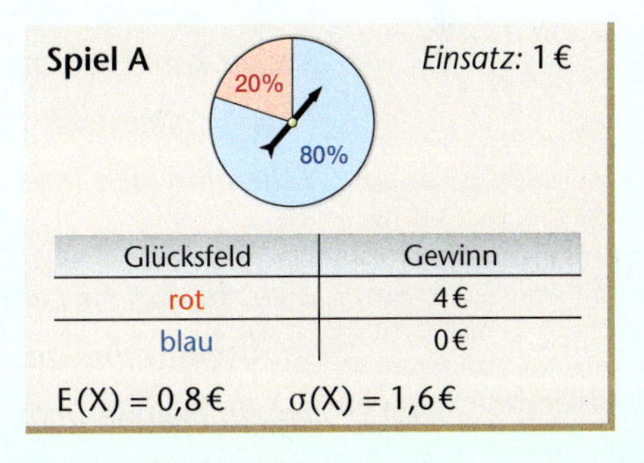

Glücksfeld	Gewinn
rot	4€
blau	0€

$E(X) = 0{,}8$ € $\sigma(X) = 1{,}6$ €

4.2 Binomialverteilung

Die Wahrscheinlichkeitsverteilung der Trefferanzahl X bei einer Bernoulli-Kette heißt Binomialverteilung. Mit ihr können unter bestimmten Voraussetzungen viele typische Zufallsvorgänge modelliert werden, wie zum Beispiel der Lauf einer Kugel durch das Galton-Brett oder die Umfrageergebnisse in einer Zufallsstichprobe. Die Berechnung und die grafische Darstellung der Verteilung sind heute mithilfe geeigneter Software leicht möglich. Für den Erwartungswert und die Standardabweichung gibt es einfache Formeln. Von besonderem Interesse sind die Wahrscheinlichkeiten, mit denen die Trefferanzahlen in bestimmten Bereichen um den Erwartungswert liegen, hierfür geben die Sigma-Regeln gute Näherungswerte an.

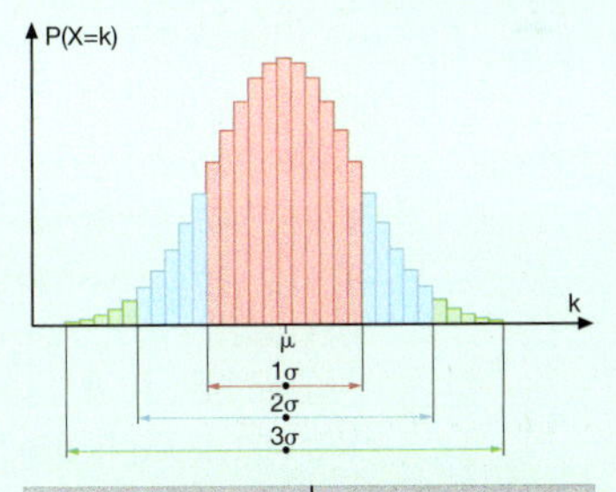

a	$P(\lvert X - \mu \rvert \le a)$
σ	68,3 %
2 σ	95,5 %
3 σ	99,7 %

Binomialverteilung Sigma-Regeln

4.3 Stetige Zufallsgrößen und Normalverteilung

Die Normalverteilung – auch bekannt als Gaußsche Glockenkurve – ist das bekannteste Beispiel für die Verteilung einer stetigen Zufallsgröße. Viele empirische Verteilungen, wie z. B. die Körpergrößen von Erwachsenen, können durch Normalverteilungen modelliert werden. Unter bestimmten Voraussetzungen stellt die Normalverteilung eine gute Näherung für die Binomialverteilung dar.

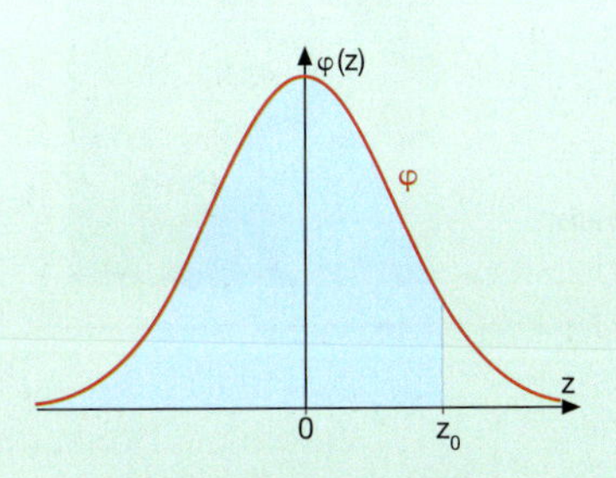

Inhalt der gefärbten Fläche: $P(Z \le z)$

4.1 Zufallsgrößen und Erwartungswert

Was Sie erwartet

Im Zentrum fast aller Aufgaben und Probleme in der Wahrscheinlichkeitsrechnung stehen Zufallsversuche. Dabei haben wir bereits erfahren, dass der Zufallsmechanismus (z.B. das Werfen von zwei Würfeln) alleine noch nicht den Zufallsversuch beschreibt. Man muss auch noch angeben, welches „Merkmal" man protokollieren möchte.

Beim Spiel mit zwei Würfeln kann man die Paare der Augenzahlen protokollieren. Die 36 verschiedenen, gleichwahrscheinlichen Ergebnisse lauten:

Augenzahl	1	2	3	4	5	6
1	(1,1)	(1,2)	(1,3)	(1,4)	(1,5)	(1,6)
2	(2,1)	(2,2)	(2,3)	(2,4)	(2,5)	(2,6)
3	(3,1)	(3,2)	(3,3)	(3,4)	(3,5)	(3,6)

Beim „Backgammon" z.B. kommt es jedoch auf die Summe der Augenzahlen an. Man kann sich auch für den Betrag der Differenz der beiden Augenzahlen interessieren oder auch nur für die größere der beiden Augenzahlen. Ist die „Größe", für die man sich interessiert, eine reelle Zahl, so nennt man diese ***Zufallsgröße****. Der Wert, den sie annimmt, hängt von dem Ergebnis des jeweiligen Zufallsversuches ab. In diesem Lernabschnitt geht es vor allem um den Erwartungswert einer Zufallsgröße und um deren Streuung, d.h. um die Frage, mit welchem Mittelwert einer Zufallsgröße man bei einer langen Versuchsreihe rechnen kann und wie groß die Standardabweichung ist.*

Erwartungswert und Standardabweichung spielen eine große Rolle bei Glücksspielen (erwarteter mittlerer Gewinn pro Spiel), bei Versicherungsgesellschaften (erwartete mittlere Kosten bei einem Versicherungsnehmer), bei Herstellern (erwartete Füllmenge in einer Flasche) und bei vielen anderen Gelegenheiten.

Aufgaben

1 *Gleiches Spielgerät – verschiedene Spiele*

Beim Wurf mit zwei Würfeln wird
a) die Augensumme,
b) die höchste der beiden Augenzahlen,
c) der Betrag der Differenz der Augenzahlen protokolliert.
Was ist jeweils die Ergebnismenge? Geben Sie die zugehörige Wahrscheinlichkeitsverteilung in tabellarischer Form an.

Wahrscheinlichkeitsverteilung zu b):

1	2	3	4	5	6
$\frac{1}{36}$	■	$\frac{5}{36}$	■	■	$\frac{11}{36}$

LSF-Versicherung

Unser neues Premium-Angebot:

Leistungs-Secure-Fahrradversicherung

Bei jedem polizeilich gemeldeten Diebstahl erstatten wir 800€.

2 *Ein einfaches Modell zur Berechnung der Versicherungsprämie*

Ein Mathematiker berechnet bei einer Versicherungsgesellschaft die Prämie für die Leistungs-Secure-Fahrradversicherung (LSF). Diese zahlt im Falle, dass das Fahrrad gestohlen wird, 800€ aus. Mithilfe einer Statistik erstellt der Versicherungsmathematiker die folgende Tabelle:

Ereignis	Leistung	Wahrscheinlichkeit
kein Diebstahl	0 €	0,9474
Diebstahl	800 €	0,0526

a) Schlagen Sie der Geschäftsleitung eine Prämie vor und begründen Sie diesen Vorschlag. Denken Sie daran, dass in der Geschäftsleitung kein Mathematiker ist.
b) Was halten Sie persönlich von einer solchen Versicherung?

Basiswissen

Zufallsgröße, Wahrscheinlichkeitsverteilung und Erwartungswert

Zufallsgröße

Es gibt viele Zufallsversuche, deren Ergebnisse mit reellen Zahlen dargestellt werden. Unter der **Zufallsgröße X** versteht man eine Variable, die als Wert eine der betreffenden reellen Zahlen annimmt, je nachdem, wie der Versuch ausgeht.

Beispiel: Man wirft vier Münzen gleichzeitig und protokolliert die Anzahl von „Kopf".
X: Anzahl von „Kopf" $X \in \{0; 1; 2; 3; 4\}$

Die Zufallsgröße X in dem Münzwurfbeispiel ist eine **diskrete Zufallsgröße.**
Bei diskreten Zufallsgrößen kann man die möglichen Ergebnisse aufzählen:
$X \in \{x_1; x_2; x_3; \dots\}$

Wahrscheinlichkeitsverteilung einer Zufallsgröße

Für diskrete Zufallsgrößen X gilt: Ordnet man jedem Wert, den die Zufallsgröße X annimmt, die Wahrscheinlichkeit zu, mit der er auftritt, so nennt man die Zuordnung $x_i \rightarrow P(X = x_i)$ **Wahrscheinlichkeitsverteilung der Zufallsgröße X.**

Beispiel: Wurf mit vier Münzen
X: Anzahl von „Kopf"
Wahrscheinlichkeitsverteilung:

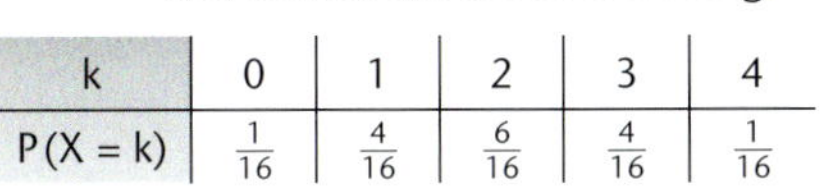

k	0	1	2	3	4
P(X = k)	$\frac{1}{16}$	$\frac{4}{16}$	$\frac{6}{16}$	$\frac{4}{16}$	$\frac{1}{16}$

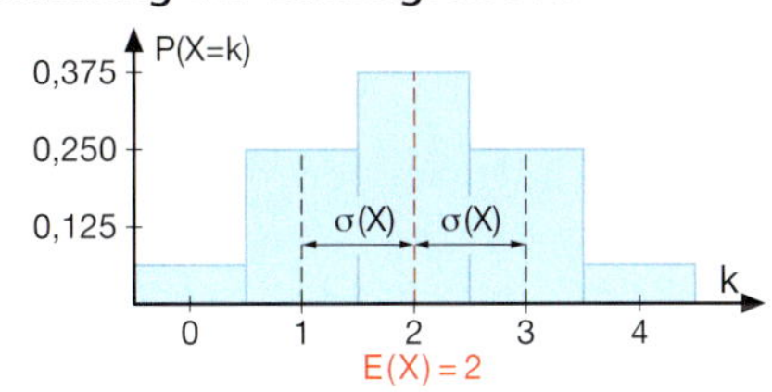

Erwartungswert E(X) und Standardabweichung σ(X) einer Wahrscheinlichkeitsverteilung

Der „Mittelwert" einer Wahrscheinlichkeitsverteilung hat einen besonderen Namen. Man nennt ihn den **Erwartungswert E(X).**

$$E(X) = x_1 \cdot P(X = x_1) + x_2 \cdot P(X = x_2) + \dots + x_n \cdot P(X = x_n) = \sum_{i=1}^{n} x_i \cdot P(X = x_i)$$

Die Streuung einer Wahrscheinlichkeitsverteilung wird durch die Standardabweichung σ(X) erfasst.

Standardabweichung: $\sigma(X) = \sqrt{\sum_{i=1}^{n} (x_i - E(X))^2 \cdot P(X = x_i)}$

Die Formeln für den Erwartungswert und die Standardabweichung einer Wahrscheinlichkeitsverteilung sind analog zu denjenigen einer Häufigkeitsverteilung, vgl. Lernabschnitt 3.1.

$P(X = x_i)$ gibt die Wahrscheinlichkeit dafür an, dass die Zufallsgröße X gerade den Wert x_i annimmt.

Beispiele

A *Der Betrag der Differenz von Augenzahlen als Zufallsgröße*

Zwei Tetraederwürfel werden geworfen. Die Zufallsgröße X entspricht dem Betrag der Differenz der beiden Augenzahlen. Geben Sie die Wahrscheinlichkeitsverteilung der Zufallsgröße X an und berechnen Sie den Erwartungswert.

Lösung:
Die Zufallsgröße X kann die Werte 0, 1, 2 und 3 annehmen.

X	0	1	2	3
zugehörige Ergebnisse	(1,1); (2,2); (3,3); (4,4)	(2,1); (1,2); (3,2); (2,3); (4,3); (3,4)	(3,1); (1,3); (4,2); (2,4)	(4,1); (1,4)
Wahrscheinlichkeit	$\frac{4}{16}$	$\frac{6}{16}$	$\frac{4}{16}$	$\frac{2}{16}$

Erwartungswert: $E(X) = 0 \cdot \frac{4}{16} + 1 \cdot \frac{6}{16} + 2 \cdot \frac{4}{16} + 3 \cdot \frac{2}{16} = \frac{20}{16} = 1{,}25$

Der Mittelwert der Wahrscheinlichkeitsverteilung beträgt somit 1,25.

Beispiele

B *Erwartungswert und Standardabweichung*

Vergleichen Sie Erwartungswert und Standardabweichung der beiden Glücksspiele A und B. Was stellen Sie fest? Welches Glücksspiel ist für den Spieler interessanter?

Spiel A *Einsatz:* 1 €

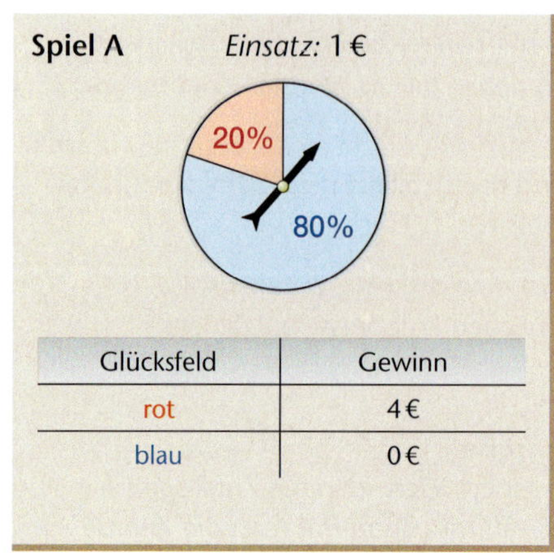

Glücksfeld	Gewinn
rot	4 €
blau	0 €

Spiel B *Einsatz:* 1 €

Mit einem Zufallszahlengenerator werden zweistellige Zufallszahlen von 00 bis 99 berechnet und auf einem Display ausgegeben.

Glückszahlen	Gewinn
66	50 €
11, 12, 21	5 €
22, 33, 44, 55	3 €
00, 88, 99	1 €
alle anderen Zahlen	0 €

Lösung:

Zufallsgröße X: Gewinn

Erwartungswert **Spiel A**: $E(X) = 0 \cdot \frac{4}{5} + 4 \cdot \frac{1}{5} = 0{,}8$

Standardabweichung: $\sigma(X) = \sqrt{(0-0{,}8)^2 \cdot \frac{4}{5} + (4-0{,}8)^2 \cdot \frac{1}{5}} = 1{,}6$

Erwartungswert **Spiel B**: $E(X) = 50 \cdot \frac{1}{100} + 5 \cdot \frac{3}{100} + 3 \cdot \frac{4}{100} + 1 \cdot \frac{3}{100} = 0{,}8$

Standardabweichung:

$$\sigma(X) = \sqrt{(50-0{,}8)^2 \cdot \frac{1}{100} + (5-0{,}8)^2 \cdot \frac{3}{100} + (3-0{,}8)^2 \cdot \frac{4}{100} + (1-0{,}8)^2 \cdot \frac{3}{100} + (0-0{,}8)^2 \cdot \frac{89}{100}} = 5{,}05$$

Die Erwartungswerte stimmen überein. Das Spiel B ist womöglich interessanter, da es verschiedene Gewinnmöglichkeiten gibt, u. a. eine mit einem besonders hohen Gewinn. Mathematisch macht sich dies in einer größeren Standardabweichung bemerkbar.

Übungen

3 *Erwartungswert und Standardabweichung beim vierfachen Münzwurf*

Vier Münzen werden gleichzeitig geworfen. Die Zufallsgröße X gibt die Anzahl der Münzen, die mit „Kopf" (K) nach oben liegen, an. Die zugehörige Wahrscheinlichkeitsverteilung findet man im Basiswissen auf der vorherigen Seite. Zeichnen Sie zu der Wahrscheinlichkeitsverteilung ein Histogramm. Berechnen Sie den Erwartungswert und die Standardabweichung. Veranschaulichen Sie beide Werte an dem Histogramm.

4 *Ein faires Spiel*

Alberto verabredet mit Ben die folgende Wette: Alberto würfelt mit zwei Würfeln. Ist eine der beiden Augenzahlen mindestens eine „4", so muss Ben an Alberto 2 € zahlen. Andernfalls muss Alberto an Ben 2 € zahlen.

a) Alberto meint, dass dies ein faires Spiel sei, da die Einsätze von beiden Spielern gleich sind. Was meinen Sie? Kann der Erwartungswert des Gewinns bei der Beantwortung dieser Frage helfen?

b) Wie müsste man die Einsätze verändern, damit das Spiel fair ist?

5 *Preisausschreiben*

Etwas zum Nachdenken: Warum nehmen oft viele Leute an einem Preisausschreiben teil, auch wenn der Erwartungswert des Gewinns klein ist?

An einem Preisausschreiben, bei dem ein bestimmtes Lösungswort gefunden werden sollte, nahmen 80 000 Personen teil. 20 000 Einsendungen waren dabei richtig. Unter diesen wurden als Preise ausgelost:

1. Preis	1000 €	(1-mal)
2. Preis	250 €	(20-mal)
3. Preis	50 €	(50-mal)
Trostpreis im Wert von	5 €	(1000-mal)

Berechnen Sie den Erwartungswert des Gewinns.

Übungen

Mithilfe von Übung 10 können Sie herausfinden, welche Bedeutung der Erwartungswert besitzt.

6 *Erwartungswert – nachgefragt*

Im Beispiel A wurde der Erwartungswert für die Differenz der Augenzahlen beim Wurf zweier Tetraeder berechnet. Das Ergebnis hierfür lautete 1,25. Macht der Erwartungswert hier Sinn, da die Zufallsgröße X nur ganzzahlige Werte annehmen kann? Sollte man vielleicht den Erwartungswert runden?

7 *Roulette*

Beim Roulette gibt es verschiedene Möglichkeiten zu setzen. Ihr Spieleinsatz ist ein Jeton im Wert von 10 €.

a) Vergleichen Sie den Erwartungswert für den Nettogewinn, wenn Sie auf eine „volle Zahl" setzen, mit dem Erwartungswert für den Gewinn, wenn Sie auf „Rouge" setzen.

Wahrscheinlichkeitsverteilung für X: Nettogewinn beim Setzen auf „volle Zahl":

Nettogewinn	Wahrscheinlichkeit
$35 \cdot 10€$	$\frac{1}{37}$
$-10€$	$\frac{36}{37}$

Ergänzen Sie zunächst noch die Wahrscheinlichkeitsverteilung des Nettogewinns beim Setzen auf „Rouge".

b) Berechnen Sie den Erwartungswert für den Nettogewinn bei zwei anderen Wettmöglichkeiten (Wettmöglichkeiten beim Roulette und Gewinnquoten finden Sie z. B. auf den Seiten 17 und 45). Was fällt Ihnen auf?

8 *Lotto „6 aus 49"*

Bei der wöchentlichen Lottoziehung „6 aus 49" interessiert man sich für die Verteilung der Zufallsgröße X: Anzahl der richtig getippten Zahlen.

In der Tabelle sind Formeln zur Berechnung der Verteilung von X abgedruckt.

X = k	0	1	2	…	5	6
P(X = k)	$\frac{\binom{6}{0}\cdot\binom{43}{6}}{\binom{49}{6}}$	$\frac{\binom{6}{1}\cdot\binom{43}{5}}{\binom{49}{6}}$	$\frac{\binom{6}{2}\cdot\binom{43}{4}}{\binom{49}{6}}$	…	$\frac{\binom{6}{5}\cdot\binom{43}{1}}{\binom{49}{6}}$	$\frac{\binom{6}{6}\cdot\binom{43}{0}}{\binom{49}{6}}$

a) Erläutern Sie die Rechenansätze.

b) Stellen Sie die Verteilung der Zufallsgröße X als Histogramm dar.

Schätzen Sie den Erwartungswert und berechnen Sie ihn anschließend. Was sagt dieser Wert aus?

9 *PS – Sparen*

Bei Sparkassen gibt es das sogenannte PS-Sparen: Man zahlt 5 € ein. Davon gehen 4 € auf das Sparkonto, von dem verbleibenden Euro kauft man ein Los und nimmt an einer Lotterie teil. Berechnen Sie anhand des Gewinnplans den Erwartungswert für einen Gewinn. Vergleichen Sie den Erwartungswert für den Gewinn mit dem Einsatz von 1 €.

PS-Sparen: Ihre Gewinne und Gewinnchancen

Gewinn	Wahrscheinlichkeit
2,50 €	0,1
5 €	0,01
25 €	0,002
500 €	0,0001
5000 €	0,00001
50000 €	0,000001
250000 €	0,0000001

Übungen

10 *Was bedeutet der Erwartungswert oder das empirische Gesetz der großen Zahlen für Mittelwerte*

Angenommen, zwei Münzen werden geworfen. Die Zufallsgröße X gibt die Anzahl der Münzen an, die mit „Kopf" nach oben liegen.

a) Zeigen Sie, dass der Erwartungswert $E(X) = 1$ ist.

b) Werfen Sie wiederholt zwei Münzen und ergänzen Sie die folgende Tabelle. Fassen Sie alle Tabellen in Ihrem Mathematikkurs zusammen. Wie verhält sich der Mittelwert mit wachsender Spielanzahl?

Spiel	1	2	3	4	5	...	10
X: Anzahl „Kopf"	0	2	0	1	1	...	■
Summe	0	2	2	3	4	...	■
Mittelwert	$\frac{0}{1} = 0$	$\frac{2}{2} = 1$	$\frac{2}{3}$	$\frac{3}{4}$	$\frac{4}{5}$	...	■

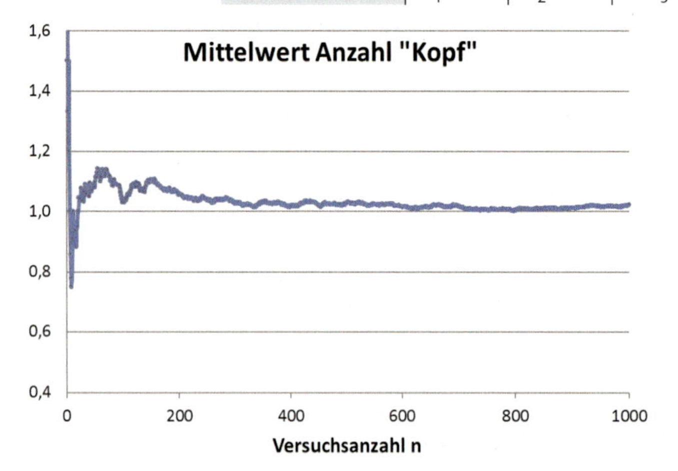

c) In der Grafik ist die Entwicklung des Mittelwertes der Anzahl von „Kopf" in Abhängigkeit von der Versuchswiederholung dargestellt. Interpretieren Sie die Grafik. Erläutern Sie, inwiefern die Grafik das **empirische Gesetz der großen Zahlen für Mittelwerte** veranschaulicht.

Das empirische Gesetz der großen Zahlen für Mittelwerte

Bei einer langen Versuchsreihe pendelt sich der Mittelwert der Zufallsgröße X bei dem Erwartungswert $E(X)$ ein.

11 *„Chuck a luck" – ein faires Spiel?*

„Chuck a luck" (Glückswurf) ist ein einfaches Würfel-Glücksspiel, dass unter verschiedenen Namen weltweit bekannt ist. Die Spielregeln sind einfach. Zunächst setzt der Spieler seinen Einsatz (z. B. 1 €) auf eine Augenzahl seiner Wahl. Anschließend würfelt der Bankhalter mit drei Würfeln:

> Je nachdem, ob ein, zwei oder sogar alle drei Würfel die gesetzte Augenzahl zeigen, gewinnt der Spieler seinen Einsatz einfach, doppelt oder dreifach; zeigt kein Würfel die gesetzte Augenzahl, so ist sein Einsatz verloren.

Nettogewinn pro Spiel bei Chuck a luck

Durchschnittlicher Nettogewinn: 0,20; 0,10; 0,00; -0,10; -0,20; -0,30; -0,40

Versuchsanzahl n: 0; 200; 400; 600; 800; 1000

Interpretieren Sie die Grafik. Schätzen Sie den Nettogewinn pro Spiel beim „Chuck a luck" mithilfe der Grafik.

Übungen

12 *Gewinnspiel Städtereisen*

Ein Reisebüro verlost bei einer Werbeaktion zum jährlichen Sommerfest als Hauptgewinn Städtetouren in Form von Hotelübernachtungsgutscheinen. Allerdings wird es dem Zufall überlassen, wie „lang" die gewonnene Städtetour sein wird. Die Gewinner sollen einen handelsüblichen Würfel werfen, um zu ermitteln, welche Städte sie besuchen. Fällt eine Augenzahl zum zweiten Mal, so wird die Städtereise abgebrochen, da jede Stadt höchstens einmal besucht werden soll. Das Reisebüro ist daran interessiert, wie viele Städte die Gewinner dieser Verlosung durchschnittlich besuchen werden.

Würfelfolge: 2, 1, 3, 1

Reise: Hamburg, Berlin, Köln, Stopp
Länge der Reise: 3

Berlin (1)
Hamburg (2)
Köln (3)
München (4)
Dresden (5)
Frankfurt (6)

Der Reiseveranstalter lässt die zufällige Zusammenstellung der Städtetour mit einem Computerprogramm simulieren und ermittelt jeweils die Länge der Städtereisen. Dabei erhält er die unten abgebildeten Häufigkeitsverteilungen zu drei verschiedenen 1000-fachen Simulationen. Ermitteln Sie die durchschnittlichen Längen der Städtereisen.

Länge der Reise					
1	2	3	4	5	6
148	271	280	200	90	11

Länge der Reise					
1	2	3	4	5	6
167	262	298	196	64	13

Länge der Reise					
1	2	3	4	5	6
151	280	266	202	88	13

Ermitteln Sie die Wahrscheinlichkeitsverteilung der zufälligen Länge der Städtereisen. Wie könnte man damit die zu erwartende durchschnittliche Länge einer Städtereise theoretisch ermitteln?

4112.ftm
4112.xlsx

13 *Nochmals „Chuck a luck"*

Das Spiel „Chuck a luck" wurde bereits in Übung 11 beschrieben.

a) Was meinen Sie, handelt es sich um ein faires Spiel? Diskutieren Sie zunächst gemeinsam, was Sie unter einem „fairen Spiel" verstehen.

b) Führt man eine Reihe von „Probespielen" durch, so erhält man einen ersten Eindruck davon, wie „riskant" das Glücksspiel ist. Spielen Sie dieses Spiel mit Ihrem Tischpartner jeweils zehnmal mit dem gleichen Einsatz (z. B. 1 €) und notieren Sie Ihre Gewinne und Verluste. Diskutieren Sie dann Ihre Ergebnisse.

c) Die Zufallsgröße X ist der Betrag, den man bei dem Spiel gewinnt bzw. verliert. Bei einem Einsatz von 1 € ist $X \in \{-1; 1; 2; 3\}$.

Für die Zufallsgröße X ergibt sich die folgende Wahrscheinlichkeitsverteilung:

k	−1	1	2	3
P(X = k)	$\frac{125}{216}$	$\frac{75}{216}$	$\frac{15}{216}$	$\frac{1}{216}$

Überprüfen Sie die Wahrscheinlichkeiten in der Tabelle und berechnen Sie den Erwartungswert. Vergleichen Sie diesen mit der Schätzung aus Übung 11.

14 *Wartungs- und Reparaturkosten*

Ein Gerätehersteller bietet einen Wartungs- und Reparaturvertrag an. Wenn der Käufer diesen Vertrag abschließt, dann übernimmt der Hersteller im ersten Jahr nach der Auslieferung alle anfallenden Reparatur- und Wartungskosten. Der Gerätehersteller kalkuliert den Vertrag durch. Die folgende Tabelle zeigt die statistisch gewonnene Wahrscheinlichkeitsverteilung der Kosten.

bis 100 €	100 bis 200 €	200 bis 300 €	300 bis 400 €	400 bis 500 €	500 bis 600 €
41 %	19 %	17 %	12 %	8 %	3 %

a) Mit welchen Kosten muss der Hersteller im Mittel rechnen?

b) Den Preis für den Vertrag kalkuliert der Hersteller als Erwartungswert plus eine Standardabweichung. Berechnen Sie diesen Preis. Wie groß ist die Wahrscheinlichkeit, dass die für den Hersteller anfallenden Kosten über diesem Preis liegen?

Rechnen Sie jeweils bei den Kosten mit 50 €, 150 €, 250 € usw.

Aufgaben

15 *Gruppentests*

Bei Untersuchung von Körperflüssigkeiten und Gewebe auf selten auftretende Erkrankungen oder selten auftretende Inhaltsstoffe (z. B. Dopingmittel) kann man durch Gruppentests die Anzahl der Untersuchungen reduzieren.

a) *Einfaches Gruppentestverfahren für zwei Personen*

Die Blutproben von zwei verschiedenen Personen werden gemischt. Wenn man keine Erreger in der Mischung findet, dann sind beide Personen gesund. Findet man in der Mischung Krankheitserreger, dann werden beide Blutproben einzeln untersucht. Die Anzahl X der notwendigen Untersuchungen ist also 1 oder 3.

Angenommen, die Wahrscheinlichkeit p, mit der eine Person infiziert ist, sei bekannt. Dann kann man die Situation mit einem Baumdiagramm übersichtlich darstellen.

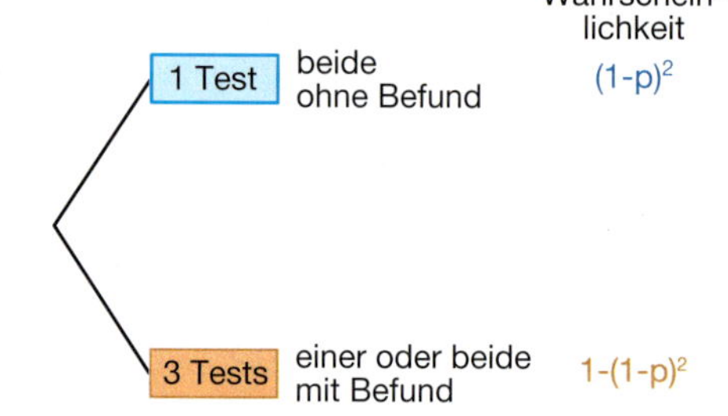

Erläutern Sie das Baumdiagramm und begründen Sie die Wahrscheinlichkeiten für die beiden auftretenden Fälle einer Untersuchung bzw. dreier Untersuchungen.

Nehmen Sie an, dass die Wahrscheinlichkeit $p = 0{,}05$ ist (5 % der Bevölkerung tragen den Erreger).

- Berechnen Sie den Erwartungswert der Anzahl der notwendigen Untersuchungen.
- Entwickeln Sie eine Formel für den Erwartungswert E(X) der Anzahl der Untersuchungen beim Paartest in Abhängigkeit von p.

b) *Gruppentest mit n Personen*

Blutproben von n verschiedenen Personen werden gemischt. Findet man keine Erreger in der Mischung, dann sind alle gesund. Wenn man in der Mischung Krankheitserreger findet, dann ist mindestens einer in der Gruppe Träger des Erregers. In diesem Fall werden alle n Blutproben einzeln untersucht. Die Anzahl X der notwendigen Untersuchungen ist also 1 oder $n + 1$.

- Ändern Sie das Baumdiagramm in Teilaufgabe a) entsprechend ab.
- Zeigen Sie, dass der Erwartungswert E(X) der Anzahl der notwendigen Untersuchungen $E(X) = n + 1 - (1 - p)^n \cdot n$ ist.
- Begründen Sie mithilfe des Erwartungswertes, dass bei der Gruppenprüfung im Vergleich zur Einzelprüfung pro Person $(1 - p)^n - \frac{1}{n}$ Untersuchungen eingespart werden (sofern diese Zahl positiv ist).

c) *Forschungsaufträge*

> *Forschungsauftrag 1*
>
> Ermitteln Sie für $p = 0{,}05$ die Gruppengröße, die die größte Ersparnis an Untersuchungen pro Person ergibt.

> *Forschungsauftrag 2*
>
> Ermitteln Sie für verschiedene Wahrscheinlichkeiten, mit denen der Erreger in der Bevölkerung auftritt, jeweils die Gruppengröße für eine maximale Ersparnis pro Person.

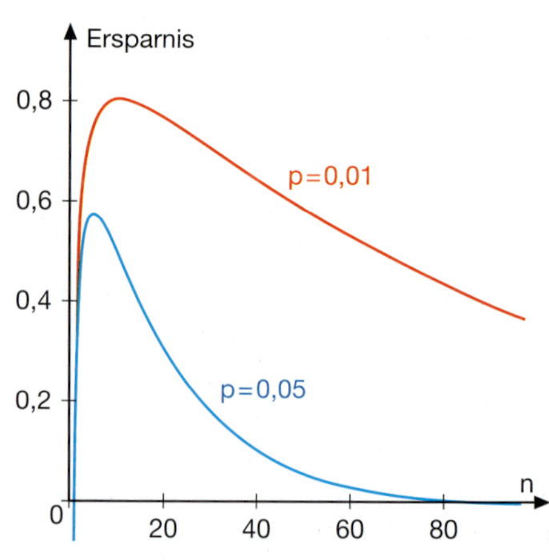

Ersparnis pro Person in Abhängigkeit von der Gruppengröße n

Aufgaben

16 *Erschließung eines Sachtextes zur Standardabweichung*
Stellen Sie in Ihrem Kurs Zufallstandems zusammen (Zweiergruppen werden ausgelost). Lesen Sie den nachfolgenden Text sorgfältig durch und formulieren Sie mögliche Fragen. Klären Sie die Fragen mit Ihrem Partner, klären Sie dessen Fragen. Schreiben Sie einen „Spickzettel" für einen Vortrag vor Ihrem Kurs. Führen Sie das erlernte Verfahren in Aufgabe 17 durch.

TEXT

Berechnung der Standardabweichung per Hand – schnell und übersichtlich

Zur Berechnung der Standardabweichung σ kann man den GTR, Tabellenkalkulation und andere Software einsetzen. Per Hand ist dies in der Regel sehr aufwändig.
Allerdings kann man die Formel für die Standardabweichung vereinfachen und für Berechnungen etwas griffiger gestalten.

Vereinfachung der Formel:

- Zunächst quadrieren wir die Standardabweichung: $\sigma^2(X) = \sum(x_i - E(X))^2 \cdot p(x_i)$
  $\sigma^2(X)$ wird **Varianz V(X)** genannt.
- Ausmultiplizieren des Terms $(x_i - E(X))^2$:
  $\sum(x_i - E(X))^2 \cdot p(x_i) = \sum(x_i^2 - 2x_i \cdot E(X) + E^2(X)) \cdot p(x_i)$
- Ausmultiplizieren und Aufspalten der Summe:
  $\sum(x_i^2 - 2x_i \cdot E(X) + E^2(X)) \cdot p(x_i) = \sum x_i^2 \cdot p(x_i) - 2E(X) \cdot \sum x_i \cdot p(x_i) + E^2(X) \cdot \sum p(x_i)$
- Der erste Summand ist $E(X^2)$, der zweite Summand $2E(X) \cdot E(X)$ und der dritte Summand $E^2(X)$, da $\sum p(x_i) = 1$ erfüllt ist.

Man erhält also: $\sigma^2(X) = E(X^2) - E^2(X)$

Rechnen mit der vereinfachten Formel am Spiel B im Beispiel B (Seite 110):

Wahrscheinlichkeitsverteilung:

Gewinn X	$p(x_i)$	X^2
50	$\frac{1}{100}$	2500
5	$\frac{3}{100}$	25
3	$\frac{4}{100}$	9
1	$\frac{3}{100}$	1
0	$\frac{89}{100}$	0
Summe	1	

$E(X) = 50 \cdot \frac{1}{100} + 5 \cdot \frac{3}{100} + 3 \cdot \frac{4}{100} + 1 \cdot \frac{3}{100} = 0{,}8$

$E(X^2) = 2500 \cdot \frac{1}{100} + 25 \cdot \frac{3}{100} + 9 \cdot \frac{4}{100} + 1 \cdot \frac{3}{100} = 26{,}14$

$\sigma^2(X) = E(X^2) - E^2(X) = 26{,}14 - 0{,}8^2 = 25{,}5$

$\sigma(X) = \sqrt{25{,}5} = 5{,}05$

Alternative Schreibweise:
$p(x_i) = P(X = x_i)$

Standardabweichung schnell berechnet mithilfe der folgenden Formel:
$\sigma(X) = \sqrt{E(X^2) - E^2(X)}$

17 *„Glücksspirale"*
In der nebenstehenden Tabelle finden Sie eine Gewinnübersicht für die „Glücksspirale". Bei der Glücksspirale beträgt der Einsatz 5 €. Berechnen Sie den Erwartungswert für den Gewinn. Für die Rente verwenden Sie zur Vereinfachung einen Gegenwert von 1 000 000 €.
Berechnen Sie per Hand oder mit einem geeigneten Werkzeug auch die Standardabweichung.

Gewinn in €	Gewinnwahrscheinlichkeit
10	$\frac{1}{10}$
20	$\frac{1}{100}$
50	$\frac{1}{1000}$
500	$\frac{1}{10\,000}$
5000	$\frac{1}{100\,000}$
100 000	$\frac{1}{500\,000}$
Rente	$\frac{1}{5\,000\,000}$

Aufgaben

Rechenregeln für das Rechnen mit Erwartungswert und Standardabweichung

(1) Wie verändert sich der Erwartungswert $E(X)$ einer Zufallsgröße X, wenn man zu X eine Konstante c addiert?

Beispiel: Bei einer Lotterie wird statt des Gewinns X in allen Gewinnklassen ein um 10 € größerer Betrag ausgezahlt $\Rightarrow$ $E(X + 10) = E(X) + 10$.

(2) Was passiert, wenn die Zufallsgröße X mit einem konstanten Faktor a multipliziert wird?

Beispiel: Statt des Gewinns wird in allen Gewinnklassen der doppelte Gewinn ausgezahlt $\Rightarrow$ $E(2 \cdot X) = 2 \cdot E(X)$.

Excel-Tabelle zum Experimentieren mit Schieberegler

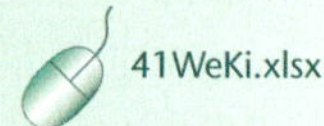
41WeKi.xlsx

Chancen	Gewinn X	E(X)	2 · X	E(2 · X)	X + 10	E(X + 10)	2 · X + 10	E(2 · X + 10)
0,655	0 €	0 €	0 €	0 €	10 €	6,55 €	10 €	6,55 €
0,3	10 €	3 €	20 €	6 €	20 €	6,00 €	30 €	9,00 €
0,04	100 €	4 €	200 €	8 €	110 €	4,40 €	210 €	8,40 €
0,005	1000 €	5 €	2000 €	10 €	1010 €	5,05 €	2010 €	10,05 €
		12 €		**24 €**		**22 €**		**34 €**

Der Einfluss von Veränderungen der Zufallsgröße auf den Erwartungswert und die Standardabweichung

Die Beispiele legen nahe, dass gilt: $\mathbf{E(a \cdot X + c) = a \cdot E(X) + c}$

Diese Eigenschaft kann man auch mithilfe der Formel für den Erwartungswert berechnen.

Für die **Standardabweichung** gilt: $\boldsymbol{\sigma(a \cdot X + c) = a \cdot \sigma(X)}$

Summe X + Y von Zufallsgrößen X, Y

(3) Wie hängt der Erwartungswert von X + Y von den Erwartungswerten von X und Y ab?

Beispiel: Angenommen, man kauft ein Los mit dem Erwartungswert für den Gewinn von 5 € und bei einer zweiten Lotterie ein Los mit dem Erwartungswert für den Gewinn von 10 €. Als Erwartungswert für beide Lose kann man $E(X + Y)$ formulieren.
Das Beispiel legt nahe, dass $E(X + Y) = 5\,€ + 10\,€ = E(X) + E(Y)$ gilt.

(4) Etwas schwieriger ist zu begründen, warum für zwei unabhängige Zufallsgrößen X und Y gilt: $\sigma(X + Y) = \sqrt{\sigma^2(X) + \sigma^2(Y)}$ (Verifizierung mit Aufgabe 18)

Summe von Zufallsgrößen – Erwartungswert und Standardabweichung

Seien X und Y zwei Zufallsgrößen. Dann gilt: $\mathbf{E(X + Y) = E(X) + E(Y)}$

Wenn X und Y unabhängig sind, dann gilt: $\boldsymbol{\sigma^2(X + Y) = \sigma^2(X) + \sigma^2(Y)}$

Summe Z	Wahrscheinlichkeit
2	$\frac{1}{24}$
3	$\frac{2}{24}$
4	$\frac{3}{24}$
5	$\frac{4}{24}$
6	$\frac{4}{24}$
7	$\frac{4}{24}$
8	$\frac{3}{24}$
9	$\frac{2}{24}$
10	$\frac{1}{24}$

18 *Erwartungswert und Standardabweichung*

Es wird mit einem vierseitigen Würfel und einem regulären Würfel geworfen.

a) Überprüfen Sie die folgenden Angaben:

X: Augenzahl beim Tetraeder; $E(X) = 2{,}5$; $\sigma(X) = 1{,}12$

Y: Augenzahl beim regulären Würfel; $E(Y) = 3{,}5$; $\sigma(Y) = \sqrt{\frac{35}{12}}$

b) Z ist die Augensumme X + Y, die man bei dem Wurf mit beiden Würfeln erzielt. Berechnen Sie zunächst $E(Z)$ und $\sigma^2(Z)$ mit den obigen Formeln. Berechnen Sie zum Vergleich den Erwartungswert von Z und deren Standardabweichung mithilfe der Wahrscheinlichkeitsverteilung von Z und den Formeln aus dem Basiswissen.

Aufgaben

19 *Spielstrategien bei „Sechs verliert“*

Bei dem Würfelspiel „Sechs verliert“ geht es darum, möglichst viele Augen zu sammeln, wobei man beim Auftreten mindestens einer Sechs alles verliert. Dabei darf man sich die Anzahl der Würfel aussuchen, mit denen man spielen möchte.

a) Lesen Sie die nachfolgenden Spielregeln aufmerksam. Wie viele Würfel würden Sie wählen? Begründen Sie Ihre Entscheidung und vergleichen Sie Ihre Strategie mit der Ihrer Mitschülerinnen und Mitschüler.

0 Punkte Wurf

Würfelspiel „Sechs verliert“

Zwei Spieler spielen gegeneinander. Jeder der beiden wirft eine vorher festgelegte Anzahl an Würfeln.

- Wird mit *mindestens einem* Würfel eine „6“ geworfen, so wird der gesamte Wurf mit 0 Punkten gewertet.
- Wird mit *keinem* Würfel eine „6“ geworfen, so werden die Augenzahlen der einzelnen Würfel addiert.

Sieger ist, wer mit seinem Wurf die höhere Punktzahl erzielt hat.

b) Spielen Sie in Partnerarbeit das Würfelspiel mehrfach nach. Entscheiden Sie sich dabei für eine feste Anzahl an Würfeln und vergleichen Sie Ihre Punktzahlen. Wer ist nach mehreren Durchgängen der Sieger? Sammeln Sie anschließend alle in Ihrem Kurs erzielten Punktzahlen und stellen Sie diese übersichtlich dar. Welche Informationen liefern diese Daten? Würden Sie jetzt lieber Ihre Strategie ändern und eine andere Anzahl an Würfeln wählen?

Punktzahlen beim Wurf mit fünf Würfeln

0	0	0	15	0
0	0	7	14	0
0	0	14	0	15
0	0	0	0	0
11	12	18	0	0

c) Wie groß ist die Wahrscheinlichkeit, dass man beim Einsatz von 1, 2, 3, …, k Würfeln alles verliert und der gesamte Wurf mit 0 Punkten gewertet wird?

d) Für welche Würfelanzahlen ist die durchschnittliche Punktzahl am höchsten? Diese Frage kann man gut mit einer Simulation untersuchen. In der nachfolgenden Tabelle sind einige arithmetische Mittel der Punktzahlen für jeweils 5000 Wiederholungen des Würfelspiels angegeben. Führen Sie die Simulationen mit einem geeigneten Programm weiter und ermitteln Sie die optimale Würfelanzahl.

4119.xlsx

Anzahl der Würfel	1	2	3	…
Mittelwert der Punktzahlen	2,53	4,2	5,28	…

e) Mithilfe theoretischer Berechnungen lässt sich der Erwartungswert der Punktzahlen für die einzelnen Würfelanzahlen ermitteln. Das ist allerdings knifflig. Nachfolgend sind die Erwartungswerte der Zufallsgröße G „Punktzahl bei Sechs verliert“ für einen und für zwei Würfel berechnet worden. Vollziehen Sie diese Berechnungen nach. Wie könnte die Rechnung für drei, vier usw. Würfel aussehen? Vergleichen Sie die theoretisch ermittelten Erwartungswerte mit den durch Simulation ermittelten Durchschnittswerten.

Ein Würfel: Die Zufallsgröße G kann die Werte 1, 2, …, 5 annehmen.

$E(G) = 0 \cdot \frac{1}{6} + 1 \cdot \frac{1}{6} + 2 \cdot \frac{1}{6} + 3 \cdot \frac{1}{6} + 4 \cdot \frac{1}{6} + 5 \cdot \frac{1}{6} = \frac{15}{6} = 3 \cdot \frac{5}{6} = 2{,}5$

Interpretation: Die Zufallsgröße G nimmt den mittleren Wert $3 = \frac{1+2+3+4+5}{5}$ mit der Wahrscheinlichkeit $\frac{5}{6}$ an.

Zwei Würfel: Die Zufallsgröße G kann den Wert 0 annehmen, wenn keine „6“ auftritt. Hat man Glück und es fällt keine „6“, so nimmt G die Werte 2, 3, …, 10 an.

$E(G) = 0 \cdot \frac{11}{36} + 2 \cdot \frac{1}{36} + 3 \cdot \frac{2}{36} + \ldots + 10 \cdot \frac{1}{36} = \frac{150}{36} = 2 \cdot 3 \cdot \left(\frac{5}{6}\right)^2 = \frac{25}{6}$

Interpretation: Die Zufallsgröße G nimmt den mittleren Wert $2 \cdot 3 = 6$ mit der Wahrscheinlichkeit $\left(\frac{5}{6}\right)^2$ an.

4.2 Binomialverteilung

Was Sie erwartet

In vielen Situationen wird die Zufallsgröße definiert als die Anzahl der Erfolge bei der n-fachen unabhängigen Wiederholung ein und desselben Zufallsversuches, wie z. B.

- *die Anzahl der „Paschs" beim sechsfachen Wurf mit zwei Würfeln,*
- *die Anzahl der Personen mit blauen Augen in einer Zufallsstichprobe von zehn Personen,*
- *die Anzahl der Studierenden in einer Zufallsstichprobe von 20 Studierenden des ersten Semesters, die die Mathematikklausur bestanden haben.*

In den beschriebenen Situationen können die beiden Ergebnisse der einzelnen Versuche, die wiederholt werden, als ***Treffer*** *(z. B. „Pasch" oder „hat blaue Augen" usw.) und* ***Fehlschlag*** *(z. B. „kein Pasch" oder „hat keine blauen Augen" usw.) interpretiert werden. Unter bestimmten Voraussetzungen kann man mit der* ***Binomialverteilung*** *die Wahrscheinlichkeit dafür ermitteln, dass eine bestimmte Trefferanzahl eintritt. Die Binomialverteilung kann zum Glück recht einfach ermittelt werden. In diesem Lernabschnitt werden die passende Formel für die Binomialverteilung hergeleitet und deren Eigenschaften beschrieben. In verschiedenen Situationen wird diskutiert, ob man die Binomialverteilung anwenden kann; neben ihren Stärken werden aber auch die Grenzen beim Lösen von Problemen aufgezeigt.*

X: Anzahl von „Zahl"
P(X = 2) = ■

Aufgaben

Ein Tupel ist eine geordnete Liste. So ist z. B. (Z,Z,K,K) ≠ (Z,K,Z,K).

1 *Wurf mit vier Münzen*

Vier Münzen werden geworfen. Alle möglichen Ergebnisse sollen in der nebenstehenden Tabelle als 4-Tupel dargestellt werden (Z: „Zahl", K: „Kopf").

a) Vervollständigen Sie die nebenstehende Tabelle.

b) Begründen Sie, warum jedes Ergebnis mit der Wahrscheinlichkeit $p = \frac{1}{2} \cdot \frac{1}{2} \cdot \frac{1}{2} \cdot \frac{1}{2}$ eintritt.

Anzahl „Zahl"	Ergebnisse	Anzahl der Ergebnisse
0	KKKK	1
1	KKKZ; KKZK; ■	4
2	KKZZ; ■	■
3	KZZZ; ■	■
4	■	■

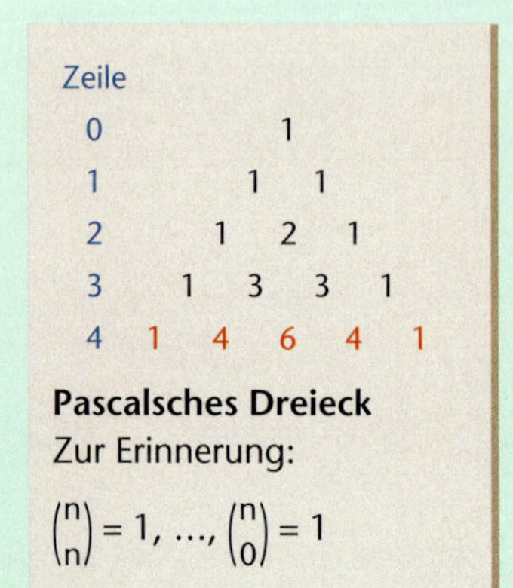

c) Die Zufallsgröße X steht für die Anzahl der Münzen, die mit „Zahl" nach oben liegen. Sie kann die Werte 0, 1, 2, 3 und 4 annehmen.
In Aufgabenteil a) haben Sie bereits P(X = 2) durch Abzählen ermittelt.
Kann man die Anzahl der 4-Tupel mit genau zweimal „Zahl" berechnen, ohne alle Ergebnisse aufschreiben zu müssen? Wenn Sie die Tabelle richtig ergänzt und richtig gezählt haben, dann stehen in der dritten Spalte der obigen Tabelle die Zahlen 1 4 6 4 1.
Diese Zahlen findet man in der vierten Zeile des Pascalschen Dreiecks wieder.
Von links nach rechts gelesen sind dies $\binom{4}{0}$, $\binom{4}{1}$, $\binom{4}{2}$, $\binom{4}{3}$ und $\binom{4}{4}$.
Begründen Sie, wieso $\binom{4}{2}$ die Anzahl der 4-Tupel mit genau zweimal „Zahl" ist und man somit $P(X = 2) = \binom{4}{2} \cdot \left(\frac{1}{2}\right)^4$ erhält.

2 *Experimentieren mit dem Galton-Brett*

Eine Kugel, die durch das Galton-Brett (siehe Abb.) läuft, wird zehnmal abgelenkt; bei einem idealen Galton-Brett mit der gleichen Wahrscheinlichkeit p = 0,5 entweder nach links oder rechts.

5

a) *Simulation*

Simulieren Sie den Durchlauf von 1000 Kugeln. Ermitteln Sie einen Schätzwert für die Wahrscheinlichkeit, mit der eine Kugel in das Fach mit der Nummer 0, 1, …, 10 fällt.

4202.ggb

b) *Theoretische Berechnung*

Die durch Simulation ermittelten Wahrscheinlichkeiten aus Teilaufgabe a) kann man auch theoretisch berechnen. Jede Kugel wird zehnmal abgelenkt. Die Kugeln werden in den Fächern, die von links nach rechts mit 0 bis 10 durchnummeriert sind, aufgefangen. In das Fach mit der Nummer 0 gelangen nur die Kugeln, die nullmal nach rechts und zehnmal nach links abgelenkt werden, in das Fach mit der Nummer 1 die Kugeln, die einmal nach rechts und neunmal nach links abgelenkt werden, usw.

Mathematisches Modell:
- Mit der Wahrscheinlichkeit p = 0,5 wird die Kugel in jeder Reihe entweder nach rechts oder links abgelenkt.
- Ergebnisse: Den Weg, den eine Kugel durch das Galton-Brett nimmt, kann man als 10-Tupel darstellen. So bedeuten z. B.
  LLLLLLLLLL: 0-mal rechts und 10-mal links,
  LLLLLLLLLR: 1-mal rechts und 9-mal links,
  LRLRLRLRLR: 5-mal rechts und 5-mal links, usw.

- Begründen Sie, dass eine Kugel 1024 verschiedene Wege durch das Galton-Brett nehmen kann (entsprechend viele verschiedene 10-Tupel aus „R“ und „L“ gibt es).
- Mit welcher Wahrscheinlichkeit nimmt eine Kugel einen der Wege?
- Wie viele verschiedene Wege gibt es in das Fach mit der Nummer 0, 1, 2, …, 10?

Tipp: In das Fach mit der Nummer 3 zum Beispiel gelangt eine Kugel, die auf ihrem Weg genau 3-mal nach rechts abgelenkt wurde. Die Anzahl der 10-Tupel mit genau 3-mal „R“ ist $\binom{10}{3}$.

- Stellen Sie eine Formel für $P(X = k)$ auf und berechnen Sie damit die Wahrscheinlichkeitsverteilung. Vergleichen Sie mit den Wahrscheinlichkeiten, die Sie durch Simulation erhalten haben.

c) *Schief stehendes Galton-Brett*

Stellt man das Galton-Brett schief, so erhält man eine schiefe Verteilung. Erzeugen Sie mit dem elektronischen Galton-Brett eine „schiefe“ Verteilung, indem Sie für die Ablenkung nach rechts p = 0,3 einstellen.
Man kann die Wahrscheinlichkeitsverteilung auch berechnen. Ändern Sie dazu die Formel aus Aufgabenteil b) entsprechend ab.

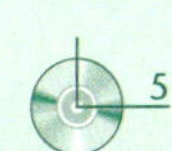

5

Tipp: Die Wahrscheinlichkeit für einen bestimmten Weg mit k-mal „R“ ist $0{,}3^k \cdot 0{,}7^{10-k}$.

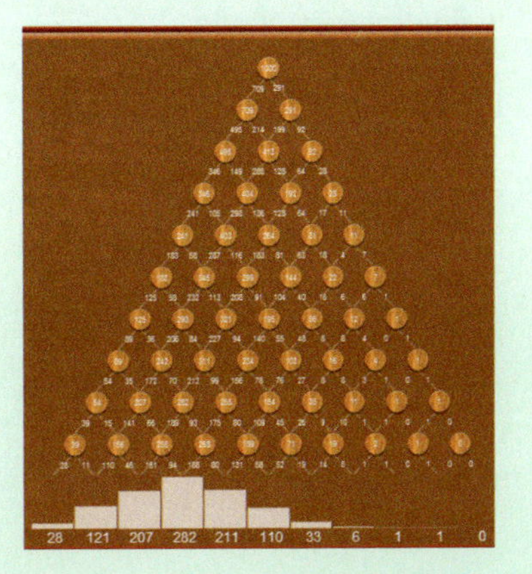

Basiswissen

Bernoulli-Kette und Binomialverteilung

Viele Zufallsversuche können als Versuch mit zwei möglichen Ergebnissen beschrieben werden. Einen solchen Versuch nennt man **Bernoulli-Versuch**, die Ergebnisse **Treffer (T)** und **Fehlschlag (F)**. Wiederholt man einen Bernoulli-Versuch n-mal, nennt man diese Folge von Zufallsversuchen eine **Bernoulli-Kette der Länge n**, wenn sie die folgenden Eigenschaften hat:

- Jeder Versuch ist ein Bernoulli-Versuch.
- Die Versuchswiederholungen sind unabhängig, d. h. die Wahrscheinlichkeit für einen Treffer hängt nicht davon ab, was zuvor geschehen ist.
- Die Anzahl n der Versuchswiederholungen ist festgelegt.
- Die Wahrscheinlichkeit p für einen Treffer ist bei jedem Versuch gleich.

Glücksrad

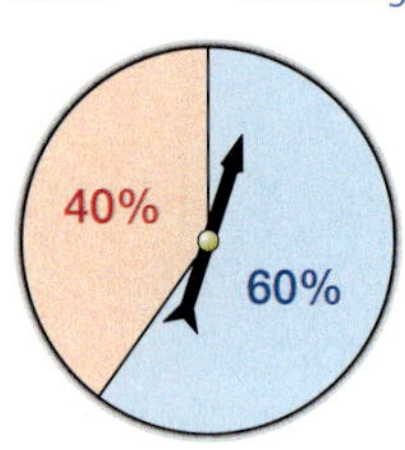

Steckbrief konkret

- 4 Versuche, Treffer: rot
- Trefferwahrscheinlichkeit $p = 0{,}4$; Wahrscheinlichkeit für einen Fehlschlag: $q = 1 - 0{,}4 = 0{,}6$
- Anzahl der Treffer: 0 bis 4
- zu berechnen: Wahrscheinlichkeit für 2 Treffer

Steckbrief allgemein

- n Versuche, Treffer: rot
- Trefferwahrscheinlichkeit p; Wahrscheinlichkeit für einen Fehlschlag: $q = 1 - p$
- Anzahl der Treffer: 0 bis n
- zu berechnen: Wahrscheinlichkeit für k Treffer

⇓ ⇓

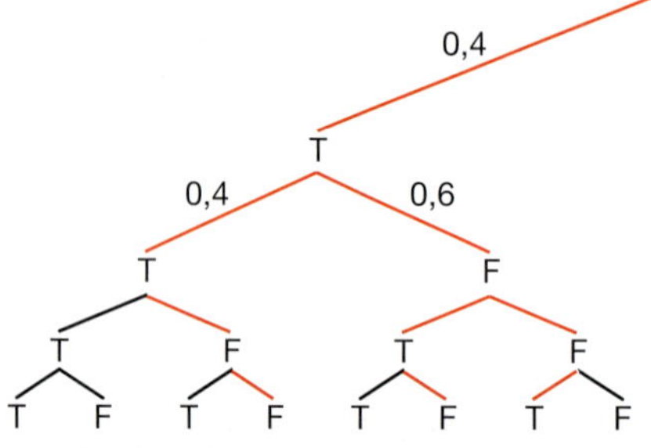

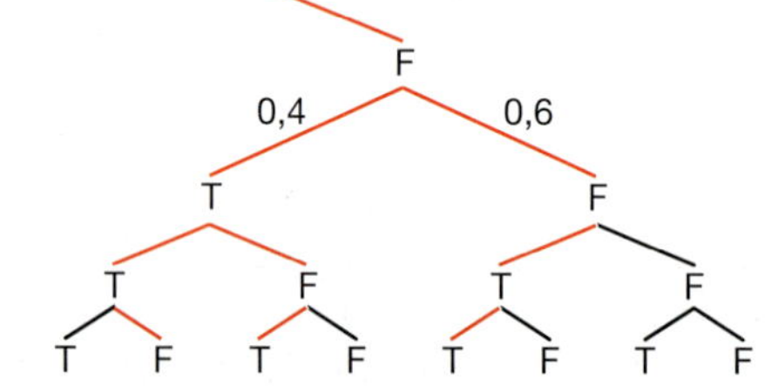

Anzahl der Pfade der Länge 4 mit genau 2 Treffern: $\binom{4}{2}$

Wahrscheinlichkeit für jeden Pfad mit genau zwei Treffern: $0{,}4^2 \cdot 0{,}6^2$

Wahrscheinlichkeit für genau 2 Treffer: $P(X = 2) = \binom{4}{2} \cdot 0{,}4^2 \cdot 0{,}6^2$

Anzahl der Pfade der Länge n mit genau k Treffern: $\binom{n}{k}$

Wahrscheinlichkeit für jeden Pfad mit genau k Treffern: $p^k \cdot (1-p)^{n-k}$

Wahrscheinlichkeit für genau k Treffer: $P(X = k) = \binom{n}{k} \cdot p^k \cdot (1-p)^{n-k}$

Binomialverteilung

Die Wahrscheinlichkeitsverteilung der Trefferanzahl X bei einer Bernoulli-Kette nennt man **Binomialverteilung**. Für $n = 4$ und die Trefferwahrscheinlichkeit $p = 0{,}4$ erhält man folgende Tabelle und folgendes Histogramm der Binomialverteilung.

Schreibweise: Statt $P(X = k) = \binom{n}{k} \cdot p^k \cdot (1-p)^{n-k}$ schreiben wir kurz $B(n, p, k)$.

Trefferanzahl k	$P(X = k) = \binom{4}{k} \cdot 0{,}4^k \cdot 0{,}6^{4-k}$
0	0,130
1	0,345
2	0,345
3	0,154
4	0,026

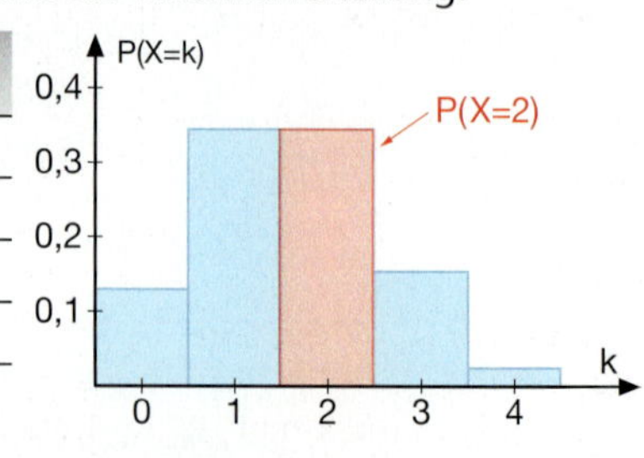

Beispiele

A *Der achtfache Münzwurf*

Eine Münze wird achtmal geworfen. Wie groß ist die Wahrscheinlichkeit
a) genau dreimal „Zahl“, b) mindestens sechsmal „Zahl“ zu erhalten?

Lösung:
Treffer: Die Münze liegt mit „Zahl“ nach oben.
Darf man die Binomialverteilung anwenden? Ja, denn:
- jeder Wurf mit einer Münze kann als Bernoulli-Versuch beschrieben werden,
- die Würfe der Münze erfolgen unabhängig,
- die Trefferwahrscheinlichkeit ist $p = 0{,}5$ für alle Würfe,
- die Anzahl der Versuche beträgt $n = 8$.

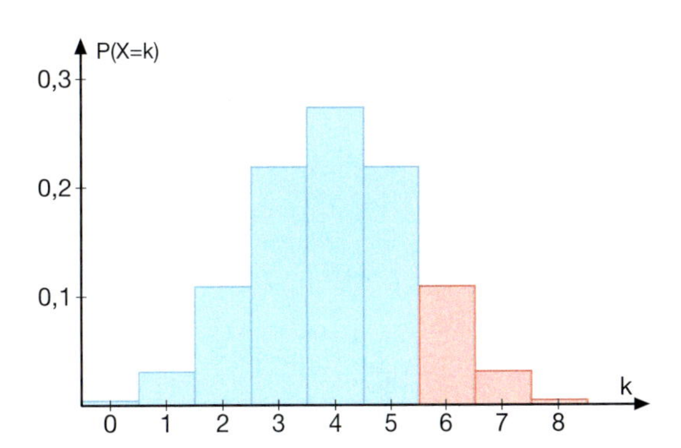

Wahrscheinlichkeitsverteilung:

$$P(X = k) = \binom{8}{k} \cdot 0{,}5^k \cdot 0{,}5^{8-k} = \binom{8}{k} \cdot 0{,}5^8 = B(8,\ 0.5,\ k)$$

Daher gelten:

a) $P(X = 3) = \binom{8}{3} \cdot 0{,}5^8 = B(8,\ 0.5,\ 3) \approx 0{,}219$

b) $P(X \geq 6) = \binom{8}{6} \cdot 0{,}5^8 + \binom{8}{7} \cdot 0{,}5^8 + \binom{8}{8} \cdot 0{,}5^8 \approx 0{,}145$

$P(X \geq 6)$ stellt die rot gefärbte Fläche in dem Histogramm dar.

B *Hochschulabschluss*

In Deutschland beträgt der Anteil der Personen mit einem Hochschulabschluss 25 %. Angenommen, man erhebt eine Zufallsstichprobe von sieben Personen. Wie groß ist die Wahrscheinlichkeit, dass in dieser Stichprobe genau drei Personen einen Hochschulabschluss haben?

Lösung:
- Treffer: Hochschulabschluss
- Kann der Versuch durch eine Bernoulli-Kette modelliert werden?
  Die Stichprobe wird „ohne Zurücklegen“ erhoben. Da die Stichprobe sehr klein ist (gegenüber der Gesamtheit 7 aus ungefähr 80 Mio. Bundesbürgern), verändert sich die Trefferwahrscheinlichkeit beim „Ziehen ohne Zurücklegen“ fast nicht.
  Deshalb kann man bei der Modellierung die Unabhängigkeit verwenden.
- Trefferwahrscheinlichkeit: $p = 0{,}25$
- Anzahl der Wiederholungen: $n = 7$

$$P(X = 3) = B(7,\ 0.25,\ 3) = \binom{7}{3} \cdot 0{,}25^3 \cdot 0{,}75^4 \approx 0{,}173$$

Die Wahrscheinlichkeit, in einer Zufallsstichprobe von sieben Personen genau drei mit einem Hochschulabschluss anzutreffen, beträgt etwa 17,3 %.

Berechnung mit dem GTR:

```
binompdf(7,0.25,
3)
            .173034668
```

Übungen

3 *Tabelle und Histogramm zu einer Wahrscheinlichkeitsverteilung*

Erstellen Sie mit einem geeigneten Hilfsmittel (GTR, Tabellenkalkulation, beiliegender CD, Tabelle aus dem Internet usw.) eine Tabelle zu der Binomialverteilung aus Beispiel A und zeichnen Sie das zugehörige Histogramm.

4 *Einige einfache Übungsaufgaben*

Sammeln Sie Erfahrungen im Umgang mit der Formel für die Binomialverteilung, indem Sie die Wahrscheinlichkeiten „per Hand“ berechnen. Angenommen, Sie würfeln mit zwei Würfeln fünfmal. Berechnen Sie die Wahrscheinlichkeit für die folgenden Ereignisse:
a) genau einmal einen Pasch,
b) genau dreimal die Augensumme 6,
c) mindestens einmal die Augensumme 7,
d) mindestens zweimal eine Augensumme, die größer als 9 ist.

Übungen

5 *Bernoulli-Kette*

Geben Sie die vier charakteristischen Merkmale einer Bernoulli-Kette an.

6 *Bernoulli-Kette oder nicht?*

Bei welchem der folgenden Zufallsversuche handelt es sich um eine Bernoulli-Kette, bei welchem nicht? Begründen Sie Ihre Entscheidung.

a) Ein Würfel wird siebenmal geworfen. *Treffer:* „Augenzahl 3"

b) Vier Karten werden nacheinander aus einem Kartenspiel mit 32 Karten ohne Zurücklegen gezogen. *Treffer:* „Ein Ass wird gezogen."

c) Aus einer Urne mit roten und schwarzen Kugeln wird fünfmal eine Kugel mit Zurücklegen gezogen. *Treffer:* „Eine schwarze Kugel wird gezogen."

d) Zehn Patienten in einer Arztpraxis wird Blut entnommen. *Treffer:* „Blutgruppe 0"

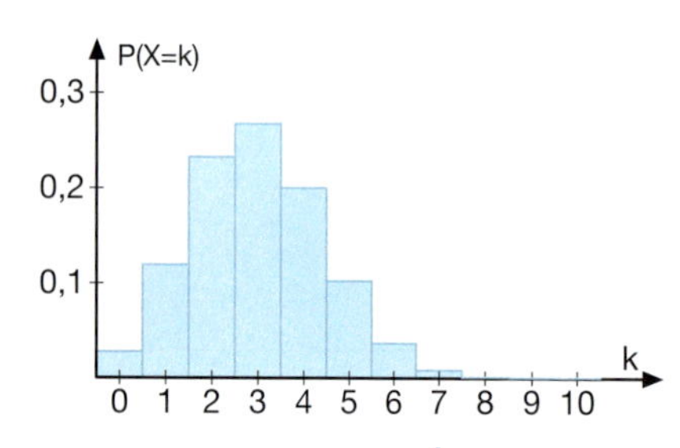

7 *Verkehrssicherheit*

Angenommen, 30 % der Autofahrer benutzen während der Fahrt widerrechtlich das Handy ohne Freisprechanlage und gefährden so sich und andere. Wie groß ist die Wahrscheinlichkeit, dass von zehn zufällig ausgewählten Autofahrern fünf (mehr als fünf) das Handy während der Fahrt benutzen? Schätzen Sie die gesuchte Wahrscheinlichkeit mit dem Diagramm. Rechnen Sie dann nach.

8 *Roulette und Binomialverteilung*

Ein Spieler setzt beim Roulette stets auf „erstes Dutzend", d. h. auf die Zahlen 1 bis 12. Er gewinnt bei zehn Spielen genau viermal.

a) Wie groß ist die Wahrscheinlichkeit für dieses Ereignis? Schätzen Sie zunächst und rechnen Sie dann nach.

b) Unter welchen Bedingungen ist die Binomialverteilung ein geeignetes mathematisches Modell?

X: Anzahl der Gewinne

c) Erstellen Sie eine Tabelle zu $P(X = k)$ für $k = 0, 1, 2, \ldots, 10$ bei zehn Spielen. Stellen Sie dann die Wahrscheinlichkeitsverteilung in einem Diagramm dar.

9 *Linkshänder in einer Stichprobe*

Etwa 10 % aller Menschen sind Linkshänder. Angenommen, Sie wählen zufällig zehn Personen aus.

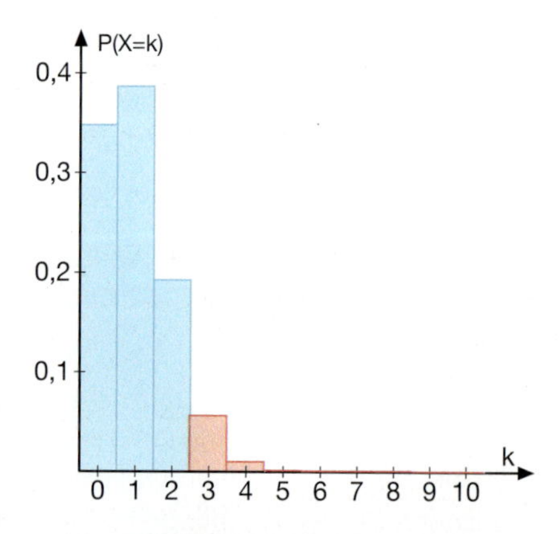

a) Mit wie vielen Linkshändern in der Stichprobe rechnen Sie?

b) Sie wollen die Wahrscheinlichkeit ermitteln, dass sich in der Stichprobe genau ein Linkshänder befindet. Wieso ist die Binomialverteilung ein passendes mathematisches Modell? Lesen Sie die gesuchte Wahrscheinlichkeit aus dem Diagramm in der nebenstehenden Abbildung ab.

c) Begründen Sie, warum der Flächeninhalt der rot gefärbten Rechtecke in dem Diagramm $P(X \geq 3)$ darstellt. Schätzen Sie, wie groß die gesuchte Wahrscheinlichkeit ist, und berechnen Sie dann $P(X \geq 3)$.

X: Anzahl der Linkshänder

d) Herr Lindemann stellt bei einem Familientreffen der Lindemanns fest, dass sechs von den zehn anwesenden Lindemanns Linkshänder sind. Er stellt fest: „Wenn ich $P(X \geq 6)$ abschätzen möchte, so muss ich nur auf das Diagramm schauen, um festzustellen, dass die betreffende Wahrscheinlichkeit sehr klein ist". Die vielen Linkshänder in der Lindemann-Familie können doch kein Zufall sein, oder? Helfen Sie Herrn Lindemann bei der Beantwortung seiner Frage. Die Antwort ist nicht so einfach, wie es zunächst erscheint.

Histogramme

Mit Histogrammen kann man Häufigkeits- und Wahrscheinlichkeitsverteilungen darstellen. Um ein Histogramm „lesen" zu können, muss man die Darstellung genau anschauen. Häufig ist die horizontale Achse in Intervalle (Klassen) eingeteilt. Zumeist stellen **die Höhen der Rechtecke über dem jeweiligen Intervall die relative Häufigkeit bzw. die Wahrscheinlichkeit dar,** dass Ergebnisse des Zufallsversuches in das betreffende Intervall fallen.

Bei der **Binomialverteilung** haben alle Rechtecke die Breite 1. **Daher entspricht sowohl die Maßzahl der Höhe als auch die Maßzahl des Flächeninhalts der Rechtecke den betreffenden Wahrscheinlichkeiten.**
Im Weiteren wird es sich sowohl von der anschaulichen Interpretation her als auch aus mathematischer Sicht als günstig erweisen, die Wahrscheinlichkeiten als Flächen zu interpretieren.

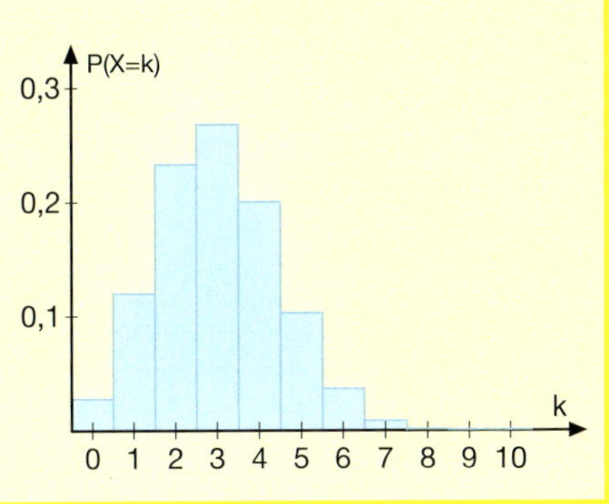

Übungen

10 *Histogramme richtig lesen*
In den folgenden Diagrammen ist jeweils die Binomialverteilung für $p = 0{,}3$ und $n = 10$ dargestellt. Bestimmte Flächen sind dabei farblich rot hervorgehoben. Welche Darstellung passt zu welcher der folgenden Aufgaben? Ermitteln Sie die gesuchte Wahrscheinlichkeit.

a)

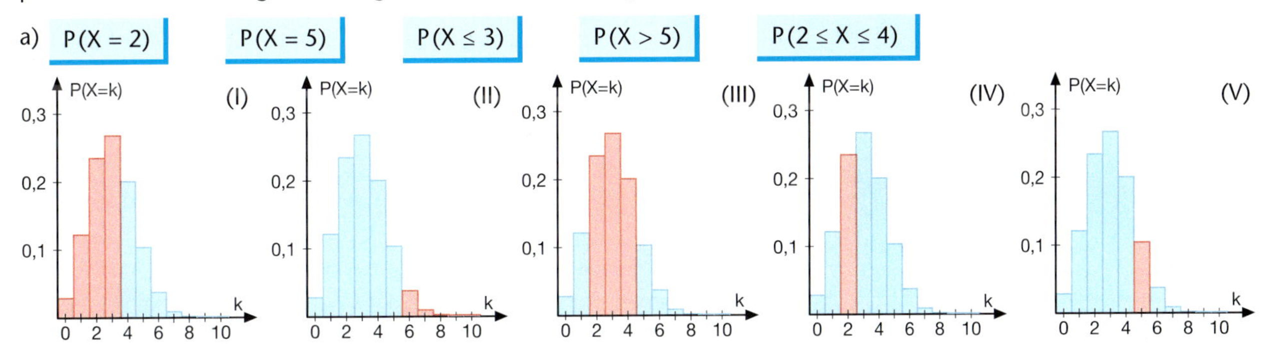

b) Wie groß ist die Summe aller Rechtecksflächen in dem Histogramm zu einer Binomialverteilung?

Kumulierte Wahrscheinlichkeiten

Unter der kumulierten Wahrscheinlichkeit $P(X \le k)$ versteht man die Wahrscheinlichkeit, dass höchstens k Treffer aufgetreten sind.

$$P(X \le k) = P(X = 0) + P(X = 1) + \ldots + P(X = k) = \sum_{i=0}^{k} \binom{n}{i} \cdot p^i \cdot (1-p)^{n-i}$$

Die Wahrscheinlichkeiten für 0, 1, …, k Treffer werden summiert.
Kumulierte Wahrscheinlichkeiten für $n = 4$ und $p = 0{,}4$:

k	$P(X \le k)$
0	0,130
1	0,475
2	0,820
3	0,974
4	1

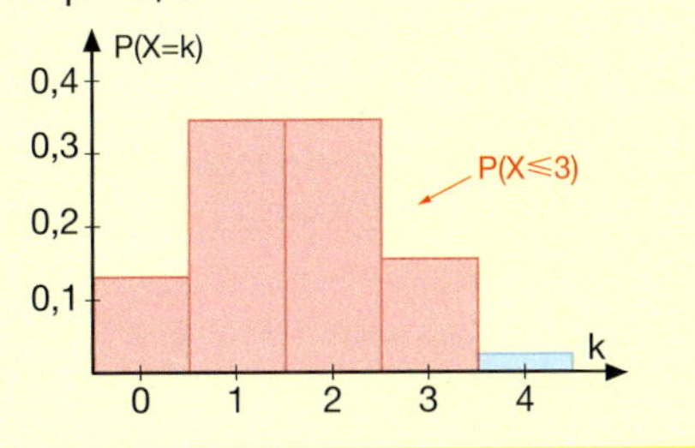

Hilfreiche Formel:
$P(X \ge k) = 1 - P(X \le k - 1)$

Die Tabelle wird mit den Daten der Binomialverteilung aus dem Basiswissen, Seite 120, berechnet.

WERKZEUG

Binomialverteilung mit dem grafikfähigen Taschenrechner
Die Taschenrechner besitzen spezielle Funktionen zur Berechnung von Wahrscheinlichkeitsverteilungen.

```
binompdf(10,0.3,
4)
          .200120949
```

Für die Binomialverteilung:
$P(X = k) = \text{binompdf}(n, p, k)$
Im Beispiel: $n = 10$, $p = 0{,}3$ und $k = 4$
$P(X = 4) = 0{,}2001$

```
binomcdf(20,0.4,
8)
         .5955987232
```

Für die kumulierte Binomialverteilung:
$P(X \leq k) = \text{binomcdf}(n, p, k)$
Im Beispiel: $n = 20$, $p = 0{,}4$ und $k = 8$
$P(X \leq 8) = 0{,}5956$

Übungen

11 *Nebenwirkungen*
Laut Medikamentenhersteller beträgt die Wahrscheinlichkeit, dass ein Patient bei Einnahme des neuen Medikamentes unter Übelkeit leidet, 20 %. Berechnen Sie mit dem GTR oder einer passenden Software die Wahrscheinlichkeit, dass von 50 Patienten, die das neue Medikament einnehmen,
a) genau 10, b) höchstens 10, c) mehr als 10 über Übelkeit klagen.
Verwenden Sie als Modell die Binomialverteilung. Ist dies zulässig?

Polizeipresse
Polizei Dortmund:
Lkw-Kontrolle auf der A2: Bei 315 kontrollierten Lkw gab es insgesamt 138 Beanstandungen.

12 *Lkw-Kontrolle*
Laut Schätzung der Polizei sind ein Drittel aller Lkw, die sich auf Deutschlands Straßen bewegen, technisch zu beanstanden.
Berechnen Sie $P(X \geq 138)$. Verwenden Sie als mathematisches Modell die Binomialverteilung mit $n = 315$ und $p = \frac{1}{3}$. Welche Schlüsse ziehen Sie aus Ihrem Ergebnis?

13 *Multiple-Choice-Test*
Im Medizinstudium werden für das Physikum Multiple-Choice-Tests eingesetzt. Dabei ist bei jeder Frage genau eine von fünf Auswahlantworten richtig. Angenommen, der Test enthält 50 Fragen. Der Test ist bestanden, wenn man 30 Fragen richtig beantwortet hat.

14. *Welche Aussage zu proteinogenen Aminosäuren ist richtig?* (A) ■ (B) ■ (C) ■ (D) ■ (E) ■
(A) Sämtliche proteinogene Aminosäuren müssen mit der Nahrung aufgenommen werden.
(B) Die proteinogenen Aminosäuren sind die wichtigsten Puffersubstanzen im Blut.

a) Welche mathematischen Fragen könnten sich stellen?
b) Welche Annahmen müssten Sie machen, um durch Simulation herauszubekommen, mit welcher Wahrscheinlichkeit ein „total ahnungsloser" Studierender diesen Test zufällig besteht? Führen Sie die Simulation durch. Vergleichen Sie das Simulationsergebnis mit dem einer Berechnung mithilfe der Binomialverteilung.

4213.ggb

c) Lisa kennt sich in Mathematik gut aus. Sie stellt fest: *„Wenn ich gar keine Kenntnisse besitzen würde, dann wäre die Wahrscheinlichkeit, eine Frage richtig zu beantworten, 20 %. Wenn ich jedoch annehme, dass ich mich ein wenig auskenne, dann liegt die Wahrscheinlichkeit, eine Frage richtig zu beantworten, vielleicht bei 0,3 oder gar bei 0,5. Dann steigt doch die Wahrscheinlichkeit, dass ich den Test bestehe, deutlich."*

8

Was meinen Sie? Zeichnen Sie zu den vorgegebenen Wahrscheinlichkeiten, eine Frage richtig zu beantworten, ein Histogramm. Beobachten Sie, wie sich das Histogramm mit größer werdender „Trefferwahrscheinlichkeit" verändert. Berechnen Sie jeweils die Wahrscheinlichkeit, mit der Lisa den Test besteht.
d) *Etwas zum Ausprobieren:* Wie groß muss die Wahrscheinlichkeit sein, eine Frage richtig zu beantworten, wenn die Wahrscheinlichkeit, mindestens 30 Fragen richtig zu beantworten, bei 80 % liegen soll?

Übungen

14 *Einschaltquoten*
Angenommen, der Anteil aller Fernsehhaushalte, die am vergangenen Freitag die Tagesschau um 20 Uhr eingeschaltet haben, beträgt 14,6 %.
Wie groß ist die Wahrscheinlichkeit, dass der Anteil der Fernsehhaushalte in einer Stichprobe von 200 Haushalten, die bei der betreffenden Sendung der Tagesschau eingeschaltet haben, größer als 20 % ist?

Einschaltquoten
Informieren Sie sich darüber, wie in Deutschland zur Ermittlung von Einschaltquoten Daten erhoben und ausgewertet werden.

15 *Mensaessen*
Bei einer Befragung aller Schülerinnen und Schüler, die regelmäßig in der Schulmensa essen, zeigen sich 35 % mit dem Essen zufrieden.
a) Wie groß ist die Wahrscheinlichkeit, dass in einer Zufallsstichprobe von 20 Schülerinnen und Schülern weniger als sechs mit dem Mittagessen zufrieden sind?
b) An einem Treffen mit dem Caterer, der die Schule beliefert, nehmen 20 Schülerinnen und Schüler teil. Warum lässt sich jetzt recht schwer berechnen, mit welcher Wahrscheinlichkeit sich in dieser Gruppe weniger als sechs Schülerinnen und Schüler befinden, die mit dem Mittagessen zufrieden sind?

Aufgrund der kleinen Stichprobe (20 von 420) darf man auch hier die Binomialverteilung verwenden.

16 *„Alte Autos"*
Laut n-tv vom 13.09.2011 beträgt der Anteil der Pkw in Deutschland, die älter als zwölf Jahre sind, 25 %.
a) Wie groß ist die Wahrscheinlichkeit, dass bei einer Verkehrskontrolle von 50 Pkw mehr als 15 (höchstens 8) älter als zwölf Jahre sind?
b) Sie haben in Teilaufgabe a) sicher als mathematisches Modell die Binomialverteilung verwendet. Begründen Sie, warum dies sinnvoll ist. Können Sie sich eine Situation im Zusammenhang mit der Verkehrskontrolle vorstellen, in der die Binomialverteilung nicht passt?

17 *Wie lange muss man warten?*
Beim Würfeln ist es oft wichtig, dass die Augenzahl „6" erscheint.
a) Mit welcher Wahrscheinlichkeit kommt die erste „6" erst beim zehnten Wurf?
b) Mit welcher Wahrscheinlichkeit erzielt man mindestens eine „6" bei zehn Würfen?
c) Finden Sie heraus, wie oft man mindestens würfeln muss, damit das Ereignis „mindestens eine 6" mit 99,9 %-iger Wahrscheinlichkeit eintritt.

Die nebenstehenden Fragen sind sehr ähnlich. Daher gilt:
Bitte schauen Sie genau hin.

18 *Binomialverteilung – Stichprobenumfang n ist gesucht*
Beim Roulette gewinnt man beim Setzen auf „Plein" mit einer Wahrscheinlichkeit von $\frac{1}{37}$.
Finden Sie durch Ausprobieren heraus, wie häufig ein Spieler auf „Plein" setzen muss, wenn er mit 90 %-iger Wahrscheinlichkeit mindestens einmal gewinnen will. Ist es dabei wichtig, dass er immer auf dieselbe Zahl setzt?

„Plein": Man setzt auf eine der 37 Zahlen.

19 *Alarmanlagen*
In einem Gebäude wird eine Alarmanlage angebracht, die mit n Bewegungsmeldern n verschiedene Zonen überwacht. Die Bewegungsmelder arbeiten unabhängig voneinander. Angenommen, ein Alarm wird mit einer Wahrscheinlichkeit von 70 % ausgelöst, wenn ein Einbrecher sich in einer der überwachten Zonen bewegt. Ein Einbrecher dringt in das Gebäude ein und „schleicht" durch alle Zonen.
a) Mit welcher Wahrscheinlichkeit wird ein Alarm ausgelöst, wenn n = 3 ist?
b) Mit welcher Wahrscheinlichkeit wird ein Alarm ausgelöst, wenn n = 6 gewählt ist? Kann man durch die Verdopplung von n die Wahrscheinlichkeit verdoppeln, dass ein Alarm ausgelöst wird?
c) Finden Sie durch Ausprobieren heraus, wie groß n sein muss, damit mit einer Wahrscheinlichkeit von mindestens 95 % ein Alarm ausgelöst wird.

Übungen

20 *Der Erwartungswert bei einer Binomialverteilung – oder mit wie vielen Treffern kann man rechnen?*

Würfelt man mit dem abgebildeten Tetraeder, dann erzielt man mit einer Wahrscheinlichkeit von 0,25 die Augenzahl 1.

a) Angenommen, man würfelt achtmal. Mit wie vielen „Einsen" rechnen Sie im Mittel?

b) Den Erwartungswert E(X) für die Anzahl der Treffer beim achtfachen Wurf mit dem Tetraeder kann man mit der Formel

$$E(X) = \sum_{k=0}^{n} k \cdot P(X = k)$$

berechnen. Vervollständigen Sie die Tabelle und berechnen Sie den Erwartungswert. Vergleichen Sie den berechneten Erwartungswert mit Ihrer Vermutung aus Teilaufgabe a).

Trefferanzahl k	P(X = k)	k · P(X = k)
0	■	0
1	■	■
2	■	■
3	0,208	■
4	■	■
5	■	■
6	■	0,023
7	■	■
8	■	■
Summe	1	2

c) *Etwas zum intelligenten Raten*

Mit welcher Formel kann man den Erwartungswert bei einer Binomialverteilung aus n und p berechnen?

Basiswissen

Charakteristika der Binomialverteilung: Erwartungswert, Standardabweichung und Form

Allgemein kann man den Erwartungswert E(X) und die Standardabweichung σ(X) mit den Formeln

$$E(X) = \mu = \sum_{i=1}^{n} x_i \cdot p_i \quad \text{und} \quad \sigma(X) = \sqrt{\sum_{i=1}^{n} (x_i - \mu)^2 \cdot p_i} \quad \text{berechnen.}$$

Für die Binomialverteilung lassen sich hieraus zum Glück einfachere Formeln herleiten.

E(X) wird auch als μ bezeichnet.

Für den **Erwartungswert:** $E(X) = \mu = n \cdot p$

σ(X) wird auch als σ bezeichnet.

Für die **Standardabweichung:** $\sigma(X) = \sigma = \sqrt{n \cdot p \cdot (1 - p)}$

Beispiele

C *Formeln zum Berechnen des Erwartungswertes und der Standardabweichung*

Berechnen Sie zu den drei Verteilungen B(5, 0.2, k), B(20, 0.2, k) und B(50, 0.2, k) jeweils den Erwartungswert und die Standardabweichung.

Lösung:

$n = 5;\ p = 0{,}2 \Rightarrow \mu = 1;\ \sigma = \sqrt{5 \cdot 0{,}2 \cdot 0{,}8} = 0{,}894$

$n = 20;\ p = 0{,}2 \Rightarrow \mu = 4;\ \sigma = \sqrt{20 \cdot 0{,}2 \cdot 0{,}8} = 1{,}789$

$n = 50;\ p = 0{,}2 \Rightarrow \mu = 10;\ \sigma = \sqrt{50 \cdot 0{,}2 \cdot 0{,}8} = 2{,}828$

D *Richtig oder falsch? Begründen Sie Ihre Entscheidung.*

Für Binomialverteilungen gilt:

a) Der Erwartungswert ist proportional zu der Versuchsanzahl n.

b) Die Standardabweichung ist proportional zu der Versuchsanzahl n.

c) Die Standardabweichung ist bei fester Versuchsanzahl n am größten, wenn p = 0,5.

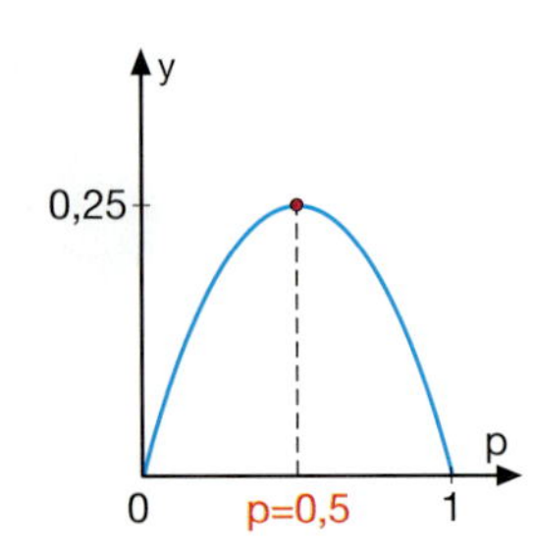

Lösung:

a) Richtig, da $\mu = n \cdot p$ gilt.

b) Falsch, da σ proportional zu $\sqrt{n}$ ist.

c) Richtig, da der quadratische Term $p \cdot (1 - p)$ sein Maximum bei p = 0,5 hat.

Übungen

21 In der folgenden Abbildung sind Histogramme zu verschiedenen Binomialverteilungen dargestellt.

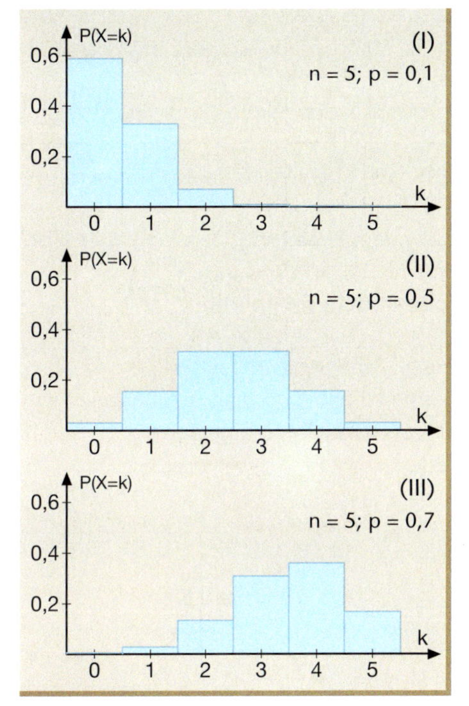

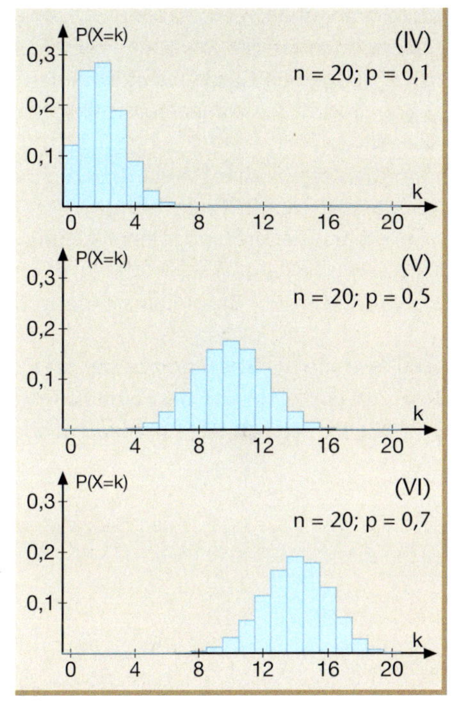

a) Welchen Einfluss hat eine wachsende Trefferwahrscheinlichkeit p bei einer festen Versuchsanzahl n auf die Gestalt, den Erwartungswert und die Streuung einer Binomialverteilung? Überprüfen Sie Ihre Vermutung hinsichtlich der Gestalt mit einer geeigneten Software.

b) Welchen Einfluss hat eine wachsende Versuchsanzahl n bei einer festen Trefferwahrscheinlichkeit p? Beantworten Sie die Frage zunächst, indem Sie die Histogramme in Augenschein nehmen, und dann unter Zuhilfenahme der berechneten Kenngrößen $E(X)$ und $\sigma(X)$.

22 *Überprüfen mit dem Computer oder dem GTR*

a) Berechnen Sie für verschiedene Beispiele jeweils den Erwartungswert und die Standardabweichung mit den allgemeinen Formeln und den speziellen Formeln (alle Formeln finden Sie im Basiswissen auf Seite 126). Stimmen die Ergebnisse überein?

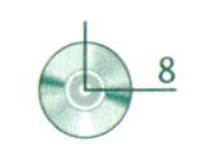

b) Überprüfen Sie anhand von mehreren Beispielen die Behauptung:
Das Maximum der Binomialverteilung liegt in der Nähe des Erwartungswertes.

23 *Roulette*

Ein Spieler setzt beim Roulette in 20 Spielen nacheinander stets auf „erstes Dutzend". Berechnen Sie den Erwartungswert für die Anzahl der Spiele, die er gewinnt, und die Standardabweichung.

24 *Suche nach Öl (aus dem Amerikanischen)*

Eine Firma bohrt an zehn verschiedenen Standorten nach Öl. Angenommen, die Wahrscheinlichkeit, dass bei einer Bohrung Öl gefunden wird, beträgt 10 %. Die Kosten, eine Bohrung „nieder zu bringen", betragen 50 000 $. Bei einer erfolgreichen Bohrung wird Öl im Wert von 1 000 000 $ gefördert.

a) Berechnen Sie den Erwartungswert des Gewinns der Firma bei zehn Bohrungen.

b) Wie wahrscheinlich ist es, dass die Firma mit den zehn Bohrungen Geld verliert?

c) Wie groß ist die Wahrscheinlichkeit, dass die Firma mit den zehn Bohrungen mehr als 1 500 000 $ Gewinn macht?

Übungen

25 *Gummibärchen – nicht ganz ernst gemeint*

Aus einer Mischung mit 12 % gelben Gummibärchen werden Tüten zu je 200 Gummibärchen abgefüllt.

a) Berechnen Sie den Erwartungswert $E(X)$ und die Standardabweichung $\sigma(X)$ der Anzahl X der gelben Gummibärchen in den Tüten.

b) Wie groß ist die Wahrscheinlichkeit, dass die Anzahl X der gelben Gummibärchen in einer Tüte,

- um mindestens eine Standardabweichung $\sigma(X)$ nach oben (nach unten) von dem Erwartungswert $E(X)$ abweicht,
- um mehr als eine Standardabweichung $\sigma(X)$ von dem Erwartungswert $E(X)$ abweicht?

Eigenschaften der Binomialverteilung für großen Stichprobenumfang n

26 *Veränderung der Histogramme mit wachsendem Stichprobenumfang n*

Beschreiben Sie anhand der Folge der Histogramme zu den Binomialverteilungen $B(n, 0.2, k)$, wie sich diese mit wachsendem Stichprobenumfang n verändern.

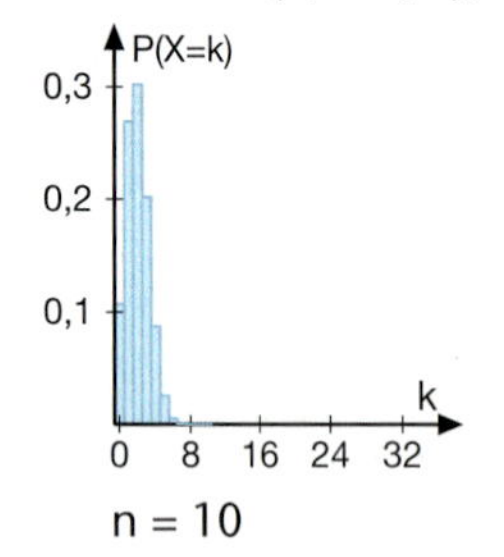

n = 10

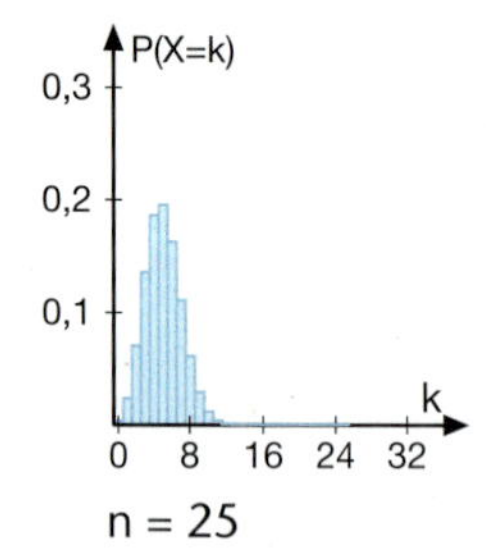

n = 25

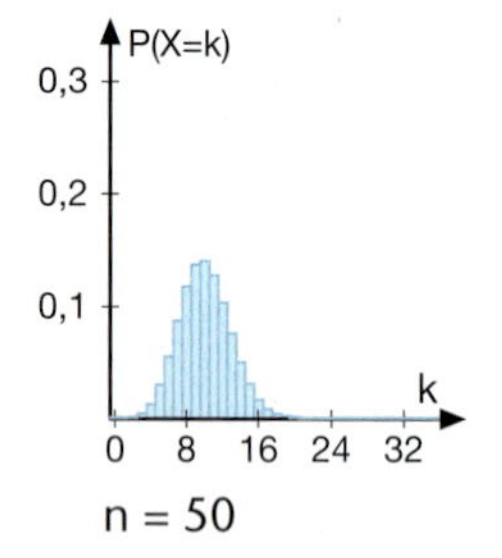

n = 50

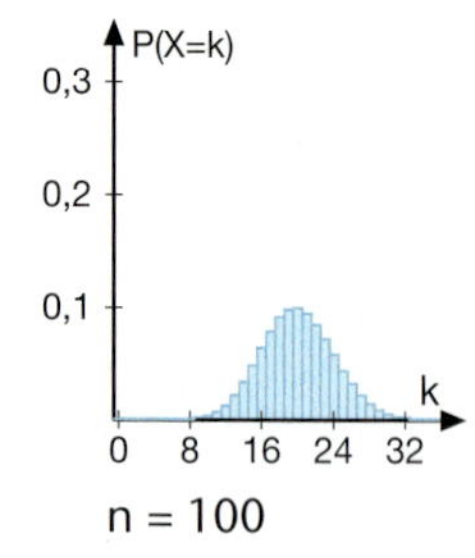

n = 100

Berechnen Sie für jede der obigen Binomialverteilungen den Erwartungswert μ.
Nehmen Sie Stellung zu der folgenden Behauptung:
Bei einer Binomialverteilung ist $P(X < \mu) \approx P(X > \mu)$.

27 *Die besondere Rolle der Standardabweichung bei großem Stichprobenumfang*

Bei der Binomialverteilung mit $p = 0{,}2$ und $n = 100$ ist der Erwartungswert $\mu = 100 \cdot 0{,}2 = 20$ und die Standardabweichung $\sigma = \sqrt{100 \cdot 0{,}2 \cdot 0{,}8} = 4$.

$P(|X - \mu| \le \sigma)$

a) Berechnen Sie die Wahrscheinlichkeit, dass die Trefferanzahl X vom Erwartungswert μ um nicht mehr als die Standardabweichung σ abweicht.

Kumulierte Wahrscheinlichkeiten mit dem GTR berechnen: z. B. binomcdf(...)

b) Berechnen Sie die Wahrscheinlichkeit dafür, dass die Trefferanzahl bei gleicher Trefferwahrscheinlichkeit $p = 0{,}2$ für größer werdendes n um höchstens σ von μ abweicht. Verwenden Sie eine geeignete Software oder den GTR. Ergänzen Sie die folgende Tabelle.

n	p	μ	σ	$P(\mu - \sigma \le X \le \mu + \sigma)$
50	0,2	10	2,83	Ausführliche Berechnung: $P(10 - 2{,}83 \le X \le 10 + 2{,}83)$ $= P(7{,}17 \le X \le 12{,}83)$ $= P(8 \le X \le 12)$ $= P(X \le 12) - P(X \le 7) = 0{,}624$
100	0,2	■	■	■
200	0,2	■	■	■
500	0,2	100	8,944	■

Wie verändern sich die berechneten Wahrscheinlichkeiten mit wachsendem n?
Können Sie bestätigen, dass die berechneten Wahrscheinlichkeiten sich kaum mehr ändern, wenn n hinreichend groß ist?

c) Überprüfen Sie in Gruppenarbeit, ob Sie die gemachten Beobachtungen auch für andere Trefferwahrscheinlichkeiten bestätigen können.

Übungen

28 *Experimentieren mit der Binomialverteilung*

In der Übung 27 haben Sie festgestellt, dass folgende Aussage gilt:

Die Wahrscheinlichkeit dafür, dass die Trefferanzahl um höchstens die Standardabweichung σ von dem Erwartungswert μ abweicht, beträgt etwa 68 %. Diese Wahrscheinlichkeit ist für großes n nahezu unabhängig von der Trefferwahrscheinlichkeit p und dem Stichprobenumfang n.

Können Sie ähnliche Beobachtungen für die Wahrscheinlichkeit von Abweichungen um höchstens 2σ bzw. 3σ vom Erwartungswert μ machen? Experimentieren Sie in verschiedenen Gruppen. Orientieren Sie sich bei Ihrem Vorgehen an der Übung 27.

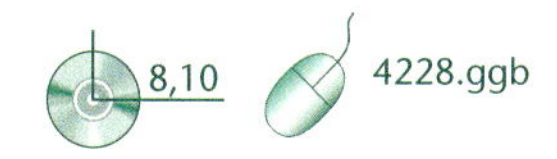

Sigma-Regeln

Häufig interessiert man sich für die Wahrscheinlichkeiten, dass die Trefferanzahl bei einer Bernoulli-Kette der Länge n bestimmte Abweichungen a vom Erwartungswert nicht überschreitet.

In mathematischer Kurzschreibweise: Man interessiert sich für $P(|X - \mu| \leq a)$.

Die Abweichungen werden als Vielfaches der Standardabweichung σ angegeben. Die Wahrscheinlichkeiten sind fast unabhängig von der Versuchslänge (Stichprobenumfang) n und der Trefferwahrscheinlichkeit p.

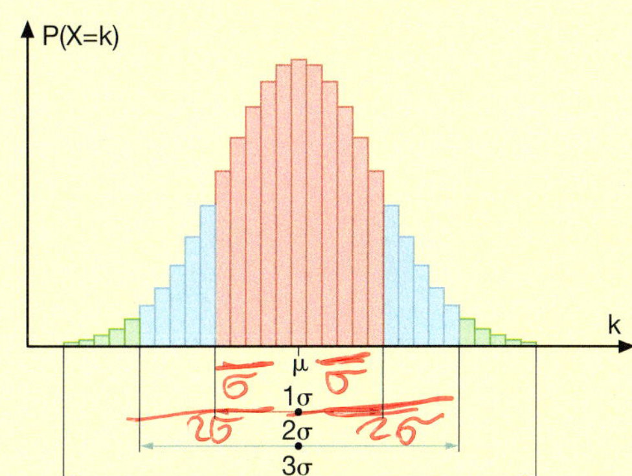

Vorsicht! Bild passt nicht zu Regel!

Die **Sigma-Regeln** geben Näherungswerte für die gesuchten Wahrscheinlichkeiten an. Als Faustregel gilt: Die Regeln liefern gute Näherungswerte, falls $\sigma > 3$. Die Näherungswerte sind umso besser, je größer σ ist.

Sigma-Regeln
(σ-Umgebungen von μ)

a	$P(\|X - \mu\| \leq a)$
σ	68,3 %
2 σ	95,5 %
3 σ	99,7 %

Für zahlreiche Anwendungen ist es von Interesse, in welches zum Erwartungswert μ symmetrische Intervall die Trefferanzahl X mit einer bestimmten Wahrscheinlichkeit fällt.

$P(\|X - \mu\| \leq a)$	a
90 %	1,64 σ
95 %	1,96 σ
99 %	2,58 σ

29 *Anwendung der Sigma-Regeln*

Angenommen, Sie würfeln 300-mal und protokollieren die Anzahl der „Sechsen". Berechnen Sie mithilfe der Sigma-Regeln,

a) in welchen zum Erwartungswert symmetrischen Bereich die Anzahl der „Sechsen" mit 99,7 %-iger Wahrscheinlichkeit fallen,

b) in welchen zum Erwartungswert symmetrischen Bereich die Anzahl der „Sechsen" mit 90 %-iger Wahrscheinlichkeit fallen.

KURZER RÜCKBLICK

1 Wie verändern sich Umfang und Flächeninhalt eines Rechtecks, wenn die Seitenlängen verdoppelt werden?

2 Der Graph welcher Funktionen ist achsensymmetrisch?
$f(x) = x^3 + 1$ $\quad g(x) = x^2 + 3$
$h(x) = 2x^2 + 4x + 6$

Wie man Prognosen für Stichprobenergebnisse erstellt

Eine der typischen Situationen in der beurteilenden Statistik ist: Man kennt aufgrund von empirischen Untersuchungen oder theoretischen Überlegungen (z. B. Laplace-Annahme) die Trefferwahrscheinlichkeit in der Gesamtheit. Nun möchte man eine Vorhersage für die Ergebnisse einer Stichprobe machen.

Mit welcher Trefferanzahl ist in der Stichprobe zu rechnen?

Wir erwarten, dass die Trefferanzahl um μ schwankt.
Mit den Sigma-Regeln können wir Intervalle bestimmen, in die die Trefferanzahl z. B. mit einer Wahrscheinlichkeit von 95 % oder 99,7 % fällt. Die betreffenden Wahrscheinlichkeiten werden **Sicherheitswahrscheinlichkeiten** genannt.

Wir erwarten z. B., dass die Trefferanzahl in der Stichprobe mit einer Wahrscheinlichkeit von 95 % in das Intervall $[\mu - 1{,}96\,\sigma;\ \mu + 1{,}96\,\sigma]$ fällt. Mit einer Wahrscheinlichkeit von höchstens 5 % trifft diese Prognose nicht zu.

Prognoseintervall

Das Intervall $[\mu - 1{,}96\,\sigma;\ \mu + 1{,}96\,\sigma]$ nennt man auch **95 %-Prognoseintervall.**

Modellannahme
- Binomialverteilung
- Trefferwahrscheinlichkeit p

→

Stichprobe
- geschätzte Trefferanzahl μ
- **95 %-Prognoseintervall** $[\mu - 1{,}96\,\sigma;\ \mu + 1{,}96\,\sigma]$

Beispiele

E Man würfelt z. B. 1200-mal mit einem Laplace-Würfel. Die Zufallsgröße X beschreibt die Anzahl der „Sechsen".
a) Mit welcher Trefferanzahl kann man rechnen?
b) Berechnen Sie das 95 %-Prognoseintervall.

Lösung:
a) geschätzte Trefferanzahl: $\mu = 1200 \cdot \frac{1}{6} = 200$
b) Festlegung der Sicherheitswahrscheinlichkeit: z. B. 90 %
Ermittlung des Intervalls mithilfe der Sigma-Regeln: $[200 - 1{,}64\,\sigma;\ 200 + 1{,}64\,\sigma]$

Berechnung von $\sigma = \sqrt{200 \cdot \frac{1}{6} \cdot \left(1 - \frac{1}{6}\right)} = 12{,}91$

90 %-Prognoseintervall: $[200 - 1{,}64 \cdot 12{,}91;\ 200 + 1{,}64 \cdot 12{,}91]$
$= [178{,}83;\ 221{,}17]$ sachbezogen „gerundet" $\Rightarrow$ **[178; 222]**

Übungen

30 *Prognoseintervall*
Mit einem Zufallszahlengenerator werden 200 ganzzahlige Zufallszahlen von 0 bis 9 erzeugt. In welches zum Erwartungswert symmetrische Intervall fällt die Anzahl der Nullen mit einer 99,7 %-igen Wahrscheinlichkeit?

31 *Prognoseintervall bei wachsender Versuchsanzahl*
Wie verändert sich die Breite des Prognoseintervalls mit wachsender Versuchsanzahl?
Durchführung der Untersuchung:
- Legen Sie zunächst die Trefferwahrscheinlichkeit p fest.
- Entscheiden Sie sich für eine Sicherheitswahrscheinlichkeit (siehe obigen Exkurs).
- Berechnen Sie nun jeweils das Prognoseintervall mithilfe der Sigma-Regeln für verschiedene Umfänge n der Stichprobe (z. B. n = 50, 100, 200, 400).

Stimmt es, dass die Breite des Prognoseintervalls proportional mit der Versuchsanzahl wächst? Oder haben Sie einen besseren Vorschlag?

Übungen

32 *Vorhersagen von Stichprobenergebnissen – Prognoseintervall*

An einer Volksbefragung beteiligten sich gemäß der Stimmenauszählung 28,5 % der Bürger. Betrachten Sie die 500 wahlberechtigten Bürger von Roxheim als Zufallsstichprobe.

a) Berechnen Sie unter dieser Annahme den Erwartungswert und die Standardabweichung der Anzahl X der Bürger in dieser Stichprobe, die sich an der Befragung beteiligten.

b) In welches zum Erwartungswert symmetrische Intervall fällt die Anzahl der Bürger aus Roxheim, die sich an der Volksbefragung beteiligten mit 95 %-iger (mit 99,7 %-iger) Wahrscheinlichkeit?

c) Angenommen, die tatsächliche Anzahl der Bürger Roxheims, die an der Befragung teilgenommen haben, liegt nicht in dem 99,7 %-Intervall (siehe Teilaufgabe b)). Welche Schlussfolgerungen können Sie aus diesem Ergebnis ziehen?

33 *Bestimmung von Prognoseintervallen durch Simulation*

Stellen Sie sich vor, ein Glücksrad mit zehn gleichgroßen Sektoren wird 100-mal gedreht. Drei der Sektoren sind rot gefärbt, die anderen blau. Treffer bedeutet: Das Glücksrad bleibt bei „rot“ stehen. Damit ist die Trefferwahrscheinlichkeit $p = 0{,}3$.

a) Spielen Sie zunächst per Hand fünf Simulationen durch und registrieren Sie jeweils die Anzahl der Treffer. Zur Simulation können Sie ganzzahlige Zufallszahlen von 0 bis 9 benutzen, wie Sie sie tabelliert finden. Oder Sie erzeugen die Zufallszahlen selbst (z. B. mit dem GTR). Treffer könnten dabei die Zahlen 0, 1, 2 sein. Erstellen Sie mit den Ergebnissen Ihrer Kurskollegen ein Histogramm der Häufigkeitsverteilung der Trefferanzahl.

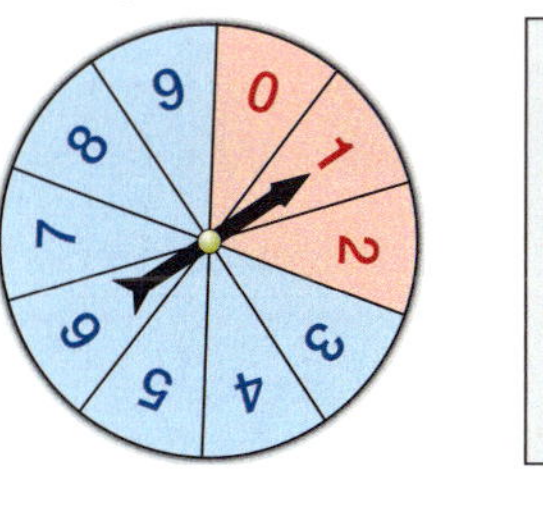

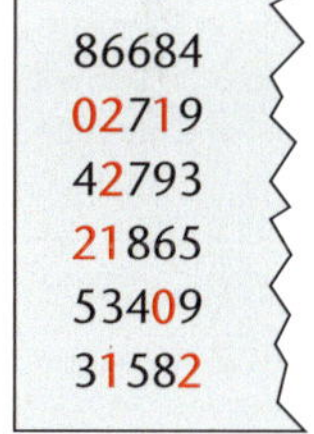

86684
02719
42793
21865
53409
31582

b) Es wurden 300 Serien mit 100 Spielen mit dem Glücksrad simuliert und in Form einer Häufigkeitsverteilung ausgewertet. Zusätzlich wurden der Mittelwert $\overline{x}$ und die empirische Standardabweichung s_{300} berechnet.

Trefferhäufigkeit
$\overline{x} = 29{,}64$
$s_{300} = 4{,}12$
Trefferanzahl

- Wo in etwa liegt das Maximum der Häufigkeitsverteilung?
- Schätzen Sie mithilfe der Häufigkeitsverteilung die Wahrscheinlichkeit, dass die Anzahl der Treffer zwischen 25 und 35 liegt. Welche (theoretische) Wahrscheinlichkeit erhält man mithilfe der Binomialverteilung?
- Ermitteln Sie das zu 30 symmetrische Intervall, in das etwa 95 % der Trefferanzahlen fallen. Vergleichen Sie diese Schätzung für das 95 %-Prognoseintervall mit dem Intervall $[\overline{x} - 1{,}96 \cdot s_{300}; \overline{x} + 1{,}96 \cdot s_{300}]$.

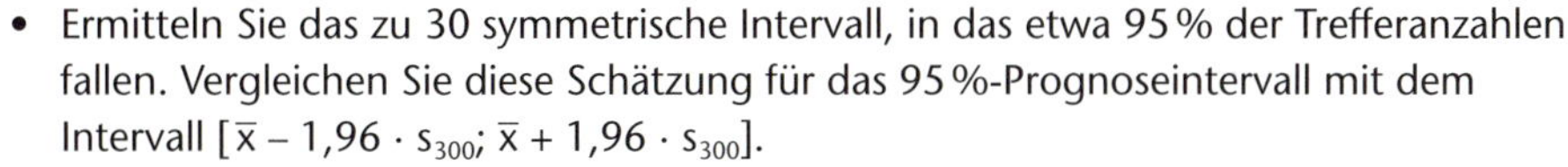

c) Führen Sie selbst 1000 Simulationen durch und bestimmen Sie so einen Schätzwert für das 95 %-Prognoseintervall der Trefferanzahl. Vergleichen Sie Ihr Ergebnis mit dem aus Teilaufgabe b).

34 *Beim Zoll – nicht ganz ernst zu nehmen*

Angenommen, der Zoll geht davon aus, dass der Anteil der Personen, die Waren unverzollt einführen, bei 15 % liegt. Berechnen Sie das 95 %-Prognoseintervall für die Anzahl der „Schmuggler“ des ankommenden Airbusses mit 480 Passagieren.

Aufgaben

35 *Das $1/\sqrt{n}$-Gesetz – das (Bernoullische) Gesetz der großen Zahlen*

Eine Laplace-Münze wird geworfen. Treffer bedeutet: Die Münze liegt mit „Zahl" nach oben.

a) Das Ergebnis eines 100-fachen Münzwurfes wird mit dem Ergebnis eines 200-fachen Münzwurfes verglichen. Schätzen Sie, bei welcher der beiden Wurfserien die Wahrscheinlichkeit, dass man mehr als 60 % Treffer erzielt, größer ist?

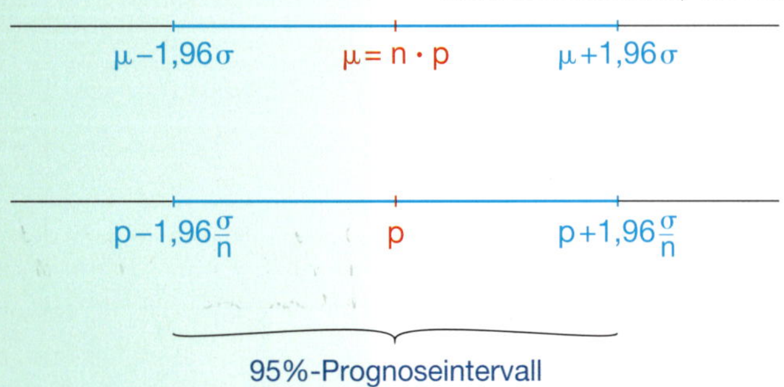

b) Bestimmen Sie das Prognoseintervall, in das bei jeder der beiden Serien die **absolute Anzahl** der Treffer mit 95 %-iger Sicherheitswahrscheinlichkeit fällt.

c) In welches 95 %-Prognoseintervall fällt die **relative Häufigkeit** der Treffer?

Verwenden Sie zur Lösung der Aufgabe die Abbildung und die Ergebnisse aus Teilaufgabe b).

d) Berechnen Sie das 95 %-Prognoseintervall für eine 500er-Serie und für eine 1000er-Serie. Was stellen Sie fest?

e) Begründen Sie, dass das 95 %-Prognoseintervall mit wachsendem n kleiner wird, und zwar proportional zu $1/\sqrt{n}$.

Tipp: Vereinfachen Sie $\frac{\sigma}{n}$, nachdem Sie für die Standardabweichung σ die Formel $\sqrt{n \cdot p \cdot (1-p)}$ eingesetzt haben.

Wissenswertes über Prognoseintervalle

Prognoseintervalle für die absoluten Trefferanzahlen werden mithilfe der Abweichungen vom Erwartungswert in Vielfachen der Standardabweichung $(k \cdot \sigma)$ angegeben. Dies sind die sogenannten Sigma-Regeln (siehe Tabelle, Seite 129). Prognoseintervalle zur gleichen Sicherheitswahrscheinlichkeit werden mit wachsendem Stichprobenumfang n mit dem Faktor $\sqrt{n}$ größer.

Prognoseintervalle für die relative Häufigkeit der Treffer werden mithilfe der Abweichung von der Trefferwahrscheinlichkeit p angegeben (siehe Abbildung in Aufgabe 35). Dabei ist die Abweichung $\frac{k \cdot \sigma}{n} = \frac{k \cdot \sqrt{n \cdot p \cdot (1-p)}}{n} = k \cdot \sqrt{\frac{p \cdot (1-p)}{n}}$.

Der Wert von k hängt von der Sicherheitswahrscheinlichkeit ab. So ist z. B. für eine 95 %-ige Sicherheitswahrscheinlichkeit k = 1,96 (siehe Sigma-Regeln).

Die Prognoseintervalle für die relative Häufigkeit zur gleichen Sicherheitswahrscheinlichkeit werden mit wachsendem n mit dem Faktor $1/\sqrt{n}$ kleiner.

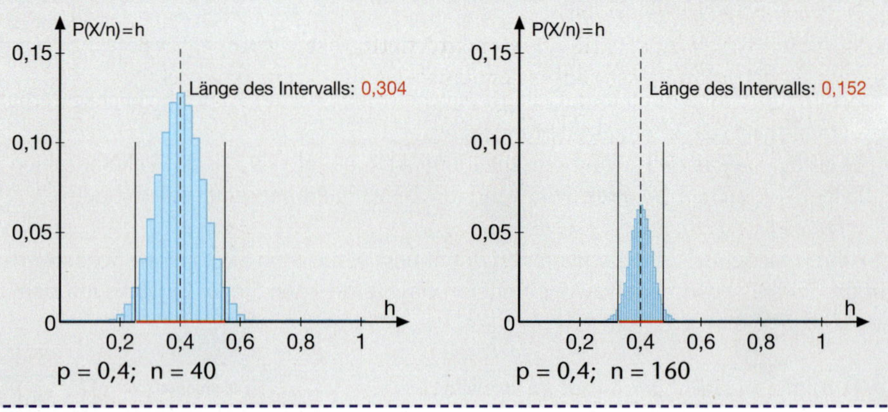

Die Verteilung der relativen Häufigkeit der Treffer konzentriert sich mit wachsendem n immer mehr um die Trefferwahrscheinlichkeit p.

36 *Prognoseintervall für die relative Häufigkeit*

Beim Roulette setzt ein Spieler 500-mal auf „erstes Dutzend". Er rechnet mit einer „Trefferwahrscheinlichkeit" von $\frac{12}{37}$. Berechnen Sie das 90 %-Prognoseintervall für die relative Häufigkeit der Treffer in der 500er-Serie.

Näherungsweise Berechnung der Binomialverteilung für einen großen Stichprobenumfang mit der „Normalverteilung“

Bei großem Stichprobenumfang n kann man die Histogramme von Binomialverteilungen durch einen stetigen Graphen annähern. Dazu muss man allerdings die Histogramme zunächst **„standardisieren“**.

Standardisieren:
- Verschiebung des Histogramms, sodass die senkrechte Achse durch den Erwartungswert $\mu = n \cdot p$ läuft.
- Die Breite der Rechtecke im Histogramm wird durch die Standardabweichung σ dividiert.
- Die Rechteckshöhen werden mit σ multipliziert.

Die Maßzahl jeder Rechtecksfläche bleibt beim Standardisieren gleich.

Die **Gaußsche Dichtefunktion** $\varphi(z) = \frac{1}{\sqrt{2\pi}} e^{-\frac{z^2}{2}}$, deren Graph in etwa durch die Mitten der Rechtecke des standardisierten Histogramms verläuft, ist eine gute Näherungskurve für alle Binomialverteilungen bei großem Stichprobenumfang n.

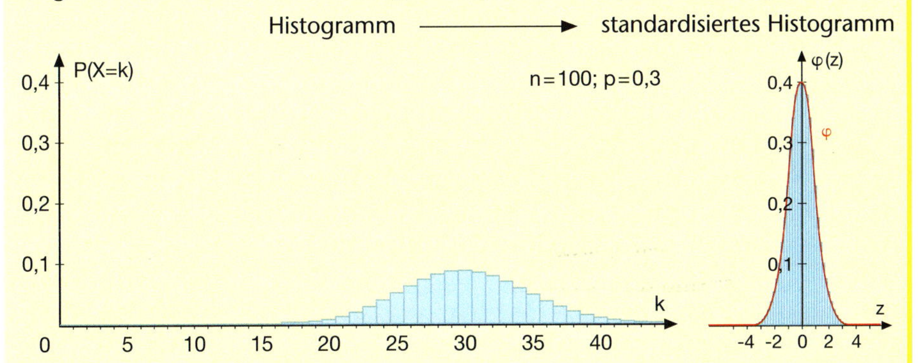

Wahrscheinlichkeiten bei Binomialverteilungen können näherungsweise durch **Berechnung von Flächen** unter der Gaußschen Dichtefunktion ermittelt werden.

Als Faustregel gilt: Mit der Gaußschen Dichtefunktion (der Standardnormalverteilung) erhält man dafür gute Näherungswerte, wenn die Standardabweichung σ der Binomialverteilung größer als 3 ist ($\sigma > 3$).

Aufgaben

Standardisierungsformel:
$z = \frac{k - \mu}{\sigma}$

Die Gaußsche Dichtefunktion wird auch häufig als **Standardnormalverteilung** bezeichnet.

37 *Experimentelle Überprüfung*

In jeder der Abbildungen sind das standardisierte Histogramm einer Binomialverteilung dargestellt und der Graph der Gaußschen Dichtefunktion eingezeichnet.

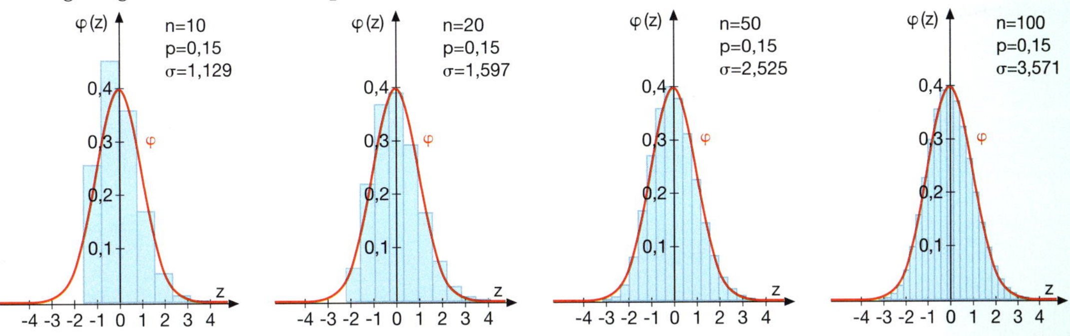

a) Erläutern Sie anhand der Abbildungsfolge die folgende Aussage:
Die Gaußsche Dichtefunktion ist eine Approximation für das standardisierte Histogramm der Binomialverteilung.

b) Experimentieren Sie mit anderen Binomialverteilungen. Können Sie vergleichbare Beobachtungen machen?

Aufgaben

38 *Entdeckungen an der Gaußschen Dichtefunktion*

Untersuchen Sie die Gaußsche Dichtefunktion $\varphi(z) = \frac{1}{\sqrt{2\pi}} e^{-\frac{z^2}{2}}$.

- Zeichnen Sie den Graphen der Funktion.
- Weisen Sie nach, dass die Funktion achsensymmetrisch bezüglich der y-Achse ist.
- Berechnen Sie mit einem geeigneten elektronischen Werkzeug die Fläche unter dem Graphen von −1 bis 1 (−2 bis 2).
- *Etwas zum Nachrechnen:* Die Gaußsche Dichtefunktion besitzt zwei Wendepunkte an den Stellen $z_1 = -1$ und $z_2 = 1$.

Eigenschaften der Gaußschen Dichtefunktion

(1) Der Graph der Funktion ist symmetrisch bezüglich der y-Achse.

(2) Die Fläche unter dem Graphen von $-\infty$ bis ∞ beträgt 1.

(3) Das Maximum der Funktion ist bei $z = 0$, die Wendestellen sind bei $z = -1$ und $z = 1$.

(4) Die Fläche unter dem Graphen von:
- −1 bis 1 beträgt 0,683.
- −2 bis 2 beträgt 0,955.
- −3 bis 3 beträgt 0,997.

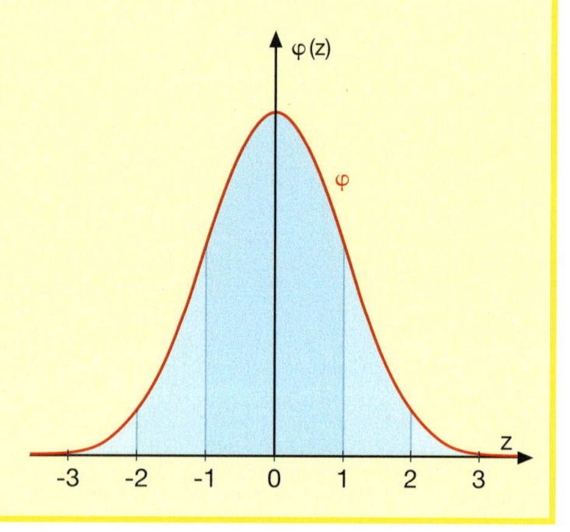

39 *In der Analysis abgeschaut*

Erläutern Sie anhand der beiden unten dargestellten Abbildungen, dass für Binomialverteilungen gilt:

$$P(k_1 \le X \le k_2) \approx \int_{z_1}^{z_2} \frac{1}{\sqrt{2\pi}} e^{-\frac{z^2}{2}} dz, \qquad z_i = \frac{k_i - \mu}{\sigma}$$

Dies gilt für $\sigma > 3$.

Dabei erhält man z_1 und z_2 durch Standardisierung aus k_1 und k_2.

Zur Erinnerung:
In einem Histogramm sind die Maßzahlen der Rechtecksflächen über den Ergebnissen gleich der Wahrscheinlichkeit, mit der das betreffende Ergebnis eintritt.

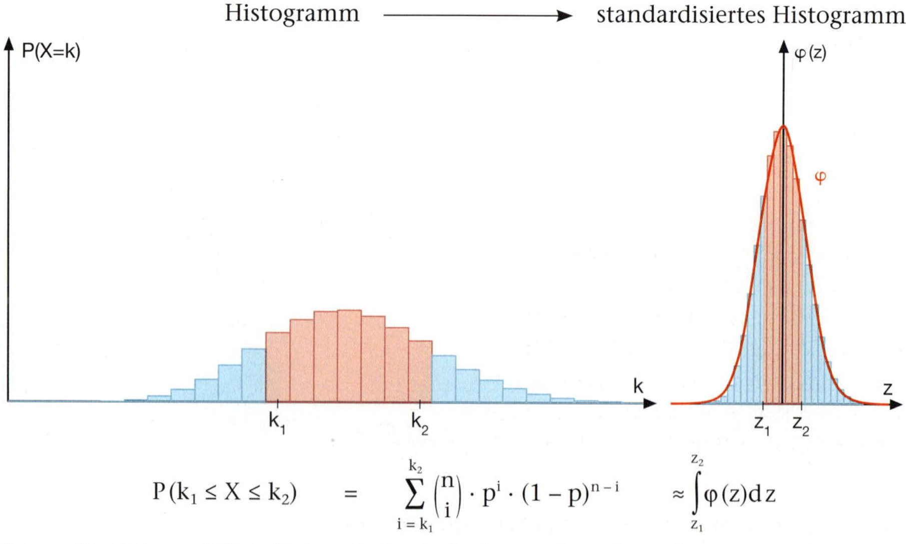

$$P(k_1 \le X \le k_2) = \sum_{i=k_1}^{k_2} \binom{n}{i} \cdot p^i \cdot (1-p)^{n-i} \approx \int_{z_1}^{z_2} \varphi(z)\,dz$$

Setzen Sie sich zunächst allein mit der Aufgabe auseinander, erläutern Sie Ihre Ergebnisse Ihrem Sitznachbarn und bereiten Sie dann eine kleine Präsentation für den Kurs vor.

Aufgaben

40 *Näherungswerte berechnen*

Berechnen Sie die Wahrscheinlichkeiten für binomialverteilte Zufallsgrößen näherungsweise mithilfe der Standardnormalverteilung.

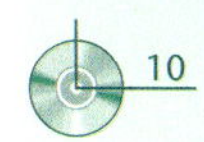

$n = 500,\quad p = 0{,}33$
a) $P(X \leq 150)$ b) $P(X \geq 185)$
c) $P(155 \leq X \leq 180)$

$n = 1250,\quad p = 0{,}08$
a) $P(X \leq 100)$ b) $P(X \geq 150)$
c) $P(X \leq 90$ oder $X \geq 110)$

Verwenden Sie dabei die passende „Gebrauchsanweisung" im folgenden Kasten.

WERKZEUG

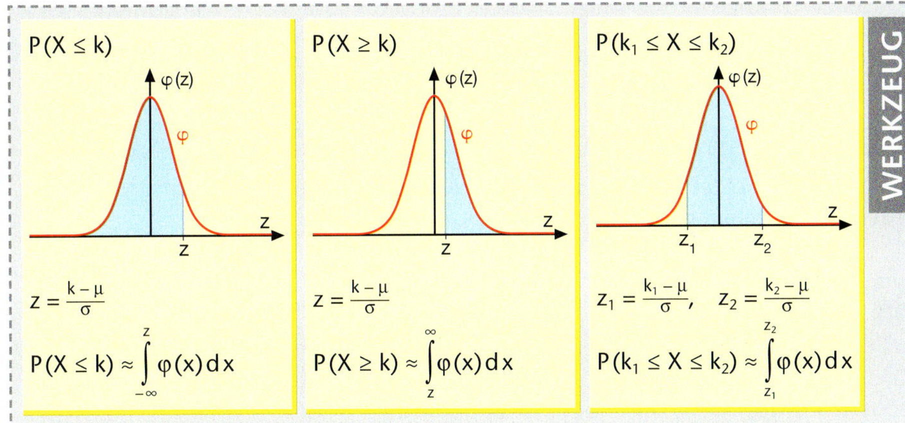

$z = \frac{k-\mu}{\sigma}$ $\quad P(X \leq k) \approx \int_{-\infty}^{z} \varphi(x)\,dx$

$z = \frac{k-\mu}{\sigma}$ $\quad P(X \geq k) \approx \int_{z}^{\infty} \varphi(x)\,dx$

$z_1 = \frac{k_1-\mu}{\sigma},\quad z_2 = \frac{k_2-\mu}{\sigma}$ $\quad P(k_1 \leq X \leq k_2) \approx \int_{z_1}^{z_2} \varphi(x)\,dx$

Die gesuchten Flächen kann man mit der tabellierten Flächeninhaltsfunktion

$\Phi(z) = \int_{-\infty}^{z} \varphi(x)\,dx$ (Seite 214), mit dem GTR oder mithilfe des Internets berechnen.

Berechnung mit dem GTR:

```
normalcdf(155,18
0,165,10.51)
     .7525588889
```

41 *Seltene Ereignisse?*

In einem Krankenhaus werden in einem Jahr 324 Kinder geboren, davon 185 Knaben. Handelt es sich um ein „seltenes" Ereignis, wenn man davon ausgeht, dass die Wahrscheinlichkeit für eine Jungengeburt 0,514 beträgt?

Zum Bearbeiten mit der Standardnormalverteilung

42 *Roulette*

Ein Spieler setzt beim Roulette 300-mal auf „erstes Dutzend". Wie groß ist die Wahrscheinlichkeit dafür, dass er

a) mindestens 120-mal,
b) höchstens 75-mal,
c) mindestens 85-mal und höchstens 110-mal gewinnt?

Stetigkeitskorrektur

Wer es gern genauer will, verwendet zur Berechnung von $P(X \leq k)$ bei der Standardisierung die Formel $z = \frac{k+0{,}5-\mu}{\sigma}$.

43 *Berechnung eines Prognoseintervalls*

Ein Würfel wird 600-mal geworfen.

a) Berechnen Sie μ und σ.

b) In welchen zum Erwartungswert symmetrischen Bereich fällt die Anzahl k der Treffer mit einer Wahrscheinlichkeit von 85 %? Wie wurde der Wert 1,4 für z gefunden? Berechnen Sie damit k.

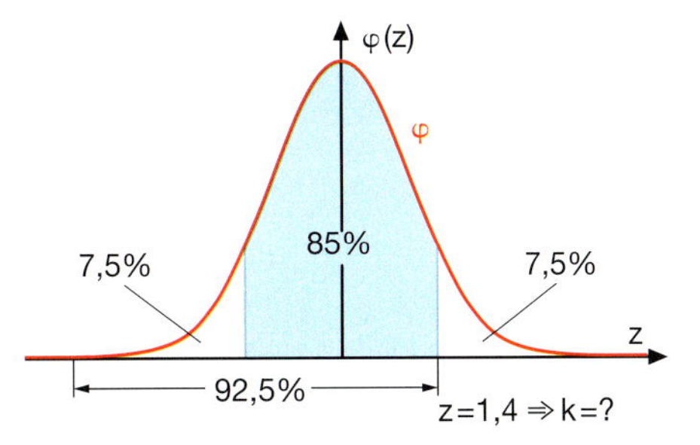

44 *Berechnen von P(X = k) (Etwas zum Nachdenken)*

Berechnen Sie für eine Binomialverteilung mit $n = 400$ und $p = 0{,}65$ den Erwartungswert und die Standardabweichung. Ermitteln Sie mit der Standardnormalverteilung die Wahrscheinlichkeit für genau 260 Treffer. Geht das überhaupt?

Aufgaben

45 *Binomialverteilung – kritisch nachgefragt*

Kleine Populationen und Stichproben **ohne Zurücklegen**: Das Problem mit der Binomialverteilung

Angenommen, eine Population besteht aus zwölf Personen. Der Anteil der Personen in dieser (kleinen) Population, die regelmäßig eine Tageszeitung lesen, beträgt $\frac{1}{3}$. Wie groß ist die Wahrscheinlichkeit, dass in einer Stichprobe von sieben Personen kein regelmäßiger Leser einer Tageszeitung ist? Die Stichprobe wird „ohne Zurücklegen" erhoben.

a) Erklären Sie an diesem Beispiel, was man unter einer Stichprobenerhebung ohne Zurücklegen versteht.

b) Begründen Sie, warum man zur Berechnung des exakten Wertes von $P(X = 0)$ die Formel $\frac{\binom{4}{0} \cdot \binom{8}{7}}{\binom{12}{7}}$ verwenden muss. Berechnen Sie $P(X = 0)$ und vergleichen Sie den gefundenen Wert mit der Wahrscheinlichkeit, die Sie erhalten würden, wenn Sie $P(X = 0)$ mit der Binomialverteilung berechnen.

c) Wie unterscheidet sich Ihre Rechnung, wenn Sie von einer Population von 58 Millionen ausgehen können?

46 *Geometrische Verteilung*

In den Übungen dieses Lernabschnittes ging es stets um die Anzahl der Treffer bei einer Bernoulli-Kette und um die Wahrscheinlichkeit, mit der diese Anzahl von Treffern auftritt.

Interessant sind allerdings auch sogenannte „**Warteprobleme**", bei denen es darum geht, wie lange man warten muss, bis in einer Bernoulli-Kette ein Treffer zum ersten Mal auftritt.

Warten auf den ersten Treffer: Geometrische Verteilung

X: Nummer des Versuches, bei dem ein bestimmtes Ereignis zum ersten Mal auftritt

$P(X = k) = (1 - p)^{k-1} \cdot p$

Anzahl der Würfe bis zur ersten „Sechs"	Wahrscheinlichkeit
1	$\frac{1}{6}$
2	$\frac{5}{6} \cdot \frac{1}{6}$
3	$\left(\frac{5}{6}\right)^2 \cdot \frac{1}{6}$
4	$\left(\frac{5}{6}\right)^3 \cdot \frac{1}{6}$

a) Angenommen, Sie würfeln mit einem Würfel. Treffer bedeutet: Eine „Sechs" wird gewürfelt. Was stellen die Daten in der nebenstehenden Tabelle dar?

b) Verallgemeinern Sie die Tabelle, indem Sie als Trefferwahrscheinlichkeit p und als Wahrscheinlichkeit für einen Fehlschlag q verwenden. Wie groß ist die Wahrscheinlichkeit, beim k-ten Versuch den ersten Treffer zu erzielen?

c) Die Histogramme stellen je eine geometrische Verteilung dar. Stellen Sie die Verteilungen in Tabellenform dar.

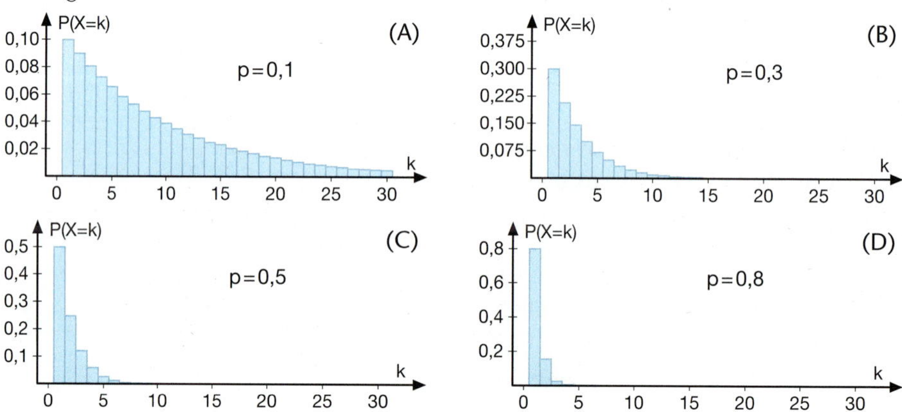

d) FAQs: Was ist die kürzeste, was die längste „Wartezeit"?
Was haben die Histogramme gemeinsam, worin unterscheiden sie sich?

e) Welche der vier im Basiswissen auf Seite 120 aufgeführten charakteristischen Eigenschaften einer Bernoulli-Kette müssen auch von der Versuchsserie bei der geometrischen Verteilung erfüllt werden?

4.3 Stetige Zufallsgrößen und Normalverteilung

Was Sie erwartet

Sehr häufig trifft man auf Zufallsgrößen, die, mathematisch betrachtet, ***stetig*** *sind. Eine 500 g-Packung wird auf einer automatischen Abfüllanlage abgefüllt. Die Zufallsgröße X ist die Füllmenge einer zufällig aus der Produktion herausgegriffenen Packung. X kann jeden Wert (in der Nähe von 500 g) annehmen, d.h. die Zufallsgröße X ist stetig.*

Im ersten Teil dieses Lernabschnitts werden Sie erfahren, wie man die Häufigkeitsverteilung für eine stetige Zufallsgröße X ermitteln kann und was man unter der ***Dichtefunktion*** *versteht.*

Im Zusammenhang mit stetigen Zufallsgrößen trifft man oft auf Häufigkeitsverteilungen, deren Histogramme alle in etwa die gleiche Form haben:

- *Sie sehen glockenförmig aus und sind symmetrisch zum Mittelwert $\overline{x}$.*
- *Die relativen Häufigkeiten nähern sich für größer werdende Abweichungen von dem Mittelwert immer mehr der Null.*
- *In den Bereich $[\overline{x} - s; \overline{x} + s]$ fallen bei einer langen Versuchsreihe ca. 68,3 % der Ergebnisse (s: Standardabweichung).*

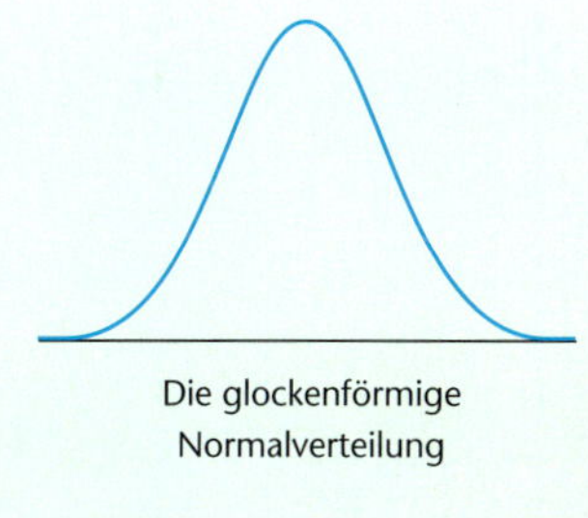
Die glockenförmige Normalverteilung

In diesem Lernabschnitt erfahren Sie, dass bei Zufallsgrößen, die angenähert normalverteilt sind, mit dem Mittelwert und der Standardabweichung die Verteilung vollständig beschrieben ist.

Aufgaben

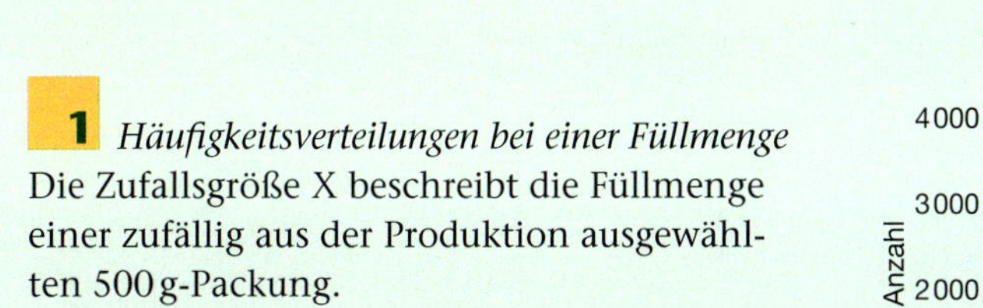

1 *Häufigkeitsverteilungen bei einer Füllmenge*

Die Zufallsgröße X beschreibt die Füllmenge einer zufällig aus der Produktion ausgewählten 500 g-Packung.

a) Beschreiben Sie das nebenstehende Histogramm möglichst genau.
Wie könnte das Messprotokoll ungefähr ausgesehen haben (Anzahl der Messungen, Klassenbreite usw.)?

b) Die folgenden Histogramme stellen andere Auswertungen der Messwerte aus Teilaufgabe a) dar. Wie unterscheiden sich die Histogramme? Beschreiben Sie die Unterschiede genau. Erkennen Sie in der Folge der Histogramme eine Entwicklung?

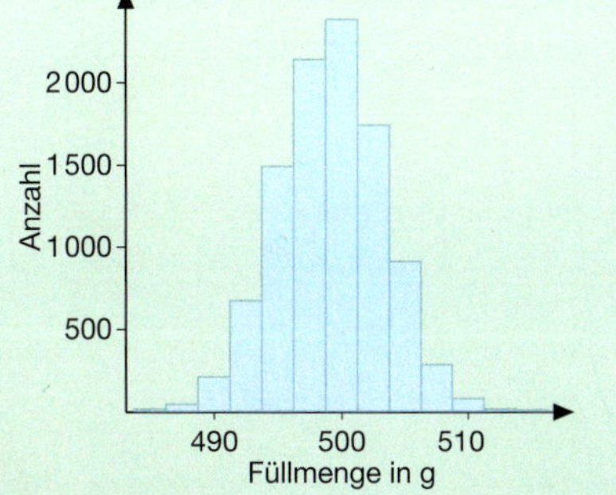

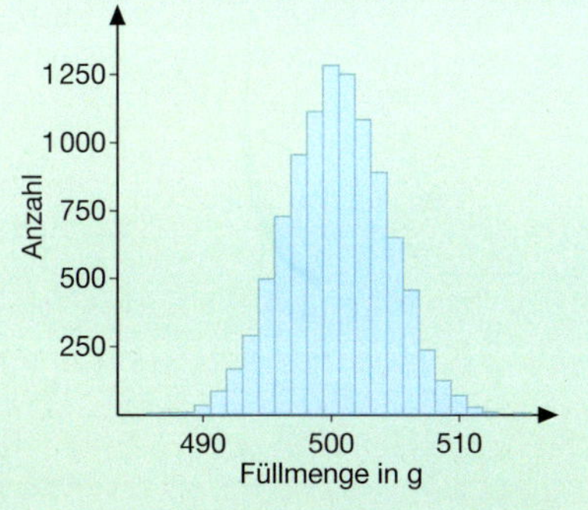

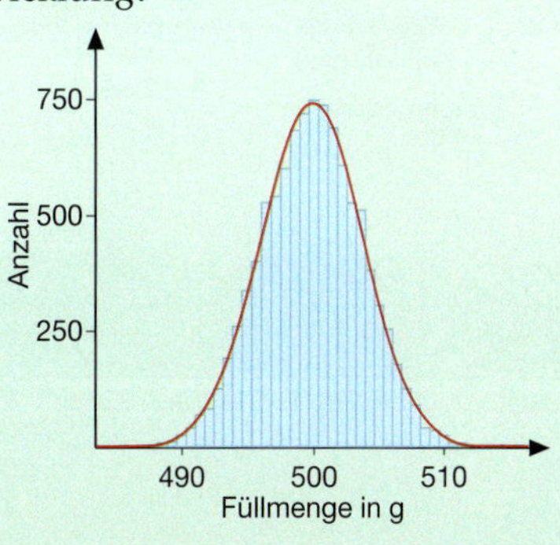

Beschreibung der Verteilung stetiger Zufallsgrößen

Häufigkeitsverteilung

Histogramm

Stetige Zufallsgrößen

In der Praxis kommt es häufig vor, dass stetige Zufallsgrößen untersucht werden. Stetige Zufallsgrößen sind z. B. die Körpergröße von Erwachsenen, die Laufleistung eines Reifens, die Messfehler bei wiederholten Beobachtungen desselben Sachverhaltes usw. Theoretisch kann eine stetige Zufallsgröße jede reelle Zahl in einem bestimmten Intervall annehmen. Aus erhebungs- und aufbereitungstechnischen Gründen werden für die Werte der Zufallsgröße **Klassen** $K_1, K_2, \dots, K_r$ gebildet. Dazu wird das Intervall, in das die Werte der Zufallsgröße fallen, in geeignete Teilintervalle zerlegt.

Häufigkeitsdichte

Häufigkeitsdichte

Häufig stellt man ein Histogramm so dar, dass die relativen Häufigkeiten, mit der die Werte der Zufallsgröße in eine bestimmte Klasse fallen, den Maßzahlen der Flächeninhalte der jeweiligen Rechtecke entsprechen. Die Rechteckshöhen ergeben sich dann als Quotient aus relativer Häufigkeit h_i und Rechtecksbreite Δx_i des betreffenden Rechtecks. Den Quotienten $\frac{h_i}{\Delta x_i} = d_i$ nennt man **Häufigkeitsdichte** des i-ten Rechtecks. Summiert man alle Maßzahlen der Rechtecksflächen in dem Histogramm, das die Häufigkeitsdichte darstellt, so erhält man als Ergebnis den Wert 1.

Dichtefunktion

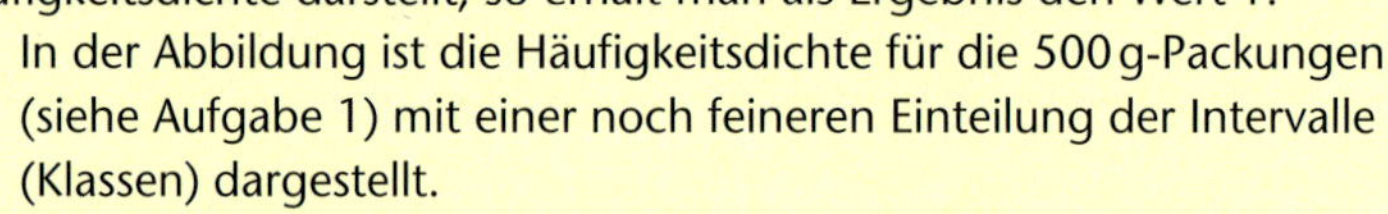

In der Abbildung ist die Häufigkeitsdichte für die 500 g-Packungen (siehe Aufgabe 1) mit einer noch feineren Einteilung der Intervalle (Klassen) dargestellt.

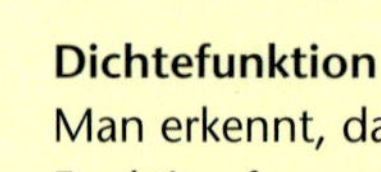

Dichtefunktion

Man erkennt, dass die Häufigkeitsverteilung durch den Graphen einer Funktion f angenähert werden kann. Diese Funktion nennt man die **Dichtefunktion** f. Kennt man die Funktionsgleichung der Dichtefunktion, d. h. das mathematische Modell, so kann man rechnen:

$$P(a \le X \le b) \approx \int_a^b f(x)\,dx \quad \text{und} \quad \int_{-\infty}^{\infty} f(x)\,dx = 1$$

Aufgaben

2 *Stetig, diskret*

Welche der folgenden Zufallsgrößen sind stetig, welche diskret?

a) Monatseinkommen einer dreiköpfigen Familie
b) Anzahl der Werkstücke in einem Lager
c) Anzahl der Kunden in einem Geschäft pro Stunde
d) Gewicht von ausgewachsenen reinrassigen „Golden Retriever“
e) Anzahl der Treffer, die ein Biathlet bei 20 Schüssen erzielt

3 *Häufigkeitsverteilung bei Tischtennisbällen*

Der Durchmesser eines Tischtennisballs, der bei offiziellen Wettkämpfen verwendet wird, soll einen Durchmesser von 40 mm ± 0,5 mm haben.

Misst man den Durchmesser von vielen zufällig ausgewählten Tischtennisbällen, stellt man fest, dass die Messwerte nicht alle gleich groß sind, sondern um einen Wert „streuen“. Welche der folgenden Abbildungen könnten die Häufigkeitsverteilung der Durchmesser von 1000 Tischtennisbällen darstellen? Begründen Sie Ihre Entscheidung.

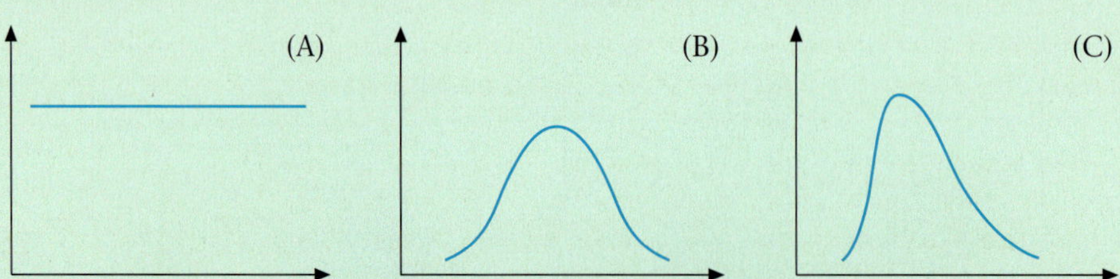

Aufgaben

4 *Normalverteilung*

In der Abbildung ist noch einmal das Histogramm der Häufigkeitsverteilung für das Beispiel der 500 g-Packungen dargestellt.

a) Beschreiben Sie die Gestalt des Histogramms möglichst genau.

b) Das glockenförmige Histogramm wird durch eine idealisierte Dichtefunktion, die Normalverteilung, angenähert. Diese ist in dem Histogramm eingezeichnet.

Der Graph der Normalverteilung ist
- symmetrisch zum Maximum und
- hat die x-Achse als Asymptote.

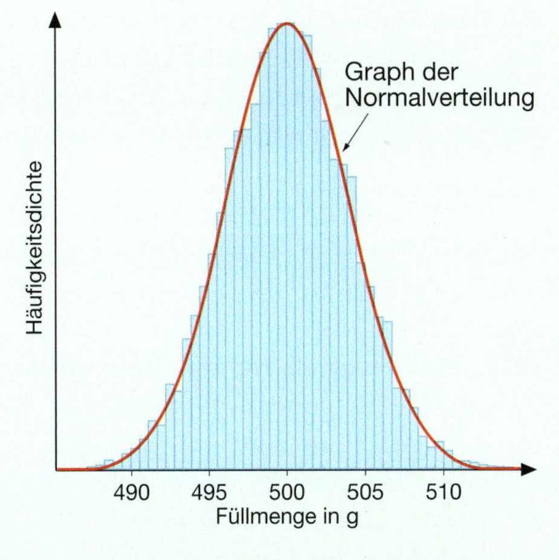

Schätzen Sie, wo die eingezeichnete Normalverteilung in etwa ihr Maximum und ihre Wendepunkte hat.

Übrigens: Kein Histogramm realer Daten entspricht exakt der Normalverteilung, aber viele sind angenähert normalverteilt.

5 *Normalverteilte Zufallsgrößen*

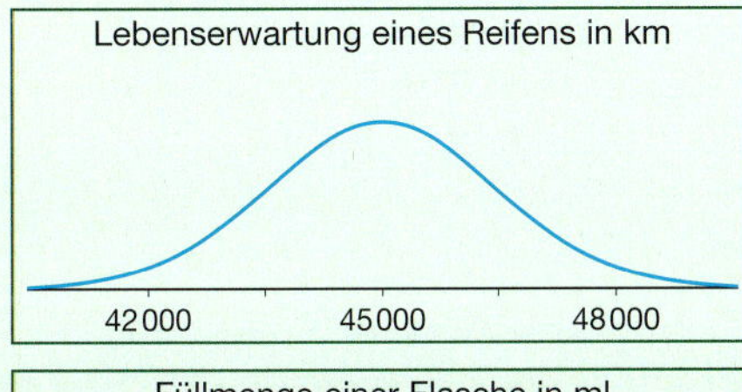

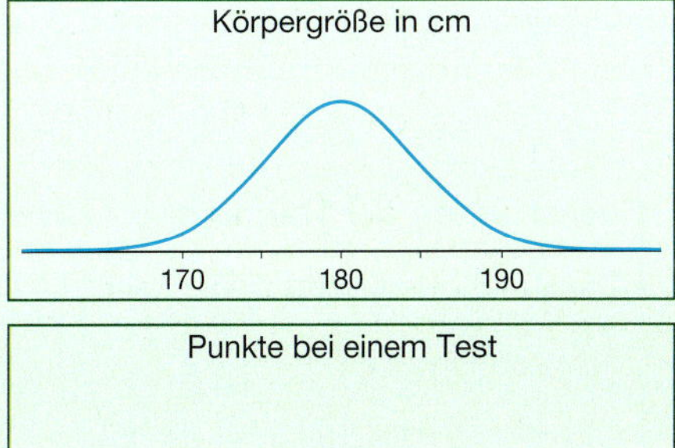

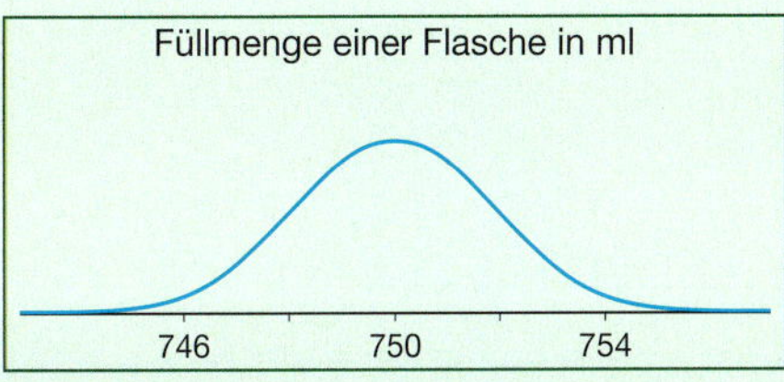

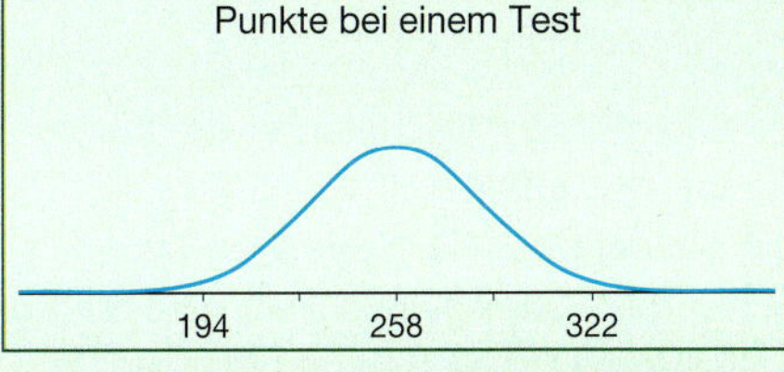

Worin gleichen sich die vier Häufigkeitsverteilungen, worin unterscheiden sie sich?

Normalverteilung

Die **Normalverteilung**, auch **Gauß-Verteilung** genannt, ist:
- symmetrisch, glockenförmig mit
- dem Erwartungswert als Maximum der Verteilung und
- der Standardabweichung als Entfernung der Wendepunkte (WP) von dem Maximum.

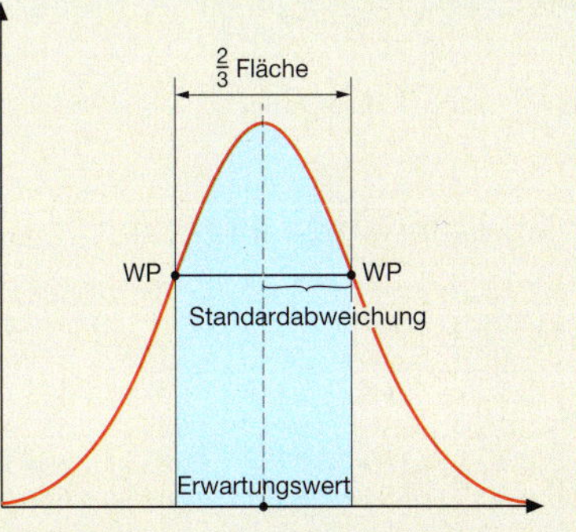

Der **Erwartungswert** μ einer Normalverteilung ist der Wert, bei dem die Symmetrieachse die x-Achse schneidet. Liegt eine Häufigkeitsverteilung vor, die angenähert durch die Normalverteilung beschrieben wird, so kann man
- μ gut durch den Mittelwert $\bar{x}$ und
- den Abstand der Wendepunkte von μ durch die Standardabweichung s

der Häufigkeitsverteilung schätzen.

In $[\bar{x} - s; \bar{x} + s]$ fallen in etwa zwei Drittel der Werte der Häufigkeitsverteilung.

CARL FRIEDRICH GAUSS (1777–1855), Professor und Direktor der Sternwarte in Göttingen, gilt als einer der bedeutendsten Mathematiker der Neuzeit.

Aufgaben

6 *Wie viele Standardabweichungen vom Mittelwert entfernt?*
Bei einer Statistikklausur werteten die Prüfer die Ergebnisse aus und stellten u. a. fest, dass die mittlere Punktzahl 185 Punkte mit einer Standardabweichung von 27 Punkten betragen hat. Was ist der z-Wert (Abweichung in Standardabweichungen) für einen Studierenden, der in dieser Klausur 143 Punkte erreicht hat?

Basiswissen

Normalverteilung und Standardnormalverteilung

Viele Zufallsgrößen X sind in etwa normalverteilt, d. h. viele Zufallsgrößen sind erfahrungsgemäß „normalerweise" glockenförmig um den Erwartungswert verteilt. Unter welchen Bedingungen diese Annahme zutrifft, wird durch den **Zentralen Grenzwertsatz** (siehe Seite 144) präzisiert. Die mathematische Modellierung der Wahrscheinlichkeitsverteilung der Zufallsgröße X ist die sogenannte (Gaußsche) Normalverteilung mit dem Erwartungswert μ und der Standardabweichung σ.

Wer die Standardnormalverteilung kennt, kennt alle Normalverteilungen.

Standardnormalverteilung

Der berühmte Mathematiker LAPLACE konnte nachweisen, dass durch die **Standardisierung** mit der Formel $z = \frac{x - \mu}{\sigma}$ jede Normalverteilung in eine Normalverteilung mit dem Erwartungswert 0 und der Standardabweichung 1, die sogenannte **Standardnormalverteilung**, überführt werden kann. Eine Zufallsgröße im Zusammenhang mit der Standardnormalverteilung bezeichnet man mit Z.

Eigenschaften der Standardnormalverteilung:

- Die Funktionsgleichung der Dichtefunktion lautet $\varphi(z) = \frac{1}{\sqrt{2\pi}} e^{-\frac{z^2}{2}}$.
- Die gesamte Fläche unter der Kurve hat den Inhalt 1.
- Die gefärbte Fläche von $-\infty$ bis z_0 ist die Wahrscheinlichkeit, dass die Zufallsgröße Z Werte von höchstens z_0 annimmt.

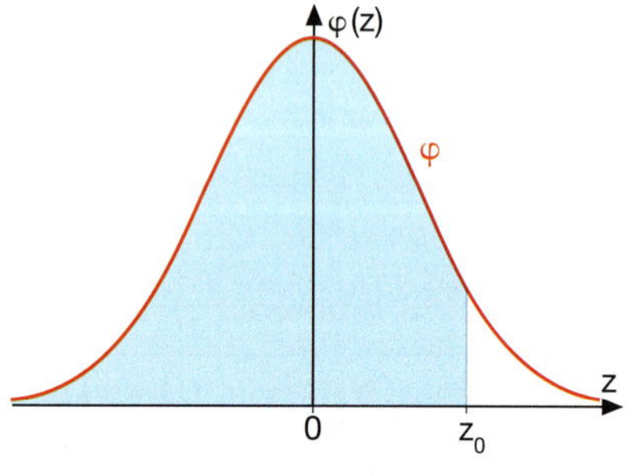

Inhalt der gefärbten Fläche: $P(Z \leq z_0)$

Darstellung der kumulierten Wahrscheinlichkeitsverteilung der Normalverteilung:

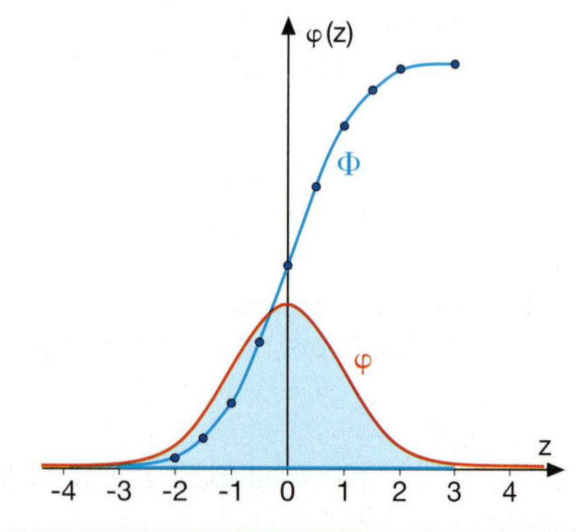

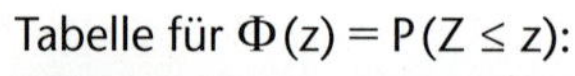
Tabelle für $\Phi(z) = P(Z \leq z)$:

z	0	1	2	3
0,0	5000	5040	5080	5120
0,1	5398	5438	5478	5517
0,2	5793	5832	5871	5910
0,3	6179	6217	6255	6293
0,4	6554	6591	6628	6664
0,5	6915	6950	6985	7019
0,6	7257	7291	7324	7357
0,7	7580	7611	7642	7673
0,8	7881	7910	7939	7967
0,9	8159	8186	8212	8238
1,0	8413	8438	8461	8485
1,1	[illegible]	[illegible]	[illegible]	[illegible]

Die kumulierte Wahrscheinlichkeit $P(Z \leq z)$ ist der Inhalt der Fläche unter der Dichtefunktion von $-\infty$ bis z.
Daher gilt:

$$P(Z \leq z) = \Phi(z) = \int_{-\infty}^{z} \varphi(x)\,dx$$

Die vollständige Tabelle finden Sie auf Seite 214.

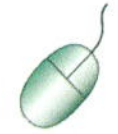
43RoKa.ggb
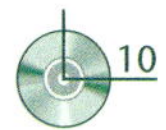

Beispiele

A *Arbeiten mit der Standardnormalverteilung*

a) Wie groß ist bei einer standardnormalverteilten Zufallsgröße Z die Wahrscheinlichkeit, dass sie Werte von höchstens 1,8 annimmt?

b) Bestimmen Sie z so, dass $P(Z \le z) = 0{,}8$.
Verwenden Sie ein geeignetes Werkzeug.

z	0	1	2	3	4	5
0,8	7881	7910	7939	7967	7995	8023
0,9	8159	8186	8212	8238	8264	8289
1,0	8413	8438	8461	8485	8508	8531
1,1	8643	8665	8686	8708	8729	8749
1,2	8849	8869	8888	8907	8925	8944
1,3	9032	9049	9066	9082	9099	9115
1,4	9192	9207	9222	9236	9251	9265
1,5	9332	9345	9357	9370	9382	9394
1,6	9452	9463	9474	9484	9495	9505
1,7	9554	9564	9573	9582	9591	9599
1,8	9641	9649	9656	9664	9671	9678

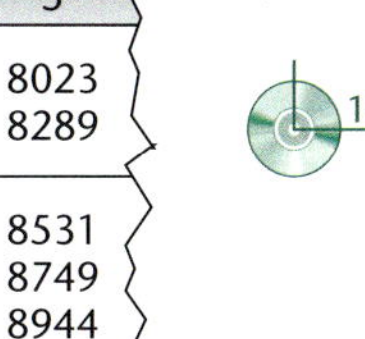

Lösung mit Tabelle:

a) $P(Z \le 1{,}8) = 0{,}9641$

b) $P(Z \le z) = 0{,}8$
Man durchläuft die Tabelle für wachsendes z, bis man das erste Mal einen Wert erhält, der größer als 0,8 ist. Der gesuchte Wert ist $z = 0{,}85$.

B *Tipps und Tricks*

Bestimmen Sie a) $P(Z \ge 0{,}5)$,
b) $P(Z < -0{,}94)$ und
c) $P(-1{,}3 < Z < 1{,}3)$.

Lösung:

a) $P(Z \ge 0{,}5) = 1 - P(Z < 0{,}5) = 0{,}3085$

b) Wegen der Symmetrie gilt: $P(Z < -0{,}94) = 1 - P(Z \le 0{,}94) = 0{,}1736$

c) $P(-1{,}3 < Z < 1{,}3) = P(Z < 1{,}3) - P(Z \le -1{,}3)$
$= P(Z < 1{,}3) - (1 - P(Z < 1{,}3))$
$= 2 \cdot P(Z < 1{,}3) - 1 = 0{,}8064$

Tipp zum Ablesen aus der Tabelle:
$P(Z < 0{,}5) = P(Z \le 0{,}5)$

zu a)

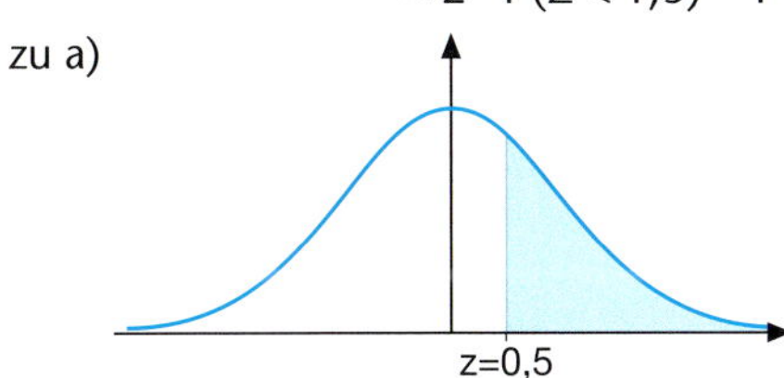

zu b)

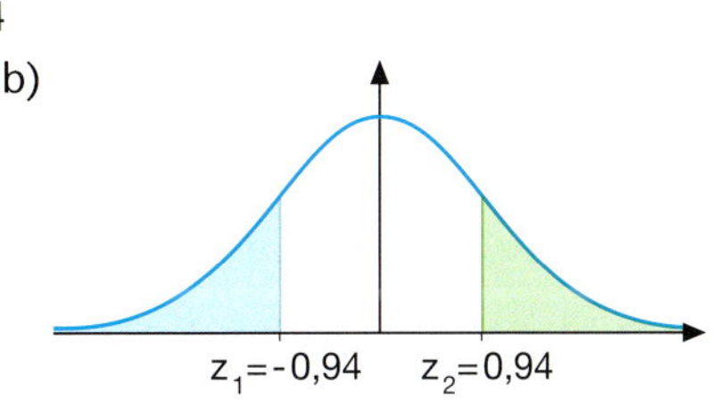

Standardnormalverteilung und GTR – Typische Aufgaben — WERKZEUG

a) $P(Z \le 1{,}8)$
= Normalcdf (–10, 1.8)

Als linke Grenze wählt man z. B. –10. Links von –10 ist die Fläche unter der Standardnormalverteilung verschwindend klein.

```
normalcdf(-10,1.
8)
      .9640697345
```

b) $P(Z \ge 1{,}8)$
= Normalcdf (1.8, 10)

```
normalcdf(1.8,10
)
      .0359302655
```

c) $P(-1{,}3 \le Z \le 1{,}6)$
= Normalcdf(-1.3, 1.6)

```
normalcdf(-1.3,1
.6)
      .8484001612
```

Übungen

7 *Übungen zur Standardnormalverteilung*

Berechnen Sie die folgenden Wahrscheinlichkeiten.

a) $P(Z \le 1)$ b) $P(Z \le 2{,}19)$ c) $P(Z \le -1)$ d) $P(Z \le -1{,}32)$
e) $P(Z \ge -0{,}8)$ f) $P(-1 \le Z \le 1)$ g) $P(-1{,}2 \le Z \le 1{,}2)$ h) $P(1 \le Z \le 2)$

Skizzieren Sie für jede Aufgabe die Standardnormalverteilung und markieren Sie den angegebenen z-Wert.

Übungen

8 *Standardnormalverteilung und Wahrscheinlichkeiten*

Die gefärbten Flächen in den Diagrammen zur Standardnormalverteilung stellen Wahrscheinlichkeiten dar. Geben Sie jeweils die Aufgabenstellung $P(z_1 \leq Z \leq z_2)$ an und ermitteln Sie die Wahrscheinlichkeiten.

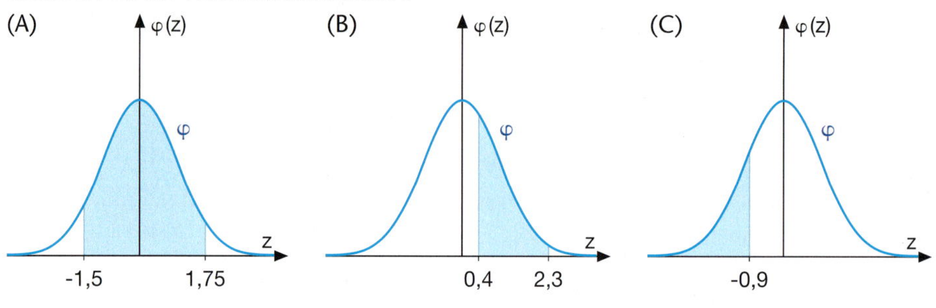

9 *Bestimmen von z-Werten*

Bestimmung des z-Wertes mit dem GTR:
$P(Z \leq z) = 0{,}95$

```
invNorm(0.95)
     1.644853626
```

Bestimmen Sie z so, dass gilt:

a) $P(Z \leq z) = 0{,}85$ b) $P(Z \leq z) = 0{,}31$

c) $P(Z \leq z) = 0{,}1$ d) $P(Z \leq z) = 0{,}05$

Skizzieren Sie bei jeder der Aufgaben die Standardnormalverteilung und schraffieren Sie den angegebenen Bereich.

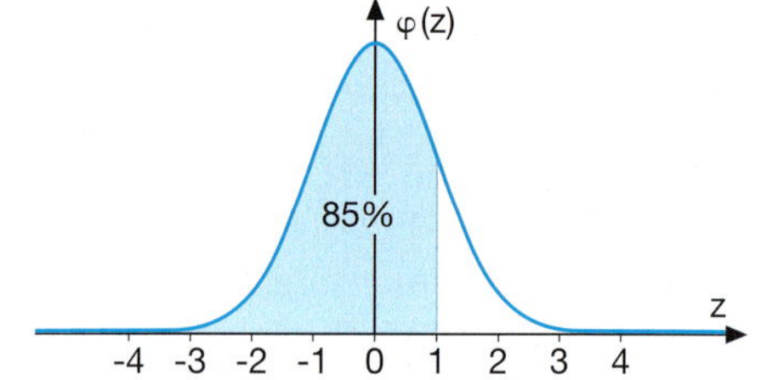

10 *Zum Erwartungswert 0 symmetrische Bereiche*

a) Welcher Anteil der z-Werte fällt bei einer Standardnormalverteilung in das Intervall $[-1; 1]$, $[-1{,}5; 1{,}5]$ und $[-2{,}7; 2{,}7]$?

b) Welches Intervall enthält bei der Standardnormalverteilung 90 % bzw. 95 % der mittleren z-Werte?

Anwenden der Standardnormalverteilung bei Problemen mit angenähert normalverteilter Zufallsgröße

11 *Intelligenztest*

Der Intelligenzquotient ist in der Bevölkerung angenähert normalverteilt mit einem Mittelwert von 100 und einer Standardabweichung von 15. Bei einem IQ von mehr als 120 spricht man von überdurchschnittlicher Intelligenz, bei einem IQ von mehr als 130 von einer Hochbegabung. In Berlin gibt es ca. 280 000 Kinder. Wie viele dieser Kinder sind laut der obigen Definition überdurchschnittlich intelligent, wie viele sogar hochbegabt?

Standardisierung – Von einer Normalverteilung zur Standardnormalverteilung

Die Füllmenge X eines Döschens mit einem Kosmetikum sei angenähert normalverteilt mit $\mu = 50{,}6$ ml und $\sigma = 3{,}1$ ml (empirisch ermittelt).

Standardisierung: Der zu einem Wert x der Zufallsgröße X gehörige z-Wert gibt an, um das Wievielfache der Standardabweichung der x-Wert vom Erwartungswert abweicht.

Standardisierung

1. Wie weit und in welche Richtung weicht x von μ ab? $x - \mu$
2. Wie viele Standardabweichungen sind dies? $z = \frac{x - \mu}{\sigma}$

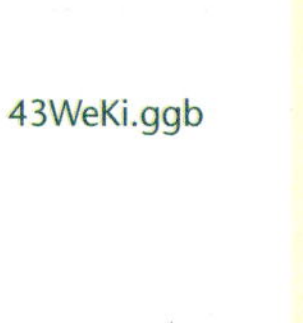

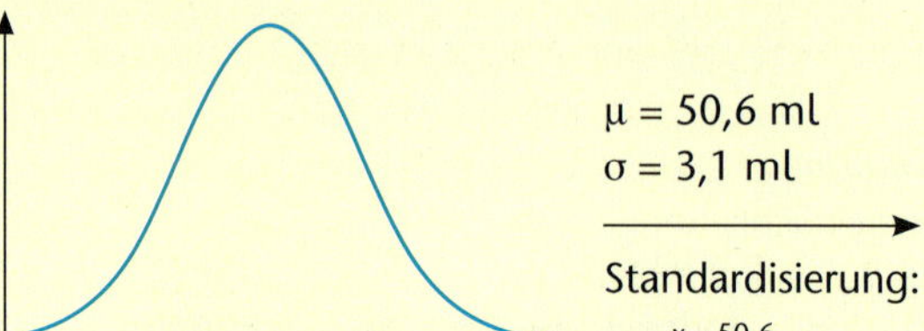

Beispiele

C *Berechnung von Wahrscheinlichkeiten mit der Standardnormalverteilung*

Berechnet man Wahrscheinlichkeiten mit der Normalverteilung als mathematisches Modell, so verwendet man als Erwartungswert μ und Standardabweichung σ den in einer statistischen Erhebung ermittelten Mittelwert $\bar{x}$ und die Standardabweichung s.

Realität Aus einer statistischen Erhebung einer angenähert normalverteilten Zufallsgröße: Relative Häufigkeit h, Mittelwert $\bar{x}$, Standardabweichung s	**Mathematisches Modell Normalverteilung** Wahrscheinlichkeit p, Erwartungswert μ, Standardabweichung σ

Laut statistischer Erhebung sind Männer zwischen 16 und 40 Jahren im Mittel 1,79 m groß bei einer Standardabweichung von 0,11 m.
Wie viele Männer mit einer Größe von mindestens 2,14 m gibt es unter 5 000 000 dieser Altersgruppe?

Lösung:

Mathematisches Modell: Normalverteilung

$\mu = 1{,}79$ m; $\sigma = 0{,}11$ m; $z = \frac{2{,}14 - 1{,}79}{0{,}11} \approx 3{,}18$

$P(Z \geq 3{,}18) = 1 - P(Z < 3{,}18)$
$= 1 - 0{,}9993 = 0{,}0007$

Es gibt etwa $5\,000\,000 \cdot 0{,}0007 = 3500$ dieser Männer.

D *Berechnung von x-Werten – Standardisierung rückgängig machen*

Eine Maschine stellt Kugeln für Kugellager her. Angenommen, der Durchmesser der Kugeln ist normalverteilt mit einem Mittelwert von 10,2 cm bei einer Standardabweichung von 0,061 cm. Welchen Durchmesser haben die 7,5 % größten Kugeln?

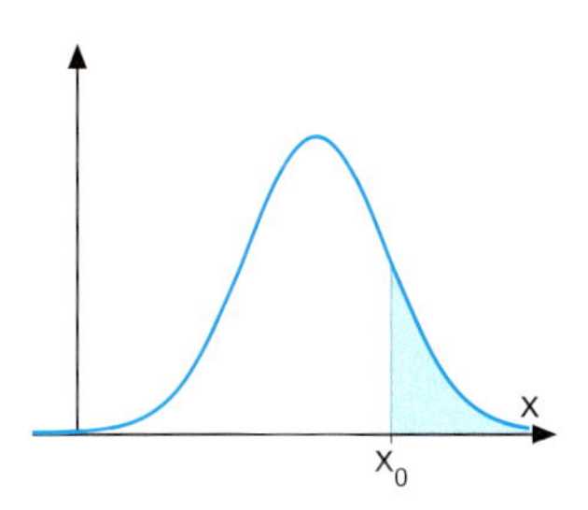

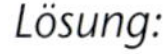

Lösung:

$P(Z \geq z) \leq 0{,}075 \Rightarrow P(Z < z) \geq 0{,}925 \Rightarrow z = 1{,}44$ (gemäß Tabelle)

Die Standardisierungsformel lautet $z = \frac{x - \bar{x}}{s}$.

Löst man die Formel nach x auf, dann erhält man $x = z \cdot s + \bar{x}$.

Somit ist der gesuchte Wert $x_0 = 1{,}44 \cdot 0{,}061 + 10{,}2 \approx 10{,}288$.

Ab einem Kugeldurchmesser von etwa 10,288 cm beginnen die 7,5 % größten Kugeln.

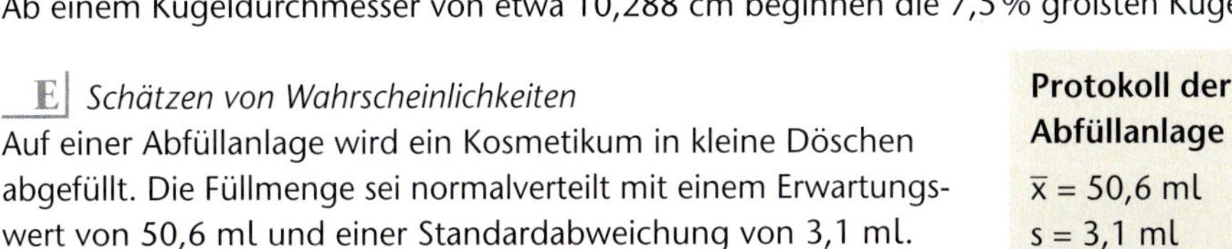

E *Schätzen von Wahrscheinlichkeiten*

Auf einer Abfüllanlage wird ein Kosmetikum in kleine Döschen abgefüllt. Die Füllmenge sei normalverteilt mit einem Erwartungswert von 50,6 ml und einer Standardabweichung von 3,1 ml.
Auf der Verpackung soll als Füllmenge 45 ml angegeben werden.

a) Mit welcher Wahrscheinlichkeit wird beim Füllen der Döschen diese Füllmenge unterschritten?

b) Wie viele Döschen sind bei einer Tagesproduktion von 8 000 zu beanstanden?

Protokoll der Abfüllanlage
$\bar{x} = 50{,}6$ ml
s = 3,1 ml
min = 42,3 ml
max = 62,77 ml

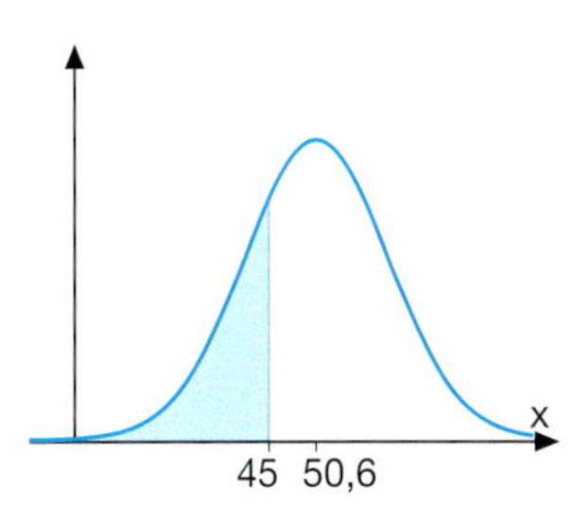

Lösung:

a) x = 45 ml; Standardisierung $z = \frac{45 - 50{,}6}{3{,}1} = -1{,}806$

Die gesuchte Wahrscheinlichkeit beträgt $1 - P(Z \leq 1{,}806) = 0{,}0355$.

b) Der zu erwartende Anteil der zu beanstandenden Döschen beträgt 284.

Übungen

12 *„Trockentraining" zum Standardisieren*

Rechnen Sie jeden der angegebenen x-Werte in Standardeinheiten (z-Werte) um.

a) $x = 12;\ \bar{x} = 10;\ s = 2$
b) $x = 36;\ \bar{x} = 32;\ s = 3$
c) $x = 10;\ \bar{x} = 15;\ s = 2$
d) $x = 27;\ \bar{x} = 37;\ s = 4$

13 *„Trockentraining" zum „Rückwärts-Standardisieren"*

Berechnen Sie zu jedem z-Wert (Standardeinheit) den zugehörigen x-Wert.

a) $z = 2{,}5;\ \bar{x} = 10;\ s = 2$
b) $z = -2{,}5;\ \bar{x} = 50;\ s = 4$
c) $z = -1;\ \bar{x} = 15;\ s = 3$
d) $z = 1{,}25;\ \bar{x} = 25;\ s = 2$

Übungen

14 *Ein Quiz zum Training*

Bei Problemen, die mithilfe der Normalverteilung bearbeitet werden, sind vier Größen von Bedeutung: Mittelwert, Standardabweichung, Wert x der Zufallsgröße X und Anteil (die Wahrscheinlichkeit $P(X \le x)$) der Werte der Zufallsgröße, die kleiner oder gleich x sind. Berechnen Sie in jeder Zeile den fehlenden Wert.

Mittelwert	Standardabweichung	x	$P(X \le x)$
6	2	3	■
25	4	■	0,87
19	■	21	0,9
■	3	6	0,09

Warum Normalverteilungen so wichtig sind

THE
NORMAL
LAW OF ERROR
STANDS OUT IN THE
EXPERIENCE OF MANKIND
AS ONE OF THE BROADEST
GENERALIZATIONS OF NATURAL
PHILOSOPHY + IT SERVES AS THE
GUIDING INSTRUMENT IN RESEARCHES
IN THE PHYSICAL AND SOCIAL SCIENCES AND
IN MEDICINE, AGRICULTURE AND ENGINEERING +
IT IS AN INDISPENSABLE TOOL FOR THE ANALYSIS AND
THE INTERPRETATION OF THE BASIC DATA OBTAINED BY OBSERVATION AND EXPERIMENT

Von dem amerikanischen Statistiker W. J. Youden stammen die schön gesetzten Worte der Bewunderung der Normalverteilung.

Einige Gründe, warum die Normalverteilung zu einer der wichtigsten Verteilungen in der Statistik wurde:

1. Viele empirische Verteilungen wie Körpergröße von Erwachsenen, Füllmengen in Packungen und Flaschen, Lebensdauer von Glühlampen usw. sind angenähert Normalverteilungen.
2. Messergebnisse bei der wiederholten Beobachtung desselben Vorgangs, z. B. der sehr häufigen Messung der Fallzeit eines Körpers aus einer Höhe von 1 m, sind angenähert normalverteilt.
   Die Begründung, warum die Messergebnisse streuen, liegt an dem Einfluss zahlreicher wirksamer Faktoren auf das Messergebnis. (Für das Beispiel des freien Falls könnten diese u. a. sein: leichte Luftbewegung, Unexaktheit bei der Höhe, Unregelmäßigkeiten und Fehler bei der Zeitmessung usw.) Jeder Faktor hat einen kleinen Einfluss. Diese Faktoren sind weitgehend unabhängig voneinander und wirken sich nicht systematisch aus.
3. Die Normalverteilung ist eine gute Näherung für die Binomialverteilung, falls $\sigma > 3$ gilt (siehe Lernabschnitt 4.2).
4. Die Verteilung der Mittelwerte von Stichproben kann umso besser mit der Normalverteilung beschrieben werden, je größer der Stichprobenumfang ist.

Wichtige Grundlage: **Zentraler Grenzwertsatz** (stark vereinfacht)

Ist eine Zufallsgröße X die Summe von n unabhängigen Zufallsgrößen, dann wird die Wahrscheinlichkeitsverteilung bei sehr großem n besser durch die Normalverteilung angenähert beschrieben.

Die Normalverteilung, auch Gauß-Verteilung genannt, geht zurück auf den deutschen Mathematiker Gauss. Ihre Formel und ihr Graph schmückten den alten 10 DM-Schein. Entdeckt und verwendet wurde die Normalverteilung allerdings bereits im Jahre 1733 durch den Franzosen Abraham De Moivre.

Abraham de Moivre (1667–1754), französischer Mathematiker und Pionier der Wahrscheinlichkeitsrechnung

Übungen

15 *Zuckerpackungen*
Zucker wird maschinell in 1 kg-Packungen abgefüllt. An der automatischen Abfüllanlage zeigt das Tagesprotokoll nebenstehende Daten:
a) Wie groß ist die Wahrscheinlichkeit, dass eine zufällig aus der Tagesproduktion herausgegriffene 1 kg-Packung weniger als 1 kg enthält?
b) In welches zum Mittelwert 1006 g symmetrische Intervall fallen 95 % (90 %) der Packungen?

Protokoll
Datum: 22.09.2011
Zeit: 7.00 – 19.00 Uhr
$\overline{x} = 1006$ g
$s = 5$ g

16 *Streuung bei Gewichten von Kaffeepackungen*
In einer Kaffeerösterei werden 500 g-Packungen Kaffee abgepackt. Die Anlage arbeitet laut Tagesprotokoll mit einem Mittelwert der abgepackten Kaffeemenge von 503 g bei einer Standardabweichung von 3,5 g. Man kann annehmen, dass die Zufallsgröße „Gewicht einer Packung" normalverteilt ist.
a) Wie groß ist der Anteil an der kontrollierten Tagesproduktion, der unterhalb von 495 g liegt?
b) In welches zu dem Mittelwert 503 g symmetrische Intervall fallen 95 % der Packungen?
c) Wie müsste der Mittelwert der Maschine bei gleicher Standardabweichung eingestellt sein, wenn der Anteil der Packungen mit einem Füllgewicht unter 500 g höchstens 10 % betragen soll?

17 *Sigma-Regeln bei der Normalverteilung*
Angenommen, die Zufallsgröße X ist normalverteilt mit dem Erwartungswert μ und der Standardabweichung σ.
a) Mit welcher Wahrscheinlichkeit fällt ein Wert der Zufallsgröße X in das Intervall $[\mu - k\sigma; \mu + k\sigma]$ für $k = 1, 2, 3$?
Vergleichen Sie Ihre Ergebnisse mit den sogenannten Sigma-Regeln, die Ihnen von der Binomialverteilung bekannt sind. Was stellen Sie fest?

4317.ggb

Sigma-Regeln

Sigma-Regeln erlauben es, zu vorgegebenen Wahrscheinlichkeiten einer normalverteilten Zufallsgröße X symmetrische Intervalle um den Erwartungswert anzugeben.

von	bis	p
$\mu - \sigma$	$\mu + \sigma$	68,3 %
$\mu - 2\sigma$	$\mu + 2\sigma$	95,5 %
$\mu - 3\sigma$	$\mu + 3\sigma$	99,7 %

Es ist hilfreich, wenn man diese Regeln auswendig kennt.

$P(\mu - \sigma \le X \le \mu + \sigma) = 68{,}3\,\%$

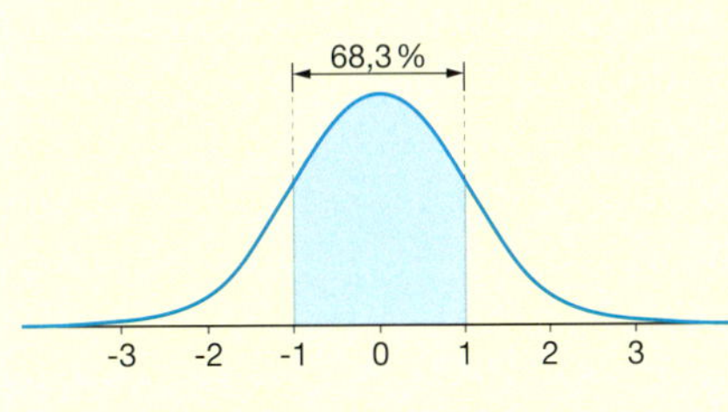

$P(\mu - 1{,}64\sigma \le X \le \mu + 1{,}64\sigma) = 90\,\%$

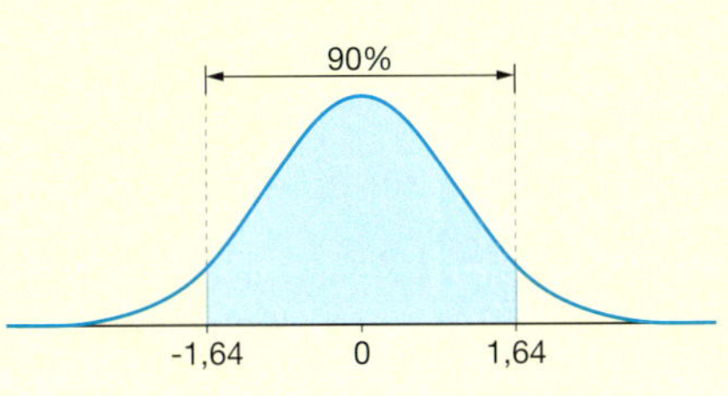

$P(\mu - 1{,}96\sigma \le X \le \mu + 1{,}96\sigma) = 95\,\%$

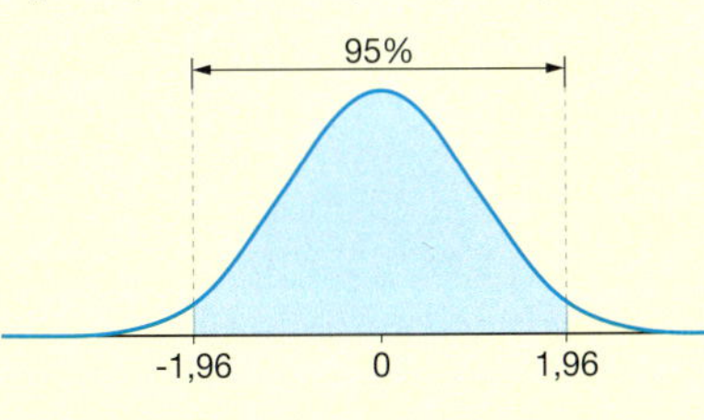

$P(\mu - 3\sigma \le X \le \mu + 3\sigma) = 99{,}7\,\%$

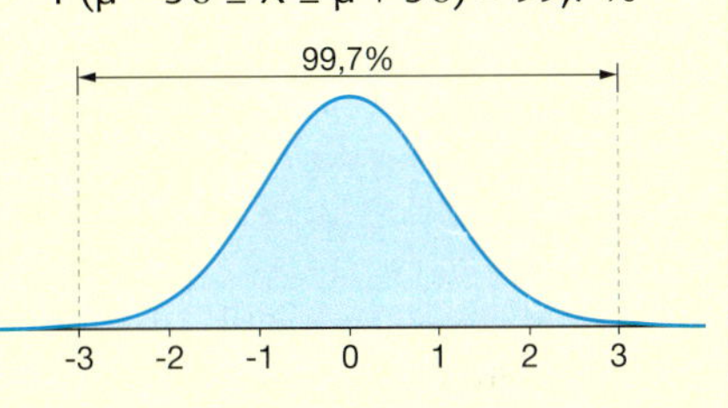

Übungen

18 *Flugzeiten*
Eine Fluggesellschaft hat herausgefunden, dass die Flugzeit zwischen zwei Städten im Mittel 75 Minuten beträgt mit einer Standardabweichung von 9 Minuten.
Nehmen Sie an, dass die Flugzeiten normalverteilt sind. In welchem zu dem Erwartungswert symmetrischen Zeitintervall liegen 90 % (95 %) der Flugzeiten?

19 *Länge von Nieten*
Die Längen von Nieten sind normalverteilt mit einem Erwartungswert von 10 cm und einer Standardabweichung von 0,02 cm.
a) Berechnen Sie das zum Erwartungswert symmetrische Intervall, in dem die Längen von 68,3 % der Nieten liegen.
b) Berechnen Sie den Anteil der Nieten, die zwischen 9,97 cm und 10,03 cm liegen.

Auch hier kann man mit den Sigma-Regeln arbeiten.

20 *Qualitätskontrolle*
Ein Abfüllautomat füllt Parfümfläschchen. Die Füllmenge ist normalverteilt mit einem Mittelwert von 40 ml und einer Standardabweichung von 1 ml. Wie viele Fläschchen in einer Stichprobe von 400 haben eine Füllmenge, die geringer als 39,8 ml ist?

21 *Quartile*
a) Ein Getränk wird in Flaschen abgefüllt. Die Füllmenge ist normalverteilt mit einem Mittelwert von 0,35 l bei einer Standardabweichung von 0,02 l. Berechnen Sie den Median sowie das untere und obere Quartil der Füllmenge.
b) Angenommen, eine Zufallsgröße ist normalverteilt mit den beiden Quartilen $q_1 = 20$ und $q_3 = 50$. Berechnen Sie den Mittelwert und die Standardabweichung der zugehörigen Normalverteilung.

Siehe Lernabschnitt 4.2, Seite 133

Interessantes zum Lesen: Warum die Normalverteilung für große Versuchsanzahlen eine gute Näherung für die Binomialverteilung ist

TEXT

Betrachtet man eine Kette von n unabhängigen Bernoulli-Versuchen, so ist die Anzahl der Treffer X eine binomialverteilte Zufallsgröße. Das Ergebnis einer einzelnen der n Versuchswiederholungen lässt sich durch die Zufallsgröße X_i beschreiben:

$$\text{Zufallsgröße } X_i = \begin{cases} 1, & \text{Treffer im i-ten Versuch} \\ 0, & \text{Fehlschlag im i-ten Versuch} \end{cases} \qquad i = 1, 2, 3, \ldots, n$$

Die Zufallsgröße X der Trefferanzahl bei einer Bernoulli-Kette der Länge n ist offensichtlich die Summe der Zufallsgrößen X_i, die jeweils für die Trefferanzahl bei den einzelnen Versuchswiederholungen stehen.

Zufallsgröße $X = X_1 + X_2 + \ldots + X_n$

Laut dem **Zentralen Grenzwertsatz** wird die Wahrscheinlichkeitsverteilung einer Summe von n unabhängigen Zufallsgrößen für sehr großes n besser durch die Normalverteilung beschrieben. Damit gilt:

Für großes n ist die Normalverteilung eine gute Näherung für die Binomialverteilung.

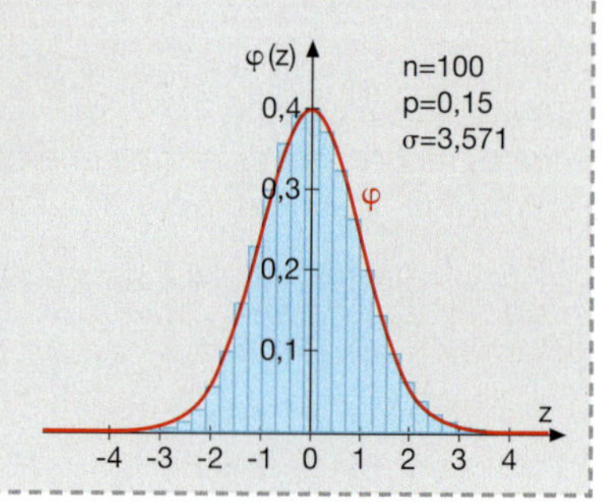

22 Untersuchen Sie, wie sich das Histogramm und das standardisierte Histogramm einer Binomialverteilung mit wachsendem n verändern. In welchem Zusammenhang stehen Ihre Beobachtungen zu dem Lesetext auf dieser Seite?

Verwenden Sie hierzu die Datei 4237.ggb.

Aufgaben

23 *Einseitig mit Sigma-Regeln*

Eine Laplace-Münze wird 300-mal geworfen.

a) Wie groß ist die Wahrscheinlichkeit, dass die Anzahl von „Kopf" von dem Erwartungswert um mindestens eine (zwei) Standardabweichung(en) nach oben abweicht?

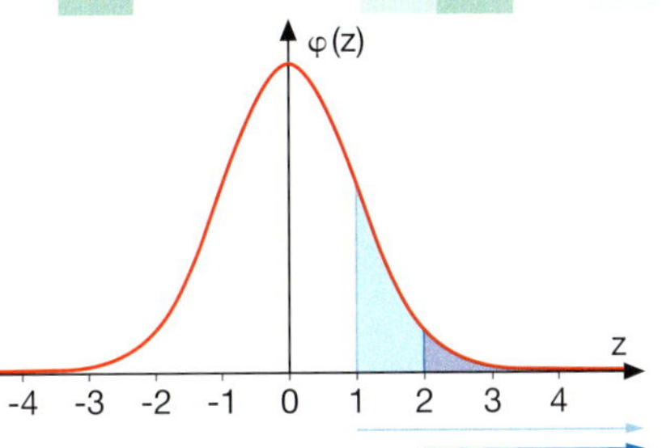

b) Wie groß müsste die Anzahl von „Kopf" sein, damit es sich um ein besonders seltenes Ereignis handelt, dass lediglich mit einer Wahrscheinlichkeit von höchstens 5 % eintritt?

24 *Eigenschaften der Funktion φ (z)*

Untersuchung der Funktion $\varphi(z) = \frac{1}{\sqrt{2\pi}} e^{-\frac{z^2}{2}}$ mithilfe der Analysis

a) Zeichnen Sie den Graphen der Funktion für $-3 \le z \le 3$. Beschreiben Sie die Gestalt des Graphen der Funktion möglichst präzise.

b) Berechnen Sie das Maximum und die Wendepunkte der Funktion.

c) Berechnen Sie näherungsweise die Fläche unter dem Graphen von –3 bis 3 durch numerische Integration.

d) Die Fläche unter dem Graphen der Funktion $f(z) = e^{-\frac{z^2}{2}}$ kann man mit der Monte-Carlo-Methode (siehe Seite 21) näherungsweise bestimmen.

d_1) Beschreiben Sie das Verfahren.

d_2) Bei einer Simulation mit 10 000 Punkten kommt als Schätzwert für die Fläche 2,505 heraus. Berechnen Sie mit diesem Ergebnis einen Schätzwert für die Fläche unter dem Graphen der Funktion $\varphi(z) = \frac{1}{\sqrt{2\pi}} e^{-\frac{z^2}{2}}$.

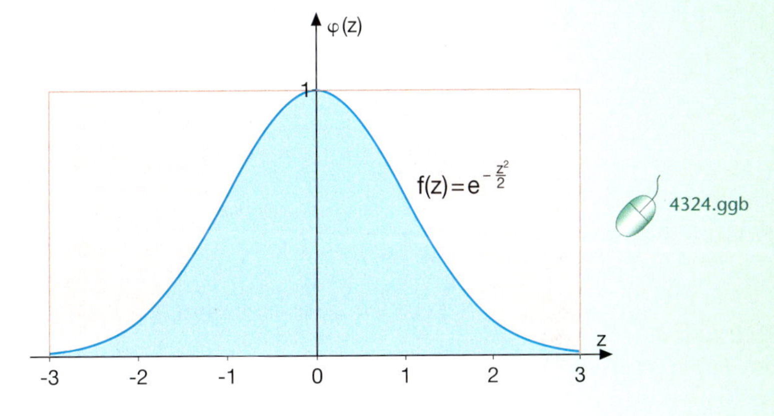

4324.ggb

25 *Die besondere Bedeutung des z-Wertes oder wie vergleicht man etwas, was man nicht vergleichen kann?*

Albert und Pascal sind zwei sehr gute Weitspringer. Sie führen genau Statistik über ihre im Training unter Wettkampfbedingungen erzielten Leistungen. Die Auswertung beider Statistiken ergab für

Albert: Mittelwert 7,50 m bei einer Standardabweichung von 0,42 m,
Pascal: Mittelwert 7,30 m bei einer Standardabweichung von 0,30 m.

Beurteilen Sie die folgende Diskussion der beiden.

Pascal: „Eigentlich habe ich in einem Wettkampf gegen dich nur geringe Chancen. Was hältst du davon, den zum Sieger zu erklären, dessen Abweichung von seinem persönlichen Mittelwert größer ist?"

Albert: „Was aber, wenn ich 7,80 m springe und du 7,60 m?"

Pascal: „Dann sollten wir noch unsere Standardabweichungen zu Rate ziehen. Das würde zusätzlich sogar noch unsere Beständigkeit ins Spiel bringen."

Albert: „Das würde dann bedeuten, dass du mit deiner Weite von 7,60 m um eine Standardabweichung über deinem Mittelwert liegst und ich um weniger als meine Standardabweichung über meinem Mittelwert. Wer hat nun gewonnen?"

Vergleichsgrößen

$z_{Pascal} = \frac{7,60 - 7,30}{0,30} = 1$

$z_{Albert} = \frac{7,80 - 7,50}{0,42} = 0,714$

Können Sie helfen?

Wahrscheinlichkeitsverteilungen

Zufallsgröße und Erwartungswert

Wahrscheinlichkeitsverteilungen
Zufallsgröße: Unter der Zufallsgröße X versteht man eine Variable, die je nach dem Ausgang des Zufallsversuches eine reelle Zahl annimmt.

Wahrscheinlichkeitsverteilung einer Zufallsgröße (für diskrete Zufallsgrößen X): Ordnet jedem Wert, den die Zufallsgröße annimmt, die Wahrscheinlichkeit zu, mit der dieser auftritt: $x_i \to P(X = x_i)$

Darstellung (Beispiel: Wurf mit zwei Münzen)
X: Anzahl von „Kopf"

Tabelle

x_i	$P(X = x_i)$
0	$\frac{1}{4}$
1	$\frac{1}{2}$
2	$\frac{1}{4}$

Histogramm

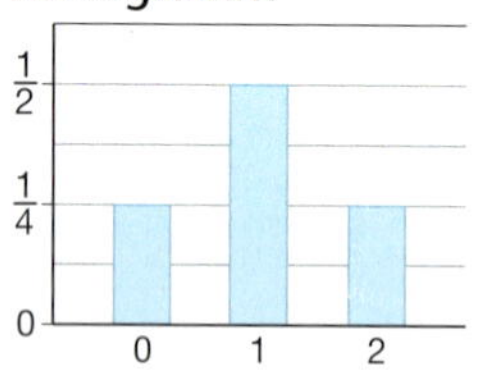

Kenngrößen
- **Erwartungswert** $E(X)$:

$$E(X) = \sum_{i=1}^{n} x_i \cdot P(X = x_i)$$

- **Streuung:**
  Standardabweichung $\sigma(X)$:

$$\sigma(X) = \sqrt{\sum_{i=1}^{n} (x_i - E(X))^2 \cdot P(X = x_i)}$$

Das **Empirische Gesetz der großen Zahlen für Mittelwerte**: Bei langen Versuchsreihen pendelt sich der Mittelwert der Zufallsgröße X bei dem Erwartungswert E(X) ein.

Binomialverteilung

Bernoulli-Kette und Binomialverteilung
Ein **Bernoulli-Versuch** ist ein Versuch mit zwei möglichen Ergebnissen: Treffer (T) und Fehlschlag (F).
Die n-fache Wiederholung eines Bernoulli-Versuches nennt man **Bernoulli-Kette** der Länge n, wenn gilt:
- Jeder Versuch ist ein Bernoulli-Versuch.
- Die Wahrscheinlichkeit eines Treffers hängt nicht davon ab, was zuvor geschehen ist.
- Die Anzahl n der Wiederholungen steht fest.
- Die Trefferwahrscheinlichkeit p ist bei jedem Versuch gleich.

1 Bei einer Lotterie werden für jede Million verkaufter Lose ein Preis zu 50 000 €, neun Preise zu 5000 €, 90 Preise zu 500 € und 900 Preise zu 50 € verlost.
a) Berechnen Sie den Erwartungswert für den Gewinn pro Los.
b) Berechnen Sie die erwarteten Gesamteinnahmen, wenn man 1 000 000 Lose zu je 0,50 € verkauft.
Mit welchem Gewinn ist pro 1 000 000 Lose zu rechnen?

2 „Beliebte" Marken. Im Jahre 2009 wurden in der Bundesrepublik laut GDV (Gesellschaft Deutscher Versicherer) pro 1000 Porsche 1,26 vollkaskoversicherte Fahrzeuge gestohlen. Angenommen, die durchschnittliche Entschädigungssumme beträgt 110 000 €.
Welche Prämie muss eine Versicherung gegen Diebstahl ansetzen, um zumindest keine Verluste zu machen (Break-even-Point)?

3 Bei einem Glücksspiel werden zwei Würfel geworfen. Der Einsatz beträgt 5 €. Bei einem Sechserpasch gewinnt man 15 €, ist eine der Augenzahlen eine „Sechs", aber keine „Doppelsechs", dann gewinnt man 8 €. Die Zufallsgröße X beschreibt den Gewinn bzw. den Verlust. Berechnen Sie den Erwartungswert E(X) und die Standardabweichung $\sigma(X)$. Ist das Spiel fair?

4 Die Oberstufenschüler einer Schule wurden befragt, wie häufig sie in den vergangenen zwölf Monaten im Kino waren. Die Tabelle gibt das Ergebnis der Befragung wieder. Die Zufallsgröße X ist die Anzahl der Kinobesuche eines Schülers in den vergangenen zwölf Monaten.
Interpretation der Tabelle: Wenn man z. B. zufällig eine Oberstufenschülerin oder einen Oberstufenschüler der Schule auswählt, dann beträgt die Wahrscheinlichkeit, dass die betreffende Person kein einziges Mal im Kino war, 0,06.

Anzahl der Kinobesuche x_i in den vergangenen zwölf Monaten	Wahrscheinlichkeit p_i
0	0,06
1 bis 5	0,28
6 bis 10	0,40
11 bis 20	0,17
21 bis 40	0,09

Berechnen Sie den Erwartungswert und die Standardabweichung. Was ist zu tun, wenn der errechnete Erwartungswert keine ganze Zahl ist?

5 Jeder achte Bundesbürger leidet an allergischem Schnupfen. In einem Mathematikkurs sind 29 Schülerinnen und Schüler.
a) Mit wie vielen an allergischem Schnupfen leidenden Schülerinnen und Schülern in diesem Kurs kann man rechnen?
b) Wie groß ist die Wahrscheinlichkeit, dass mehr als sechs Schülerinnen und Schüler an allergischem Schnupfen leiden?
c) Begründen Sie, ob es berechtigt ist anzunehmen, dass die Anzahl der Allergiker binomialverteilt ist?

CHECK UP

6 X ist eine binomialverteilte Zufallsgröße. Bestimmen Sie die folgenden Wahrscheinlichkeiten:
a) $n = 10;\ p = 0{,}3;\ P(X > 5)$ b) $n = 15;\ p = 0{,}6;\ P(X \leq 4)$
c) $n = 100;\ p = 0{,}82;\ P(77 \leq X \leq 87)$

7 Eine Münze wird achtmal geworfen. Wie groß ist die Wahrscheinlichkeit, dass man
a) genau, b) mindestens, c) höchstens viermal „Kopf" erhält?

8 Warum kann man die folgenden Wahrscheinlichkeitsverteilungen nicht mit der Binomialverteilung modellieren?
a) Ziehen von fünf Kugeln aus einer Urne mit zehn roten und zehn weißen Kugeln ohne Zurücklegen: Die Zufallsgröße X ist die Anzahl der roten Kugeln.
b) Wiederholtes Würfeln: Die Zufallsgröße X ist die Anzahl der Würfe bis zur ersten „Sechs".
c) In einer Firma sind im Mittel 7 % der Belegschaft krank. Die Zufallsgröße X ist die Anzahl der Erkrankten an einem bestimmten Tag.
d) 11 % der Bevölkerung haben die Blutgruppe B. Die Zufallsgröße X ist die Anzahl der Personen mit der Blutgruppe B in der fünfköpfigen Familie Schmidt.

9 Für einen Test werden $\frac{1}{3}$ aller Schülerinnen und Schüler ausgelost. Anna wundert sich: Aus ihrer Klasse mit 30 Schülerinnen und Schülern wurden nur 6 für den Test ausgelost.
a) Berechnen Sie den Erwartungswert und die Standardabweichung.
b) Wie groß ist die Wahrscheinlichkeit, dass aus Annas Klasse zufällig so wenige Schülerinnen und Schüler ausgelost wurden?
Tipp: Man muss $P(X \leq 6)$ berechnen.

10 Wie ändern sich die Gestalt, der Erwartungswert und die Standardabweichung einer Binomialverteilung, wenn sich die Versuchsanzahl n für ein festes p verändert?

11 Bestimmen Sie mithilfe der Gaußschen Normalverteilung die Wahrscheinlichkeiten für einen Bernoulli-Versuch.
a) $n = 400;\ p = 0{,}35;\ P(X \leq 160)$
b) $n = 600;\ p = 0{,}62;\ P(352 \leq X \leq 392)$

12 Beim Telemarketing werden die Kunden per Telefon angesprochen und sollen zum Kauf des betreffenden Produktes angeregt werden. Erfahrungsgemäß erreicht ein Verkäufer nur 68 % der angerufenen Kunden. Angenommen, der Verkäufer plant im Laufe der nächsten vier Wochen 1250 Personen anzurufen.
Es sei X die Anzahl der erreichten Personen.
a) Berechnen Sie den Erwartungswert und die Standardabweichung von X.
b) Berechnen Sie $P(X \geq 880)$ mithilfe der Gaußschen Normalverteilung als Näherung für die Binomialverteilung.
c) Ermitteln Sie mithilfe der Sigma-Regeln, in welches zum Erwartungswert symmetrische Intervall die Anzahl der erreichten Personen mit 95,5 %-iger Wahrscheinlichkeit fallen wird.

Binomialverteilung – Steckbrief
- n Versuche
- Trefferwahrscheinlichkeit p
  Wahrscheinlichkeit für einen Fehlschlag 1 – p
- Zufallsgröße X: Anzahl der Treffer
- **Wahrscheinlichkeitsverteilung**
  Wahrscheinlichkeit für genau k Treffer:
  $P(X = k) = \binom{n}{k} \cdot p^k \cdot (1 - p)^{n-k}$
- **kumulierte Wahrscheinlichkeit**
  Wahrscheinlichkeit für höchstens k Treffer:
  $P(X \leq k) = \sum_{i=0}^{k} \binom{n}{i} \cdot p^i \cdot (1 - p)^{n-i}$

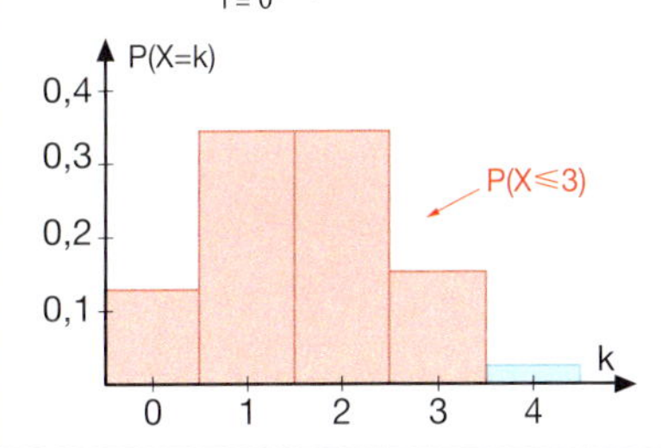

Eigenschaften der Binomialverteilung
- **Erwartungswert** $E(X) = \mu = n \cdot p$
- **Standardabweichung** $\sigma(X) = \sigma = \sqrt{n \cdot p \cdot (1 - p)}$
- **Sigma-Regeln**

Für $\sigma > 3$ kann man mit den Sigma-Regeln die Wahrscheinlichkeit dafür abschätzen, dass die Trefferanzahl X um höchstens $k \cdot \sigma$ von μ abweicht.

a	$P(\lvert X - \mu \rvert \leq a)$
σ	68,3 %
2σ	95,5 %
3σ	99,7 %

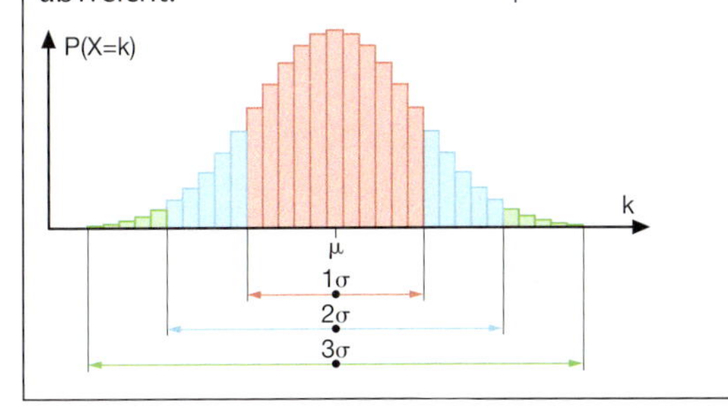

Die Gaußsche Normalverteilung φ als Näherung für die Binomialverteilung, falls σ > 3
So wird es gemacht:
Es soll $P(X \leq k)$ berechnet werden.
Standardisieren: $z = \frac{k - \mu}{\sigma}$

$P(X \leq k) \approx \int_{-\infty}^{z} \varphi(x)\,dx$ (Wert des Integrals aus Tabelle ablesen oder mit Software berechnen)

CHECK UP

Schluss von der Gesamtheit auf die Stichprobe

Schätzwert für die Trefferanzahl in der Stichprobe: Erwartungswert μ der Gesamtheit

Prognoseintervalle: Mit den Sigma-Regeln kann man prognostizieren, in welches zum Erwartungswert symmetrische Intervall die Trefferanzahl, z. B. mit einer „Sicherheit" von 95,5 %, fällt. Das **95,5 %-Prognoseintervall** ist $[\mu - 2\sigma;\ \mu + 2\sigma]$. Für die **relative Häufigkeit** der Trefferanzahl bei einer Stichprobe des Umfangs n erhält man als 95 %-Prognoseintervall $\left[p - 1{,}96\frac{\sigma}{n};\ p + 1{,}96\frac{\sigma}{n}\right]$.

Stetige Zufallsgrößen und Normalverteilung

Die **Wahrscheinlichkeitsdichte f (x)** ist keine Wahrscheinlichkeit. Es gilt aber: Die Wahrscheinlichkeit, dass eine Zufallsgröße X in das Intervall $[x;\ x + \Delta x]$ fällt, ist in etwa $f(x) \cdot \Delta x$.

Standardnormalverteilung

Die Zufallsverteilung mit der Dichtefunktion

$\varphi(z) = \frac{1}{\sqrt{2\pi}} e^{-\frac{z^2}{2}}$

nennt man Standardnormalverteilung.

Ihr Erwartungswert ist $\mu = 0$ und ihre Standardabweichung ist $\sigma = 1$.

Die Wahrscheinlichkeit, dass die Zufallsgröße Z kleiner oder gleich einem bestimmten Wert z_0 ist, entspricht der Fläche unter der Standardnormalverteilung von $-\infty$ bis z_0:

$P(Z \leq z_0) = \int_{-\infty}^{z_0} \varphi(x)\,dx$

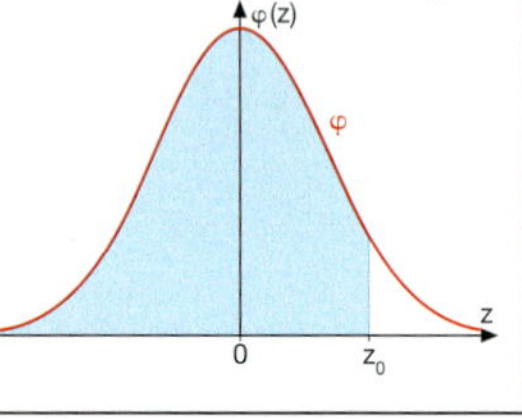

Von der Normalverteilung zur Standardnormalverteilung

Viele Zufallsgrößen sind in etwa normalverteilt. Mathematisch wird dies mit der sogenannten Normalverteilung mit dem Erwartungswert μ und der Standardabweichung σ modelliert.

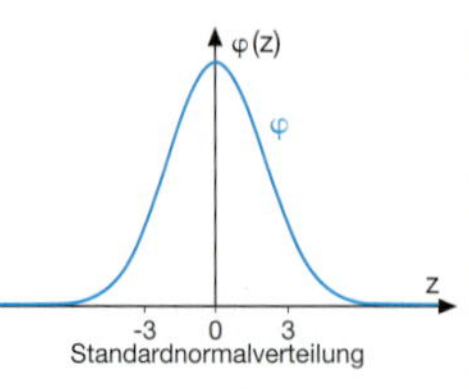

Durch die Standardisierung mit der Formel $z = \frac{x - \mu}{\sigma}$ kann man jede Normalverteilung in die Standardnormalverteilung überführen.

Für Zufallsgrößen X, die in etwa normalverteilt sind, kann man $P(a \leq X \leq b)$ mithilfe der Standardnormalverteilung abschätzen.

13 Es werden 500 Zufallsziffern 0, 1, 2, …, 9 erzeugt und ausgewertet. Dabei ist X die absolute Häufigkeit der Ziffer 9. Bestimmen Sie das 95,5 %-Prognoseintervall. Interpretieren Sie das Ergebnis.

14 Angenommen, der Anteil der Wähler einer Partei ABC an der Gesamtwählerschaft beträgt 37 %. Von einem Meinungsforschungsinstitut wird eine Stichprobe von 1000 Wählern erhoben. Berechnen Sie das 95 %-Prognoseintervall für den Anteil der ABC-Wähler in dieser Stichprobe.
Tipp: Das 95 %-Prognoseintervall hat eine Breite von $\pm 1{,}96\,\sigma$.

15 Was versteht man unter dem 99,7 %-Prognoseintervall?

16 Ein Würfel wird n-mal geworfen. Die relative Häufigkeit der „Sechsen" sei h.
a) Berechnen Sie das 95,5 %-Prognoseintervall für die relative Häufigkeit h der „Sechsen", wenn n = 300 ist.
b) Wie verändert sich das 95,5 %-Prognoseintervall mit wachsendem n?

17 Warum braucht man beim Rechnen mit der Normalverteilung nur die Werte der Standardnormalverteilung?

18 Was ist der Unterschied zwischen einer empirischen Verteilung und einer Wahrscheinlichkeitsverteilung?

19 Berechnen Sie für die Standardnormalverteilung die folgenden Wahrscheinlichkeiten.
a) $P(Z \leq 0{,}5)$ b) $P(Z \geq 1{,}5)$ c) $P(-0{,}7 \leq Z \leq 0{,}7)$

20 Berechnen Sie die folgenden Wahrscheinlichkeiten für eine normalverteilte Zufallsgröße X mit $\mu = 125$ und $\sigma = 5$.
a) $P(X \leq 110)$ b) $P(X \geq 132)$ c) $P(113 \leq X \leq 137)$

21 Die Minen für einen Druckbleistift sollten einen Durchmesser von 0,5 mm haben. Minen mit einem Durchmesser, der kleiner als 0,485 mm ist, fallen aus dem Druckbleistift heraus, da sie zu dünn sind. Minen mit einem Durchmesser, der größer als 0,52 mm ist, sind zu dick, sie passen nicht in den Druckbleistift. Ein Hersteller produziert entsprechende Minen mit einem Erwartungswert von 0,5 mm bei einer Standardabweichung von 0,01 mm. Mit welcher Wahrscheinlichkeit passt eine der Produktion zufällig entnommene Mine in den Druckbleistift?

22 In der Vergangenheit haben ca. 85 % der Urlauber, die einen Aufenthalt in einer großen Ferienanlage gebucht haben, diesen Aufenthalt auch angetreten. Die Kapazität der Anlage beträgt 485 Gäste, gebucht haben 580 Gäste.
a) Kann es sein, dass die Hotelkapazität dennoch ausreicht?
b) Wenn ja, ist dies sicher, oder wie groß ist die Wahrscheinlichkeit, dass die Hotelkapazität ausreicht?

5 Beurteilende Statistik

In der beurteilenden Statistik geht es um Verfahren, wie man mithilfe von Stichproben auf nicht bekannte Parameter in der Grundgesamtheit zurückschließen kann, kurz gesagt, um den ***Schluss von der Stichprobe auf die Grundgesamtheit****.*

Bisher ging es in der Wahrscheinlichkeitstheorie meist um den umgekehrten Schluss von der Grundgesamtheit auf die Stichprobe. Zum Beispiel wurde bei den Prognoseintervallen von der bekannten Wahrscheinlichkeit p in der Grundgesamtheit auf den entsprechenden Anteil in einer Zufallsstichprobe geschlossen. In diesem Kapitel werden die zwei wichtigen Verfahren der beurteilenden Statistik behandelt: Das ***Schätzen*** *und das* ***Testen****.*

5.1 Schätzen von Anteilen – Konfidenzintervalle

Wenn am nächsten Sonntag Wahlen wären, so würden 32 % der Bundesbürger die Partei X wählen.

Solche Aussagen sind Ergebnisse von Studien, die mithilfe von Zufallsstichproben ermittelt werden. In der Regel geben sie nicht exakt die Verhältnisse in der Grundgesamtheit wieder. Die Statistiker ermitteln Konfidenzintervalle, in denen man den wahren Anteil in der Grundgesamtheit mit einer bestimmten Sicherheitswahrscheinlichkeit schätzen kann. Dabei spielt die Binomialverteilung als zugrunde liegendes Modell eine Rolle.

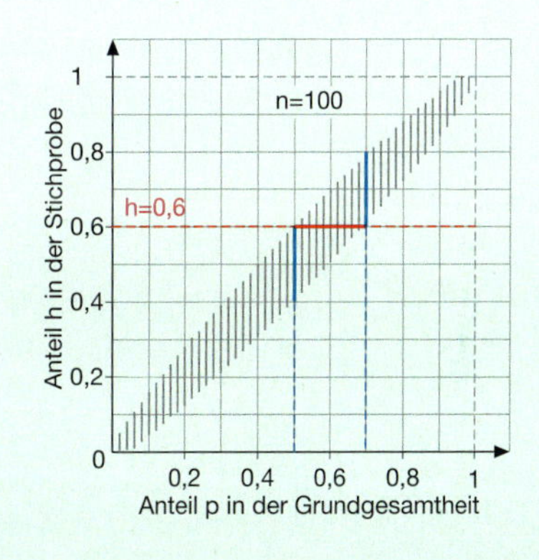

5.2 Testen von Hypothesen

Beim Testen liegt in der Regel eine Behauptung (Hypothese), z. B. über eine bestimmte Wahrscheinlichkeit in der Grundgesamtheit, vor. Diese wird mit einem Signifikanztest überprüft, indem man sie mit dem Ergebnis einer Zufallsstichprobe vergleicht: Kleinere Abweichungen vom erwarteten Wert wird man als zufallsbedingt akzeptieren, auffällig große Abweichungen sprechen gegen die Hypothese. Die daraus resultierenden Entscheidungen sind mit Unsicherheit behaftet, die Wahrscheinlichkeiten für die möglichen Fehler können durch das Verfahren beschränkt werden.

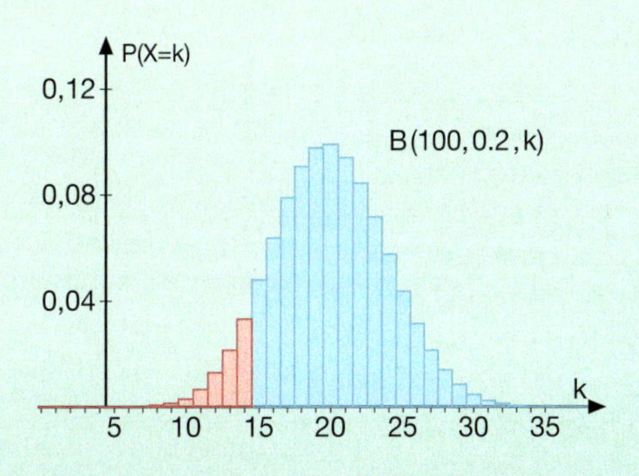

5.3 Andere Testverfahren

Bei den bisherigen Signifikanztests wurde in der Regel eine binomialverteilte Testgröße zugrunde gelegt. Als wichtige Testverfahren mit anders verteilten Testgrößen werden der Vierfelder-Test und der Chi-Quadrat-Test behandelt und auf einige typische Beispiele angewendet.

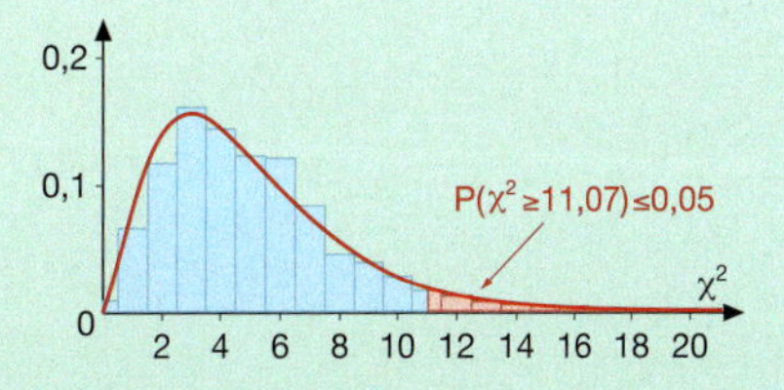

5.1 Schätzen von Anteilen - Konfidenzintervalle

Was Sie erwartet

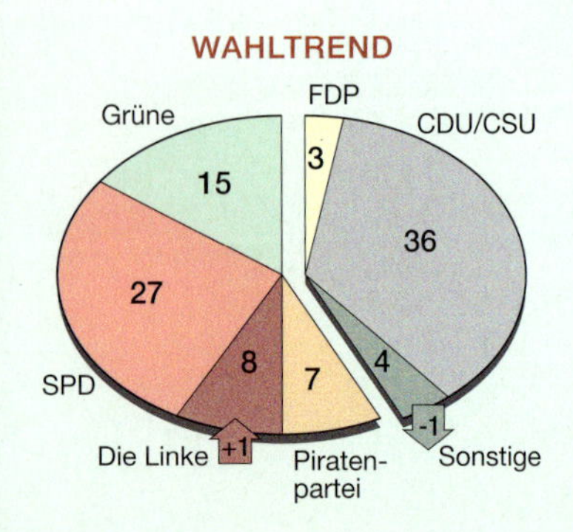

Täglich finden Sie in den Medien Aussagen, wie „73 % aller Haushalte in Deutschland sind online" oder „Wahltrend: 7 % aller Wähler wählen die Piratenpartei" usw. Zumeist werden diese Anteile aus Stichproben ermittelt. Bei Forsa, einem Meinungsforschungsinstitut, werden z. B. bei dem „Politbarometer" 2052 Personen befragt (Stern, 6/2012). Es ist relativ unwahrscheinlich, dass der in der Stichprobe ermittelte Prozentsatz genau mit dem wahren Anteil in der Grundgesamtheit übereinstimmt. Man kann ihn aber als Schätzwert (Punktschätzung) verwenden. In der Regel wissen wir nicht, wie gut das Stichprobenergebnis die Verhältnisse in der Gesamtheit widerspiegelt. Die Statistiker sind deshalb vorsichtiger; sie ermitteln Intervalle, in denen man den wahren Anteil in der Grundgesamtheit mit einer bestimmten Sicherheit erwarten kann. Diese Schätzintervalle nennt man Konfidenzintervalle. Gibt man den gesuchten Anteil in der Gesamtheit mithilfe von Konfidenzintervallen an, so könnte eine Aussage lauten: „Der Bereich von (7 ± 2,5) % überdeckt mit 95 %-iger Wahrscheinlichkeit den wahren Anteil der „Piratenpartei" (Stichprobenumfang 2052)." Solche Aussagen findet man üblicherweise nicht in den Schlagzeilen der Medien; sie liegen den seriösen statistischen Untersuchungen zugrunde.

Aufgaben

1 *Der Schluss von dem Stichprobenergebnis auf die Gesamtheit*

Das Wahlkampfteam der Bürgermeisterkandidatin Frau Haus nimmt an, dass sie unter allen Wahlberechtigten mit 40 % der Stimmen rechnen kann. In einer Zufallsstichprobe werden 100 Wahlberechtigte befragt, ob sie für Frau Haus stimmen.

a) Welcher Stimmenanteil ist in der Stichprobe mit großer Sicherheit zu erwarten? Berechnen Sie das 95 %-Prognoseintervall.

b) Es stimmen nur $h = 28\,\%$ der Befragten für Frau Haus. Dies nährt den Verdacht, dass der wahre Stimmenanteil nicht 40 % beträgt. Was kommt als Stimmenanteil p infrage? Bei der Beantwortung dieser Frage hilft die Stochastik.

Zur Erinnerung:
Prognoseintervalle (Seite 130)

„verdächtige" Stichprobenergebnisse
Ergebnisse einer Stichprobe, die außerhalb des 95 %-Prognoseintervalls liegen, können zwar auch auftreten (Wahrscheinlichkeit < 5 %), aber diese Wahrscheinlichkeit ist so klein, dass wir ein solches Stichprobenergebnis als statistisch „verdächtig" einstufen.

> Alle Wahrscheinlichkeiten p, in deren 95 %-Prognoseintervall das Strichprobenergebnis liegt, sollen als Werte für p infrage kommen. Diese Werte für p nennen wir mit dem Stichprobenergebnis h „statistisch verträglich".

In der nebenstehenden Abbildung ist für verschiedene p jeweils das 95 %-Prognoseintervall dargestellt. Lesen Sie aus dem Diagramm das jeweilige Prognoseintervall zu $p = 0{,}4$ und $p = 0{,}3$ ab. Liegt das Stichprobenergebnis in einem der Intervalle?
Ermitteln Sie für p den kleinsten und den größten Wert, bei dem das Stichprobenergebnis $h = 0{,}28$ gerade noch in dem betreffenden Prognoseintervall liegt.

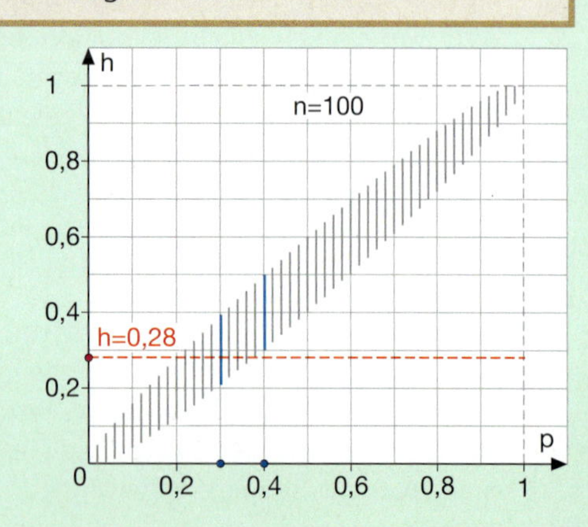

Aufgaben

2 *Schätzen von Anteilen*

A	**B**
Sie wissen, dass in einer Urne 10 000 Kugeln liegen und dass davon 4000 blau und 6000 rot sind. Der Anteil p(R) ist also bekannt. Sie entnehmen eine Zufallsstichprobe von 100 Kugeln (Ziehen mit Zurücklegen). Wie groß schätzen Sie den Anteil h(R) an roten Kugeln in der Stichprobe?	Sie wissen, dass in einer Urne 10 000 Kugeln liegen und dass davon manche blau und die anderen rot sind. Sie entnehmen eine Zufallsstichprobe von 100 Kugeln (Ziehen mit Zurücklegen), darin befinden sich 52 rote Kugeln. Wie groß schätzen Sie den Anteil p(R) an roten Kugeln in der Urne?

a) Worin unterscheiden sich die beiden Aufgabenstellungen?
Beantworten Sie in **A** und **B** die Fragen. Vergleichen Sie Ihre Schätzungen untereinander. Wie bewerten Sie jeweils die „Sicherheit" Ihrer Schätzungen?

b) In **A** schließt man von der Gesamtheit auf die Stichprobe. Mithilfe des Anteils p(R) an roten Kugeln in der Gesamtheit und Vorgabe einer Sicherheitswahrscheinlichkeit (z. B. 95 %) kann man das Prognoseintervall berechnen. In dieses Intervall fällt das Stichprobenergebnis mit der Sicherheitswahrscheinlichkeit (z. B. 95 %).

Schluss von der Grundgesamtheit auf die Stichprobe

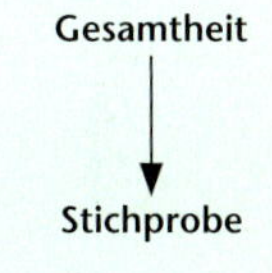

Der Anteil p(R) = 0,6 in der Grundgesamtheit ist bekannt, die relative Häufigkeit h(R) in der Stichprobe soll geschätzt werden. Berechnen Sie ein Prognoseintervall mit der Sicherheitswahrscheinlichkeit von 95 %.

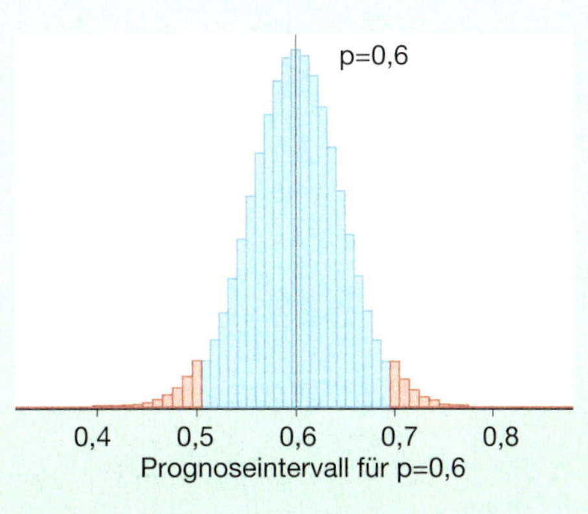

Prognoseintervall für p=0,6

Formel zum Berechnen des 95 %-Prognoseintervalls für relative Häufigkeiten:

$p \pm 1{,}96\sqrt{\frac{p \cdot (1-p)}{n}}$

Siehe Lernabschnitt 4.2

c) In **B** möchte man von einem Stichprobenergebnis auf die Gesamtheit schließen, d. h. man möchte herausfinden, welche Anteile p in der Gesamtheit mit dem Stichprobenergebnis h „statistisch verträglich" sind. Dies entscheiden wir wie folgt:

1. Festlegen
   - der Werte von p, die wir überprüfen wollen
   - der Sicherheitswahrscheinlichkeit (z. B. 95 %)
2. Ermitteln des (95 %-)Prognoseintervalls zu p
3. Entscheidung: Liegt das Stichprobenergebnis h in dem (95 %-)Prognoseintervall zu p, dann ist p mit h statistisch verträglich, ansonsten nicht.

Begründen Sie mit den Abbildungen, dass der Wert $p_1 = 0{,}45$ mit dem Stichprobenergebnis statistisch verträglich ist, der Wert $p_2 = 0{,}4$ aber nicht. Erläutern Sie zunächst möglichst genau, was in den Abbildungen dargestellt ist.

Schluss von der Stichprobe auf die Grundgesamtheit

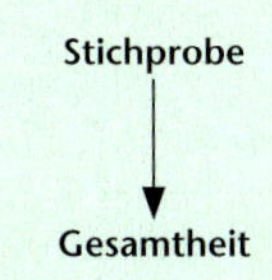

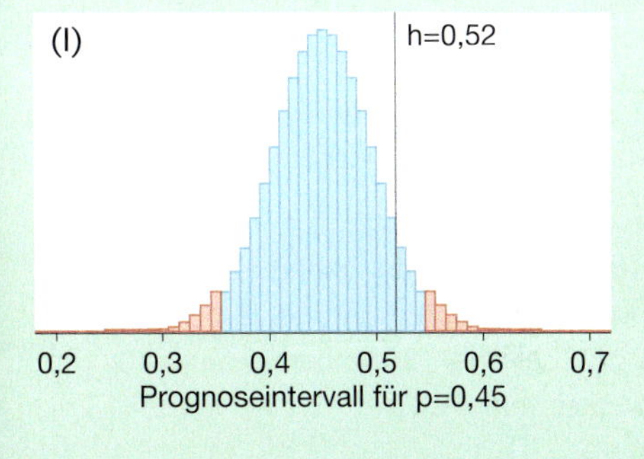

Prognoseintervall für p=0,45

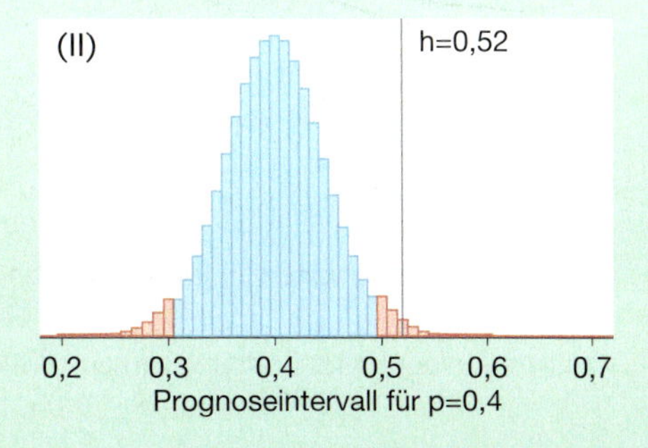

Prognoseintervall für p=0,4

Basiswissen

Merkmal: Geschlecht
Merkmalsausprägung: männlich, weiblich

Entscheiden mit Prognoseintervallen

Was ist ein Prognoseintervall?
Angenommen, der Anteil p einer Merkmalsausprägung ist bekannt. Dann ist z. B. das 95 %-Prognoseintervall das zum Erwartungswert symmetrische Intervall, in das mit 95 %-iger Wahrscheinlichkeit die relative Häufigkeit h der Merkmalsausprägung in der Stichprobe fällt.

Schließen von der Grundgesamtheit auf die Stichprobe

Grundgesamtheit
Anteil p
↓
Stichprobe
Prognoseintervall für h

Entscheidung
Liegt ein Stichprobenergebnis außerhalb des 95 %-Prognoseintervalls, kann dieses Ergebnis auch zufällig auftreten. Die Wahrscheinlichkeit für ein solches Ergebnis ist allerdings so klein (< 5 %), dass wir es als statistisch „unverträglich" ansehen mit der Annahme, dass der Anteil in der Gesamtheit p beträgt. Wir irren uns bei dieser Entscheidung mit einer Wahrscheinlichkeit von 5 %. Bei sehr wichtigen Entscheidungen verlangt man allerdings kleine „Irrtumswahrscheinlichkeiten", z. B. 1 %. Dann verwendet man das 99 %-Prognoseintervall.

Anmerkung
Bewerten wir ein Stichprobenergebnis als statistisch „unverträglich" mit der Annahme über die Gesamtheit, wissen wir allerdings nicht, warum. Die Frage nach der Ursache muss noch geklärt bzw. weitere Untersuchungen müssen angestellt werden.

Beispiele

A *Stichprobenergebnis statistisch verträglich mit der Annahme?*
Angenommen, 40 % der Bürger sind für eine Steuersenkung im kommenden Jahr.
Ein Meinungsforschungsinstitut ermittelt in einer Zufallsstichprobe von 600 Personen den Anteil h der Personen in der Stichprobe, die für eine Steuersenkung sind.
a) Bestimmen Sie das 95 %-Prognoseintervall, wenn die Annahme $p = 0,4$ in der Grundgesamtheit zutreffend ist.
b) Ist ein Stichprobenergebnis von 213 statistisch verträglich mit der Annahme, dass 40 % aller Bürger für eine Steuersenkung sind?

Lösung:
a) Berechnung des 95 %-Prognoseintervalls:
Da $\sigma = \sqrt{600 \cdot 0,4 \cdot 0,6} = 12 > 3$, kann man mit den Regeln von Seite 153 rechnen.
95 %-Prognoseintervall: $p \pm 1,96\sqrt{\frac{p(1-p)}{n}} = 0,4 \pm 1,96\sqrt{\frac{0,4 \cdot 0,6}{600}} = 0,4 \pm 0,0392$
95 %-Prognoseintervall: $[0,3608; 0,4392]$
b) Beträgt der Anteil der Befragten, die für eine Steuersenkung sind, 213, so entspricht dieser Anteil der relativen Häufigkeit $h = \frac{213}{600} = 0,355$.
Dieser Wert liegt außerhalb des berechneten Prognoseintervalls und ist somit auf dem 95 %-Niveau nicht statistisch verträglich mit der 40 %-Annahme für alle Bürger.

B *Stichprobenergebnisse durch Simulation*
Eine Bernoulli-Kette der Länge 50 mit $p = 0,6$ wird 100-mal simuliert. Das nebenstehende Diagramm stellt die Verteilung der jeweils erzielten Treffer in den 100 Stichproben dar. Wie viele der Trefferanzahlen liegen innerhalb des 95 %-Prognoseintervalls?

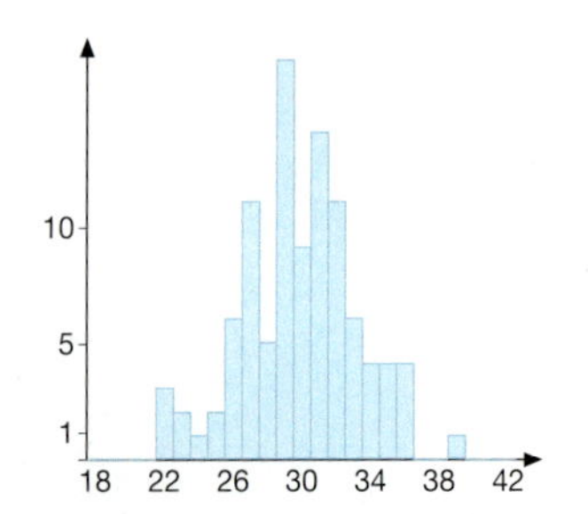

Lösung:
Das 95 %-Prognoseintervall lässt sich auch für die absoluten Häufigkeiten angeben:
$n \cdot p \pm 1,96\sqrt{n \cdot p \cdot (1-p)} = 30 \pm 6,79$. Gerundet erhält man das Intervall $[23; 37]$.
Außerhalb liegen vier Trefferanzahlen (dreimal „22", einmal „39"), bei 96 Simulationen liegt die Trefferanzahl innerhalb des 95 %-Prognoseintervalls.

Konfidenzintervalle für Anteile

Basiswissen

Schließen von der Stichprobe auf die Grundgesamtheit

Stichprobe
relative Häufigkeit h

Grundgesamtheit
Anteil p

Situation
Der Anteil p einer Merkmalsausprägung in der Grundgesamtheit ist unbekannt.
In einer Stichprobe mit dem Umfang n tritt die Merkmalsausprägung mit der relativen Häufigkeit h auf. Mit dem Ergebnis der Stichprobe möchte man auf die Gesamtheit schließen.

Fragen
Aus welcher Grundgesamtheit könnte das Stichprobenergebnis stammen?
Mit welchem Anteil p in der Grundgesamtheit ist das Stichprobenergebnis „statistisch verträglich"? Welche Anteile p kommen infrage?

Entscheidung
Alle Werte für p, in deren 95 %-Prognoseintervall das Stichprobenergebnis h liegt, sind „statistisch verträglich" mit h. Diese Werte bilden das **95 %-Konfidenzintervall**.

95 %: Sicherheitswahrscheinlichkeit

Wie bei den Prognoseintervallen wählt man auch andere Sicherheiten, z. B. 90 % oder 99 %.

Bestimmung des Konfidenzintervalls
Das Diagramm bezieht sich auf eine Stichprobe mit dem Umfang 100, in der die relative Häufigkeit der Merkmalsausprägung h = 0,6 festgestellt wurde. Diese ist eingezeichnet, ebenso die 95 %-Prognoseintervalle für verschiedene (angenommene) Werte von p.

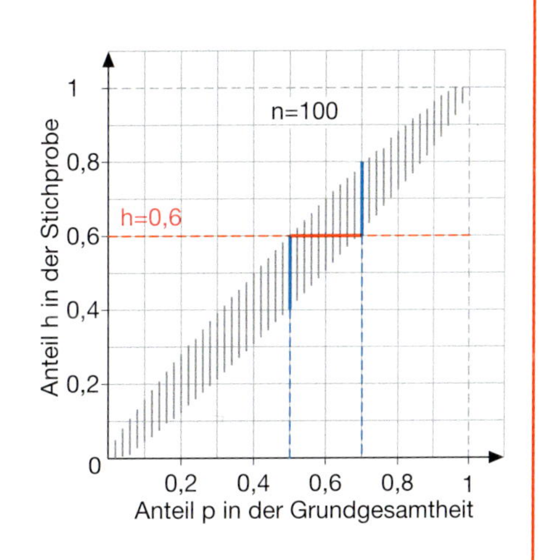

Man kann ablesen: Für p ≈ 0,5 liegt h gerade noch in dem betreffenden 95 %-Prognoseintervall, ebenso für p ≈ 0,7. Das **95 %-Konfidenzintervall** ist etwa **[0,5; 0,7]**.

Man kann Konfidenzintervalle auch berechnen, siehe Beispiel F.

Interpretation
Mit einer Sicherheitswahrscheinlichkeit von 95 % überdeckt das Konfidenzintervall [0,5; 0,7] den wahren Anteil p.

Siehe hierzu Übung 20, Seite 160.

Beispiele

C *Diagramme interpretieren*
a) Was stellt das Diagramm dar?
b) Lesen Sie die 99 %-Prognoseintervalle für p = 0,4 und p = 0,8 ab.
c) Ermitteln Sie das 99 %-Konfidenzintervall zum Stichprobenergebnis h = 0,58.

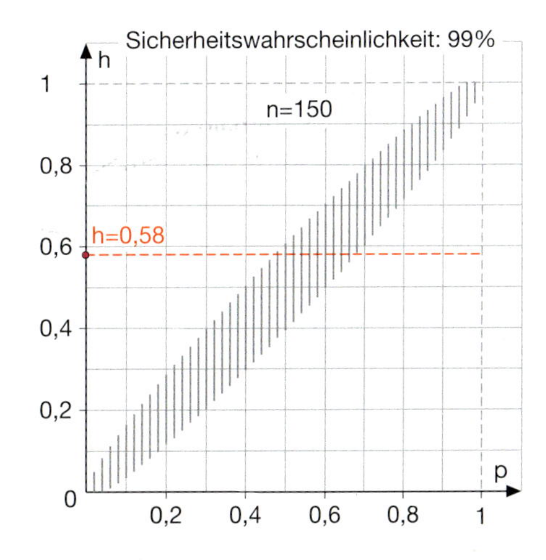

Lösung:
a) In dem nebenstehenden Diagramm sind die 99 %-Prognoseintervalle für verschiedene Anteile p dargestellt.

b) 99 %-Prognoseintervall
für p = 0,4: [0,3; 0,5]
für p = 0,8: [0,72; 0,88]

c) 99 %-Konfidenzintervall: [0,47; 0,68]

Beispiele

D *Fehlertoleranz*

Bei Umfragen wird das Ergebnis häufig mit einer „Fehlertoleranz" angegeben. Von 100 befragten Personen äußerten sich 50 positiv zu dem Bau einer neuen Brücke. Das Ergebnis der Untersuchung wurde wie folgt veröffentlicht:
(50 ± 10) % der Bevölkerung begrüßen den Bau der neuen Brücke.
Erklären Sie mit dem Diagramm im Basiswissen die Fehlertoleranz von 10 %.

Lösung:
Die relative Häufigkeit der „Ja-Sager" in der Stichprobe beträgt $h = 0{,}5$. Aus dem Diagramm liest man ab: Für $p = 0{,}4$ und $p = 0{,}6$ liegt h gerade noch in dem betreffenden Prognoseintervall. Das Konfidenzintervall ist [0,4; 0,6], d. h. $p = (50 \pm 10)\,\%$.

E *Meinungsumfrage*

Bei einer Befragung von 200 zufällig ausgewählten Personen einer Großstadt bejahten 90 die Einführung einer „Wertstofftonne". Ist dieses Stichprobenergebnis noch statistisch verträglich mit der Annahme, dass die Hälfte der Einwohner dieser Großstadt die Einführung der Wertstofftonne bejaht?

Lösung:
Wir entscheiden: Alle Werte für p, in deren 95 %-Prognoseintervall das Stichprobenergebnis h liegt, sind statistisch verträglich mit dem Stichprobenergebnis.
Das zur Stichprobe passende Diagramm zeigt: h liegt in dem Prognoseintervall zu $p = 0{,}5$. Das Konfidenzintervall [0,38; 0,52] enthält $p = 0{,}5$.
Die Annahme, dass die Hälfte der Einwohner dieser Großstadt die Einführung der Wertstofftonne bejaht, ist (gerade noch) statistisch verträglich mit dem Stichprobenergebnis.

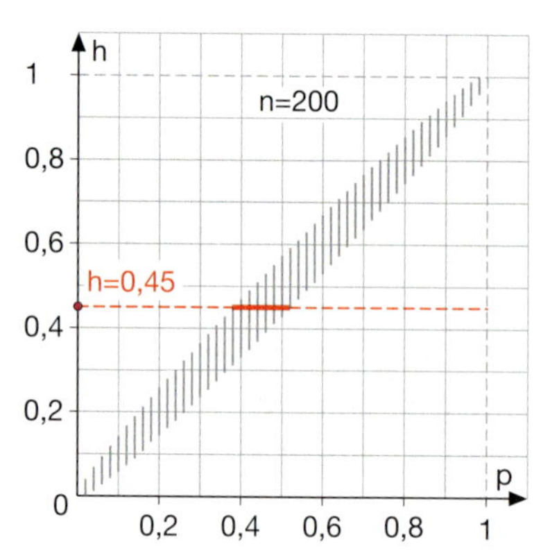

F *Berechnung von Konfidenzintervallen mithilfe der σ-Regeln*

Bei einer Stichprobe von 100 Brillenträgern benutzen 54 gelegentlich auch Kontaktlinsen. Berechnen Sie das 95 %-Konfidenzintervall.

Voraussetzungen für die rechnerischen Verfahren:
Die Merkmalsausprägungen in der Grundgesamtheit sind binomialverteilt, zudem sollte $\sqrt{n \cdot h \cdot (1 - h)} > 3$ gelten.

Methode I: *Quadratische Gleichung lösen*
Für einen vorgegebenen Anteil p in der Grundgesamtheit gilt für das

95 %-Prognoseintervall: $\left[p - 1{,}96\sqrt{\frac{p(1-p)}{n}};\; p + 1{,}96\sqrt{\frac{p(1-p)}{n}}\right]$

Gesucht sind die Werte von p, die mit der in der Stichprobe ermittelten relativen Häufigkeit h gerade noch statistisch verträglich sind. h muss somit auf dem unteren bzw. oberen Rand der entsprechenden Prognoseintervalle liegen.

Unterer Rand	Oberer Rand
$h = p + 1{,}96\sqrt{\frac{p(1-p)}{n}}$	$h = p - 1{,}96\sqrt{\frac{p(1-p)}{n}}$
$0{,}54 - p = 1{,}96\sqrt{\frac{p(1-p)}{100}}$	$0{,}54 - p = -1{,}96\sqrt{\frac{p(1-p)}{100}}$

Rechnung: Quadrieren liefert in beiden Fällen die quadratische Gleichung:

$$0{,}54^2 - 1{,}08\,p + p^2 = 0{,}03842\,p(1 - p)$$
$$1{,}03842\,p^2 - 1{,}11842\,p + 0{,}2916 = 0$$
$$p^2 - 1{,}07704\,p + 0{,}280811 = 0$$

Lösen der quadratischen Gleichung liefert folgende Werte für p:
$$p = 0{,}5385 \pm 0{,}096$$

Als 95 %-Konfidenzintervall erhält man [0,4425; 0,6345].

Methode II: *Näherungsrechnung – schnell und nicht schlecht*

Vermutlich unterscheidet sich die relative Häufigkeit h in der Stichprobe von dem Anteil p in der Gesamtheit nur wenig. Daher genügt es oft, mit dem folgenden Ansatz zu rechnen:

$h = p + 1{,}96\sqrt{\frac{h(1-h)}{n}}$ $\qquad$ $h = p - 1{,}96\sqrt{\frac{h(1-h)}{n}}$

$0{,}54 = p + 1{,}96\sqrt{\frac{0{,}54 \cdot 0{,}46}{100}}$ $\qquad$ $0{,}54 = p - 1{,}96\sqrt{\frac{0{,}54 \cdot 0{,}46}{100}}$

$p = 0{,}54 - 0{,}0977 = 0{,}4423$ $\qquad$ $p = 0{,}54 + 0{,}0977 = 0{,}6377$

Als 95%-Konfidenzintervall erhält man [0,4423; 0,6377].

Allgemeine Näherungsformel für das 95%-Konfidenzintervall:

$$\left[h - 1{,}96\sqrt{\frac{h(1-h)}{n}};\ h + 1{,}96\sqrt{\frac{h(1-h)}{n}}\right]$$

Methode III: *Näherungsrechnung – noch schneller*

Da $h(1-h) \le 0{,}25$ erfüllt ist, gilt: $\sqrt{\frac{h(1-h)}{n}} \le \sqrt{\frac{1}{4n}}$

Für das 95%-Konfidenzintervall erhält man damit:
[0,54 – 0,098; 0,54 + 0,098] = [0,442; 0,638]

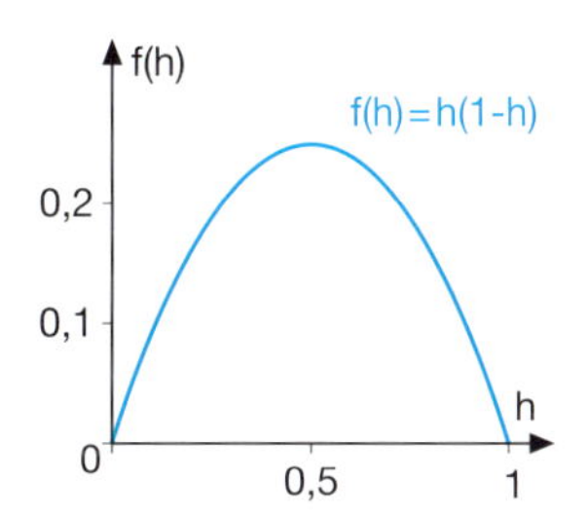

Grobe Abschätzung für das 95%-Konfidenzintervall:

$$\left[h - 1{,}96\sqrt{\frac{1}{4n}};\ h + 1{,}96\sqrt{\frac{1}{4n}}\right]$$

Wichtig:
Dieses Näherungsverfahren liefert nur gute Werte, wenn h und p sich nicht sehr von 0,5 unterscheiden.

Wegen $1{,}96\sqrt{\frac{1}{4n}} \approx \frac{1}{\sqrt{n}}$ verwendet man auch $\left[h - \frac{1}{\sqrt{n}};\ h + \frac{1}{\sqrt{n}}\right]$ als Approximation.

Übungen

3 *Prognoseintervall*

Angenommen, 40% der Abiturienten eines Jahrgangs möchten zuerst eine Berufsausbildung beginnen. Eine Zufallsstichprobe von 50 Abiturienten wird erhoben. In der Stichprobe wollen 25 Abiturienten zunächst mit einer Ausbildung beginnen. Liegt dieses Stichprobenergebnis in dem 95%-Prognoseintervall?

4 *Skifahrer*

Der Anteil der Skifahrer an der Gesamtbevölkerung beträgt 27%. In einer Zufallsstichprobe von 75 Personen sind 10 Skifahrer.

a) Liegt dieses Ergebnis in dem 95%-Prognoseintervall?

b) Was kann man folgern, wenn das Ergebnis nicht in dem 95%-Prognoseintervall liegt? Bedenken Sie mehrere Möglichkeiten.

5 *Vergleich*

Bei der Meinungsumfrage in Beispiel E wurde das Konfidenzintervall mithilfe des dabei abgebildeten Diagramms bestimmt. Berechnen Sie das Konfidenzintervall mit einer der in Beispiel F angegebenen Methoden und vergleichen Sie.

6 *Senioren*

Laut Statistischem Bundesamt sind 30% der Personen, die älter als 85 Jahre alt sind, Männer. In einer Zufallsstichprobe von 40 Personen, die älter als 85 Jahre alt sind, beträgt der Anteil der Männer 55%. Ist dieses Ergebnis mit der Angabe des Statistischen Bundesamtes statistisch verträglich? Verwenden Sie das nebenstehende Diagramm.

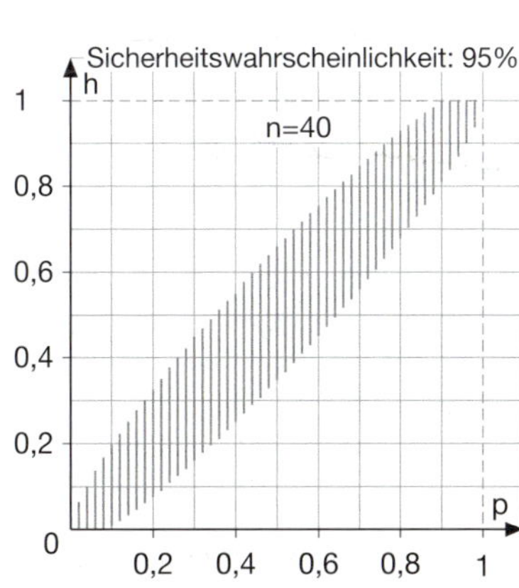

Übungen

7 *Absolute Mehrheit möglich?*
Bei einer Wahlumfrage unter 120 zufällig ausgewählten Personen gaben 54 an, für die Kandidatin A stimmen zu wollen. Lässt das 95%-Konfidenzintervall die Hoffnung auf die absolute Mehrheit zu?

8 *Lohnt sich der CD-Verkauf?*
Die 12000 Karten für ein Rockkonzert sind bereits ausverkauft. In einer Zufallsstichprobe von 240 Kartenkäufern wird gefragt, ob sie beim Konzert eine CD der Rockband kaufen werden. Dabei antworteten 85 der Befragten mit „Ja".
Schätzen Sie bei einer Sicherheitswahrscheinlichkeit von 95%, mit welchem Minimal- und Maximalumsatz an CDs der Veranstalter rechnen kann.

Siehe Berechnungsmethoden in Beispiel F auf Seite 156

9 *Andere Sicherheitswahrscheinlichkeiten*
Bei der Berechnung der 95%-Konfidenzintervalle spielt der Faktor 1,96 eine Rolle. Wo kommt dieser Faktor her? Geben Sie für andere Sicherheitswahrscheinlichkeiten (90%, 99%) den zugehörigen Faktor an.

10 *Sicherheitswahrscheinlichkeit und Länge des Konfidenzintervalls*
Laut Befragung einer Zufallsstichprobe von 750 Jugendlichen in den Klassenstufen 7 bis 12 benutzen 65% regelmäßig den Computer für die Hausaufgaben.
a) Bestimmen Sie das 95%- und das 90%-Konfidenzintervall.
b) Begründen Sie ohne zu rechnen die nebenstehende Aussage.

> Je größer die Sicherheitswahrscheinlichkeit ist, umso länger ist das zugehörige Konfidenzintervall.

11 *Zuordnen von Konfidenzintervallen*
Der Oberbürgermeister einer Stadt soll in Direktwahl ermittelt werden. In einer Blitzumfrage unter 200 zufällig ausgewählten Wahlberechtigten geben 128 an, dass sie den Kandidaten A wählen wollen.
Zu diesem Beispiel sind (ungeordnet) die jeweiligen Konfidenzintervalle zur Sicherheitswahrscheinlichkeit 68%, 90%, 95% und 99% angegeben:
[0,5735; 0,7065], [0,5842; 0,6958], [0,5526; 0,7274], [0,6063; 0,6738]
Welches Intervall gehört zu welchem Sicherheitsniveau? Begründen Sie.

12 *Die Länge des Konfidenzintervalls und der Stichprobenumfang n*
Bei einer Stichprobe des Umfangs 100 und einer anderen Stichprobe des Umfangs 400 wurde jeweils eine relative Häufigkeit von 60% festgestellt. Wie unterscheiden sich die Längen der zugehörigen Konfidenzintervalle? Geben Sie eine begründete Vermutung und prüfen Sie nach.

Nachprüfen:
Mit Diagrammen

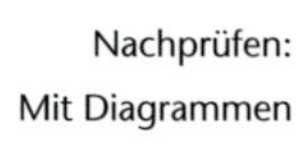

oder Rechnen

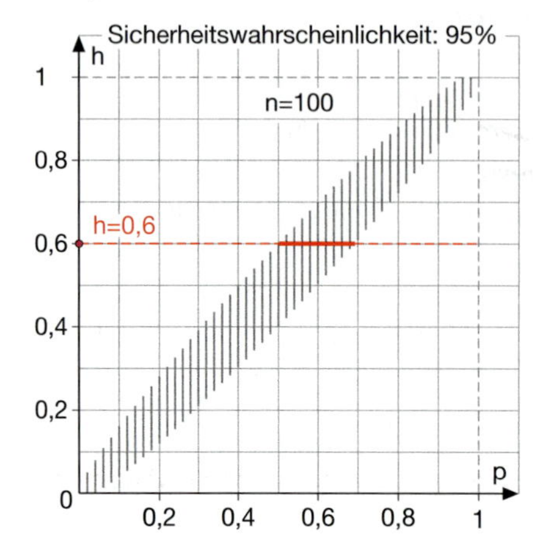

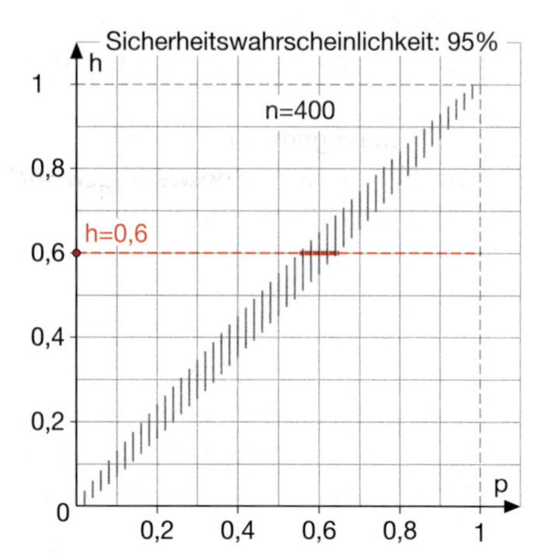

Wie groß muss der Stichprobenumfang n sein?

Wenn man Statistiker fragt, wie groß der Stichprobenumfang n sein muss, so gibt es eine einfache Antwort: „Je größer, desto besser".
Wenn die Antwort etwas präziser ausfallen soll, so muss die Frage präziser gestellt werden: Wie groß muss der Stichprobenumfang n mindestens sein, damit die Fehlertoleranz bei einem 95%-Konfidenzintervall höchstens 3% ist?

Mit den Näherungsformeln für die Konfidenzintervalle können wir hierfür Abschätzungen angeben.

Siehe Beispiel F, Seite 156

Methode II: $\left[h - 1{,}96\sqrt{\frac{h(1-h)}{n}};\ h + 1{,}96\sqrt{\frac{h(1-h)}{n}}\right]$
Die Fehlertoleranz ε des Konfidenzintervalls ist ungefähr gleich $1{,}96\sqrt{\frac{h(1-h)}{n}}$.
Soll die Fehlertoleranz ε höchstens 3% betragen, kann man den notwendigen Stichprobenumfang aus der Gleichung $0{,}03 = 1{,}96\sqrt{\frac{h(1-h)}{n}}$ berechnen.

Methode III: $\left[h - 1{,}96\sqrt{\frac{1}{4n}};\ h + 1{,}96\sqrt{\frac{1}{4n}}\right]$
Die Fehlertoleranz ε des Konfidenzintervalls ist ungefähr gleich $1{,}96\sqrt{\frac{1}{4n}}$.
Soll die Fehlertoleranz ε höchstens 3% betragen, kann man den notwendigen Stichprobenumfang aus der Gleichung $0{,}03 = 1{,}96\sqrt{\frac{1}{4n}}$ berechnen.

Für die Abschätzung nach Methode II muss man für h einen vermuteten Wert annehmen, bei der gröberen Abschätzung nach Methode III ist dies nicht nötig.

Übungen

13 *Wie groß muss der Stichprobenumfang sein?*
Berechnen Sie den notwendigen Stichprobenumfang für ein 95%-Konfidenzintervall bei einer Fehlertoleranz von ε = 3% nach den beiden Methoden. Vergleichen Sie.

Setzen Sie bei Methode II für h einen vermuteten Wert von 0,2 (0,3; 0,6) ein.

14 *Wer es gerne mit Formeln mag*
Begründen Sie die beiden Abschätzungsformeln für den notwendigen Stichprobenumfang n bei einer vorgegebenen Fehlertoleranz ε des 95%-Konfidenzintervalls.

II $n \geq \frac{1{,}96^2 \cdot h(1-h)}{\varepsilon^2}$

III „Faustformel": $n \geq \frac{1}{\varepsilon^2}$

Die „Faustformel" kann auch dann angewendet werden, wenn man keine ungefähre Vermutung über die zugrundeliegende Wahrscheinlichkeit p hat.

15 *Stichprobenumfang bei anderer Sicherheitswahrscheinlichkeit*
Wie ändert sich die Abschätzung, wenn man für das Konfidenzintervall eine Sicherheitswahrscheinlichkeit von 90% (99%) festlegt? Geben Sie passende Formeln an.

16 *Marktanalyse*
Eine Firma möchte den Bekanntheitsgrad ihres neuen Produktes ermitteln. Der Anteil p des Kundenstamms, der das Produkt kennt, soll mithilfe einer Stichprobe auf ±2% genau auf dem 95%-Sicherheitsniveau geschätzt werden.
Wie groß sollte der Umfang der Stichprobe sein?

17 *Bei Wahlprognosen gibt man oft als Fehlertoleranz 2% oder 1% vor*
Schätzen Sie jeweils den notwendigen Stichprobenumfang für
a) ein 95%-Konfidenzintervall, b) ein 99%-Konfidenzintervall.

18 *Genau und sicher?*
In einer Wahlumfrage ergibt eine Stichprobe vom Umfang n = 1000 einen Wähleranteil von 42% für eine Partei. Mit einer Sicherheitswahrscheinlichkeit von 99% kann man bestenfalls das folgende Ergebnis veröffentlichen:
Der Wähleranteil liegt zwischen 38 und 46 Prozent.
Wie ändert sich die Länge des Konfidenzintervalls, wenn man mit einer Sicherheitswahrscheinlichkeit von 90% zufrieden ist?

Übungen

19 *Was passiert, wenn …*

a) Der Stichprobenumfang soll so vergrößert werden, dass die Länge des Konfidenzintervalls halbiert wird (Sicherheitswahrscheinlichkeit 95 % bleibt gleich).
b) Wie ändert sich die Länge des Konfidenzintervalls, wenn die Sicherheitswahrscheinlichkeit von 95 % auf 90 % herabgesetzt wird (Stichprobenumfang bleibt gleich)?
c) Zwei Stichproben gleichen Umfangs aus der gleichen Grundgesamtheit liefern zwei Punktschätzer h_1 und h_2 mit $h_1 < h_2 < 0{,}5$. Was lässt sich über die Länge der zugehörigen Konfidenzintervalle aussagen (Sicherheitswahrscheinlichkeit 95 % bleibt gleich)?

20 *Genauer hingeschaut – Was bedeutet 95 %-Sicherheit?*

Karin erklärt es nach der Recherche in mehreren Fachbüchern so:
„Wenn ich in der gleichen Grundgesamtheit (mit dem Anteil p) immer wieder eine Stichprobe vom Umfang n erhebe, so erhalte ich jedes Mal zufällig einen Wert h für die relative Trefferhäufigkeit und dazu wird das 95 %-Konfidenzintervall konstruiert. Auf Dauer werde ich so in etwa 95 % der Fälle Konfidenzintervalle erhalten, die die wahre Wahrscheinlichkeit p überdecken."
Verdeutlichen Sie die Argumentation mithilfe des folgenden Experimentes.

```
randBin(50,0.4)
                25
randBin(50,0.4)
                15
randBin(50,0.4)
                26
```

5120.ggb

Simulation und Auswertung

Mit dem GTR werden z. B. 20 binomialverteilte Zufallszahlen B(50, 0.4, k) erzeugt und die relative Trefferhäufigkeit h notiert. Das sind 20 Stichprobenergebnisse.
Zu jedem Stichprobenwert h wird dann das zugehörige 95 %-Konfidenzintervall ermittelt. Man kann nun abzählen, wie viele dieser Konfidenzintervalle p = 0,4 überdecken. In dem grafisch dargestellten Beispiel sind dies 19 von 20. Wenn dieses Experiment von vielen Gruppen in der Klasse durchgeführt wird, erhält man viele Simulationen. Darin wird die Gesamtanzahl und der prozentuale Anteil der Konfidenzintervalle ermittelt, die p = 0,4 überdecken.

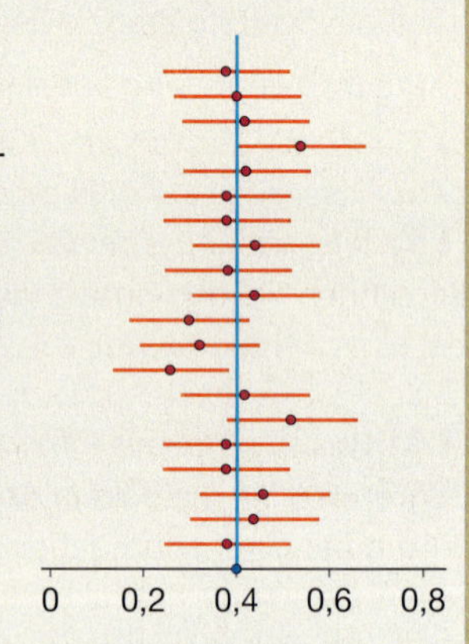

21 *Präzisieren einer Aufgabe*

Der tatsächliche Anteil aller Wahlberechtigten, die ein besseres Jahr erwarten, sei 20 %. Bestimmen Sie das 95 %-Intervall und prüfen Sie, ob das Ergebnis der Umfrage der *Forschungsgruppe Wahlen* unter 1268 Personen (h = 22 %) mit dem tatsächlichen Anteil von 20 % statistisch verträglich ist. Nach welchem Intervall ist hier gefragt, nach dem Prognoseintervall oder nach dem Konfidenzintervall?

22 *Unterschiede*

Beschreiben Sie die Unterschiede zwischen einem Prognoseintervall und einem Konfidenzintervall und erklären Sie diese einer Mitschülerin oder einem Mitschüler.

Wo steckt der Zufall – Eine Hilfe zum Verstehen

Beim 95 %-Prognoseintervall ist der wahre Anteil p in der Grundgesamtheit bekannt. Die relative Häufigkeit h in der Zufallsstichprobe soll geschätzt werden. h ist vom Zufall abhängig, sie liegt mit 95 % Sicherheit im Prognoseintervall.
Beim 95 %-Konfidenzintervall ist der wahre Anteil p in der Grundgesamtheit unbekannt, er soll geschätzt werden. p liegt fest, ist also keine Zufallsgröße. In der Zufallsstichprobe wird die relative Häufigkeit ermittelt, diese ist vom Zufall abhängig. Um diese relative Häufigkeit wird das Konfidenzintervall konstruiert. Es hängt von h ab, also ebenso vom Zufall. Dieses so konstruierte „Zufallsintervall" überdeckt mit der Sicherheitswahrscheinlichkeit von 95 % den wahren Wert p.

Übungen

23 *Spende für den Zoo*
Für eine neue Attraktion im Zoo benötigt die Stadt von den Bürgern zusätzlich noch eine Spende von 250 000 €. Um die Spendenbereitschaft zu testen, wird eine repräsentative Umfrage unter 800 Haushalten durchgeführt. Es wurde danach gefragt, ob ein Haushalt 20 € spenden würde. Die Auszählung ergab, dass 102 von 800 Haushalten den Betrag von 20 € spenden würden. Die Stadt hat insgesamt 98 750 Haushalte.
Untersuchen Sie, ob man mit einer Sicherheit von 95 % davon ausgehen kann, den Betrag von 250 000 € zu erhalten?

24 *Felchen im Fluss*
Es soll untersucht werden, wie viele Felchen in einem Flussbereich leben. Dazu benutzt man die „Capture-Recapture-Methode".

Es werden 1000 Felchen gefangen. Diese Fische werden markiert und wieder freigesetzt. Nach einer gewissen Zeit wird in dem Flussbereich erneut eine bestimmte Anzahl von Felchen gefangen. Der Anteil der markierten Felchen soll Aufschluss über die gesamte Anzahl der Felchen geben.

Von 200 zufällig gefangenen Felchen sind 53 markiert.
a) Geben Sie ein 95 %-Konfidenzintervall für den wahren Anteil markierter Felchen in dem Flussbereich an. Schätzen Sie auf dieser Grundlage die Gesamtanzahl der Felchen.
b) Welche Grundannahmen sind für eine zuverlässige Schätzung mit der Capture-Recapture-Methode notwendig?

25 *Photographic capture and recapture study*

New York Times Science March 16, 2012

Scientist at Work

Population estimate: a count of individual whales by photographic capture-recapture-study

From the Air

The scars and marks on the backs of bowhead whales (Grönlandwale) can be used to identify individuals. However, not all bowhead whales are well marked. An aerial survey team is flying over the open lead to assess the whales that are marked and to photograph („capture") marked animals. These photos will be compared with photos from previous years to „recapture" marked individuals. Although it is a gross oversimplification, knowing the proportion of recaptured animals from the population of marked whales and the overall proportion of marked (but not „captured") whales in the total population can lead to an estimate of the number of animals in the entire population.

a) In diesem Artikel geht es um die Zählung der Population der Grönlandwale. Informieren Sie sich über die wichtigsten Fakten zu dem Grönlandwal und stellen Sie ein „fact sheet" zusammen. Übersetzen Sie den Text aus der *New York Times* und erläutern Sie die in diesem Text dargestellte Capture-Recapture-Studie.
b) Angenommen, den Wissenschaftlern sind 611 markierte Grönlandwale bekannt. Bei der beschriebenen Studie wurden auf den Fotos 856 Wale gezählt, darunter 38 markierte. Der Anteil der markierten Wale an allen Walen in der Studie beträgt $\frac{38}{856} = 0{,}044$. Geben Sie das 95 %-Konfidenzintervall für den Anteil aller markierten Wale an der Gesamtpopulation an. Schätzen Sie hiermit die Gesamtanzahl der Grönlandwale.

Unter einem markierten Wal versteht man einen Wal, den man aufgrund seiner Narben und Markierungen eindeutig wiedererkennen kann.

Aufgaben

26 *Wahlbeteiligung*

Bei der letzten Landtagswahl lag die Wahlbeteiligung bei nur 59 %. Bei einer Befragung unter 840 Wahlberechtigten kurz vor der nächsten Landtagswahl geben 514 an, dass sie zur Wahl gehen wollen. Kann man aufgrund dieses Stichprobenergebnisses mit großer Sicherheit mit einer höheren Wahlbeteiligung rechnen?

27 *Sonntagsfrage*

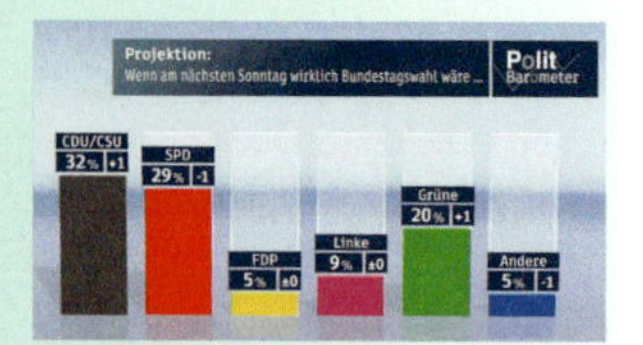

Hintergrundinformationen zur Sonntagsfrage finden Sie im Internet.

Beim Politbarometer wird regelmäßig die Sonntagsfrage gestellt: „Wenn am nächsten Sonntag Wahl wäre, welche Partei würden Sie wählen?" In einer Stichprobe von 1200 befragten Personen gaben 312 an, Partei A wählen zu wollen.

a) Welchen Schluss auf den Anteil der Wähler in der Gesamtheit der Wahlberechtigten zu diesem Zeitpunkt lässt dieses Ergebnis zu?

b) Wie wird nach Ihrer Meinung die Auswahl in der Stichprobe getroffen? Worauf müsste man achten, um grobe Verfälschungen der Schätzung zu vermeiden?

Zufallsstichprobe

Beim Schätzen von Anteilen in einer Grundgesamtheit ist der Ausgangspunkt das Erheben einer Stichprobe aus dieser Grundgesamtheit. Um den Schluss von der Stichprobe auf die Grundgesamtheit möglichst gültig zu ermöglichen, muss die Stichprobenauswahl bestimmte Bedingungen erfüllen.
Bei der **Zufallsstichprobe** hat jedes Element der Grundgesamtheit grundsätzlich die gleiche Chance, in die Zufallsstichprobe zu kommen. Die Zufallsauswahl kann mit einem Urnenmodell beschrieben werden: Die Urne enthält N Kugeln, das entspricht der Anzahl der „statistischen Einheiten" in der Grundgesamtheit, also z. B. aller Wahlberechtigten eines Landes. Jede Kugel ist nummeriert und genau einer statistischen Einheit zugeordnet. Für eine Zufallsstichprobe vom Umfang n zieht man aus der gut durchmischten Urne nacheinander n Kugeln mit Zurücklegen und notiert ihre Nummern, die dann die statistischen Einheiten in der Stichprobe bilden.

Eine Geburtsstunde der modernen Meinungsforschung

George Gallup
1901 – 1984

Die Zeitschrift „The Literary Digest" führte für die Präsidentschaftswahlen 1936 in den USA eine Meinungsumfrage durch. Die Kandidaten waren der Republikaner Alf Landon und der Demokrat Franklin D. Roosevelt. Abonnenten der Zeitschrift, registrierte Autobesitzer und Telefonverzeichnisse dienten als Grundlage für die gigantische Stichprobenauswahl vom Umfang 10 Millionen, wobei sich insgesamt ca. 2,4 Millionen Befragte auch an der Umfrage beteiligten. Aufgrund der Befragung sagte die Zeitschrift kurz vor der Wahl voraus, dass Alf Landon mit 370 von 531 Wahlmännerstimmen gewinnen würde. Tatsächlich erhielt er nur 8 Wahlmännerstimmen und verlor klar die Wahl. Ein gewisser George Gallup hatte mit ca. 50 000 Befragten das Wahlergebnis richtig vorausgesagt. Dieses Ereignis wird oft als Beginn der modernen wissenschaftlichen Meinungsforschung betrachtet. Übrigens leitete diese Schlappe den Niedergang der Zeitschrift ein (*The Literary Digest Desaster*), während das von Gallup gegründete Meinungsforschungsinstitut noch heute existiert und weltweit erfolgreich ist.

28 *Ihre Stellungnahme*

Welche Fehler wurden wohl bei der Stichprobenauswahl von „The Literary Digest" gemacht? Recherchieren Sie auch im Internet.

Schätzungen und Anteile bei Umfragen und Wahlen

29 *Bundestagswahl 2009*

Gegenstand der Nachweisung	Zweitstimmen		
	Anzahl	%	Diff. zu 2005 in %-Pkt.
Wahlberechtigte	62168489	–	–
Wähler	44005575	70,8	–6,9
Ungültige	634385	1,4	–0,1
Gültige	43371190	98,6	0,1
SPD	9990488	23,0	–11,2
CDU	11828277	27,3	–0,5
FDP	6316080	14,6	4,7
Die Linke	5155933	11,9	3,2
Grüne	4643272	10,7	2,6
CSU	2830238	6,5	–0,9

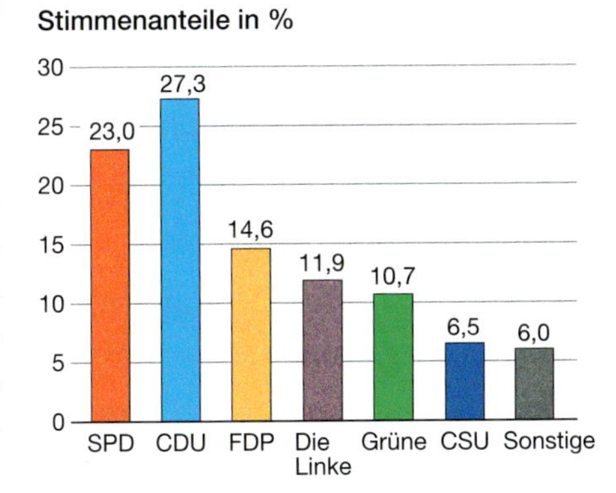

Wahlbeteiligung
Prozentualer Anteil der Wahlberechtigten, die bei einer Wahl gewählt haben

Nichtwähler
Eine wahlberechtigte Person, die bei einer Wahl nicht wählt

a) Geben Sie die Wahlbeteiligung und den prozentualen Anteil der Nichtwähler an. Was halten Sie von der folgenden Schlagzeile: „*Nichtwähler bilden stärkste Partei*"? Belegen Sie Ihre Meinung mit den passenden Zahlen.
b) Zum Zeitpunkt der Wahl war die wahre Wahlbeteiligung noch unbekannt. Kurz nach Schließung der Wahllokale wurde aus einem Wahlbereich mit insgesamt 15240 registrierten Wahlberechtigten bereits ein Ergebnis gemeldet:
Die Wahlbeteiligung in der Stichprobe betrug 72,5 %.
Bestimmen Sie ein 95 %-Konfidenzintervall für die zu diesem Zeitpunkt noch unbekannte tatsächliche Wahlbeteiligung auf Bundesebene. Interpretieren Sie das Ergebnis im Blick auf die vom Wahlleiter später veröffentlichte tatsächliche Wahlbeteilung.

Aufgaben

Auszug aus der Veröffentlichung des Bundeswahlleiters zur Bundestagswahl am 27. September 2009
http://www.bundeswahlleiter.de/de/bundestagswahlen/BTW_BUND_09/ergebnisse/bundesergebnisse/index.html

30 *Sonntagsfrage und Politbarometer*
Im Internet finden Sie die folgenden Informationen. Bewerten Sie die Aussagen auf der Grundlage Ihrer Kenntnisse über das Schätzen mit Konfidenzintervallen.

Emnid

Emnid befragt zur Sonntagsfrage im Auftrag von n-tv wöchentlich ca. 1300 Wahlberechtigte „Wen würden Sie wählen, wenn am nächsten Sonntag Bundestagswahl wäre?" Die Umfragewerte basieren auf 1000 repräsentativ ausgewählten Wählern. Deren Antworten unterliegen allerdings einer Fehlertoleranz von ±2,5 %. Das heißt, wenn wir derzeit 40 % für die Union feststellen, bedeutet das, dass der wahre Wert zwischen 37,5 % und 42,5 % liegt. Innerhalb dieser Fehlertoleranz bewegen sich fast alle Umfragen. Genauer geht es – leider – nicht.

Forschungsgruppe Wahlen

Die Umfragen zum Politbarometer werden immer von der Mannheimer Forschungsgruppe Wahlen durchgeführt. Die Interviews werden in einem Zeitraum von vier Tagen unter 1050 zufällig ausgewählten Wahlberechtigten telefonisch erhoben. Die Befragung ist repräsentativ für die wahlberechtigte Bevölkerung in ganz Deutschland. Die Fehlertoleranz bei den großen Parteien beträgt drei Prozentpunkte, bei den kleineren rund 1,6 Prozentpunkte.

Weitere Informationen unter http://www.wahlrecht.de/lexikon/wahlumfragen.html

5.2 Testen von Hypothesen

Was Sie erwartet

Gelegentlich machen wir Beobachtungen, die mit unseren Erwartungen nicht so recht zu vereinbaren sind. Angenommen, wir würfeln 30-mal und erzielen dabei 10-mal die Augenzahl „Sechs“. Ist das Zufall, oder ist vielleicht etwas mit dem Würfel nicht in Ordnung? Die Wahrscheinlichkeitsrechnung gibt uns Instrumente an die Hand, mit denen wir einschätzen können, ob die Beobachtung auf den Zufall zurückzuführen ist oder nicht. Sicherheit verschafft uns die Wahrscheinlichkeitsrechnung allerdings nicht.

Mit statistischen Tests, die in der Medizin, den Wirtschaftswissenschaften und überhaupt in den empirischen Wissenschaften zum Alltag gehören, werden theoretische Überlegungen und Erfahrungen systematisch „überprüft“. Die Ergebnisse eines Tests werden dazu verwendet, eine Entscheidung über eine Hypothese (Behauptung/Vermutung) zu treffen. Auf Grundlage vorher festgelegter Entscheidungskriterien und der Testergebnisse wird die Hypothese verworfen oder beibehalten. Beim Testen von Hypothesen versucht man, die Wahrscheinlichkeit von Fehlentscheidungen möglichst klein zu halten.

„Alle wichtigen Entscheidungen müssen auf der Basis unzureichender Daten gefällt werden, und doch sind wir verantwortlich für alles, was wir tun.“

Sheldon Kopp, Mit Buddha unterwegs

Aufgaben

1 *Geschmackstest*

Christine trinkt gern stilles Mineralwasser. Leon ärgert sie und sagt: *„Da kannst du gleich Leitungswasser trinken.“*

Christine behauptet, sie könne recht zuverlässig Leitungswasser von stillem Mineralwasser unterscheiden.

Leon schlägt vor: *„Wir können gleich einen Test machen.“*

Er füllt fünf Gläser mit Leitungswasser und fünf Gläser mit stillem Mineralwasser. Er stellt die Gläser, ohne dass Christine es sehen kann, in beliebiger Reihenfolge auf. Christine nimmt jeweils eine Geschmacksprobe. Bei acht Gläsern ordnet sie den Inhalt richtig zu.

a) Spricht das Testergebnis nun für Christines Behauptung oder hat sie nur Glück gehabt? Tauschen Sie mit einem Partner Pro- und Contra-Argumente aus. Wie entscheiden Sie?

b) In der Abbildung rechts sehen Sie das Ergebnis eines Zufallsversuches mit einem Galton-Brett (100 Kugeln). Wie passt dieser zu dem Test, den Leon mit Christine durchgeführt hat?

c) Ermitteln Sie mithilfe der Simulation am Galton-Brett oder durch Berechnung mit der Binomialverteilung (p = 0,5) die Wahrscheinlichkeit, dass Christine lediglich durch Raten acht oder mehr „Treffer“ erzielt. Beeinflusst diese Wahrscheinlichkeit Ihre obige Argumentation?

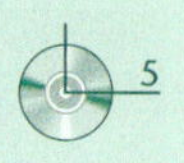
5

Eine Kugel läuft durch das Galton-Brett mit zehn Stufen.

d) Wenn Christine zehn „Treffer“ bei den zehn Gläsern erzielen würde, besitzt sie doch sicher die behauptete Geschmacksfähigkeit, oder?

Aufgaben

2 *In jedem siebten Ei …*

Die Werbung für den Kauf von Überraschungseiern verspricht, dass Figuren einer bestimmten Serie in jedem siebten Ei enthalten sind. Stimmt das wirklich?

a) Zur Überprüfung der Behauptung führen Sie einen Test durch. Sie kaufen 50 Überraschungseier und öffnen diese. Sie finden nur drei Figuren. Diskutieren Sie, ob Sie auf Grundlage der gemachten „Ü-Ei-Stichprobe" behaupten können, dass die Aussage des Herstellers nicht stimmt?

b) Um die Argumentation, die Sie in Teilaufgabe a) führen, auf eine solide Basis zu stellen, können Sie die in der Abbildung rechts dargestellte Wahrscheinlichkeitsverteilung in der Stichprobe benutzen. Sie passt als Modell, wenn die in der Werbung vertretene Hypothese *„In jedem siebten Ei …"* zutrifft.

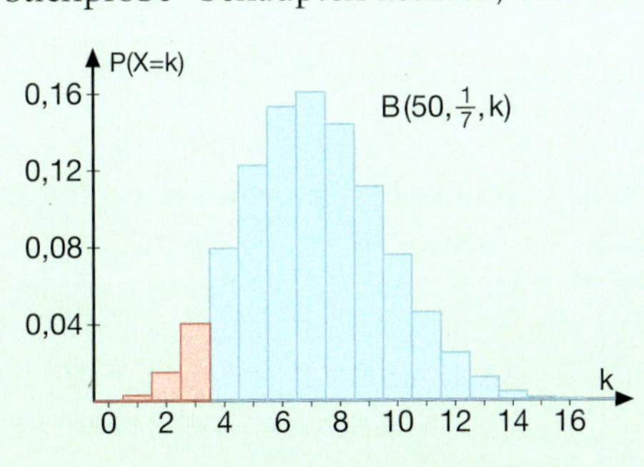

Bestimmen Sie aus der Grafik oder durch Berechnung die Wahrscheinlichkeit $P(X \le 3)$. Welche Bedeutung hat dieser Wert in Bezug auf das obige Stichprobenergebnis? Hilft er bei der Argumentation?

Basiswissen

Bewerten von Stichprobenergebnissen mit dem „P-Wert"

Angenommen, man hat eine Vermutung (Nullhypothese) über die Verteilung einer Zufallsgröße. Eine statistische Untersuchung (Zufallsstichprobe) liefert ein Ergebnis, das deutlich von dem abweicht, was man bei der vermuteten Verteilung erwartet hat.

Der **P-Wert** ist die Wahrscheinlichkeit, dass bei einer Zufallsstichprobe ein beobachtetes Ergebnis oder ein noch extremeres auftritt, unter der Annahme, dass die Nullhypothese wahr ist. Je kleiner der P-Wert ist, desto stärker spricht der experimentelle Befund in der Stichprobe gegen die Nullhypothese.

Situation: Kai beobachtet einen Spieler bei einem Würfelspiel. Er stellt fest, dass bei den ersten 60 Würfen 16-mal die „Sechs" erscheint. Bei einem fairen Würfel hätte er in etwa 10-mal eine „Sechs" erwartet. Ist der Würfel bezüglich der „Sechs" manipuliert, oder kann das Ergebnis Zufall sein?

Nullhypothese H_0: Der Würfel ist fair, d. h. $P(\text{„Sechs"}) = \frac{1}{6}$.

Alternativhypothese H_1: „Sechsen" sind bevorzugt, d. h. $P(\text{„Sechs"}) > \frac{1}{6}$.

Testgröße X: Anzahl der „Sechsen"
Bei wahrer Nullhypothese ist X binomialverteilt mit $p = \frac{1}{6}$ und $n = 60$.

P-Wert: $P(X \ge 16 \mid H_0 \text{ ist wahr})$

$$P(X \ge 16) = \sum_{k=16}^{60} \binom{60}{k} \cdot \left(\frac{1}{6}\right)^k \cdot \left(\frac{5}{6}\right)^{60-k} \approx 0{,}034$$

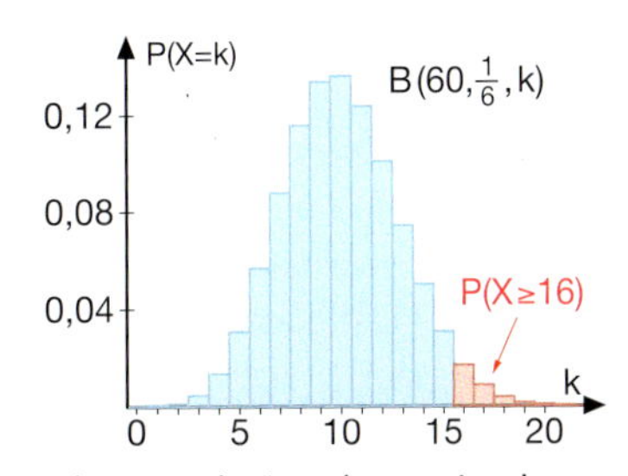

Der P-Wert ist eine bedingte Wahrscheinlichkeit.

Interpretation und Bewertung: Wenn die Nullhypothese wahr ist, dann tritt das beobachtete Ereignis oder ein noch extremeres mit einer Wahrscheinlichkeit von nur 3,4 % auf. Dies spricht gegen das Vorliegen eines fairen Würfels und damit für den Verdacht, dass es sich um einen manipulierten Würfel handelt.

Beispiele

A *Wirkung eines Impfstoffes*

Ein neuer Impfstoff A gegen eine Krankheit ist entwickelt worden, der wirksamer sein soll als der bisher verwendete Impfstoff B, bei dem in der Regel etwa 10 % der geimpften Personen erkrankten. In einer Zufallsstichprobe von 100 mit A geimpften Personen erkranken nur vier Personen. Ist das nun ein Beleg für die bessere Wirksamkeit von A?

Lösung:
Wir suchen eine Antwort mithilfe des P-Wertes:
Nullhypothese H_0: Der neue Impfstoff A ist nicht wirksamer als B, d. h. eine mit A geimpfte Person erkrankt mit der Wahrscheinlichkeit $p = 0{,}1$.
Alternativhypothese H_1: Der neue Impfstoff A ist wirksamer als B, d. h. $p < 0{,}1$.

Testgröße X: Anzahl der erkrankten Personen in der Stichprobe
Die Binomialverteilung mit $p = 0{,}1$ und $n = 100$ wird als Modell verwendet.
P-Wert: $P(X \leq 4 \mid H_0 \text{ ist wahr}) \approx 0{,}024$
Dies entspricht der Wahrscheinlichkeit, dass in der Stichprobe vier oder noch weniger Personen erkranken, unter der Annahme, dass die Nullhypothese wahr ist.

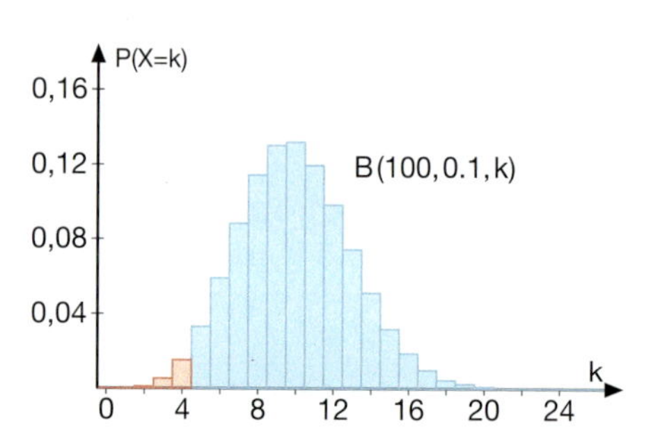

$$P(X \leq 4) = \sum_{k=0}^{4} \binom{100}{k} \cdot 0{,}1^k \cdot 0{,}9^{100-k}$$

```
binomcdf(100,0.1
,4)
      .0237110827
```

Interpretation: Der P-Wert ist deutlich kleiner als 5 %. Das heißt, dass ein solches oder ein noch extremeres Ergebnis, wie das beobachtete, unter der Bedingung, dass die Nullhypothese wahr ist, sehr unwahrscheinlich ist. Dies spricht gegen die Nullhypothese. Der sehr kleine P-Wert liefert ein starkes Argument für die bessere Wirksamkeit von Impfstoff A, ein sicherer Beleg ist er allerdings nicht. Leider gewinnt man damit auch keine Information über die Größe der eventuell höheren Wirksamkeit.

Übungen

3 *Das Tintenfischorakel*

Mehr Informationen finden Sie im Internet.

Während der Fußball-Europameisterschaft 2008 und bei der Weltmeisterschaft 2010 erregte das Oktopus-Orakel Paul große Aufmerksamkeit. Jeweils einige Tage vor dem Spiel wurden zwei gleichartige Deckelboxen aus Plexiglas in das Aquarium gesenkt. Die Boxen enthielten Wasser und gleiches Futter. Auf der Seite des Betrachters waren die Boxen mit der jeweiligen Nationalflagge der beiden Länder beklebt, deren Fußball-Nationalmannschaften gegeneinander antreten sollten. Pauls Futterauswahl galt dann als Vorhersage des späteren Siegers.

a) Bei der *EURO 2008* wurde das Orakel zu sieben Spielen befragt, fünf der Voraussagen waren richtig, zwei falsch. Würden Sie Paul aufgrund dieses Stichprobenergebnisses hellseherische Fähigkeiten zusprechen? Beachten Sie bei Ihrer Entscheidung auch den P-Wert.
b) Bei der *WM 2010* wurde das Orakel erneut zu acht Spielen befragt, diesmal waren alle acht Voraussagen richtig. Bewerten Sie auch dieses Ergebnis mithilfe des P-Wertes.
c) *Etwas zum Diskutieren*
Diese Aufgabe hat viel gemeinsam mit dem Geschmackstest in Aufgabe 1. Dennoch kann man bei der Interpretation der P-Werte durchaus zu unterschiedlichen Bewertungen kommen. Was meinen Sie?

Übungen

Experimentieren:
Testen Sie Ihre Manipulationsfähigkeit mit dem eigenen Stift.

4 *Der Farbstift als Würfel*

Adugna würfelt mit einem sechseckigen Buntstift, dessen Seitenflächen mit den Zahlen 1 bis 6 beschriftet sind. Sie stellt ihn auf die Spitze, dreht ihn mit den Fingern und lässt ihn dann los. Wie beim Würfel zählt dann die oben liegende Zahl. Bei 120 aufeinanderfolgenden Würfen erzielt Adugna 35 „Sechsen".

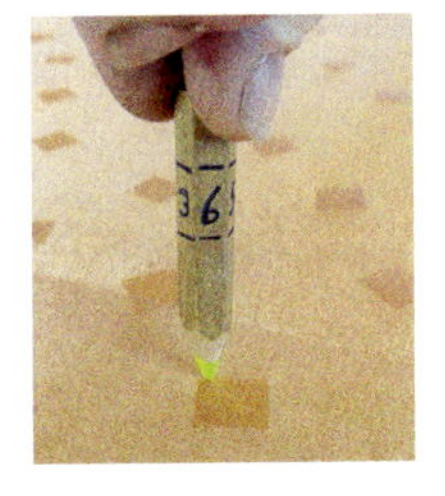

Ist dies durch Zufall zu erklären, oder kann Adugna den Buntstift durch geschicktes Drehen manipulieren? Was sagt der P-Wert aus?

5 *Parteien auf dem Prüfstand*

Die Partei „Die Karierten" ging davon aus, ein Wählerreservoir von etwa 10 % in der Bevölkerung zu haben. Heftige Diskussionen in der Partei und der Öffentlichkeit zum Thema „Persönlichkeitsrechte" nährten die Vermutung, dass sich dieser Anteil vergrößert hat. Bei einer Befragung von 80 zufällig ausgewählten Wahlberechtigten hinsichtlich ihrer Einstellung zu der Partei, sprachen sich 15 positiv für die Partei „Die Karierten" aus. Sollte die Partei ihre 10 %-Einschätzung korrigieren? Argumentieren Sie mit dem P-Wert.

6 *Test beim Roulette-Tisch – eine ungewöhnliche Testgröße*

Am Tag der offenen Tür in einem Casino beobachtet ein Gast an einem Roulette-Tisch die Ergebnisse bei 300 aufeinanderfolgenden Spielen. Zu seiner Überraschung kommt es dabei zu einer Folge von zehn schwarzen Zahlen hintereinander:

… 7 24 17 26 15 4 29 20 28 31 20 32 36 6 …

Eine solch lange Folge von schwarzen (oder auch roten) Zahlen hält er für sehr unwahrscheinlich. Ist der Tisch manipuliert?

Das ist eine Situation für einen Hypothesentest. Als Nullhypothese wählen wir „Der Tisch ist in Ordnung", d. h. die Zahlen von 0 bis 36 kommen auf lange Sicht etwa gleich häufig vor. Als Stichprobe wählen wir die Beobachtung von 300 aufeinanderfolgenden Spielergebnissen. Als Testgröße X wählen wir die darin enthaltene maximale Länge einer Folge mit Zahlen gleicher Farbe.

a) Werden Sie die Nullhypothese bei einem wie oben beobachteten Wert von $X = 10$ oder größer verwerfen? Entscheiden Sie zunächst nach Gefühl.

b) Was sagt der P-Wert aus? Zur Berechnung benötigt man die Wahrscheinlichkeitsverteilung unserer Testgröße. Diese ist uns allerdings nicht bekannt, wir gewinnen sie mithilfe der folgenden Simulation:

Mit dem Zufallszahlengenerator wird 300-mal eine Zahl zwischen 0 und 36 erzeugt und in der auftretenden Reihenfolge notiert. Jeder Zahl wird ihre Farbe des Roulette-Spiels zugeordnet (rot, schwarz oder grün für die Null). Die maximale Länge von Serien gleicher Farbe wird gezählt.

Die Verteilung der maximalen Serienlängen bei 100 Simulationsdurchführungen von je 300 Zahlen:

1	2	3	4	5	6	7	8	9	10	11	12	13	14	15	16	17	18	19	20
0	0	0	0	2	14	26	23	13	12	9	1	0	0	0	0	0	0	0	0

Übungen

7 *Qualitätskontrolle mit Stichprobe: Klare Entscheidungsregel gefordert*

Eine Elektronik-Firma erhält in regelmäßigen Zeitabständen Lieferungen von 10 000 Chips von dem gleichen Lieferanten. Der Lieferant gibt die Zusage, dass höchstens 1 % der gelieferten Chips defekt ist. Der Chef der Firma hat den Verdacht, dass die Zusage nicht eingehalten wird und der Anteil der defekten Chips über 1 % liegt. Dies wird mithilfe eines Tests überprüft:
Man entnimmt der Lieferung eine Zufallsstichprobe von 100 Chips, darunter finden sich drei defekte Chips.

Der Chef und der Hausstatistiker diskutieren das Testergebnis:

Chef: *„Damit ist ja alles klar. Nach der Zusage des Lieferanten rechnen wir mit einem defekten Chip in der Stichprobe. Es sind aber drei, also schicken wir die Sendung zurück."*

Statistiker: *„Ich erinnere daran, dass wir aus der Sendung mit insgesamt 10 000 Chips eine Zufallsstichprobe entnommen haben. Das schlechte Ergebnis kann ja auch zufällig entstanden sein, obwohl in der Gesamtsendung der Anteil wirklich nur 1 % ist.*
Das lässt sich nachrechnen: Die Wahrscheinlichkeit, dass in einer Lieferung der tatsächlich zugesagten Qualität unsere Zufallsstichprobe drei oder mehr defekte Chips enthält, liegt bei immerhin 8 %."

H_0: $p = 0{,}01$
H_1: $p > 0{,}01$
$P(X \geq 3 \mid H_0) \approx 0{,}08$

Chef: *„Wie müsste denn das Stichprobenergebnis ausfallen, damit die Wahrscheinlichkeit für eine ungerechtfertigte Zurückweisung höchstens 5 % ist? Aber wozu habe ich denn einen Hausstatistiker? Entwerfen Sie ein Testverfahren, das ich bei jeder Lieferung anwenden kann und mit dem ich immer zu einer klaren Entscheidung komme."*

Übernehmen Sie die Aufgabe des Hausstatistikers.

Hypothesentests mit Signifikanzniveau

Es gibt viele Situationen, in denen man eine Entscheidung von dem Ergebnis eines statistischen Tests abhängig macht, zum Beispiel, ob ein bestimmtes neues Medikament wegen verbesserter Wirksamkeit eingesetzt wird, ob man eine Lieferung mit zugesagter Qualität zurückweisen wird, oder ob sich eine aufwändige Wahlkampagne zum Verbessern des Wähleranteils lohnt. Solche Tests werden häufig in gleichartigen Situationen immer wieder eingesetzt. Ist für ein bestimmtes Testergebnis die Wahrscheinlichkeit, dass dieses bei Gültigkeit der Nullhypothese eintritt, gering, so wird die Nullhypothese verworfen. Wie gering diese Wahrscheinlichkeit sein soll, wird vor Durchführung des Tests festgelegt.

Übliche Signifikanzniveaus sind
$\alpha = 10\,\%$,
$\alpha = 5\,\%$ oder
$\alpha = 1\,\%$.

Signifikanzniveau

Beim Hypothesentest legt man vor der Durchführung des Tests das **Signifikanzniveau α** fest. Das Signifikanzniveau für einen Test ist eine Schranke für die Wahrscheinlichkeit, mit der ein Testergebnis unter der Annahme, dass H_0 stimmt, eintreten darf. Tritt ein Testergebnis mit einer Wahrscheinlichkeit $\leq \alpha$ ein, so spricht dies signifikant gegen die Nullhypothese, man wird H_0 „verwerfen". Das Signifikanzniveau kennzeichnet das Risiko, das man bei Anwendung des Testverfahrens in Kauf nimmt, die Nullhypothese zu verwerfen, obwohl sie eigentlich richtig ist. Damit ist eine klare Entscheidungsregel für den Test vorgegeben. Es hängt von der Bedeutung der Entscheidung ab, welches Signifikanzniveau man festlegt.

Planen und Durchführen eines Hypothesentests („Signifikanztest")

Basiswissen

Ausgangssituation

Über eine vorliegende Vermutung/Behauptung soll mithilfe eines Testverfahrens entschieden werden.

Ein Kandidat behauptet, Kenntnisse auf dem Sachgebiet der Dinosaurier zu haben. Dies soll mithilfe eines Multiple-Choice-Fragebogens entschieden werden. Zu jeder Frage gibt es vier vorgegebene Antworten, davon ist jeweils genau eine richtig.

Planen des Tests

Formulieren der **Nullhypothese H_0** und der **Alternativhypothese H_1**

H_0: Der Kandidat hat keinerlei Sachkenntnisse, er rät nur. Bei jeder Frage ist die Wahrscheinlichkeit, die richtige Antwort anzukreuzen, $\mathbf{p = 0{,}25}$.
H_1: Der Kandidat hat Sachkenntnisse.

Festlegen der **Stichprobe** und der **Testgröße X** (Zufallsgröße)

Der Fragebogen soll aus 20 Aufgaben bestehen: n = 20
Testgröße X: Anzahl der richtigen Antworten

Modellannahme über die **Verteilung von X**

X ist binomialverteilt.
(Hier geht man davon aus, dass bei jeder Frage das Ankreuzen zufällig und unabhängig erfolgt.)

Festlegen des **Signifikanzniveaus α**

$\alpha = 0{,}05$

Bestimmen des **Verwerfungsbereichs V**
Man sucht die kleinste Grenze, für die der P-Wert $< \alpha$ ist.

Verwerfungsbereich
$V = \{9, 10, \dots, 20\}$
$P(X \geq 8) \approx 0{,}101$
$P(X \geq 9) \approx 0{,}041$

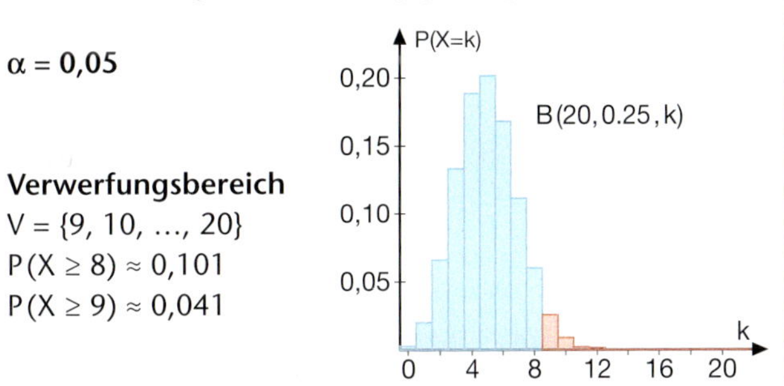

Entscheidungsregel
Fällt bei der Durchführung des Tests die Testgröße X in den Verwerfungsbereich, so wird die Nullhypothese zugunsten von H_1 verworfen.

Falls der Kandidat neun oder mehr richtige Antworten liefert, wird man die Nullhypothese, dass er nur rät, verwerfen und ihm Sachkenntnisse zubilligen.

Durchführen des Tests

1. **Erheben der Stichprobe**
2. **Auswerten**
3. **Entscheiden**

Falls z. B. das Ausfüllen des Fragebogens zwölf richtige Antworten ergibt, so führt die Entscheidungsregel zum Verwerfen der Nullhypothese.
Falls z. B. sieben Antworten richtig sind, so wird die Nullhypothese auf dem vorgegebenen Signifikanzniveau nicht verworfen.

Interpretieren

Mit dem Verwerfen der Nullhypothese ist die Richtigkeit der Alternative nicht „bewiesen".
Wenn die Nullhypothese nicht verworfen wird, bedeutet dies nicht, dass damit die Nullhypothese wahr ist.

Beispiele

B *Test auf Nebenwirkungen – einseitiger Verwerfungsbereich*

Ein Arzneimittelhersteller behauptet, dass sein neues Medikament A im Gegensatz zu dem vergleichbaren Medikament B eines anderen Herstellers seltener zu Allergien führe. Bei Medikament B treten in etwa 20 % der Fälle Allergien auf.
Das neue Medikament A soll an 100 Personen auf einem Signifikanzniveau von 10 % getestet werden. Geben Sie eine passende Entscheidungsregel an.

Lösung:
Nullhypothese H_0: A ist nicht besser als B, d. h. für das Medikament A gilt:
P(„Allergie") = 0,2
Alternativhypothese H_1: A ist besser als B, d. h. für das Medikament A gilt:
P(„Allergie") < 0,2
Signifikanzniveau: $\alpha = 0{,}1$

Testgröße X: Anzahl der Personen, bei denen nach Einnahme von A Allergien aufgetreten sind
X ist *binomialverteilt.*
Stimmt H_0, dann kann man bei 100 Patienten mit etwa 20 Allergiefällen rechnen. Sind es deutlich weniger Allergiefälle, wird H_0 zugunsten von H_1 verworfen.

linksseitiger Verwerfungsbereich: Der Wert k = 14 wird auch als „kritischer Wert" bezeichnet.

Bestimmung des Verwerfungsbereichs V:
$P(X \leq 14 | H_0) \approx 0{,}08$
$P(X \leq 15 | H_0) \approx 0{,}13$
$\Rightarrow$ Verwerfungsbereich V = {0, 1, ..., 14}

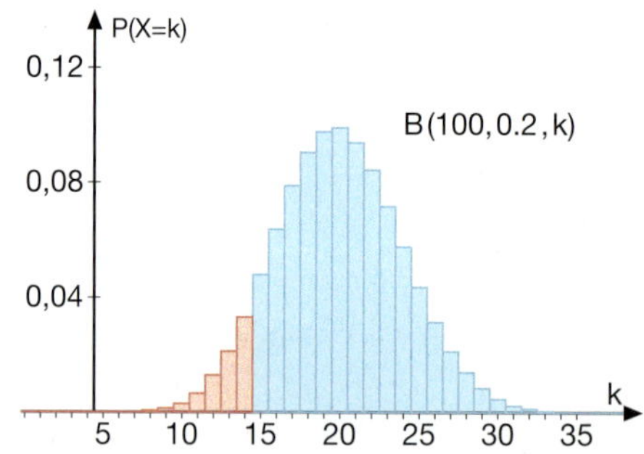

Entscheidungsregel: **Falls nur bei 14 oder weniger Personen Allergien auftreten, wird die Nullhypothese verworfen.**

C *Ist eine Münze fair? – zweiseitiger Verwerfungsbereich*

Entwerfen Sie einen Signifikanztest auf dem 5 %-Niveau zur Überprüfung, ob eine Münze fair ist.

Lösung:
Nullhypothese H_0: Die Münze ist fair: P(„Kopf") = 0,5
Alternativhypothese H_1: Die Münze ist nicht fair: P(„Kopf") ≠ 0,5
Signifikanzniveau: $\alpha = 0{,}05$
Stichprobenumfang: 200 Würfe

Testgröße X: Anzahl von „Kopf" in der Stichprobe
X ist *binomialverteilt.*
Stimmt H_0, dann müsste bei 200 Würfen in etwa 100-mal „Kopf" auftreten. Große Abweichungen von 100 nach oben oder nach unten werden uns veranlassen, die Hypothese H_0 zugunsten von H_1 zu verwerfen. Dies legt nahe, einen zweiseitigen Verwerfungsbereich zu wählen:

Zweiseitiger Verwerfungsbereich

$V = \{0, 1, \ldots, k_1\} \cup \{k_2, \ldots, 200\}$

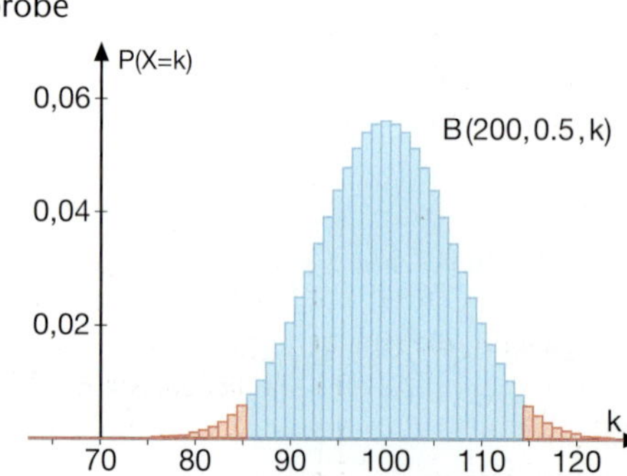

Bestimmen des Verwerfungsbereichs V:
Die 5 % des Signifikanzniveaus werden zu gleichen Teilen auf die beiden Randbereiche der Verteilung aufgeteilt. Es geht also um die Bestimmung der „kritischen Werte" k_1 und k_2 mit $P(X \leq k_1 | H_0) \leq 0{,}025$ und $P(X \geq k_2 | H_0) \leq 0{,}025$.
Durch Ausprobieren mit dem GTR oder der Software erhält man:
Verwerfungsbereich: $\mathbf{V = \{0, 1, \ldots, 85\} \cup \{115, \ldots, 200\}}$

Übungen

8 *Reale und simulierte Münzen*

a) Stellen Sie aus Holz oder einem flachen runden Stein eine eigene Münze her, sie kann getrost etwas unsymmetrisch sein. Testen Sie diese Münze mit dem in Beispiel C entworfenen Testverfahren.

b) Mit der Erzeugung von Zufallszahlen 0 und 1 können Sie die faire Münze mit dem Computer oder dem GTR simulieren. Erheben Sie damit viele Stichproben von 200 Münzwürfen. Finden sich darunter Stichproben, die nach dem Testverfahren von Beispiel C zum Verwerfen der Nullhypothese führen?

9 *Warenkontrolle*

Eine Herstellerfirma gibt an, dass ihre gelieferte Ware **höchstens** 7 % fehlerhafte Teile enthält. Der Abnehmer möchte diese Aussage mit einer Stichprobe von 50 Stück testen. Entwickeln Sie ein Testverfahren auf dem 5 %-Signifikanzniveau, um zu entscheiden, ab wie vielen fehlerhaften Stücken die Aussage des Herstellers als nicht glaubhaft angesehen und die Warenlieferung zurückgewiesen wird.

Nullhypothese H_0: $p = 0{,}07$

10 *Bevorzugen junge weibliche Meerkatzen Puppen als Spielzeug?*

Die Frage wird mit einem Experiment untersucht. Einer jungen Meerkatze werden Stoffpuppen und Stoffbälle in bunter Mischung, aber gleicher Anzahl vorgelegt. Man protokolliert, welche dieser Spielzeuge die Meerkatze bei den ersten zehn Versuchen auswählt.
Entwerfen Sie einen Signifikanztest auf dem 5 %-Niveau. (Nullhypothese: Die Meerkatze wählt jeweils zufällig aus, d. h. die Wahrscheinlichkeit für die Auswahl einer Puppe ist $\frac{1}{2}$.) Zu welcher Entscheidung führt das im Bild aufgezeichnete Protokoll?

Verhaltensforscher von der City University London boten einer Gruppe von Meerkatzen verschiedenes Spielzeug an und beobachteten, wie sich die Affenmännchen auf Autos und Bälle stürzten, die Weibchen aber zu Puppen und Töpfen griffen.

Quelle: Spiegel 21, 2004

11 *Alltagssprache und Fachsprache*

In der Alltagssprache bedeutet signifikant: deutlich, wesentlich, wichtig.
In der Statistik heißen Unterschiede oder Ergebnisse signifikant, wenn die Wahrscheinlichkeit gering ist, dass sie durch Zufall zustande gekommen sind.

Beschreiben Sie mit Ihren eigenen Worten, was „signifikant" beim Hypothesentest bedeutet. Wie weit ist dies verträglich mit den oben beschriebenen Bedeutungen im Rahmen eines Signifikanztests?

Recherche im Internet: Suchwort „signifikant"

12 *Euro-Münze*

„Der Euro ist unfair", haben polnische Statistiker festgestellt, die eine belgische Euro-Münze 1000 Mal über den Tisch kreiseln ließen. Rund 600 Mal blieb die neue Währung mit dem Kopf nach oben zeigend liegen. Das Ergebnis bringt den Deutschen Fußball-Bund (DFB) in Schwierigkeiten. Immer noch lässt der Verband bei Fußballspielen das Seiten- und Anstoßwahlrecht per Münzwurf entscheiden.
Auszug aus „Der Tagesspiegel" vom 09.02.2002

Liefert das von den polnischen Statistikern angegebene Stichprobenergebnis eine signifikante Abweichung auf dem 1 %-Niveau?

Mit Näherungsverfahren zur Bestimmung von Verwerfungsbereichen

Faustregel:
$\sigma = \sqrt{n \cdot p \cdot (1-p)} > 3$

Bisher wurde der Verwerfungsbereich mithilfe der zugrunde liegenden Binomialverteilung bestimmt. Bei größerem n (Faustregel) können wir hierzu auch Näherungsverfahren benutzen.

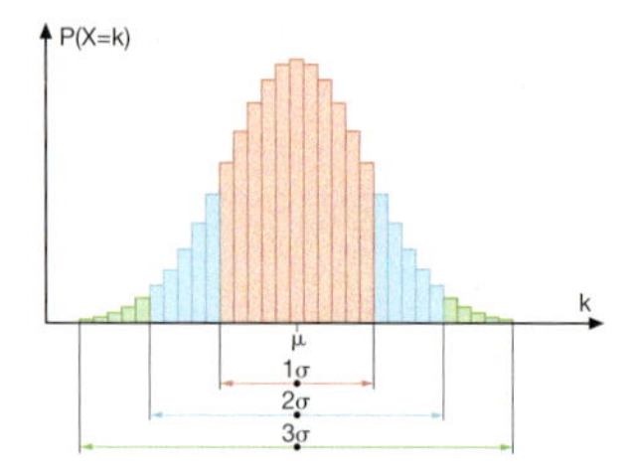

Sigma-Regeln für die Binomialverteilung, siehe Seite 129

Näherungsverfahren mithilfe der Sigma-Regeln

Bei der Übung 12 ist $\sigma = \sqrt{1000 \cdot 0{,}5 \cdot 0{,}5} \approx 15{,}81$ deutlich größer als 3. Damit ist die Voraussetzung für die Anwendung der **Sigma-Regeln** gegeben.

Unter der Annahme, dass H_0 stimmt, liegt der Wert der Testgröße mit einer Wahrscheinlichkeit von 0,99 in der 2,58 σ-Umgebung des Erwartungswertes. Ein Stichprobenergebnis außerhalb der 2,58 σ-Umgebung kommt also – vorausgesetzt, die Nullhypothese ist wahr – mit einer Wahrscheinlichkeit von weniger als 1 % vor.

Berechnung der 2,58 σ-Umgebung des Erwartungswertes:

$\mu - 2{,}58 \cdot \sigma \approx 500 - 2{,}58 \cdot 15{,}81 \approx 459{,}21;$

$\mu + 2{,}58 \cdot \sigma \approx 500 + 2{,}58 \cdot 15{,}81 \approx 540{,}79$

„gerundeter" zweiseitiger Verwerfungsbereich: $V = \{X \le 459 \text{ oder } X \ge 541\}$

Mit den Sigma-Regeln kann man auch **einseitige Verwerfungsbereiche** ermitteln. Bei einem Signifikanzniveau von z. B. 5 % wählt man als Verwerfungsbereich den Bereich je nach Sachaufgabe links oder rechts von der 90 %-Umgebung des Erwartungswertes.

Näherungsverfahren mithilfe der Normalverteilung

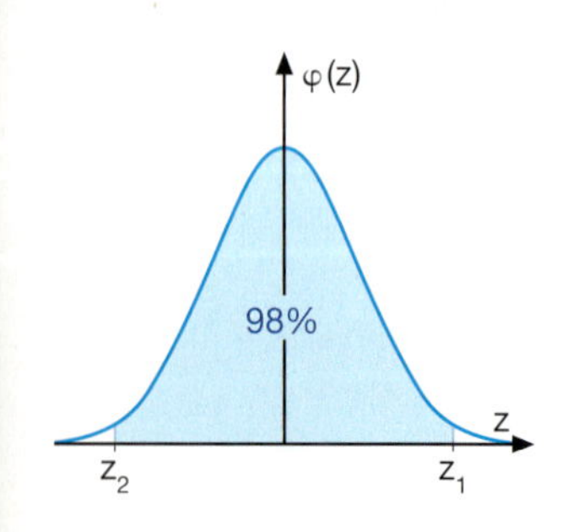

Bei der Übung 12 ist $\sigma = \sqrt{1000 \cdot 0{,}5 \cdot 0{,}5} \approx 15{,}81$ deutlich größer als 3. Damit ist die Voraussetzung für die Anwendung der **Normalverteilung** gegeben.
Um den zweiseitigen Verwerfungsbereich mit der Normalverteilung zu ermitteln, geht man wie folgt vor:

Angenommen, das **Signifikanzniveau** ist 2 %.
Unter der Annahme, dass H_0 stimmt, berechnet man das Prognoseintervall, in das mit 98 %-iger Wahrscheinlichkeit der Wert von X (Anzahl von „Kopf") fällt.

Berechnung mit der Normalverteilung:

1. $p = 0{,}5; \quad n = 1000 \quad \Rightarrow \quad \mu = 500 \text{ und } \sigma \approx 15{,}81$
2. Standardisierungsformel: $z = \frac{x - 500}{15{,}81}$
3. Berechnen von z für das 98 %-Intervall (mit der Tabelle für $\Phi(z)$ oder einem anderen Werkzeug):
   $z_1 = 2{,}326; \quad z_2 = -2{,}326$
4. Berechnung von x mit der Standardisierungsformel:
   $x_1 = 500 + 15{,}81 \cdot 2{,}326 \approx 536{,}77; \qquad x_2 = 500 - 15{,}81 \cdot 2{,}326 \approx 463{,}23$

Mit dem GTR kann man die Werte x_1 und x_2 direkt, auch ohne Standardisierung, ausrechnen:

```
invNorm(0.99,500
,15.81)
        536.7795599
```

```
invNorm(0.01,500
,15.81)
        463.2204401
```

„gerundeter" zweiseitiger Verwerfungsbereich zum Signifikanzniveau 2 %:
$V = \{X \le 463 \text{ oder } X \ge 537\}$

Mit der Normalverteilung kann man auch **einseitige Verwerfungsbereiche** ermitteln. Bei einem Signifikanzniveau von z. B. 5 % wählt man als Verwerfungsbereich den Bereich je nach Sachaufgabe links oder rechts von der 90 %-Umgebung des Erwartungswertes.

Übungen

Die folgenden Übungen können je nach den verwendeten Werkzeugen direkt mit der Binomialverteilung oder bei hinreichend großen Stichproben mit einem der Näherungsverfahren bearbeitet werden.

13 *Einfacher Test beim Roulette*
Beim Roulette sollte „Rouge" mit einer Wahrscheinlichkeit von $\frac{18}{37}$ „fallen".
Entwerfen Sie einen einfachen Signifikanztest zum Testen der Nullhypothese H_0: Das Roulette-Spiel ist in Ordnung. Warum ist ein zweiseitiger Verwerfungsbereich sinnvoll? Ermitteln Sie mit einem der Näherungsverfahren den Verwerfungsbereich, wenn Sie 500 Spiele beobachten wollen und das Signifikanzniveau des Tests 3 % betragen soll.

14 *„absolute Mehrheit"*
Bei einer Wahlumfrage werden 600 zufällig ausgewählte Personen befragt. Die Partei A hofft auf die absolute Mehrheit. Welche Umfrageergebnisse sprechen signifikant (Signifikanzniveau von 5 %) gegen diese Hoffnung?

15 *Geld fürs Studium*
Entwerfen Sie einen Test zur Überprüfung der Hypothese, dass mindestens 30 % der Studierenden in Deutschland für ihren Lebensunterhalt arbeiten müssen. Wie lauten mögliche Hypothesen? Berechnen Sie den Verwerfungsbereich für eine Stichprobe von 1000 Studierenden bei einem Signifikanzniveau von 5 %.

16 *Zweiseitiger oder einseitiger Verwerfungsbereich?*
a) In dem Beispiel im Basiswissen (multiple-choice) wurde ein linksseitiger Verwerfungsbereich gewählt, in Beispiel B (Nebenwirkungen) ein rechtsseitiger und in Beispiel C (Münzwurf) ein zweiseitiger. Lässt sich dies mithilfe der jeweiligen Ausgangssituation begründen?
b) Finden Sie selbst jeweils eine Situation, bei der Sie einen linksseitigen, rechtsseitigen oder zweiseitigen Test einsetzen würden. Beschreiben Sie die Testverfahren.

Tipp zu b): Die Aufgaben und Beispiele dieses Lernabschnitts können als Anregung dienen.

Zweiseitiger, linksseitiger und rechtsseitiger Test

Bei einem **zweiseitigen** Test wird die Nullhypothese verworfen, wenn der in der Stichprobe ermittelte Wert der Testgröße stark nach unten oder nach oben vom Erwartungswert abweicht *(zweiseitiger Verwerfungsbereich).*
Bei einem **einseitigen** Test wird die Nullhypothese verworfen, wenn die Testgröße entweder stark nach unten vom Erwartungswert abweicht *(linksseitiger Verwerfungsbereich)* oder stark nach oben abweicht *(rechtsseitiger Verwerfungsbereich).*

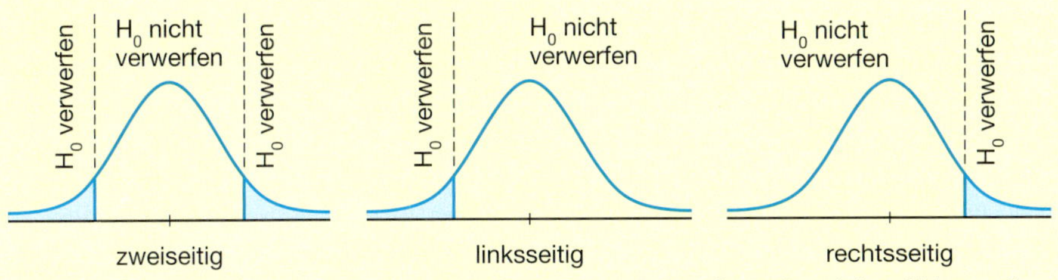

Ob man einen zweiseitigen oder einen einseitigen Verwerfungsbereich wählt, ergibt sich meist aus der Situation, insbesondere aus der Festlegung der Alternative.

17 *Telefonbuch und Zufallsziffern*
Liefert das Telefonverzeichnis einer größeren Stadt eine gute Tabelle von Zufallszahlen, wenn man von den fünf- bzw. sechsstelligen Telefonnummern jeweils die letzte Ziffer als Zufallszahl notiert?
Als Testgröße X kann man den Anteil der Zufallszahlen wählen, die zugleich Primzahlen sind. Das sind die Zahlen 2, 3, 5 und 7. Normalerweise wird in einer „guten" Zufallszahlentabelle dieser Anteil bei etwa 40 % liegen.
a) Entwerfen Sie einen geeigneten Test auf dem Signifikanzniveau von 10 %. Begründen Sie, warum man einen zweiseitigen Verwerfungsbereich wählen sollte.
b) Wenden Sie den Test auf eine Stichprobe aus dem Telefonverzeichnis Ihrer Region an.

Nullhypothese H_0: $p = 0{,}4$

Übungen

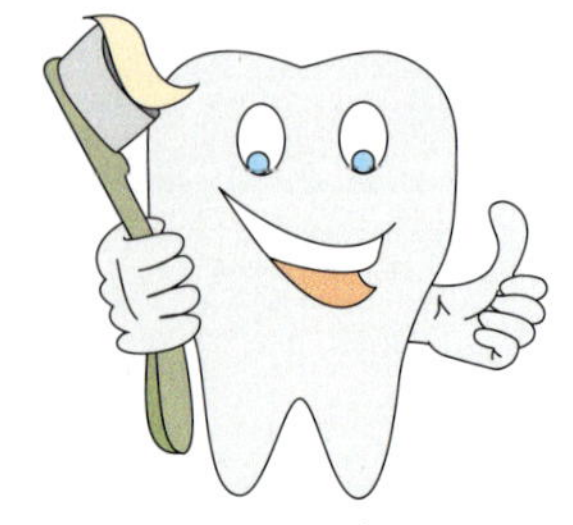

18 *Verbesserung der Zahnpflege*

Bei Reihenuntersuchungen in der Schule wurden bei durchschnittlich 20 % der Jugendlichen einer Altersgruppe Zahnschäden festgestellt, die eine weitere Behandlung beim Zahnarzt erforderlich machten. Man begann daraufhin eine aufwändige Aufklärungs- und Werbekampagne für eine intensive Zahnpflege. Nach einigen Jahren soll der Erfolg an einer entsprechenden Stichprobe von 800 Jugendlichen überprüft werden.

a) Entwerfen Sie einen Signifikanztest auf dem 5 %-Niveau.

b) Welche Entscheidung wird man aufgrund Ihres Tests jeweils treffen, wenn bei
b_1) 138 der 800 Jugendlichen b_2) 145 der 800 Jugendlichen
behandlungswürdige Zahnschäden festgestellt wurden?

c) Bei jeder der Entscheidungen bei den Stichprobenergebnissen b_1) oder b_2) kann die Entscheidungsregel zu einer Fehlentscheidung führen. Beschreiben Sie diese beiden möglichen Fehler. Welche Bedeutung hätten dann die unterschiedlichen Fehler im gegebenen Sachzusammenhang?

19 *Feuerwerkskörper*

Ein Großhändler bestellt für den bevorstehenden Jahreswechsel 10 000 Leuchtraketen bei einem neuen Hersteller. Für seinen Kundenstamm darf er auf keinen Fall schlechte Qualität anbieten. Mit dem Hersteller wurde deshalb vertraglich vereinbart, dass die Sendung höchstens 4 % Ausschuss enthalten darf.
Gleichzeitig wurde festgehalten, wie die Qualität der Sendung zu testen ist: Der Einkäufer wählt zufällig 50 Exemplare aus und zündet sie. Wenn mehr als vier Raketen nicht starten, so darf der Großhändler die Sendung zurückweisen und braucht nichts zu bezahlen. Andernfalls muss er die Sendung akzeptieren.

a) Ist dies ein Test auf dem Signifikanzniveau von 5 %?

Risiko für den Hersteller („Produzentenrisiko")

b) Ist dieser Test fair für den Hersteller? Wenn die Sendung gerade noch der Vereinbarung entspricht, müsste der Einkäufer mit etwa zwei defekten Knallkörpern in der Stichprobe rechnen. Aber wenn es „der Zufall will", geraten „leicht" einmal auch fünf oder sogar mehr defekte Exemplare in die Auswahl. Dann würde die Sendung zu Unrecht abgelehnt.

Risiko für den Großhändler („Konsumentenrisiko")

c) Ist das Testverfahren nicht zu riskant für den Großhändler? Er könnte die Sendung nicht zurückweisen, wenn vier defekte Feuerwerkskörper in der Stichprobe sind. Das wären dann immerhin 8 %.

d) Mit den Fragen in den Teilaufgaben b) und c) werden mögliche Fehlentscheidungen beim Anwenden der Entscheidungsregel angesprochen. Beschreiben Sie diese mithilfe der Tabelle in der gelben Karte auf der folgenden Seite. Welche Bedeutung haben diese jeweils für den Hersteller und für den Großhändler?

GRUNDWISSEN

1 Wie berechnet man den Erwartungswert und die Standardabweichung bei einer Binomialverteilung?

2 Wie erhält man aus einer gegebenen Normalverteilung die zugehörige Standardnormalverteilung?

3 Die Grundlage beim Schätzen und Testen sind Stichproben aus einer Grundgesamtheit. Warum sollte es sich um Zufallsstichproben handeln?

Fehlentscheidungen beim Signifikanztest

Nach Durchführung eines Signifikanztests ist die Entscheidung klar:
Liegt der Wert der Testgröße X im Verwerfungsbereich, so wird die Nullhypothese H_0 verworfen, man entscheidet sich für die Alternativhypothese H_1. Liegt der Wert von X nicht im Verwerfungsbereich, so wird H_0 nicht verworfen, man entscheidet sich für das Beibehalten der Nullhypothese. In beiden Fällen ist die Entscheidung mit Unsicherheit behaftet: Man kann einen Fehler machen.

	H_0 wird verworfen	H_0 wird nicht verworfen
H_0 ist wahr	Fehler 1. Art	alles in Ordnung
H_0 ist falsch	alles in Ordnung	Fehler 2. Art

Der **Fehler 1. Art** tritt ein, wenn aufgrund des Stichprobenergebnisses die Nullhypothese H_0 verworfen wird, obwohl sie wahr ist.
Die Wahrscheinlichkeit für den Fehler 1. Art kann höchstens so groß sein wie das vorgegebene Signifikanzniveau α. Der Fehler 1. Art wird auch als **„α-Fehler“** bezeichnet. Die Hypothesentests sind durch das niedrige Signifikanzniveau in der Regel so angelegt, dass diese „Irrtumswahrscheinlichkeit“ möglichst klein wird.

Der **Fehler 2. Art** tritt dann ein, wenn die Nullhypothese H_0 aufgrund des Stichprobenergebnisses nicht verworfen wird, obwohl sie falsch ist. Dieser Fehler wird auch als **„ß-Fehler“** bezeichnet.

Gleichgültig, auf welchem Signifikanzniveau man testet, die Entscheidung auf der Grundlage einer Zufallsstichprobe ist auf jeden Fall mit Unsicherheit behaftet.

Die Wahrscheinlichkeit für den Fehler 1. Art wird oft **Irrtumswahrscheinlichkeit** genannt.

Genaueres zum Fehler 2. Art auf Seite 177

Übungen

20 *Impfstoff*
Ein Arzneimittelhersteller behauptet, dass sein neuer Impfstoff gegen Heuschnupfen mehr als 75 % aller geimpften Personen fünf Monate lang schützt. Der Impfstoff soll an 50 Patienten getestet werden.
a) Welche Bedeutung hat ein Fehler 1. Art aus der Sicht des Patienten?
b) Bei welcher Entscheidungsregel kann man die Wahrscheinlichkeit für diese Fehlentscheidung auf höchstens 5 % beschränken?

H_0: $p = 0{,}75$
H_1: $p > 0{,}75$

21 *Konsumenten- und Produzentenrisiko*
Bei der Qualitätskontrolle mithilfe eines Signifikanztests, wie in Übung 7, können Entscheidungsfehler 1. Art und 2. Art vorkommen.
a) Beschreiben Sie diese Fehler in der gegebenen Sachsituation von Übung 7. Welche Auswirkungen haben diese Fehler jeweils für den Produzenten und den Konsumenten?
b) Einer der beiden Fehler wird üblicherweise als *Konsumentenrisiko*, der andere als *Produzentenrisiko* bezeichnet. Ordnen Sie zu.

Siehe dazu auch Übung 19.

22 *Fehler aus unterschiedlichem Blickwinkel*
Von einem Medikament wird behauptet, dass es in mindestens neun von zehn Fällen gegen eine gefährliche Infektion wirken soll. Die Behauptung wird mit einem Test überprüft. Beschreiben Sie sowohl den Fehler 1. Art als auch den Fehler 2. Art. Welche Auswirkungen könnte das Eintreten dieser Fehler jeweils für den Patienten haben? Wie sieht dies aus der Sicht des behandelnden Arztes aus?

KURZER RÜCKBLICK

1 Bestimmen Sie die Nullstellen der Funktion $f(x) = x^2 + 6x + 5$.

2 Welche Funktion wächst auf Dauer am stärksten?
$f(x) = 2x$ $\quad g(x) = 2^x$
$h(x) = x^2$

3 Welche der Gleichungen hat keine Lösung, genau eine Lösung, genau zwei Lösungen?
(1) $x^2 + 4x + 2 = 0$
(2) $2x^2 - 6x = -4{,}5$
(3) $x^2 + 18 = -8x$

Übungen

23 *Fachbegriffe zuordnen*

Nullhypothese H_0	Alternativhypothese H_1	Testgröße X	Verwerfungsbereich V
Fehler 1. Art	Irrtumswahrscheinlichkeit	Signifikanzniveau α	Entscheidungsregel

(A) Der Fehler 1. Art kann nur eintreten, wenn die ...... wahr ist.

(B) Unter der ...... versteht man die Zufallsgröße, von deren Wert es abhängt, ob H_0 verworfen wird.

(C) Unter der ...... versteht man die Behauptung, die man akzeptiert, wenn H_0 verworfen wird.

(D) Unter dem ...... versteht man den im Voraus festgelegten Zahlenbereich, mit dessen Hilfe entschieden wird, ob H_0 abgelehnt wird.

Erstellen Sie für die nicht verwendeten, oben aufgeführten Begriffe eigene Lückentexte.

24 *„Vokabelheft"*

P-Wert: ...
Zweiseitiger Test: ...

Suchen Sie die Fachbegriffe zum Testen von Hypothesen in diesem Lernabschnitt heraus und schreiben Sie Ihre eigenen kurzen Erklärungen dazu auf. Vergleichen Sie Ihre Ergebnisse sowohl untereinander als auch mit den entsprechenden Begriffserklärungen im Lexikon bzw. Internet.

25 *„Häufig gestellte Fragen"*

Im Internet wird Wissen über sogenannte FAQ („Frequently Asked Questions") ausgetauscht. Ergänzen Sie die folgende Liste der FAQ um weitere Fragen und Antworten.

FAQ

Beim Hypothesentest geht es um eine Entscheidung zwischen konkurrierenden Hypothesen. Welche wählt man als Nullhypothese, welche als Alternative?

Es gibt keine zwingende Regel. Häufig hilft die Empfehlung: Als Nullhypothese H_0 wählt man die Behauptung (Vermutung), die man mit dem Test verwerfen möchte. Die Alternative H_1 ist dann die Behauptung, die man akzeptiert, wenn H_0 verworfen wird.

Wie kann man beim Signifikanztest die Wahrscheinlichkeit von 5 % für einen Fehler 1. Art interpretieren?

Ein Statistikbüro wendet ein Testverfahren auf dem Signifikanzniveau von 5 % sehr häufig an. Dann wird es auf „lange Sicht" in höchstens 5 % der Testausführungen, in denen H_0 zutrifft, zu einer Fehlentscheidung im Sinne des Fehlers 1. Art kommen.

26 *Alles in Ordnung?*

Bei einer Therapie A weiß man aus langer Erfahrung, dass sie bei etwa 50 % der behandelten Patienten zu einer Besserung führt. Nun wird eine neue Therapie B propagiert mit dem Versprechen, dass sie deutlich häufiger zum Erfolg führt. In zehn Zufallsstichproben an je zehn Patienten wird B getestet.

Stichprobe Nr.	1	2	3	4	5	6	7	8	9	10
Erfolge	6	4	5	5	3	9	6	4	6	6

Die Stichprobe Nr. 6 wird veröffentlicht mit dem Fazit: *„Die neue Therapie B ist besser als die alte Therapie A. Dies wurde auf einem Signifikanzniveau von 5 % nachgewiesen."*

Übungen

27 *Alternativtest – Berechnung des Fehlers 2. Art*
Ein Besucher des Jahrmarkts kauft seit Jahren Lose bei der gleichen Losbude, bei der garantiert wird, dass der Anteil der Gewinnlose 50 % beträgt. In diesem Jahr kommt das Gerücht auf, dass der Anteil der Gewinnlose nur noch 30 % beträgt. Der statistisch versierte Besucher will einen Test durchführen, um die beiden Hypothesen H_0: p = 0,5 und H_1: p = 0,3 gegeneinander abzuwägen. Dazu kauft er 20 Lose. Er legt fest: Wenn sich in der Stichprobe 7 oder weniger Gewinne befinden, will er H_0 verwerfen und dem Gerücht Glauben schenken.

a) Beschreiben Sie das Vorgehen als Hypothesentest und die möglichen Fehler 1. Art und 2. Art, die bei dem Test auftreten können.
b) Zeigen Sie, dass die Wahrscheinlichkeit für:
den Fehler 1. Art gleich 13 % ist,

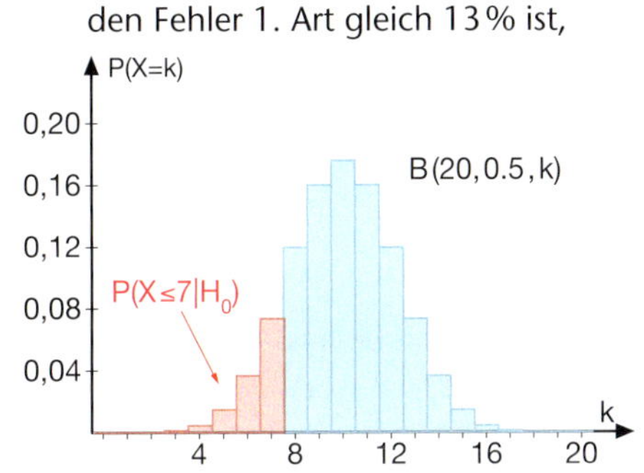

den Fehler 2. Art gleich 23 % ist.

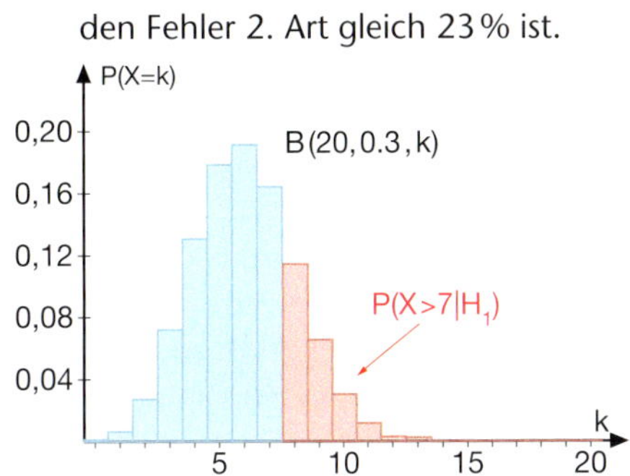

c) Wie ändern sich die Fehlerwahrscheinlichkeiten, wenn der Verwerfungsbereich verkleinert (z. B. weniger als 7 Gewinne) bzw. vergrößert (z. B. weniger als 9 Gewinne) wird?

Schätzen Sie zunächst und überprüfen Sie dann durch Rechnung.

d) Kann es gelingen, gleichzeitig den Fehler 1. Art und den Fehler 2. Art unter 10 % zu halten, wenn man den Stichprobenumfang auf 50 vergrößert?

28 *„Medikamentenstudie" – Fehler 2. Art für angenommene Alternativen*
Ein auf dem Markt befindliches Medikament wirkt sich nach den langjährigen Erfahrungen bei etwa 70 % der Patienten günstig auf den Krankheitsverlauf aus. Eine Firma hat ein neues Medikament entwickelt, von dem sie behauptet, dass die Patienten hiermit deutlich häufiger geheilt werden können. Das neue Medikament wird an 30 zufällig ausgewählten Patienten erprobt. Es wird festgelegt, dass die Nullhypothese H_0: $p_0 = 0{,}7$ zugunsten der Alternative H_1: $p > 0{,}7$ verworfen wird, wenn sich eine günstige Auswirkung bei 25 oder mehr Patienten zeigt.

a) Beschreiben Sie in dieser Situation den Fehler 1. Art und den Fehler 2. Art. Berechnen Sie die Wahrscheinlichkeit für den Fehler 1. Art und bestätigen Sie, dass der Test auf dem 10 %-Signifikanzniveau erfolgt.

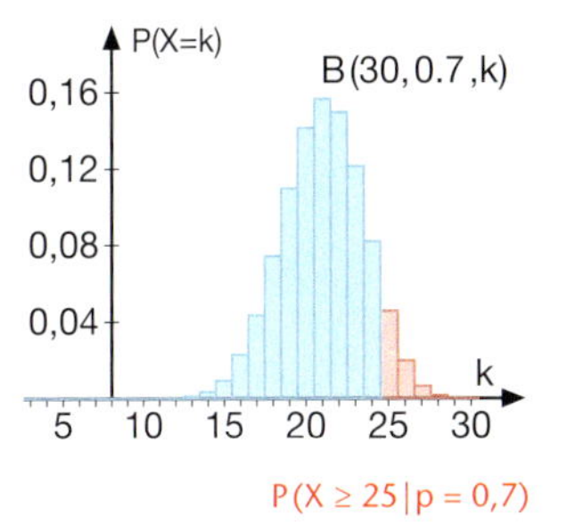

$P(X \geq 25 \mid p = 0{,}7)$

b) Der Fehler 2. Art kann in diesem Fall nicht berechnet werden, da die Wahrscheinlichkeit für die Alternative H_1: $p > 0{,}7$ nicht bekannt ist. Wir können uns einen Überblick verschaffen, indem wir den Fehler 2. Art für eine angenommene Alternativhypothese $p = p_1$ berechnen.
Füllen Sie die folgende Tabelle aus.

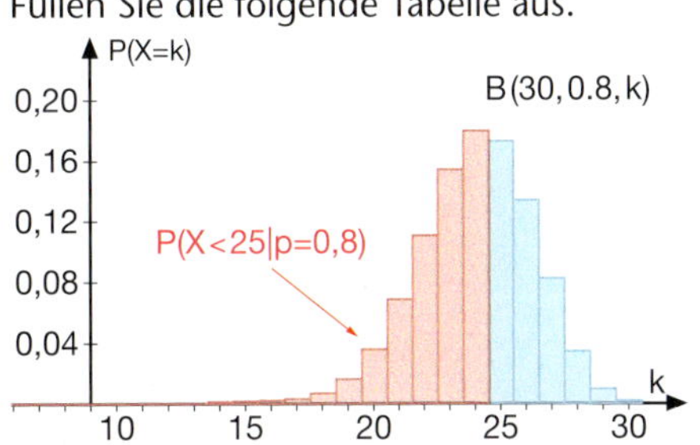

Angenommene Alternative $p = p_1$	Fehler 2. Art $P(X < 25 \mid p = p_1)$
0,71	■
0,75	■
0,8	0,572
0,85	■
0,9	■
0,95	■

```
binomcdf(30,0.8,
24)
          .5724875723
```

Können Sie die Entwicklung der Werte in der zweiten Spalte plausibel begründen?

Im nebenstehenden Bild ist der Graph der Operationscharakteristik (Abkürzung OC) für den (rechtsseitigen) Medikamententest aus Übung 28 aufgezeichnet.

Operationscharakteristik eines Tests

Wenn bei einem Signifikanztest die Nullhypothese ($p = p_0$), der Stichprobenumfang und die Entscheidungsregel feststehen, dann lässt sich die Wahrscheinlichkeit ß für einen Fehler 2. Art für jeden angenommenen (aber in der Testsituation nicht bekannten) Wert $p = p_1$ für die Alternativhypothese berechnen.
Für jeden Wert p erhält man somit den Wert ß(p) für die Wahrscheinlichkeit des zugehörigen Fehlers 2. Art.

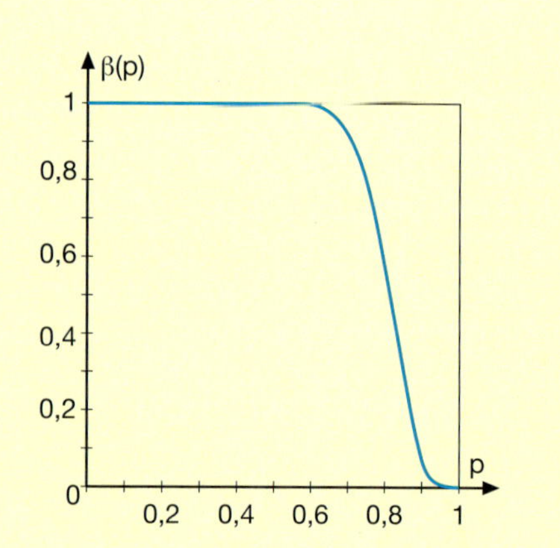

Die Funktion p → ß(p) wird als **Operationscharakteristik** des Tests bezeichnet.

Übungen

Stimmen die Werte mit denen von Ihnen in Übung 28 berechneten überein?

29 *Lesen und Interpretieren der Operationscharakteristik*
a) Lesen Sie aus der obigen Grafik die Werte ß für p = 0,8 und für p = 0,9 ab. Welche Wahrscheinlichkeit p gehört zu ß(p) = 0,6? Erläutern Sie mit Ihren Worten, was diese Werte im Zusammenhang mit der Medikamentenstudie aus Übung 28 bedeuten.
b) Beschreiben Sie den Verlauf des Graphen und interpretieren Sie ihn im Zusammenhang mit der Medikamentenstudie. Warum ist im Sachzusammenhang nur der Definitionsbereich (0,7; 1,0] sinnvoll?

30 *Vergrößerung des Stichprobenumfangs – Was bedeutet dies für die OC?*
Der Medikamententest aus Übung 28 wird auf dem gleichen Signifikanzniveau von 10 % mit jeweils verändertem Stichprobenumfang (n = 30, 100, 200) ausgeführt.
In dem nebenstehenden Bild sind die Graphen der Operationscharakteristiken zu dem jeweiligen Test angegeben.
a) Welche Kurve gehört zu welchem Stichprobenumfang?
b) Beschreiben Sie die Unterschiede und interpretieren Sie im Sachzusammenhang. Was bedeutet es, wenn eine Kurve steiler abfällt als die andere?

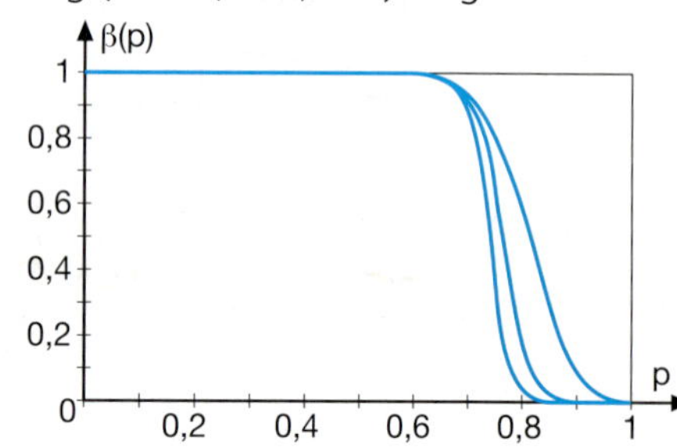

31 *Operationscharakteristiken bei zweiseitigen und einseitigen Tests*
Die bisher abgebildeten Operationscharakteristiken gehörten zu einem rechtsseitigen Test. Wie sehen die Graphen zu links- und zweiseitigen Tests aus?
a) Unten sehen Sie drei Operationscharakteristiken, die zu einem zweiseitigen, linksseitigen oder rechtsseitigen Test gehören. Ordnen Sie begründet zu.

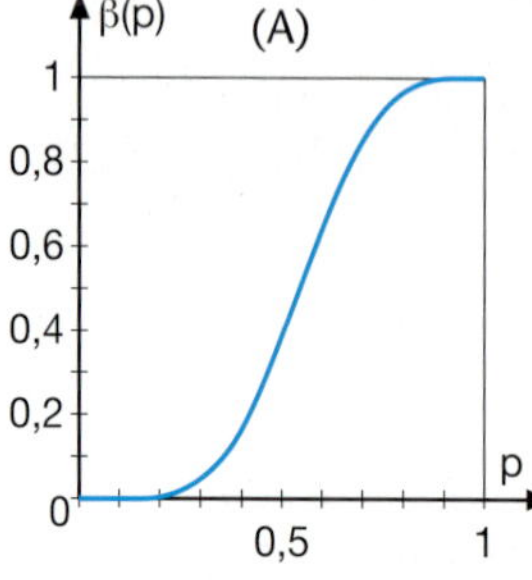

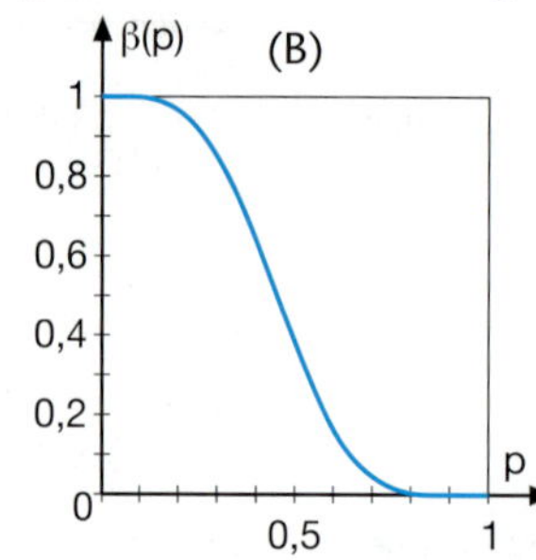

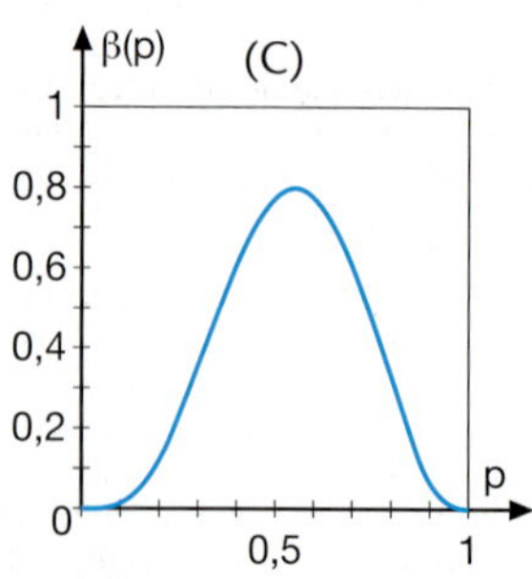

b) Suchen Sie unter den Beispielen dieses Abschnitts einen linksseitigen und einen zweiseitigen Test. Skizzieren Sie dazu die jeweilige Operationscharakteristik.

Aufgaben

32 *Zufall im Sport*

Wie bewerten Sie die Aussagen der Artikel im Lichte eines Hypothesentests? Beziehen Sie gegebenenfalls Fußball- oder Tennisexperten in die Diskussion ein.

Soll der Gefoulte selbst den Elfmeter schießen?

Elfmeter: Nur zwei Prozent Trefferunterschied bei Gefoulten und Mannschaftskameraden

Auch die alte Fußballweisheit, dass der Gefoulte nicht selbst den Elfmeter schießen sollte, haben Wissenschaftler unter die Lupe genommen – und widerlegt. Biometriker Oliver Kuß von der Martin-Luther-Universität Halle-Wittenberg hat alle Foulelfmeter der Bundesliga aus zwölf Jahren, exakt 835, untersucht. 102 davon wurden von den Gefoulten selbst geschossen und zu 73 Prozent verwandelt. Führten nicht-gefoulte Spieler den Strafstoß aus, ging der Ball in 75 Prozent der Schüsse ins Netz. *„Dieser Unterschied liegt im Rahmen der zufälligen Schwankungen und lässt somit nicht auf einen Effekt schließen“*, konstatiert Kuß. Seine Quintessenz: „König Fußball ist viel mehr vom Faktor Zufall bestimmt als viele Beteiligte glauben.“

Frankfurter Rundschau 7.6.08

DER SPIEGEL 42/2011

Szene **Sport**

Tennis

Endspiele nach Wunsch?

Nadal bei den U.S. Open 2010 in New York

Der Spanier Rafael Nadal und der Schweizer Roger Federer haben 11 der letzten 16 Grand-Slam-Turniere gewonnen, dabei standen sie sich viermal im Finale gegenüber. Die serbische Juristin Katarina Pijetlović, die unter anderem Sportrecht an der Universität von Helsinki lehrt, hegt Zweifel, dass dies allein an den Fähigkeiten der beiden Spieler liegt. Im Fokus ihrer Untersuchungen, die sie bei einem Anti-Korruptions-Symposium in Köln publik machte, stehen die Auslosungen der Australian Open, der U.S. Open und von Wimbledon in den Jahren 2008 bis 2011.

Um zu verhindern, dass die besten Spieler früh gegeneinander antreten müssen, werden sie gesetzt. Die Regeln schreiben vor, dass der an Nummer eins gesetzte Spieler immer an die Spitze des Tableaus platziert wird, der an Position zwei gesetzte Spieler immer ans Ende – so kann es erst im Finale zum Showdown kommen. Per Los wird dann entschieden, ob die Nummer drei oder die Nummer vier der Setzliste in der oberen Hälfte des Feldes spielt, die Chance darauf liegt bei 50 Prozent. Pijetlović fiel auf, dass bei den letzten zwölf Grand-Slam-Turnieren in Melbourne, New York und London stets der Serbe Novak Djoković und Federer zusammengelost wurden und der Brite Andy Murray (oder ein anderer an Position vier gesetzter Spieler) und Nadal. „Das ist so, als würde man zwölfmal eine Münze werfen, und zwölfmal landete sie mit der Zahl oben“, sagt Pijetlović. Die Chance, dass dies passiert, liegt bei 0,02 Prozent. Die Juristin hält daher eine Manipulation der Auslosung für möglich – zumal Federer eine positive Bilanz gegen Djoković hat, aber eine negative gegen Murray.

Beim vierten Grand-Slam-Turnier, den French-Open in Paris, stand Djoković in den letzten vier Jahren übrigens zweimal in Federers Hälfte, zweimal in Nadals. „Das ist zu erwarten und statistisch normal“, sagt Pijetlović. Die Turnier-Organisatoren der U.S. Open, der Australian Open und von Wimbledon äußerten sich auf Nachfrage nicht zu den Vorgängen.

5.3 Andere Testverfahren

Was Sie erwartet

Bei den bisherigen Signifikanztests haben wir bis auf wenige Ausnahmen immer eine Testgröße verwendet, die als binomialverteilt angenommen wurde. In der Praxis gibt es eine Reihe weiterer Testverfahren, die mit Testgrößen arbeiten, die nicht binomialverteilt sind. Wir werden hier als Beispiele den Vierfelder-Test und den Chi-Quadrat-Test vorstellen und anwenden. Zusätzlich werden wir an einem Lottoproblem aufzeigen, welche Sorgfalt man bei der Auswahl und Durchführung von Tests aufbringen muss, um Fehlschlüsse oder Fehlinterpretationen zu vermeiden. Das Grundprinzip des Hypothesentests bleibt auch für Verfahren mit nicht binomialverteilten Zufallsgrößen erhalten.

Einige Bemerkungen zu Hypothesentests bei klinischen Studien

Randomisierung

Beim Testen von Hypothesen verwendet man oft *randomisierte Verfahren.*
Bei der **Randomisierung**, die häufig in *klinischen Studien* verwendet wird, werden die Versuchspersonen (z. B. teilnehmende Patienten) durch ein Zufallsverfahren, z. B. durch Losen, einer *Versuchsgruppe* oder einer *Kontrollgruppe* zugeteilt. Die Patienten in der Versuchsgruppe werden zum Beispiel mit einem neuen Medikament behandelt, die Patienten in der Kontrollgruppe erhalten eine „Nachbildung" des Präparates ohne Wirkstoff (Placebo) oder ein Standardpräparat. Durch die Randomisierung sollen bekannte und unbekannte personengebundene *Störgrößen* gleichmäßig auf Versuchs- und Kontrollgruppen verteilt werden. Man will so verhindern, dass die Ergebnisse der Untersuchung einer systematischen *Verzerrung* (englisch: *Bias*) unterliegen. Gängige Störgrößen, die das Ergebnis einer klinischen Untersuchung systematisch verzerren können, sind z. B.

Störgrößen

Von Seiten des Arztes:

Der Arzt, der an der klinischen Studie teilnimmt, kennt sich mit der Behandlungsmethode besonders gut aus;
er beurteilt Effekte eventuell zu optimistisch.

Der Arzt sollte nicht wissen, ob er Patienten der Versuchsgruppe oder die der Kontrollgruppe behandelt.

Von Seiten des Patienten:

Der Patient – im Glauben, ein wirkungsvolles Medikament erhalten zu haben – spürt schon nach kurzer Zeit eine Linderung der Symptome sowie eine deutliche Verbesserung seines allgemeinen Gesundheitszustandes, ohne dass er eine wirksame Substanz erhalten hat.

Placebos sind Medikamente, die keinen Wirkstoff enthalten, aber beim Patienten den Eindruck erwecken, dass auch er das Medikament einnimmt.

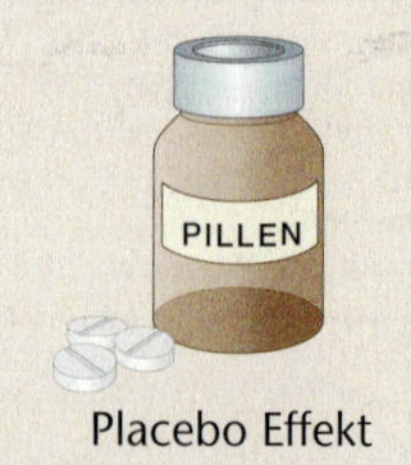

Placebo Effekt

Der Patient sollte nicht wissen, ob er zur Versuchsgruppe oder zur Kontrollgruppe gehört, um psychische Effekte zu vermeiden.

Doppelblindstudie

Studien, bei denen weder der behandelnde Arzt noch der behandelte Patient bis zum Vorliegen der Ergebnisse wissen, wer der Versuchsgruppe und wer der Kontrollgruppe zugeteilt wurde, nennt man **Doppelblindstudie**.

Übungen

1 *Vierfelder-Test (stark vereinfacht)*

Beispiel für einen randomisierten Test

In einem frühen Stadium der klinischen Prüfung eines neuen Medikamentes wurde dieses an einer kleinen Zahl von Patienten überprüft. Dazu wurde die Gruppe der Patienten, die an dem Test teilnehmen, per Losentscheid in eine Versuchs- und in eine Kontrollgruppe aufgeteilt. Die Patienten in der Versuchsgruppe erhielten das neue Medikament, die in der Kontrollgruppe ein Placebo. Die Untersuchung wurde als Doppelblindstudie durchgeführt. Die Ergebnisse des Tests wurden in einer Vierfeldertafel festgehalten.

a) Sprechen die Ergebnisse für die Wirkung des Medikamentes? Welche Zahlen wären in der Tabelle bei gleicher „Randverteilung" zu erwarten, wenn das Medikament sich in der Wirkung nicht von der des Placebos unterscheidet?

	Linderung	Keine Linderung	Summe
Versuchsgruppe	7	4	11
Kontrollgruppe	1	11	12
Summe	8	15	23

Randverteilung
Unter der Randverteilung versteht man die Daten in den orange unterlegten Feldern der Vierfeldertafel.

b) Könnte das Ergebnis, das in der Vierfeldertafel dargestellt ist, auch dann zustande gekommen sein, wenn das Medikament keine Wirkung hat?
Übersetzt auf unsere konkreten Daten bedeutet dies:
Bei 8 der 23 Patienten, die an der klinischen Untersuchung teilgenommen haben, ist so oder so eine Linderung eingetreten.
Beim Auslosen der Versuchsgruppe wurden zufällig 7 der Patienten, die eine Linderung erfahren, in die Versuchsgruppe gelost.
Erläutern Sie, weshalb das dargestellte Urnenmodell zu dieser beschriebenen Situation passt.

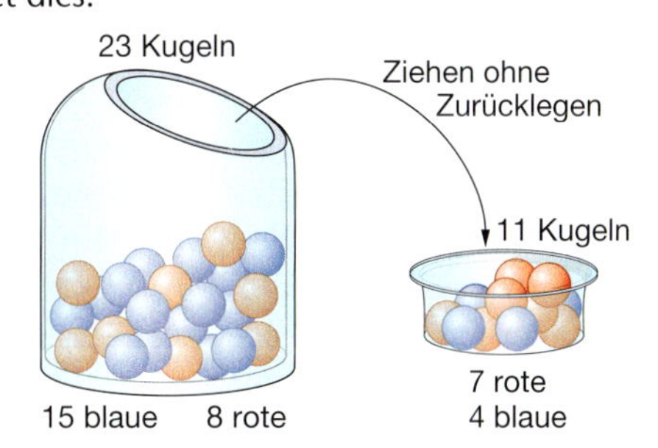

c) Die Wahrscheinlichkeit, dass zufällig so viele Patienten (7 oder sogar mehr), die eine Linderung erfahren, in die Versuchsgruppe gelost wurden, kann man als P-Wert $P(X \geq 7 | H_0)$ berechnen.
Erarbeiten Sie das im Folgenden beschriebene Verfahren und erläutern Sie es einer Mitschülerin oder einem Mitschüler. Interpretieren Sie den P-Wert.

H_0: Medikament hat keine Wirkung

Verfahren zur Berechnung des P-Wertes

Nullhypothese H_0: Das Ergebnis ist zufällig zustande gekommen, d. h. ohne Wirkung des Medikamentes.

Testgröße X: Anzahl der Patienten mit Linderung in der Versuchsgruppe

Urnenmodell für die Verteilung von X (hypergeometrische Verteilung):
Insgesamt 23 Kugeln (Anzahl der Patienten), davon sind 8 rot (Patienten mit Linderung) und 15 blau (Patienten ohne Linderung). Davon werden 11 Kugeln ohne Zurücklegen gezogen (Auslosen der Versuchsgruppe).
Man muss die hypergeometrische Verteilung verwenden.

Berechnung des P-Wertes:
Wahrscheinlichkeit dafür, dass sich unter den 11 gezogenen Kugeln (11 Patienten der Versuchsgruppe) 7 oder mehr rote Kugeln befinden (Patienten mit Linderung)

$$P(X \geq 7 | H_0) = \frac{\binom{8}{7} \cdot \binom{15}{4} + \binom{8}{8} \cdot \binom{15}{3}}{\binom{23}{11}} \approx 0{,}0084$$

Siehe Übung 22, Seite 63

Hypergeometrische Verteilung

In einer Urne sind N Kugeln, davon sind R rot und N-R blau. Es werden n Kugeln ohne Zurücklegen gezogen (Stichprobe).

X: Anzahl der roten Kugeln in der Stichprobe

Die Wahrscheinlichkeit, dass sich genau k rote Kugeln in der Stichprobe befinden, beträgt:

$$P(X = k) = \frac{\binom{R}{k}\binom{N-R}{n-k}}{\binom{N}{n}}, \quad k \leq \min(R, n)$$

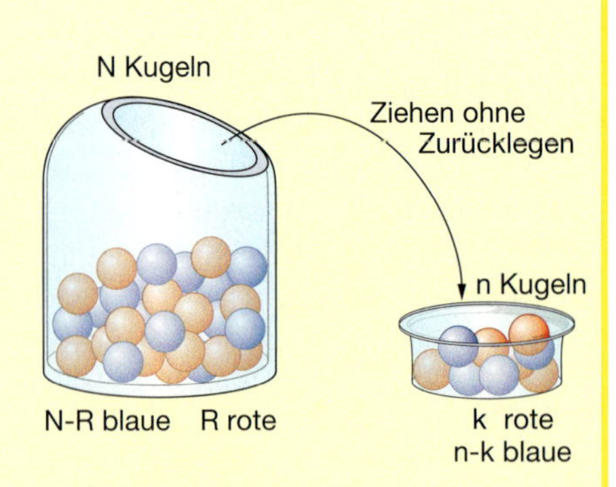

7

Sir RONALD AYLMER FISHER (1890 – 1962) war ein englischer Statistiker, Evolutionsbiologe und Genetiker.

Vierfelder-Test (Exakter Test von FISHER)

Bei einem Vierfelder-Test werden zwei Merkmale auf Unabhängigkeit getestet. Bei der Vierfeldertafel in Übung 1 beträgt der Anteil der Patienten in der Versuchsgruppe, die Linderung erfahren haben, $\frac{7}{11}$, in der Kontrollgruppe nur $\frac{1}{12}$. Dies legt die Vermutung nahe, dass das Medikament Einfluss auf das Testergebnis hat.

	Linderung	keine Linderung	Summe
Versuchsgruppe	7	4	11
Kontrollgruppe	1	11	12
Summe	8	15	23

Das Ergebnis hätte aber auch zufällig bei Unabhängigkeit der beiden Merkmale zustande kommen können, d.h. wenn das Medikament keinen Einfluss hätte.

Zur Überprüfung der Vermutung wird ein Hypothesentest durchgeführt mit der Nullhypothese H_0: „Die beiden Merkmale sind unabhängig voneinander". Falls der P-Wert (die Wahrscheinlichkeit $P(X \geq k \mid H_0)$) hinreichend klein ist, wird man die Nullhypothese verwerfen und dem Medikament einen Einfluss zubilligen.

Die Testgröße X ist dabei hypergeometrisch verteilt.

Übungen

Berechnung der P-Werte mithilfe der hypergeometrischen Verteilung:

2 *Vitamin C schützt vor Erkältung*

In einem Betrieb wurden von 33 Mitarbeiterinnen und Mitarbeitern 20 zufällig ausgewählt und mit hoch dosiertem Vitamin C behandelt (Versuchsgruppe). Die restliche Belegschaft (Kontrollgruppe) erhielt ein Placebo. Während der anschließenden Grippesaison erkrankten vier Mitarbeiter aus der Versuchsgruppe und acht Mitarbeiter aus der Kontrollgruppe an Grippe. Beurteilen Sie das Ergebnis der Untersuchung hinsichtlich der Fragestellung, ob hochdosiertes Vitamin C vor Grippe schützt.

	Grippe	keine Grippe	Summe
Versuchsgruppe	4	14	18
Kontrollgruppe	8	7	15
Summe	12	21	33

Welches Ergebnis liefert ein entsprechender Test in Ihrem Kurs?

3 *Unterschied oder kein Unterschied?*

Unterscheiden sich Männer und Frauen darin, ob sie mit ihrem Körpergewicht zufrieden sind oder nicht? Sprechen die in einer Zufallsstichprobe ermittelten Tabellenwerte signifikant gegen die Nullhypothese H_0: „Männer und Frauen unterscheiden sich nicht"?

Tabelle mit Randverteilung

	zufrieden	nicht zufrieden	Summe
Frauen	5	2	7
Männer	4	8	12
Summe	9	10	19

Übungen

4 *Antiseptische Chirurgie*

Joseph Lister (1827–1912), Chirurg in Glasgow und Edinburgh, wurde auf die Schriften von Louis Pasteur aufmerksam, der sich mit Keimen, heute würde man wohl Bakterien sagen, als Ursache für Fäulnisprozesse beschäftigte. Lister kam auf die Idee, mit Karbolsäure (Phenol) in der Chirurgie zu experimentieren. Von 40 Patienten, die sich einer Amputation unter Verwendung karbolgetränkter Verbände unterziehen mussten, überlebten 34. Von 35 Patienten, die traditionell ohne Verwendung von Karbolsäure amputiert wurden, überlebten 19.

a) Fassen Sie die Ergebnisse in einer Vierfeldertafel zusammen.

b) Berechnen Sie den P-Wert gemäß dem exakten Test von Fisher und interpretieren Sie das Ergebnis.

c) Informieren Sie sich über die Leistungen von Joseph Lister. Stellen Sie diese in einer kurzen Laudatio für Joseph Lister anlässlich seines hundertsten Todestages dar.

Quelle: Charles Winslow, The conquest of Epidemic, Princeton, UP 1943

5 *Heilung am Strand*

In der Zeitschrift GEO 10/1998 erschien ein kurzer Artikel *Heilung am Strand*. Dort wurde von einer Doppelblindstudie berichtet, bei der es um die positive Wirkung negativ aufgeladener Ionen in der Luft zur Bekämpfung von „Winterdepressionen" ging. Solche negativen Ionen sind in geringer Zahl in der Luft stets vorhanden. In der Nähe von Meeresbrandung wird der Durchschnittswert von 2000 bis 4000 Partikeln pro Kubikzentimeter auf über 100 000 steigen. 25 Personen, die unter den typischen Symptomen einer „Winterdepression" litten, wurden über 20 Tage einer Therapie mit ionisierter Luft unterzogen. Um Placebo-Effekte auszuschalten, wurden die Personen in zwei Gruppen aufgeteilt:
13 Personen wurden nur normal ionisierter Luft ausgesetzt (Placebo), die anderen 12 Personen einer vielfach höheren Dosis (Versuchsgruppe).

Negativ geladene Luftpartikel wirken am Meeresstrand wohltuend auf die Psyche.

Zitat aus dem Artikel:

Die Wirksamkeit der Ionen-Therapie war eindeutig:
Bei 58 Prozent der mit der hohen Ionen-Dosis „befeuerten" Probanden waren die Depressions-Symptome um mehr als die Hälfte reduziert, in der Placebo-Gruppe hingegen nur bei 15 Prozent.

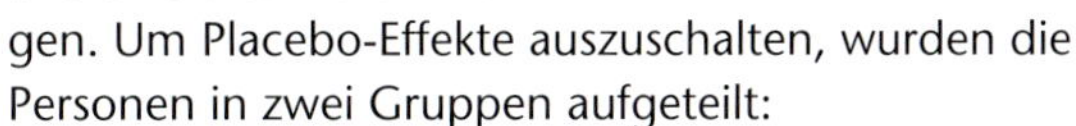

a) Erstellen Sie eine passende Vierfeldertafel und testen Sie damit die Nullhypothese H_0: „Die Ionentherapie hat keinen besonderen Einfluss auf die Heilung". Kann diese Hypothese aufgrund der vorliegenden Daten auf dem 1 %-Signifikanzniveau verworfen werden?

b) Nehmen Sie Stellung zu der im Artikel behaupteten Eindeutigkeit der Wirksamkeit der Therapie.

Den vollständigen Artikel finden Sie in der Datei:

5305.pdf

6 *Schnarcher hauen Prüfung daneben*

Wer im Schlaf schnarcht, schneidet tagsüber bei Prüfungen schlechter ab. Das berichtet die in Gräfelfing erscheinende Fachzeitung „Ärztliche Praxis" unter Berufung auf eine Studie der pneumologischen Abteilung der Medizinischen Klinik Erlangen.
Die Forscher hatten bei 201 Medizinstudenten, die sich hinsichtlich Alter, Geschlecht und Body-Mass-Index nicht unterschieden, die Prüfungsergebnisse im Fach „Innere Medizin" untersucht. Dabei zeigte sich, dass aus der Gruppe von 123 Studenten, die sich zum gelegentlichen oder häufigen Schnarchen bekannt hatten, jeder vierte (26 Prozent) durch den Test gefallen war. In der Gruppe der „Nicht-Schnarcher" war es nur jeder achte (12,8 Prozent).

„Öffentlicher Anzeiger" Bad Kreuznach vom 19.9.1998

Werten Sie die Studie mithilfe eines Vierfelder-Tests aus. Erstellen Sie dazu eine Vierfeldertafel und testen Sie die Nullhypothese H_0: Die Merkmale „Schnarcher" und „Test bestehen" sind unabhängig voneinander.

Berechnung mithilfe der hypergeometrischen Verteilung:

7

Testen mit dem Chi-Quadrat-Anpassungstest

Passt das Wahrscheinlichkeitsmodell?
Beim Wurf eines „fairen" Würfels geht man von der Modellannahme aus, dass jede Augenzahl mit der Wahrscheinlichkeit von $\frac{1}{6}$ auftritt. Wenn man nun den betreffenden Würfel z. B. 60-mal wirft, dann wird man sicher nicht erwarten, dass alle Augenzahlen exakt 10-mal auftreten, auch wenn die Modellannahme zutreffend ist. Stattdessen wird man gewisse Abweichungen der Häufigkeiten, mit denen die Augenzahlen auftreten, erwarten. In der Tabelle ist das Ergebnis von 60 Würfen mit einem Würfel dargestellt. Vielleicht werden Sie aus den beobachteten Häufigkeiten zu dem Schluss kommen, dass der Würfel kein fairer Würfel ist, da die beobachteten Häufigkeiten deutlich von den erwarteten Häufigkeiten abweichen. Weichen Sie wirklich „signifikant" ab? Um dies zu beurteilen, benötigt man eine geeignete Testgröße, mit der man die Abweichungen „messen" kann.

Augenzahl	beobachtete Häufigkeit H_b	erwartete Häufigkeit H_e
1	13	10
2	8	10
3	6	10
4	10	10
5	9	10
6	14	10
Summe	60	60

Übungen

Konstruktion einer passenden Testgröße

7 *Auf dem Weg zu einer Testgröße beim Vergleich von Verteilungen*

Ein Würfel wird 300-mal geworfen. Die nebenstehende Tabelle A gibt die beobachteten Häufigkeiten H_b und die erwarteten Häufigkeiten H_e an, unter der Annahme, dass es sich um einen fairen Würfel handelt.

Tabelle A

Augenzahl	beobachtete Häufigkeit H_b	erwartete Häufigkeit H_e
1	42	50
2	59	50
3	62	50
4	34	50
5	46	50
6	57	50
Summe	300	300

a) Formulieren Sie eine Nullhypothese.

$Z_1 = \sum(H_b - H_e)$

b) **Testgröße Z_1:**
Summe der Differenzen $H_b - H_e$
Berechnen Sie den Wert der Testgröße für diese Tabelle. Achten Sie dabei auf das Vorzeichen der jeweiligen Differenz. Handelt es sich um eine „gute" Testgröße?

$Z_2 = \sum(H_b - H_e)^2$

c) **Testgröße Z_2: Summe der Quadrate der Differenzen $(H_b - H_e)^2$**
Die Tabellen A und B geben das Ergebnis des Würfelns mit zwei Würfeln wieder. Welche der beiden Tabellen gibt einen stärkeren Hinweis darauf, dass der betreffende Würfel nicht fair sein könnte?
Berechnen Sie für beide Tabellen den Wert der Testgröße Z_2. Halten Sie die Testgröße Z_2 für geeignet? Begründen Sie.

Tabelle B

Augenzahl	beobachtete Häufigkeit H_b	erwartete Häufigkeit H_e
1	492	500
2	509	500
3	512	500
4	484	500
5	496	500
6	507	500
Summe	3000	3000

Chi-Quadrat-Anpassungstest

Die in einer Stichprobe beobachteten Häufigkeiten werden mit den „theoretisch" erwarteten Häufigkeiten (unter der Annahme einer zugrunde liegenden Wahrscheinlichkeitsverteilung) verglichen. Große Abweichungen sprechen eher gegen die hypothetisch angenommene Verteilung.

Testgröße für den Chi-Quadrat-Test: $\chi^2 = \sum \frac{(H_b - H_e)^2}{H_e}$

H_b ist die beobachtete Häufigkeit und H_e die entsprechende erwartete Häufigkeit.

Übungen

8 *Der Chi-Quadrat-Test bei einem Würfel mithilfe einer Simulation*

a) Vergleichen Sie die Testgröße χ^2 mit der Testgröße Z_2 aus Übung 7. Welche Rolle spielt die Division durch H_e in der Formel für χ^2?

b) Bestätigen Sie durch Nachrechnen für die in den Tabellen A und B aus Übung 7 angegebenen Würfelergebnisse, dass in Tabelle A der χ^2-Wert für die Stichprobe 12,2 ist, der für die Stichprobe in Tabelle B 1,22. Spricht der große Wert $\chi^2 = 12{,}2$ signifikant gegen die Nullhypothese H_0: „Der Würfel ist fair"?

c) Ermitteln Sie den P-Wert $P(\chi^2 \geq 12{,}2 \mid H_0)$ mithilfe der Simulationsdatei und interpretieren Sie das Ergebnis.

5308.xlsx

Simulation

Der 300-fache Wurf mit einem fairen Würfel wird 1000-mal simuliert.
Bei jedem der 1000 Durchläufe, d. h. bei jedem 300-fachen Wurf werden die Häufigkeiten der Ergebnisse 1, 2, ..., 6 gezählt und der Wert für χ^2 berechnet.
Die 1000 Durchläufe liefern somit 1000 Werte für χ^2. Der Anteil der Werte für χ^2, die größer gleich 12,2 sind, ist ein Schätzwert für $P(\chi^2 \geq 12{,}2 \mid H_0)$.

Das Simulationsprogramm liefert auch eine Grafik für die kumulierte **„Wahrscheinlichkeitsverteilung"** von χ^2.
Daraus lässt sich der gesuchte P-Wert ablesen.

$P(\chi^2 \geq 12{,}2 \mid H_0)$
$= 1 - P(\chi^2 < 12{,}2 \mid H_0)$

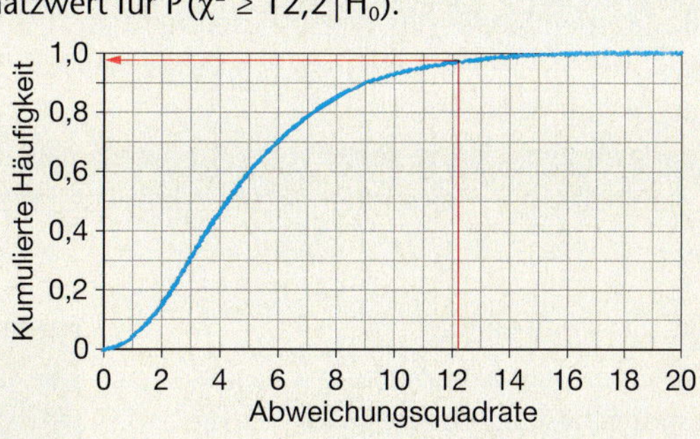

Chi-Quadrat-Verteilung

Die Häufigkeitsverteilung für die Testgröße χ^2 haben wir in Übung 8 durch Simulation gewonnen und in der Abbildung als Histogramm dargestellt. Bei Vorliegen bestimmter Voraussetzungen können die Wahrscheinlichkeiten mit der stetigen χ^2-Dichtefunktion bestimmt werden.

Die gekennzeichnete Fläche unter dem Graphen stellt die Wahrscheinlichkeit $P(\chi^2 \geq k)$ dar.

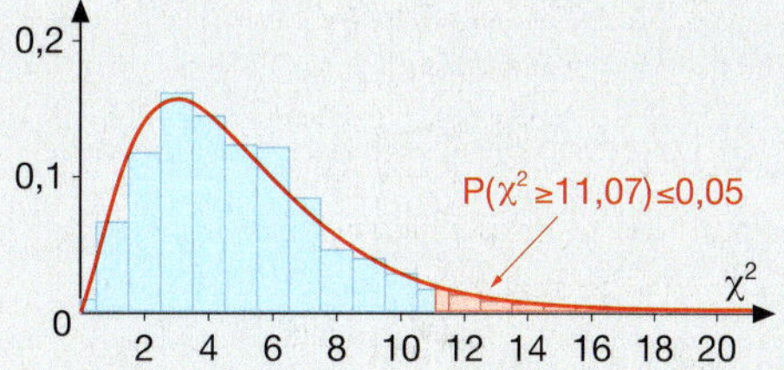

Als Faustregel für hinreichend gute Approximation gilt:
Die erwarteten Häufigkeiten sollten alle größer als 5 sein.

Die Form der χ^2-Dichtefunktion hängt nur wenig von der Größe des Stichprobenumfangs und interessanterweise auch wenig von der Art der Verteilung ab.
Stattdessen hängt sie von der Anzahl der sogenannten „Freiheitsgrade" ab. Der Freiheitsgrad ist um 1 kleiner als die Anzahl der möglichen Ergebnisse/Merkmale in der Stichprobe. Beim Würfelexperiment gibt es sechs mögliche Ergebnisse; die Anzahl der Freiheitsgrade ist also 5, beim Münzwurf ist diese Anzahl 1.

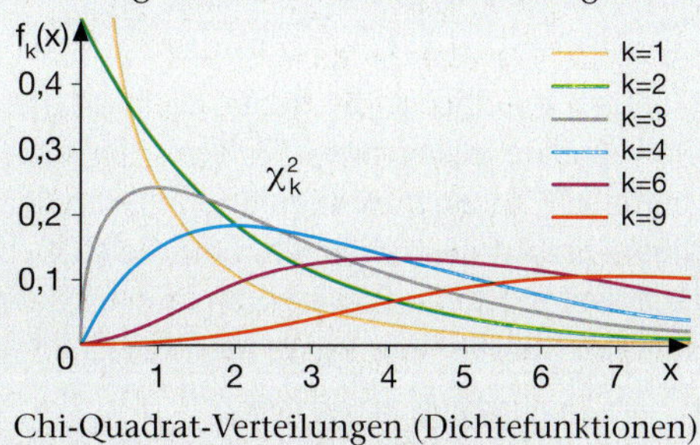

Chi-Quadrat-Verteilungen (Dichtefunktionen) für verschiedene Freiheitsgrade

Chi-Quadrat mit dem grafischen Taschenrechner

WERKZEUG

Mit dem GTR lassen sich Werte für die Dichtefunktion und die kumulative Verteilung von χ^2 berechnen sowie auch die entsprechenden Graphen und Wertetabellen darstellen. Als Parameter müssen die *Variable X* für den Wert von χ^2 und der *Freiheitsgrad df* eingegeben werden.

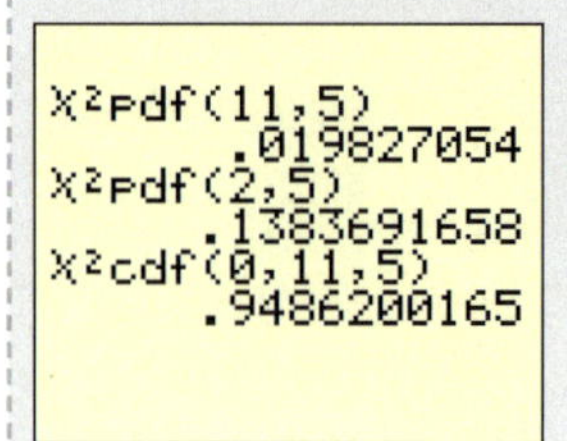

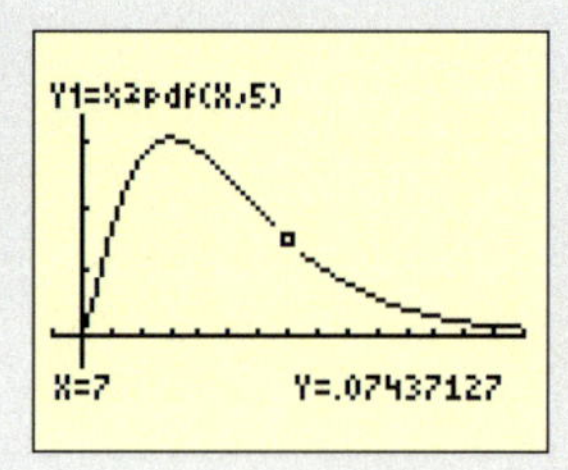

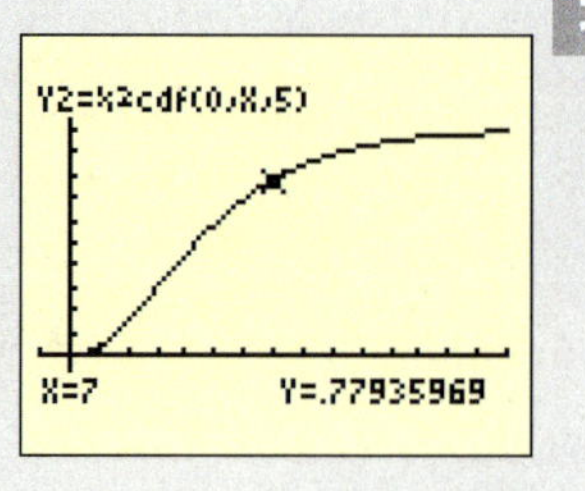

Übungen

9 *Kritische χ^2-Werte beim Würfel*

a) Bestimmen Sie für das Würfelexperiment aus Übung 7 mit dem GTR den kleinsten Wert k, für den $P(\chi^2 \geq k \mid H_0) < 5\,\%$ gilt. Vergleichen Sie mit dem Wert, den Sie mit Simulation bestimmt haben.

b) *Übrigens:* Auch kleine Werte von χ^2 für eine reale Stichprobe beim Würfeln sind verdächtig, sie sind zu gut. Bestimmen Sie einen kritischen Wert k_u, für den $P(\chi^2 \leq k_u \mid H_0) < 5\,\%$ gilt.

10 *Zweikindfamilien*

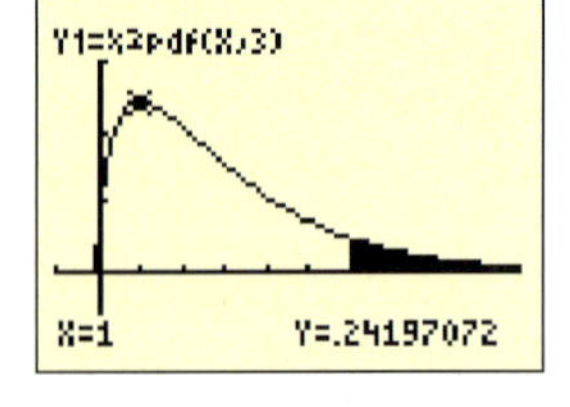

a) Von der Theorie erwartet man, dass die möglichen Geschwisterpaare Junge/Junge, Junge/Mädchen, Mädchen/Junge, Mädchen/Mädchen in etwa gleichverteilt sind. Von welchen Modellannahmen geht man dabei aus?

b) In einer Zufallsstichprobe von 100 Zweikindfamilien beobachtet man die nebenstehenden Häufigkeiten: Was sagt der Chi-Quadrat-Test zu diesem Ergebnis?

J/J	J/M	M/J	M/M
18	32	21	29

11 *Verteilung der Geburtstage auf Monate*

X	Y2
17	.89212
18	.91842
19	.93891
20	.95466
21	.96663
22	.97563
23	.98232

X=23

In einer Schule wurde eine statistische Erhebung über die Verteilung der Geburtstage auf die zwölf Monate eines Jahres durchgeführt. Dazu wurden 300 Schülerinnen und Schüler befragt. In der folgenden Tabelle sind die beobachteten Häufigkeiten für die einzelnen Monate aufgetragen.

1	2	3	4	5	6	7	8	9	10	11	12
33	22	31	16	36	26	26	14	29	25	27	15

a) Spricht die Stichprobe gegen die Nullhypothese H_0: „Die Geburtstage sind auf die zwölf Monate gleichverteilt"? Testen Sie mithilfe eines Chi-Quadrat-Tests.

b) Erheben Sie eigene Daten an Ihrer Schule und testen Sie mit Chi-Quadrat.

Genauer hingeschaut

c) Bei der formulierten Nullhypothese (Gleichverteilung) geht man von erwarteten Häufigkeiten H_e von 25 Geburtstagen in jedem Monat aus. Wegen der unterschiedlichen Monatslängen müsste man mit der folgenden Formel rechnen:

$$H_e = 300 \cdot \frac{\text{Anzahl der Monatstage}}{365}$$

Welche Auswirkung hat dies auf Ihren Test?

Ziehungshäufigkeiten der Lottozahlen – Pech- und Glückszahlen

Projekt

Bearbeiten Sie die folgenden Aufgaben **A** bis **E** in Gruppen und erstellen Sie eine Abschlussdokumentation mit Ihren Ergebnissen und Erkenntnissen.

Lotto-Statistik

Die nebenstehende Tabelle zeigt, wie oft die einzelnen Lottozahlen beim Samstagslotto seit Oktober 1955 gezogen wurden (Stand: 28.12.2011).

1	2	3	4	5	6	7
364	372	376	357	364	380	357
8	9	10	11	12	13	14
331	374	354	364	353	299	340
15	16	17	18	19	20	21
336	340	369	365	359	341	375
22	23	24	25	26	27	28
361	336	358	367	380	370	330
29	30	31	32	33	34	35
355	343	370	394	378	337	363
36	37	38	39	40	41	42
374	361	387	362	358	368	375
43	44	45	46	47	48	49
362	348	317	345	351	367	411

Auswahl und Interpretation von Tests

Anzahl der Ausspielungen: 2933

Anzahl der gezogenen Zahlen (ohne Zusatzzahl): $2933 \cdot 6 = 17\,598$

Wahrscheinlichkeit, dass eine bestimmte Zahl gezogen wird: $\frac{1}{49}$

erwartete mittlere Ziehungshäufigkeit jeder Zahl: $\frac{17\,598}{49} = 359{,}14$

Chi-Quadrat-Anpassungstest

Gewisse Schwankungen der Ziehungshäufigkeiten der einzelnen Zahlen sind zu erwarten. Bei manchen Zahlen sind die Abweichungen aber doch recht groß. Ob die Stichprobe statistisch verträglich mit der Nullhypothese der Gleichverteilung der Ziehungshäufigkeiten ist, lässt sich mit dem Chi-Quadrat-Anpassungstest überprüfen.
Bestätigen Sie für die obige Tabelle, dass $\chi^2 = 54{,}35$ und $P(\chi^2 \geq 54{,}35) \approx 0{,}24$.
Interpretieren Sie das Ergebnis.

Freiheitsgrade: 48

```
χ²cdf(0,54.35,48
)
         .7545652528
```

Ist die Zahl 13 die Pechzahl?

Die Zahl 13 wurde nur 299-mal gezogen, das war deutlich die geringste Häufigkeit unter allen 49 Zahlen, weit entfernt von dem Erwartungswert 359,14. Das kann doch kein Zufall sein?
Was sagt der P-Wert dazu?

Begründen Sie, dass man den P-Wert, wie in der Rechnung nebenan, mithilfe der Näherung durch die Normalverteilung berechnen darf.
Bestätigen Sie mit dem nebenstehenden Ansatz:

$P(X \leq 299 \mid p = \frac{1}{49}) \approx 0{,}0007$

Welche Schlussfolgerungen ziehen Sie aus dem berechneten P-Wert? Sind Sie nun überzeugt, dass 13 die Pechzahl ist?

Berechnung des P-Wertes

Nullhypothese H_0: Die Wahrscheinlichkeit, dass die Zahl 13 gezogen wird, ist $P(„13") = \frac{1}{49}$.

Alternativhypothese H_1: $P(„13") < \frac{1}{49}$

Testgröße X: Häufigkeit der Zahl 13 unter den 17 598 Ziehungen

X ist binomialverteilt.

Berechnung des P-Wertes $P(X \leq k \mid H_0)$ mithilfe der Näherung durch die Normalverteilung:

Erwartungswert: $\mu = n \cdot p = \frac{17\,598}{49} = 359{,}14$

Standardabweichung: $\sigma = \sqrt{n \cdot p \cdot (1-p)} \approx 18{,}76$

Standardisierung: $z = \frac{299 - 359{,}14}{18{,}76} \approx -3{,}2$

Prüfen Sie Ihre Interpretation nochmals nach Bearbeitung der nächsten Seite.

Zur Ergänzung:
Ist die Zahl 49 die Glückszahl?
Die Zahl 49 ist die am häufigsten gezogene Zahl (411-mal). Ist 49 die Glückszahl?
Berechnen Sie auch hierfür den P-Wert $P(X \geq 411 \mid p = \frac{1}{49})$ und interpretieren Sie das Ergebnis.

C *Gedankenexperiment*
Wir testen die Nullhypothese P(„k“) = $\frac{1}{49}$ für alle 49 Zahlen k auf dem Signifikanzniveau von 5 %, d. h. wir führen 49 Tests durch. Wir können in 5 % der Tests (d. h. in zwei bis drei Fällen) signifikante Ergebnisse erwarten, auch dann, wenn die Nullhypothese richtig ist. Wenn man sich nun genau diese Zahlen zum Testen herauspickt, so stimmt da etwas nicht.

Vermuten und Testen – zwei voneinander unabhängige Schritte

Auch wenn alle Zahlen beim Lotto die gleiche Ziehungswahrscheinlichkeit haben, so wird man nicht erwarten, dass alle mit der gleichen Häufigkeit gezogen werden. Eine der gezogenen Zahlen wird voraussichtlich die geringste Ziehungshäufigkeit aufweisen, bei den bisher 2933 Samstagsziehungen war dies die Zahl 13. Die zu testende Vermutung *„13 ist die Pechzahl“* ist nicht unabhängig von den Beobachtungsdaten entstanden, vielmehr wurde sie aus diesen gewonnen. Dies ist aber für ein korrektes Vorgehen beim Hypothesentest nicht zulässig. Ein einzelner gegebener Datensatz kann entweder zur Gewinnung oder zum Testen von Hypothesen herangezogen werden.

Testen mit neuem Datensatz:

Im Internet finden Sie Lottostatistiken aus verschiedenen Ländern.

Die Zahl 13 wurde in dem angegebenen Zeitraum 37-mal gezogen.
Testen Sie mit diesem Datensatz die Nullhypothese P(„13“) = $\frac{1}{45}$.

Lotto 6 aus 45 (aus Österreich)

Anzahl Ziehungen	313 Ziehungen
Anzahl „6 Richtige“	258-mal
Anzahl Zahlen	1878 Zahlen
häufigste Zahl	39 (59-mal)
seltenste Zahl	20 (31-mal)

D *Ein letztes Mal: Pechzahl 13 und Glückszahl 49 – Genauer hingeschaut*

Hierbei sei angenommen, dass die Ziehungswahrscheinlichkeit für jede Zahl gleich $\left(\frac{1}{49}\right)$ ist.

a) Berechnen Sie mit den Sigma-Regeln, in welche zum Erwartungswert symmetrischen Intervalle die Ziehungshäufigkeit einer Zahl nach 17598 gezogenen Kugeln mit einer Wahrscheinlichkeit von 68 % (95 %, 99 %) fallen.
b) Begründen Sie mit Ihren Ergebnissen aus Teilaufgabe a) die folgende Aussage:

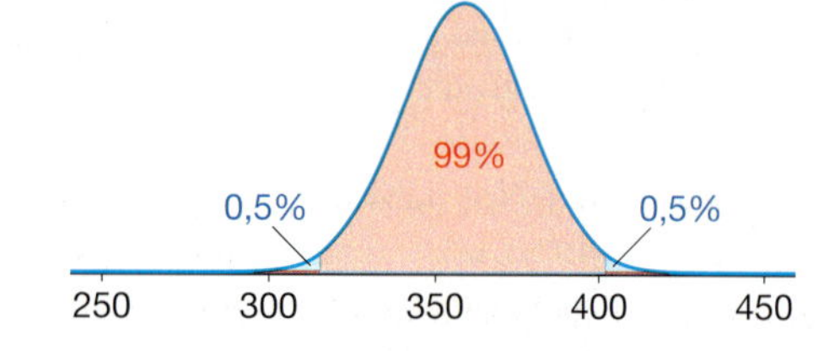

Bezug: Lottostatistik (Tabelle) auf der vorigen Seite

Nach 2933 Lottoziehungen, die am 28.12.2011 erreicht wurden, sollte jede Lottozahl im Mittel etwa 359-mal gezogen worden sein. Wenn nur der Zufall regiert, sollten darunter etwa 33 Lottozahlen sein, die zwischen 340-mal und 378-mal gezogen worden sind. Etwa 16 Lottozahlen sollten weniger als 340-mal oder mehr als 378-mal gezogen worden sein. Und etwa zwei bis drei Lottozahlen davon sollten sogar weniger als 322-mal oder mehr als 396-mal gezogen worden sein. Etwa eine sollte außerhalb des Intervalls [315; 402] liegen.

Überprüfen Sie, inwieweit die im Text erwähnten Zahlen mit den Ergebnissen der eingangs aufgeführten Lottostatistik übereinstimmen.

1 Die Wahrscheinlichkeit, mit der bei einem Laplace-Würfel die Augenzahl „Sechs" kommt, ist $\frac{1}{6}$.
a) Ein Würfel soll 240-mal geworfen werden. Berechnen Sie das 95%-Prognoseintervall für die relative Häufigkeit h der „Sechsen" in dieser Stichprobe.
b) Geben Sie das 95%-Prognoseintervall auch mit absoluten Häufigkeiten an.

2 Wie verändert sich das Prognoseintervall für die relative Häufigkeit h, mit der ein Ereignis eintritt, wenn
a) der Stichprobenumfang n größer wird,
b) die „Sicherheitswahrscheinlichkeit" größer wird (z. B. wenn es sich um das 99%-Prognoseintervall handelt)?

3 Angenommen, der Stimmenanteil der FCSP bei einer Wahl hat 28,9% betragen. Direkt nach der Wahl wird eine Stichprobe von 100 000 Wählern befragt.
a) In welches 95%-Prognoseintervall fällt die relative Häufigkeit h der Stimmen für die FCSP in dieser Stichprobe?
b) Welche Annahmen sind zu treffen, damit man die übliche Rechnung zur Ermittlung des 95%-Prognoseintervalls anwenden darf?

4 Erläutern Sie den Unterschied zwischen einem Prognoseintervall und einem Konfidenzintervall.

5 Bei sehr vielen Meinungsumfragen werden die Ergebnisse in Prozenten mit einem Fehler ebenfalls in Prozent angegeben. Meistens ist es üblich, als Fehler die „Breite" des 95%-Konfidenzinteralls zu verwenden.
a) Angenommen, Sie lesen, dass laut einer Umfrage (63 ± 3)% der Deutschen mit Optimismus in die Zukunft schauen. Geben Sie das 95%-Konfidenzintervall für den Anteil der Menschen der Bevölkerung Deutschlands an, die dies denken.
b) Sind Sie sicher, dass der wahre Anteil der Bevölkerung in das in Teilaufgabe a) angegebene Intervall fällt?

6 Bei einer Umfrage eines Meinungsforschungsinstitutes wurden 1250 Personen einer Zufallsstichprobe befragt, ob sie zumindest eine Fremdsprache beherrschen. 910 Befragte antworteten mit „Ja".
Berechnen Sie das 95%-Konfidenzintervall für den Anteil p der Personen in der Gesamtheit, die zumindest eine Fremdsprache beherrschen. Rechnen Sie mit einer Näherungsformel.

7 Bei einem erwarteten engen Ausgang einer Stichwahl zwischen zwei Kandidaten für die Wahl zum Oberbürgermeister einer Stadt will ein Meinungsforschungsinstitut eine Befragung durchführen. Das Ergebnis der Befragung soll hierbei als 95%-Konfidenzintervall mit einer „Breite" von ±2% angegeben werden.
a) Wie groß muss die Zufallsstichprobe mindestens sein, wenn man davon ausgeht, dass h in etwa 50% sein wird?
b) Was muss man bei der Stichprobenauswahl beachten?

CHECK UP

Beurteilende Statistik

Schätzen von Anteilen – Konfidenzintervall

Entscheiden mit Prognoseintervallen

Schließen von der Grundgesamtheit auf die Stichprobe

Grundgesamtheit
Anteil p
↓
Stichprobe
Prognoseintervall für h

Prognoseintervall:
Z. B. 95%-Prognoseintervall: Das zum Erwartungswert symmetrische Intervall, in das mit einer 95%-igen Wahrscheinlichkeit die relative Häufigkeit h der Merkmalsausprägung in der Stichprobe fällt.
Entscheidung: Liegt das Stichprobenergebnis außerhalb des 95%-Prognoseintervalls, so kann dies zufällig nur mit einer Wahrscheinlichkeit von höchstens 5% geschehen sein. Ein solches Ergebnis nennen wir statistisch unverträglich mit der Annahme, dass in der Grundgesamtheit der Anteil der Merkmalsausprägungen p ist.
95%-Prognoseintervall: $p \pm 1{,}96\sqrt{\frac{p \cdot (1-p)}{n}}$

Konfidenzintervalle für Anteile

Schließen von der Stichprobe auf die Grundgesamtheit

Stichprobe
relative Häufigkeit h
↓
Grundgesamtheit
Konfidenzintervall für p

Konfidenzintervall:
Z. B. 95%-Konfidenzintervall: Menge aller Werte p, mit denen die in der Stichprobe ermittelte relative Häufigkeit h auf dem 95%-Niveau verträglich ist.
Ermitteln des 95%-Konfidenzintervalls, falls $\sqrt{n \cdot h \cdot (1-h)} > 3$:
- Näherungsformel für die Intervallgrenzen:
$$h \pm 1{,}96\sqrt{\frac{h \cdot (1-h)}{n}}$$

Wie groß muss der Stichprobenumfang n sein?
Für ein 95%-Konfidenzintervall mit der Breite 2ε kann man den notwendigen Stichprobenumfang n abschätzen: $n \geq \frac{1{,}96^2 \cdot h \cdot (1-h)}{\varepsilon^2}$

Was ist eine gute Zufallsstichprobe?
- Aus der Grundgesamtheit wird zufällig ausgewählt.
- Jedes Untersuchungsobjekt in der Grundgesamtheit hat die gleiche Auswahlwahrscheinlichkeit.

CHECK UP

Testen von Hypothesen

Bewerten von Stichprobenergebnissen mit dem P-Wert
Angenommen, man hat eine Vermutung über die Verteilung der Zufallsgröße X. Diese Vermutung wird als **Nullhypothese** bezeichnet.

Der **P-Wert** ist die Wahrscheinlichkeit, dass das beobachtete Stichprobenergebnis oder ein noch extremeres eintritt unter der Annahme, dass die Nullhypothese wahr ist.

Entscheidung: Ist der P-Wert klein (z. B. kleiner als 5 % oder gar 1 %), so spricht dies gegen die Annahme, dass die Nullhypothese wahr ist. Allerdings kann man sich bei einer Entscheidung gegen die Nullhypothese nicht sicher sein.

Planung und Durchführung eines Signifikanztests
So wird es gemacht:
Planung
- Formulieren der **Nullhypothese** und der **Alternativhypothese**
- Festlegen der **Testgröße X**, des **Stichprobenumfangs n** und des **Signifikanzniveaus α**
- **Modellannahme:** Wie ist X verteilt (z. B. binomialverteilt)?
- **Verwerfungsbereich V** berechnen, d. h. die **Entscheidungsregel** festlegen

Durchführung des Tests
- Erheben der Stichprobe
- Auswerten
- Entscheiden

Interpretieren der Ergebnisse
Wichtig: Mit dem Verwerfen der Nullhypothese ist die Richtigkeit der Alternativhypothese nicht bewiesen und umgekehrt.

Fehler beim Testen von Hypothesen

	Nullhypothese wird	
Nullhypothese	verworfen	nicht verworfen
ist wahr	Fehler 1. Art	Alles in Ordnung
ist nicht wahr	Alles in Ordnung	Fehler 2. Art

Testarten
linksseitig, rechtsseitig, zweiseitig
Verteilung der Testgröße X
binomialverteilt, normalverteilt, hypergeometrisch verteilt, χ^2- verteilt

8 Andrea würfelt 60-mal mit einem Würfel. Sie erwartet, dass in etwa zehn „Sechsen" kommen. Zu ihrer Überraschung kommt die „Sechs" doppelt so häufig wie erwartet, nämlich 20-mal. Sie vermutet, dass der Würfel „gezinkt" ist.
Bewerten Sie das Ergebnis mit dem P-Wert. Stellen Sie jedoch zunächst die Nullhypothese und die Alternativhypothese auf.

9 Laut einer Statistik in einer großen Zeitung betrug der Anteil aller Neufahrzeuge, die im ersten Jahr Mängel aufwiesen, 38 %. Im folgenden Jahr wurden in einer Zufallsstichprobe von 400 Neufahrzeugen bei 140 Fahrzeugen im ersten Jahr Mängel festgestellt. Beurteilen Sie mit dem P-Wert, ob sich die Zahlen in den beiden Jahren signifikant unterscheiden.

10 Eine Person behauptet von sich, dass sie übersinnliche Wahrnehmungsfähigkeiten besitzt. Um diese Behauptung zu überprüfen, wird ein einfacher Signifikanztest geplant. Die betreffende Person wird in einen abgeschirmten Raum gesetzt. Im Nebenraum wird aus einem Kartenspiel, in dem gleich viele rote und schwarze Karten sind, 50-mal eine Karte mit anschließendem Zurücklegen und Mischen gezogen. Nun wird die Person nach der Anzahl der gezogenen roten und schwarzen Karten gefragt.
a) Formulieren Sie die Null- und die Alternativhypothese eines einseitigen Tests.
b) Bestimmen Sie den Verwerfungsbereich V, wenn Sie eine Irrtumswahrscheinlichkeit von $\alpha = 5\,\%$ festlegen.
c) Wie verändert sich der Verwerfungsbereich V, wenn man eine kleinere Irrtumswahrscheinlichkeit (z. B. 1 %) festlegt?

11 Ordnen Sie den Abbildungen die Begriffe linksseitiger Test, rechtsseitiger Test und zweiseitiger Test zu. Erläutern Sie die Unterschiede.

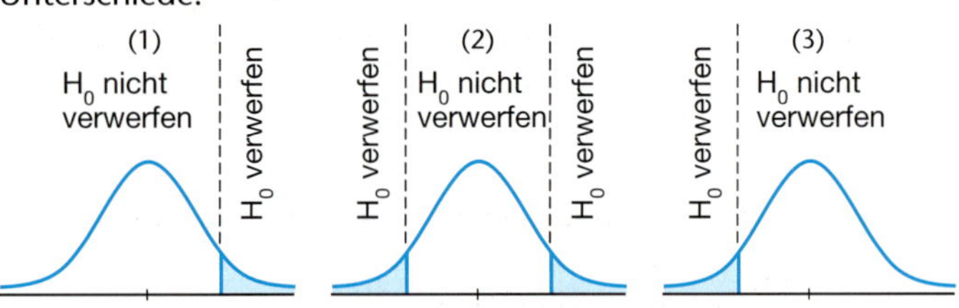

12 Erläutern Sie an dem Test in Aufgabe 10, was man unter dem Fehler 1. Art und dem Fehler 2. Art versteht.

13 Bei einem klinischen Großtest soll die Behauptung überprüft werden, ob ein neues Medikament mit einer Wahrscheinlichkeit von höchstens 10 % stärkere Nebenwirkungen hervorruft.
a) Begründen Sie, warum die Problemstellung einen einseitigen Test nahelegt.
b) Planen Sie den Test mit 1000 Patienten und bestimmen Sie den Verwerfungsbereich V bei einer Irrtumswahrscheinlichkeit von 1%. Verwenden Sie als Nullhypothese $p = 0{,}1$ und als Alternativhypothese $p < 0{,}1$.
c) Welche Bedeutung hat der Fehler 1. Art und der Fehler 2. Art? Warum kann man den Fehler 2. Art nicht berechnen?

Sichern und Vernetzen – Vermischte Aufgaben

Wissen und Verstehen

1 *Würfel*

Ein idealer Würfel wird dreimal geworfen. Welche Aussagen sind wahr für das Ereignis E: „Augensumme 4"?

(A) $P(E) = \frac{1}{16}$ (B) $P(E) = \frac{1}{72}$ (C) $P(E) = \frac{1}{108}$ (D) $P(E) = \frac{1}{18}$

2 *Würfelereignisse*

Welches Ereignis ist wahrscheinlicher?

a) Ein Würfel wird geworfen. A: „Es wird eine Primzahl geworfen" oder
B: „Die Augenzahl ist gerade"

b) Zwei Würfel werden geworfen. A: „Pasch" oder
B: „Die Augensumme ist größer als 9"

c) Zwei Würfel werden geworfen. A: „Pasch" oder
B: „Das Produkt der Augenzahlen ist gleich 9"

3 *Münzwurf*

Eine Münze wird zweimal geworfen und als Zufallsgröße X die Anzahl der Wappen gezählt. Wie groß ist $P(X = 2)$? Wie entwickelt sich die Wahrscheinlichkeit $P(X = 2)$, wenn die Anzahl der Münzwürfe erhöht wird?

4 *Sechsfacher Münzwurf*

Eine Münze mit den Seiten „Wappen" (W) oder „Zahl" (Z) wird sechsmal hintereinander geworfen. Welches der folgenden Ergebnisse ist am wahrscheinlichsten?

(A) WWZZWZ (B) WZWZWZ (C) ZZZZZZ (D) ZZZWWW (E) ZWWWWZ

5 *Fair oder nicht fair?*

Kai und Lene werfen eine Münze so lange, bis die aufeinanderfolgende Serie WWW oder ZZW auftritt. Tritt zuerst WWW auf, so hat Kai gewonnen, tritt zuerst ZZW auf, so hat Claudia gewonnen.

6 *Laplace-Modell*

Welche der Zufallsversuche genügen einem Laplace-Modell?

(1) Quiz (2) Zweifacher Münzwurf (3) Zweifacher Wurf eines Würfels
(4) Roulette (5) Elfmeter (6) Kfz-Zeichen

7 *Laplace-Wahrscheinlichkeit*

Erläutern Sie die Laplace-Regel für die Wahrscheinlichkeit eines Ereignisses A.

$$P(A) = \frac{\text{Anzahl der günstigen Ergebnisse}}{\text{Anzahl aller möglichen Ergebnisse}}$$

Geben Sie ein Beispiel an.

8 *Pfadregeln*

Formulieren Sie die beiden „Pfadregeln" und erläutern Sie diese an einem selbstgewählten Beispiel.

9 *Wer soll anfangen?*

In einem Gefäß sind zehn Kugeln, davon neun Kugeln schwarz und eine rot. Sie und Ihr Partner dürfen abwechselnd je eine Kugel herausnehmen. Wer die rote Kugel zieht, hat gewonnen. Möchten Sie als Erster mit dem Ziehen anfangen?

10 *Ziehen von Kugeln*

Aus einer Urne wird hintereinander 100-mal mit Zurücklegen gezogen und jeweils der Wert auf der Kugel ausgezahlt. Welche Urne ist günstiger? Begründen Sie.

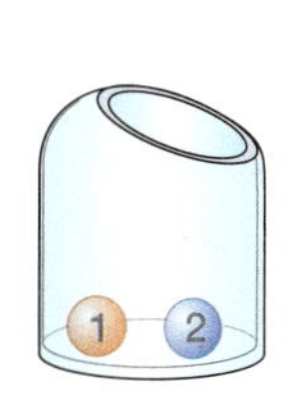

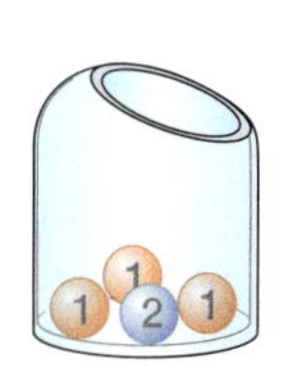

11 *Glücksrad*

Bevor ein Mathematiker an einem Glücksrad dreht, schreibt er folgende Rechnung auf:
$x_1 \cdot P(x_1) + x_2 \cdot P(x_2) + x_3 \cdot P(x_3) = 1\,€ \cdot \frac{1}{3} - 3\,€ \cdot \frac{1}{2} + 4\,€ \cdot \frac{1}{6} = -\frac{1}{2}\,€$
Welche Information erhält er durch die Rechnung?
Wie könnte das verwendete Glücksrad und der Gewinnplan aussehen?

12 *Vierfeldertafel – Baumdiagramm*

Welche Baumdiagramme passen zur Vierfeldertafel?

	A	Nicht A	Summe
B	230	80	310
Nicht B	120	70	190
Summe	350	150	500

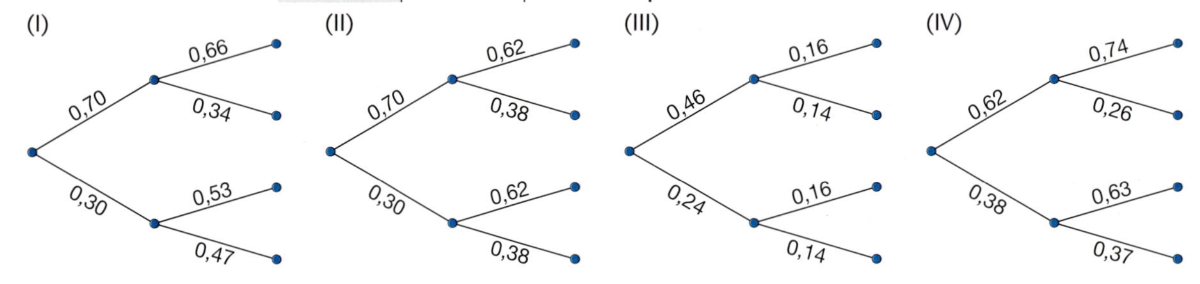

13 *Binomialverteilte Zufallsgrößen*

Welche der Zufallsgrößen können als binomialverteilt betrachtet werden?
(A) Anzahl der richtig angekreuzten Zahlen beim Zahlenlotto
(B) Anzahl der „Wappen“ beim fünfmaligen Werfen einer Münze
(C) Anzahl der „Sechsen“ beim dreimaligen Werfen eines Würfels
(D) Anzahl der schwarzen Kugeln beim sechsmaligen Ziehen mit Zurücklegen aus einer Urne mit drei schwarzen und drei weißen Kugeln

14 *Wahrscheinlichkeiten*

Welche Aussagen über die binomialverteilte Zufallsgröße X mit den Parametern n = 15 und p = 0,7 sind wahr?

A $P(X = 0) = 0{,}7^0$

B $P(X = 12) = \binom{15}{12} \cdot 0{,}7^{12} \cdot 0{,}3^3$

C $P(X < 2) = 0{,}3^{15} + 0{,}7^1 \cdot 0{,}3^1$

D $P(2 < X < 5) = \binom{15}{3} \cdot 0{,}7^3 \cdot 0{,}3^{12} + \binom{15}{4} \cdot 0{,}7^4 \cdot 0{,}3^{11}$

15 *Wahrscheinlichkeit einer Zufallsgröße*

Was kann durch den Term $P(X = 3) = \binom{5}{3} \cdot 0{,}5^3 \cdot 0{,}5^2$ berechnet werden?
(A) Wahrscheinlichkeit dafür, dass beim fünfmaligen Werfen einer Münze mindestens dreimal „Wappen“ auftritt
(B) Wahrscheinlichkeit dafür, dass in einer Familie mit fünf Kindern genau zwei Mädchen sind
(C) Wahrscheinlichkeit dafür, dass in einer Familie mit fünf Kindern genau drei Jungen sind
(D) Wahrscheinlichkeit dafür, dass in einer Familie mit fünf Kindern höchstens drei Mädchen sind

16 *Verschiedene Begriffe*

Erläutern Sie kurz die folgenden Begriffe: Binomialverteilung, Gleichverteilung, Laplace-Versuch, Gesetz der großen Zahlen, Binomialkoeffizient, Produktregel.

17 *Binomialverteilung*
Was gilt für die im Bild dargestellte binomialverteilte Zufallsgröße X?

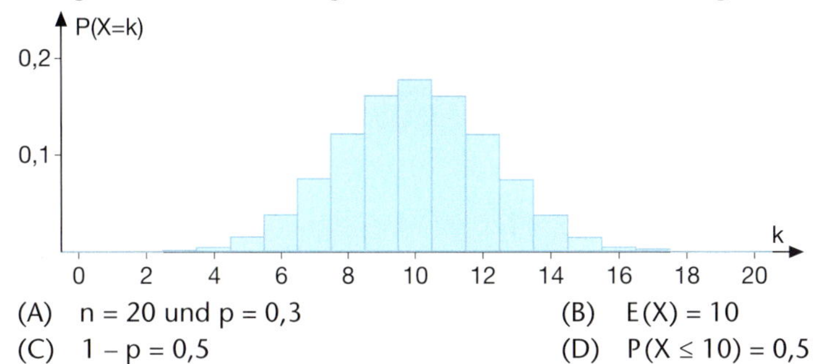

(A) $n = 20$ und $p = 0,3$ (B) $E(X) = 10$
(C) $1 - p = 0,5$ (D) $P(X \leq 10) = 0,5$

18 *Maximumbetrachtung*
Was passiert mit dem Maximum einer Binomialverteilung bei wachsender Anzahl der Versuche?

19 *Wahrscheinlichkeiten bei Binomialverteilungen*
Welche Wahrscheinlichkeit ist jeweils größer?

(A) B(20, 0.3, 7) B(20, 0.7, 3) (B) B(20, 0.3, 7) B(10, 0.3, 7) (C) B(20, 0.3, 7) B(20, 0.3, 8) (D) B(20, 0.3, 7) B(10, 0.6, 7)

20 *Binomialverteilungen B(n, p, k)*
Welcher Parameter wird jeweils in der Bildfolge verändert? Schätzen Sie jeweils die Parameter.

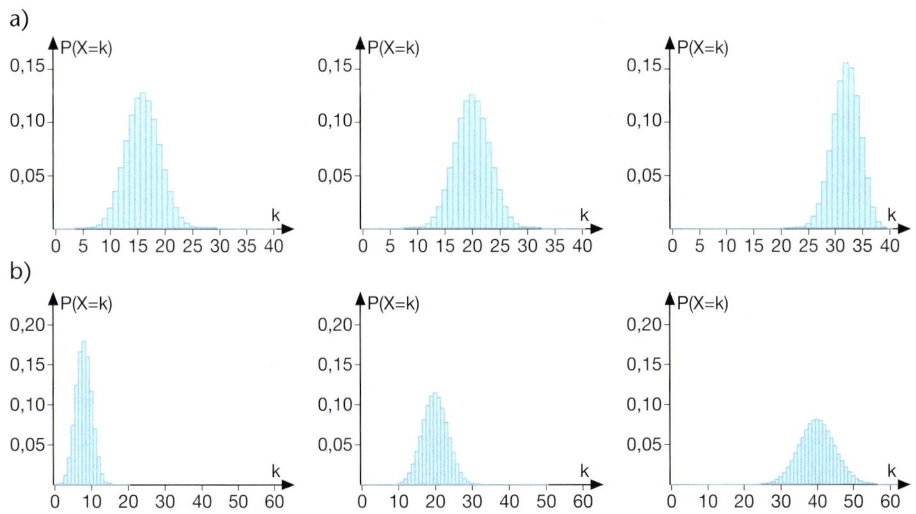

21 *Erwartungswert*
Erstellen Sie das Säulendiagramm B(30, 0.4, k) der binomialverteilten Zufallsgröße X und zeichnen Sie den Erwartungswert und die Standardabweichung ein.

22 *Aussagen zuordnen*
Für welche der Binomialverteilungen B(100, 0.2, k), B(100, 0.5, k), B(100, 0.7, k) gilt:
(A) $P(X = 87) = P(X = 13)$, (B) $P(X = 40) < P(X = 60)$, (C) $P(X = 30) > P(X = 70)$?

23 *Häufigkeitsverteilung – Wahrscheinlichkeitsverteilung*
Wie unterscheiden sich die Definitionen von „Mittelwert" einer empirischen Häufigkeitsverteilung und „Erwartungswert" einer Wahrscheinlichkeitsverteilung?
Wie sieht das bei den entsprechenden Standardabweichungen s und σ aus?

24 *Binomialverteilung und Normalverteilung*

Bei welchen Binomialverteilungen kann als Näherung mit der Normalverteilung gerechnet werden?

a) B(20, 0.2, k) b) B(100, 0.2, k) c) B(50, 0.5, k) d) B(50, 0.1, k)

25 *Normalverteilung*

Erläutern Sie an der Skizze: a) $\Phi(z) = \int_{-\infty}^{z} \varphi(x)\,dx$

b) $\Phi(-z) = 1 - \Phi(z)$ c) $\int_{-\infty}^{+\infty} \varphi(x)\,dx = 1$

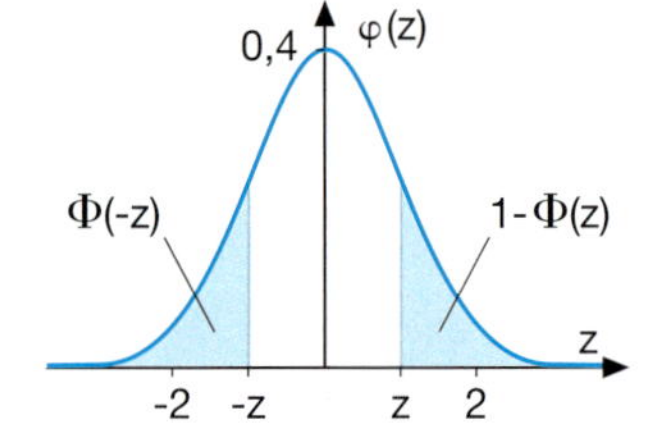

26 *Dichtefunktion*

Die Standardnormalverteilung wird als Dichtefunktion $\varphi(x)$ angegeben. Erklären Sie, warum man hier von Dichtefunktion spricht.

27 *Schluss von der Gesamtheit auf die Stichprobe*

Erklären Sie die Verfahren „Schluss von der Gesamtheit auf die Stichprobe" sowie „Schluss von der Stichprobe auf die Gesamtheit" an einem selbst gewählten Beispiel.

28 *Prognoseintervalle*

Welche Aussagen über Prognoseintervalle sind wahr?

(A) Das 99 %-Prognoseintervall ist kürzer als das 95 %-Prognoseintervall bei konstantem n.

(B) Die Länge des 95 %-Prognoseintervalls wird bei Verdopplung des Stichprobenumfangs halbiert.

(C) Das 100 %-Prognoseintervall hat die Länge 1.

29 *Signifikanztest*

a) Bei einem Signifikanztest wird bei konstantem Stichprobenumfang das Signifikanzniveau verkleinert. Wie wirkt sich das auf den Verwerfungsbereich aus?

b) Bei einem Signifikanztest wird bei konstantem Signifikanzniveau der Stichprobenumfang vergrößert. Wie wirkt sich das auf den Verwerfungsbereich aus?

30 *Testverfahren*

Erklären Sie an einem Beispiel die Begriffe Signifikanzniveau, Fehler 1. Art und Fehler 2. Art.

31 *Prognoseintervall und Konfidenzintervall*

Erklären Sie einem „Nicht-Statistiker" den Unterschied von Prognoseintervall und Konfidenzintervall.

32 *Größere Sicherheit – Konfidenzintervalle und Hypothesentest*

(A) Eine Intervallschätzung ist umso sicherer, je größer das Intervall ist. Wenn man bei geforderter großer Sicherheit das Intervall möglichst klein haben möchte, so muss man den Stichprobenumfang erhöhen.

(B) Beim Schätzverfahren mit Konfidenzintervallen geht es darum, von den vorliegenden Daten einer Stichprobe möglichst genau und sicher auf den wahren Anteil der Grundgesamtheit zu schließen. Bei den Testverfahren geht es darum, aufgestellte Hypothesen anhand empirisch gewonnener Daten zu beurteilen.

Nehmen Sie Stellung dazu und erläutern Sie dies an einem selbst gewählten Beispiel.

Anwenden und Modellieren

33 *Ergebnismenge und Wahrscheinlichkeitsverteilung*
Bestimmen Sie bei den folgenden Zufallsversuchen jeweils die Wahrscheinlichkeitsverteilung auf der Ergebnismenge Ω. Welche Zufallsversuche sind Laplace-Versuche?
(A) Aus einer Urne mit drei roten und zwei weißen Kugeln werden nacheinander zwei Kugeln mit Zurücklegen gezogen: $\Omega = \{(r,r); (r,w); (w,r); (w,w)\}$.
(B) Ein idealer Würfel wird geworfen: Ω = {gerade Augenzahl; ungerade Augenzahl}.
(C) Aus einer Urne mit den Kugeln 1, 2, 3 wird zweimal ohne Zurücklegen eine Kugel gezogen: $\Omega = \{(1,2); (1,3); (2,1); (2,3); (3;1), (3;2)\}$.
(D) Aus einer Urne mit den Kugeln 1, 2, 3 wird zweimal mit Zurücklegen eine Kugel gezogen: $\Omega = \{(1,1); (1,2); (1,3); (2,1); (2,2); (2,3); (3,1); (3,2); (3,3)\}$.

34 *Glück und Pech*
Ein Spieler verliert fünfmal hintereinander beim Roulette. Er meint: „Jetzt bin ich aber reif für einen Gewinn." Ein Freund rät ihm, aufzuhören, da er heute offenbar eine unglückliche Hand hat. Was sagt der Statistiker?

35 *Situation und Wahrscheinlichkeitsverteilung*
Welche der folgenden Zufallsgrößen X kann durch die abgebildete Wahrscheinlichkeitsverteilung beschrieben werden?

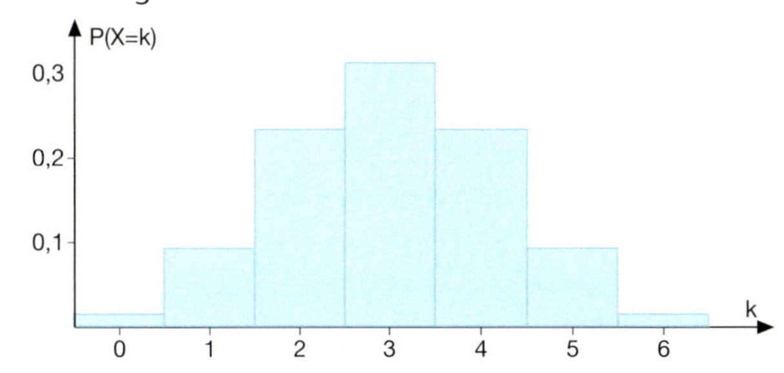

(A) Aus einer Urne mit vier roten und drei schwarzen Kugeln werden sechs Kugeln mit Zurücklegen gezogen. X ist die Anzahl der gezogenen schwarzen Kugeln.
(B) X ist die Anzahl der Rechtsentscheidungen beim Lauf einer Kugel durch ein sechsstufiges Galton-Brett.
(C) X ist die Anzahl der „Wappen" beim sechsmaligen Werfen einer Münze.
(D) X ist die Anzahl der „Dreien" beim sechsmaligen Werfen eines Würfels.

36 *Zufallsversuch und Wahrscheinlichkeit*
Zu welchem Ereignis, bei welchem Zufallsversuch, könnte die folgende Berechnung der Wahrscheinlichkeit passen?

$$P(E) = \frac{\binom{10}{1} \cdot \binom{7}{6} + \binom{10}{2} \cdot \binom{7}{5}}{\binom{17}{7}}$$

37 *Bernoulli-Kette*
Geben Sie die charakteristischen Bedingungen für eine Bernoulli-Kette an.
Bei welchen der folgenden Zufallsversuche handelt es sich um eine Bernoulli-Kette?
(A) Zwei Würfel werden 100-mal geworfen; Treffer: Ein Pasch
(B) Sechs Kugeln werden bei einer Lottoausspielung gezogen; Treffer: Eine Zahl aus Ihrer Tippreihe
(C) Sechs aufeinanderfolgende Heimspiele Ihres Lieblingsvereins; Treffer: Ein Sieg
(D) 100 Personen werden befragt; Treffer: Nichtraucher

38 *Erwartungen beim idealen Würfel*
Ein idealer Würfel wird 6000-mal geworfen, die Anzahl k der „Einsen" wird gezählt. Welche der nebenstehenden Aussagen beschreibt die Situation am „besten"?

A k ist exakt 1000.
B k ist mit hoher Wahrscheinlichkeit exakt 1000.
C k liegt mit großer Wahrscheinlichkeit „in der Nähe" von 1000.

39 *Die Entwicklung der Weltrekorde im Marathonlauf der Männer*

a) Versuchen Sie mithilfe der nebenstehenden Tabelle eine Prognose der Weltrekordzeit im Jahr 2015 anzugeben. Erläutern Sie Ihr Vorgehen.

b) Haile Gebrselassie verbesserte beim Berlin-Marathon 2008 seinen genau ein Jahr zuvor aufgestellten Weltrekord von 2:04:26 auf 2:03:59 Stunden. Passen die beiden Weltrekorde von Haile Gebrselassie in Ihr Anpassungsmodell? Wird durch Einbezug dieser Wertepaare eine bessere Prognose möglich?

Zeit	Name	Datum
2:09:36	Derek Clayton	1967
2:08:33	Derek Clayton	1969
2:08:18	Robert de Castella	1981
2:08:05	Steve Jones	1984
2:07:12	Carlos Lopes	1985
2:06:50	Belayneh Dinsamo	1988
2:06:05	Ronaldo da Costa	1998
2:05:42	Khalid Khannouchi	1999
2:05:38	Khalid Khannouchi	2002
2:04:55	Paul Tergat	2003

40 *Antwort auf heikle Fragen*

Ein Verkehrsbetrieb der Stadt möchte durch eine Kundenbefragung einen Schätzwert für den Anteil der gelegentlichen Schwarzfahrer finden. Die Befragung wird nach nebenstehender Anleitung durchgeführt.

a) Kann der Kunde „gefahrlos“ bei dieser Befragung ehrlich antworten?

b) Bei der Befragung antworteten 48 % der Befragten mit „ja“. Erklären Sie, wie man damit den Anteil an Schwarzfahrern schätzen kann und berechnen Sie diesen Anteil.

Anleitung

Nehmen Sie einen der Spielwürfel und werfen Sie diesen verdeckt so, dass nur Sie das Würfelergebnis sehen können. Zeigt der Spielwürfel eine 5 oder 6, so antworten Sie „ja“.
Zeigt der Spielwürfel eine 1, 2, 3 oder 4, so beantworten Sie die folgende Frage ehrlich mit „ja“ oder „nein“.

„Sind Sie schon einmal mit einem öffentlichen Verkehrsmittel schwarz gefahren?“

41 *Schnelltest*

Von einem Schnelltest ist bekannt, dass 94 % der Infizierten als Träger des Erregers, der zu 5 % verbreitet ist, erkannt werden. 8 % der nicht infizierten Personen werden irrtümlich als Träger des Erregers eingestuft.

a) Erstellen Sie eine Vierfeldertafel oder die entsprechenden Baumdiagramme.

b) Wie groß ist die Wahrscheinlichkeit, dass eine zufällig ausgewählte Person nicht infiziert ist, wenn der Test den Erreger festgestellt hat?

c) Wie groß ist die Wahrscheinlichkeit, dass eine zufällig ausgewählte Person infiziert ist, wenn der Test den Erreger nicht festgestellt hat?

d) Bewerten Sie die Ergebnisse aus den Teilaufgaben b) und c).

42 *Fußball-Bundesliga*

In der Saison 2010/2011 gab es an den 34 Spieltagen insgesamt 141 Heimsiege, 63 Unentschieden und 102 Auswärtssiege. Wenn man dies als Ergebnis einer „Zufallsstichprobe“ ansieht, kann man dann daraus schließen, dass die Siegchancen bei einem Heimspiel generell größer sind als bei einem Auswärtsspiel?

Der Fan-Block beim Heimspiel

43 *Versicherung*

Für die Festsetzung der Prämie bei einer Autoversicherung ist es von Bedeutung, wie viele Schadensfälle pro Versichertem im Jahr auftreten. In den letzten Jahren hatten jeweils 85 % keinen Schaden gemeldet. 10 % meldeten einen, 3 % zwei, 1 % meldete drei und 1 % vier oder mehr Schadensfälle an. Mit wie vielen Schadensfällen muss die Versicherung in den nächsten Jahren pro Versichertem im Mittel rechnen?

44 *Signifikanztest*

Eine längerfristig angelegte Untersuchung hat ergeben, dass das Waschmittel PERIEL einen Marktanteil von 25 % hat. Durch eine groß angelegte Werbeaktion will eine Werbeagentur in zwei Monaten den Marktanteil auf 35 % steigern. Nach Ablauf der beiden Monate behauptet die Agentur, dass sie ihr Ziel erreicht hat. Dies soll durch einen Test (Kundenbefragung) überprüft werden.

a) Entwickeln Sie einen Signifikanztest auf dem 5 %-Niveau und erläutern Sie daran die Begriffe Nullhypothese, Alternativhypothese, Testgröße und ihre Verteilung, Entscheidungsregel, Fehler 1. Art und Fehler 2. Art.

b) Wie verändert sich die Entscheidungsregel, wenn das Signifikanzniveau auf 1 % festgelegt wird? Berechnen und erläutern Sie anhand einer Grafik der Binomialverteilung.

c) Welchen Einfluss hat eine Erhöhung des Stichprobenumfangs auf die Entscheidungsregel?

45 *Wahrscheinlichkeiten schätzen*

a) Eine faire Münze wird zehnmal geworfen.

Welche der folgenden Prozentzahlen beschreibt Ihrer Meinung nach am besten die Wahrscheinlichkeit, dass genau die Hälfte der Würfe „Wappen" zeigt:

(A) ≈ 25 %, (B) ≈ 10 %, (C) ≈ 5 % oder (D) ≈ 1 %?

b) Die faire Münze wird 100-mal (1000-mal) geworfen. Welche der angegebenen Prozentzahlen passt nun am besten? Geben Sie jeweils an, wie Sie zu Ihrer Einschätzung gekommen sind.

46 *Schwankungen bei Zufallsbefragungen*

a) Der Anteil der A-Wähler in der Gesamtpopulation sei bekannt: $p = 0{,}3$.

Wie viele A-Wähler erwarten Sie in einer Zufallsstichprobe vom Umfang 50 (500) aus dieser Population?

b) Der Anteil der B-Wähler in der Gesamtpopulation sei unbekannt. In einer Zufallsstichprobe vom Umfang 100 aus der Gesamtpopulation werden 30 B-Wähler ermittelt.

Auf welchen Anteil von B-Wählern in der Grundgesamtheit schließen Sie aus diesem Ergebnis? Beschreiben Sie in beiden Fällen Ihr Vorgehen. Machen Sie dabei auch eine Aussage zur „Sicherheit" Ihrer Schätzung.

47 *„capture-recapture" in der Zoologie*

In einem begrenzten Fanggebiet werden zu einem bestimmten Zeitpunkt gezielt Tiere einer bestimmten Population eingefangen. Diese werden markiert und dann wieder ausgesetzt. Zu einem späteren Zeitpunkt wird im gleichen Gebiet erneut ein Fang gemacht und der Anteil derjenigen Tiere bestimmt, welche die Markierung vom ersten Fang tragen. Mit den hierbei ermittelten Zahlengrößen (Anzahl m der markierten Tiere, Anzahl n der beim zweiten Mal insgesamt gefangenen Tiere sowie Anteil k der beim zweiten Mal „wiedergefangenen" markierten Tiere) lässt sich die Größe der Gesamtpopulation schätzen.

Modellvoraussetzungen:

(A) „geschlossene Gesellschaft"
Es gibt keine Veränderung während der Untersuchung, d. h. es dürfen keine neuen Fälle hinzukommen und keine verloren gehen.

(B) Eindeutige Identifizierung
Die Markierung muss permanent sein, d. h. die markierten Tiere sind beim Wiederfang eindeutig zu erkennen.

(C) Zufallsstichproben
Jedes Tier hat die gleiche Chance, in die jeweilige Stichprobe zu gelangen.

(D) Unabhängigkeit
Die Stichproben sind voneinander unabhängig.

Schätzen Sie die Größe der Gesamtpopulation für $m = 200$, $n = 520$ und $k = 92$. Begründen Sie, warum bei der Berechnung die angegebenen Modellvoraussetzungen gegeben sein müssen.

Zusammenfassen und Strukturieren

48 *Streifzug quer durch die Stochastik*

Bei der Bearbeitung dieser Aufgaben streifen Sie verschiedene Bereiche der Stochastik mit speziellen Begriffen und Verfahren. Halten Sie diese in einer Liste fest und erstellen Sie eine geordnete Übersicht. Ergänzen Sie diese durch Begriffe und Verfahren, die in Ihrem Stochastik-Kurs behandelt, aber in den Aufgaben nicht angesprochen wurden.

(A) Was ist wahrscheinlicher: Mit zwei idealen Würfeln die Augensumme 4 oder die Augensumme 5 zu werfen?

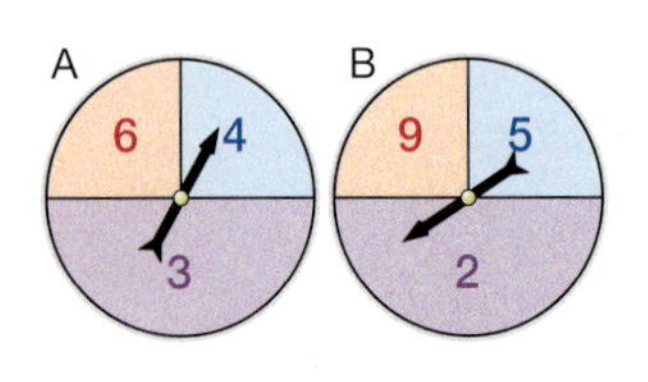

(B) Sie drehen zuerst das Glücksrad A und anschließend B. Wie groß ist die Wahrscheinlichkeit für folgende Ereignisse?
E_1: Genau eine der beiden Zahlen ist eine Primzahl
E_2: Höchstens eine der beiden Zahlen ist ungerade
E_3: Die Summe der beiden Zahlen ist zweistellig

(C) Die Farbe des Sektors auf einem Glücksrad gibt an, wie viel € man gewinnt, wenn der Zeiger auf dem Sektor stehen bleibt.
- Benennen Sie die Zufallsgröße und ermitteln Sie die Verteilung.
- Ist das Spiel fair, wenn man 1,30 € Einsatz pro Spiel bezahlen muss?

(D) 9 % der Bevölkerung leidet an einer bestimmten Allergie. Ein Allergietest zeigt bei 90 % dieser Allergiker ein positives Resultat. Irrtümlicherweise reagiert er auch bei 0,9 % der Nichtallergiker positiv. Eine zufällig ausgewählte Person wird getestet. Mit welcher Wahrscheinlichkeit …
a) … erzielt die Versuchsperson ein positives Resultat?
b) … ist die Versuchsperson, wenn der Test positiv ausfällt, trotzdem gesund?

(E) a) Bei einer Produktionskontrolle werden in drei Prüfungsgängen Länge, Breite und Höhe eines Metallstücks geprüft. Länge bzw. Breite bzw. Höhe sind (erfahrungsgemäß) mit den Wahrscheinlichkeiten 0,2 bzw. 0,1 bzw. 0,15 außerhalb vorgegebener Toleranzgrenzen. Ein Metallstück wird nicht ausgeliefert, wenn mindestens zwei der Kontrollen negativ ausgehen. Mit welcher Wahrscheinlichkeit ist ein kontrolliertes Stück Ausschussware?
b) Man kann die Kontrolle eines Werkstücks abbrechen, wenn die ersten beiden Prüfungen negativ verlaufen sind. In welcher Reihenfolge sollte man Länge, Breite und Höhe kontrollieren, damit die Gesamtanzahl der Kontrollen möglichst klein ist?

(F) Statistische Untersuchungen an der Mailbox eines Benutzers haben ergeben, dass durchschnittlich 20 % der ankommenden Mails Spam ist. An einem Tag lädt der Benutzer 20 Mails von seiner Mailbox.
Berechnen Sie jeweils die Wahrscheinlichkeit dafür, dass mindestens fünf und höchstens zehn Mails Spam-Nachrichten sind.

(G) Die Messfehler seien normalverteilt mit den Parametern $\mu = 1$ und $\sigma = 2$.
Wie groß ist die Wahrscheinlichkeit $P(X \leq 3)$ einen Zahlenwert $X \leq 3$ abzulesen?

(H) Bei Meinungsumfragen werden erfahrungsgemäß nur etwa $\frac{3}{4}$ der ausgewählten Personen angetroffen. Mit welcher Wahrscheinlichkeit werden …
a) … von 50 ausgewählten Personen mehr als 40 angetroffen?
b) … von 100 ausgewählten Personen höchstens 70 angetroffen?

(I) Eine Münze wird 1000-mal geworfen, 475-mal erscheint „Kopf“.
Berechnen Sie das 95 %-Konfidenzintervall für P („Kopf“).

(J) Wir würfeln mit dem Zufallsgenerator eines Computers und zählen das Auftreten der Augenzahl 6. Bei 1485 Würfen trat sie 234-mal auf. Ist der Zufallszahlengenerator brauchbar?

49 *MIND-MAP*

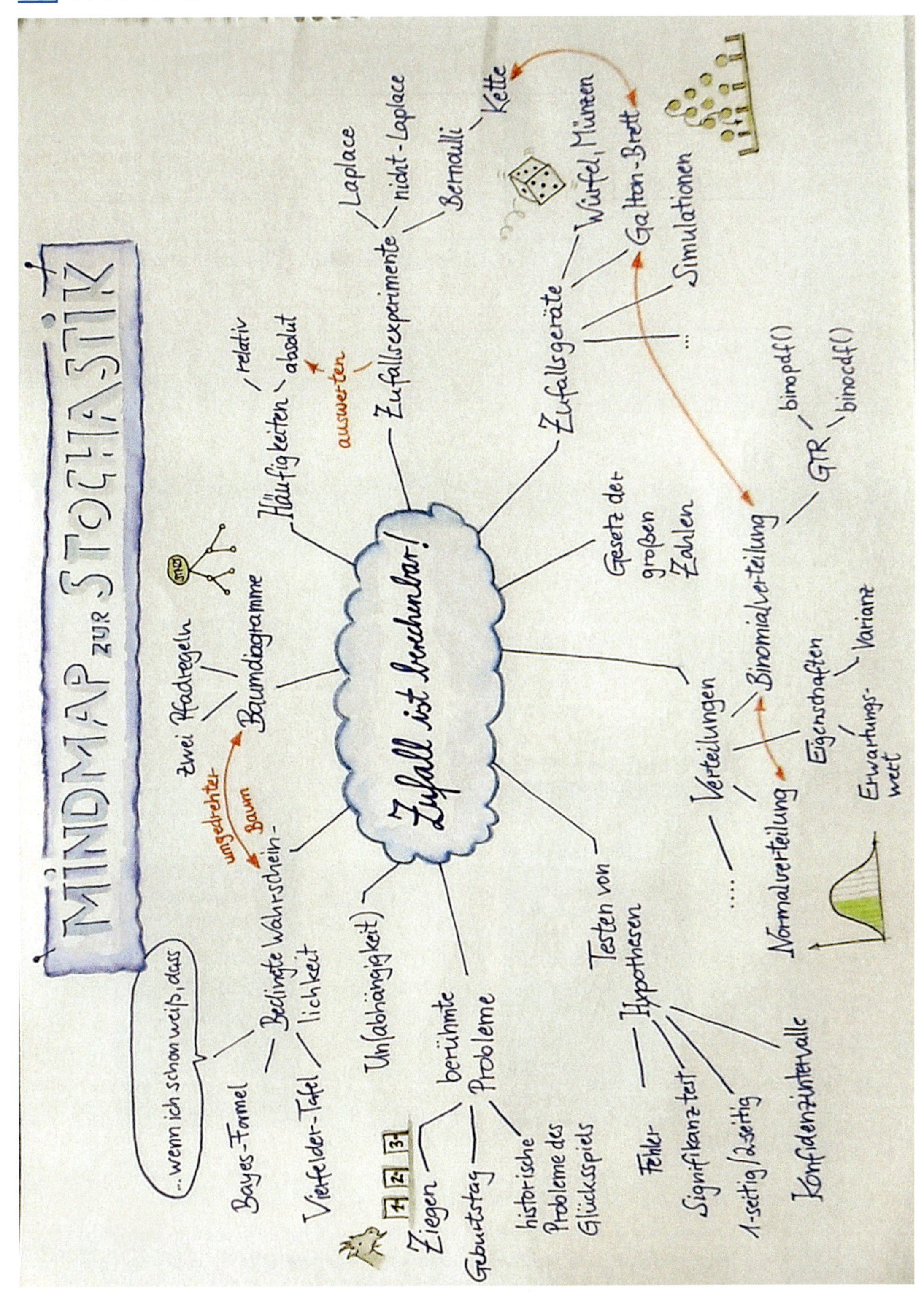

Schülerinnen und Schüler haben am Ende ihres Stochastik-Kurses die folgende Mind-map zusammengestellt.
Welche Begriffe sind Ihnen vertraut, welche fehlen?
Was halten Sie von der Anlage/Ordnung der Mind-map?
Erstellen Sie in Ihrem Kurs eine eigene Übersicht.

50 *Übersicht STOCHASTIK*

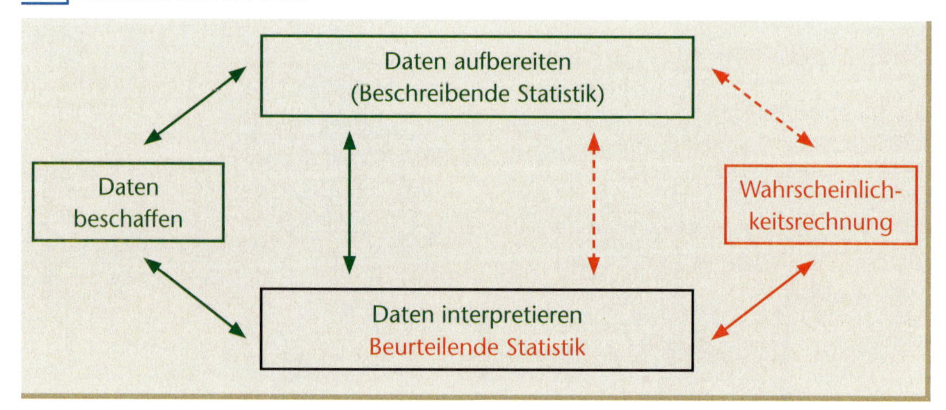

Ordnen Sie die Schwerpunkte der verschiedenen Kapitel/Lernabschnitte des Buches in diese Übersicht ein. Verdeutlichen Sie an ausgewählten Beispielen das durch die Pfeile angedeutete Zusammenspiel.

51 *Was ist „Zufall"?*

Nehmen Sie Stellung zu den beiden Thesen. Fassen Sie dies in einer eigenen kurzen Abhandlung zusammen.

Zufall regiert die Welt! Zum Glück ist nicht alles berechenbar!

Mathe beherrscht die Welt! Selbst der Zufall ist berechenbar!

„Zufall ist das unberechenbare Geschehen, das sich unserer Vernunft und unserer Absicht entzieht."

Aus dem Deutschen Wörterbuch der Brüder Grimm, 1854

Wenn sich schon die Wahrscheinlichkeit philosophisch nicht restlos ergründen lässt, kann man sie denn dann nicht wenigstens soweit zahlenmäßig erfassen, dass das Gefühlsmäßige und das „Schwimmen" zwischen Gewiss und Unmöglich aus ihr verschwindet ...?

K. Menninger, Mathematik in Deiner Welt, 1954

Aufgaben zur Vorbereitung auf das Abitur*

1 *Würfelspiele*

Laplace-Versuch

Für Würfelspiele werden häufig Spielwürfel genutzt, die deckungsgleiche, regelmäßige Seitenflächen haben.

Tetraeder

Oktaeder

Dodekaeder

a) *Laplace-Versuche*
Kann man das Werfen der Würfel als Laplace-Versuch ansehen? Welche Bedingungen müssen dazu erfüllt sein?

b) *Wahrscheinlichkeiten*
Bestimmen Sie die Wahrscheinlichkeit der folgenden Ereignisse.

A: Beim gleichzeitigen Werfen des Tetraeders und Oktaeders treten zwei Einsen (Pasch) auf.

B: Beim gleichzeitigen Werfen des Tetraeders und Dodekaeders ist die Augensumme kleiner als 3.

C: Beim gleichzeitigen Werfen der drei Würfel treten drei gleiche Augenzahlen (Pasch) auf.

D: Beim vierfachen Werfen eines Oktaeders beträgt die Summe der Augenzahlen mindestens 31.

c) *Tetraederspiel für zwei Personen*
Pro Runde würfelt ein Spieler mit dem Tetraeder solange er will. Die erzielten Augenzahlen werden addiert. Fällt aber eine „1“, so erhält der Spieler für diese Runde keine Punkte und der nächste Spieler ist an der Reihe. Spielerin Tina will in einer Runde so lange würfeln, bis sie mindestens fünf Punkte erzielt hat. Wie oft muss sie dazu würfeln? Wie groß ist die Wahrscheinlichkeit, dass ihr das in einer Runde gelingt?

2 *Stornierungen und Überbuchungen*

Binomialverteilung

Eine Fluggesellschaft setzt auf einer bestimmten Flugroute nur Flugzeuge mit 100 Plätzen ein. Im letzten Jahr waren die Flüge stets ausgebucht, durchschnittlich wurden aber 20 % der gebuchten Plätze kurzfristig storniert. Ein Flug kostete 250 Euro, im Fall einer späten Stornierung waren 100 Euro zu zahlen.
Um die Zahl der späten Stornierungen zu senken, verlangt die Fluggesellschaft ab diesem Jahr bei gleichbleibendem Flugpreis für eine Stornierung 125 Euro. Im Juli dieses Jahres wurde ermittelt, dass die Stornierungen auf 10 % zurückgegangen sind.

Nehmen Sie im Folgenden an, dass in beiden Fällen die Anzahl der Passagiere, die fliegen bzw. stornieren, binomialverteilt ist.

a) *Wahrscheinlichkeiten*
Wie groß ist in den beiden Jahren jeweils die Wahrscheinlichkeit, dass bei einem Flug
(1) genau 16 Plätze (2) höchstens 10 Plätze storniert wurden?

b) Welche Einnahmen konnte die Fluggesellschaft im letzten und in diesem Jahr pro Flug erwarten?

c) Welche Bedingungen müssen erfüllt sein, damit das Modell der Binomialverteilung zugrunde gelegt werden kann?

*) Die Lösungen zu den Abituraufgaben finden Sie im Internet unter www.schroedel.de/nw-85587.

Ziehen mit Zurücklegen
Ziehen ohne Zurücklegen

3 *Rote und blaue Kugeln in einer Urne*

In einer Urne U_{50} befinden sich 20 rote und 30 blaue Kugeln. Es werden 10 Kugeln nacheinander gezogen.

a) *Wahrscheinlichkeiten*
Bestimmen Sie die Wahrscheinlichkeiten dafür, dass
(1) genau drei rote Kugeln beim Ziehen mit Zurücklegen entnommen werden,
(2) mindestens drei rote Kugeln beim Ziehen mit Zurücklegen entnommen werden,
(3) genau drei rote Kugeln beim Ziehen ohne Zurücklegen entnommen werden.

b) *Urnen mit unterschiedlicher Anzahl von Kugeln*
Zusätzlich zu der Urne U_{50} sind zwei Urnen U_{100} (40 rote und 60 blaue Kugeln) und U_{1000} (400 rote und 600 blaue Kugeln) vorhanden. Es wird wieder jeweils das Ziehen von zehn Kugeln nacheinander betrachtet. In den Diagrammen D_{50}, D_{100} und D_{1000} sind die Wahrscheinlichkeiten dargestellt, dass null bis zehn rote Kugeln gezogen werden.

Ziehen ohne Zurücklegen

Ziehen mit Zurücklegen

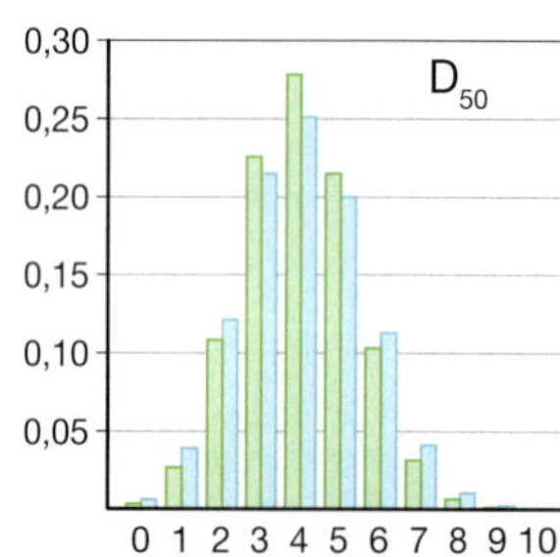

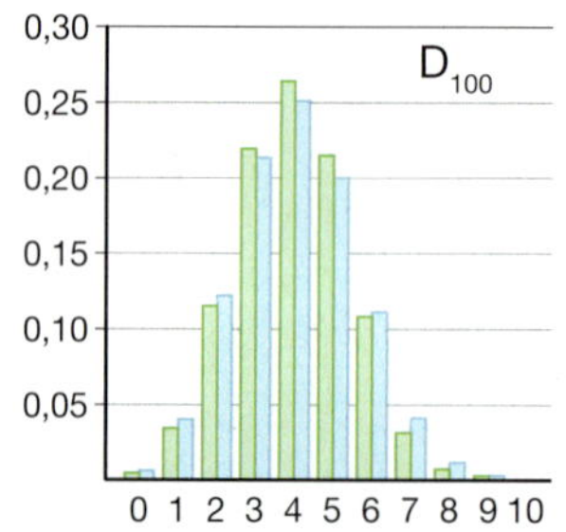

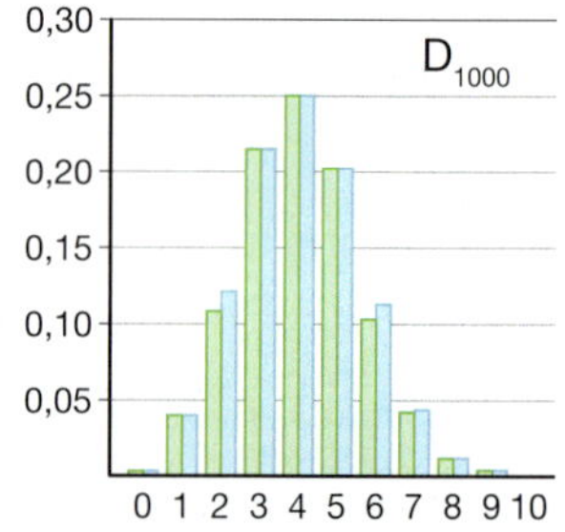

Begründen Sie: *„Die Wahrscheinlichkeit, beim Ziehen mit Zurücklegen, k rote Kugeln zu erhalten, hängt für gleiche Werte von k nicht davon ab, aus welcher Urne man zieht."*
Bestätigen Sie mithilfe der Diagramme: *„Die Wahrscheinlichkeit, beim Ziehen ohne Zurücklegen, verändert sich mit steigender Kugelanzahl in der Urne."*
Erläutern Sie ohne Rechnung: *„Die Wahrscheinlichkeit, beim Ziehen von zehn Kugeln ohne Zurücklegen genau vier rote Kugeln zu erhalten, wird mit zunehmender Anzahl der Kugeln in der Urne kleiner."*

Binomialverteilung

Prof. Dr. Klaus Hurrelmann
Prof. Dr. Mathias Albert
TNS Infratest Sozialforschung

4 *Aus der Shell-Jugendstudie 2006*

Der Shell-Jugendstudie 2006 zum Gesundheitsverhalten von Jugendlichen ist zu entnehmen, dass 50 % der weiblichen Jugendlichen mit ihrem Gewicht unzufrieden sind, bei den männlichen Jugendlichen sind 40 % mit ihrem Gewicht unzufrieden.

Gehen Sie im Folgenden davon aus, dass die empirisch gewonnenen relativen Häufigkeiten als Wahrscheinlichkeiten angesehen werden können.

a) *Binomialverteilung*
100 zufällig ausgewählte männliche Jugendliche werden gefragt, ob sie mit ihrem Gewicht unzufrieden sind.
(1) Begründen Sie, dass sich dieser Sachverhalt durch eine binomialverteilte Zufallsgröße beschreiben lässt.
(2) Berechnen Sie die Wahrscheinlichkeit, dass unter den 100 zufällig ausgewählten männlichen Jugendlichen höchstens 40 mit ihrem Gewicht unzufrieden sind.
(3) Berechnen Sie die Wahrscheinlichkeit, dass unter den 100 zufällig ausgewählten männlichen Jugendlichen mindestens 30 und höchstens 40 unzufrieden sind.

b) *Wahrscheinlichkeiten*
Bei der Befragung von 100 männlichen Jugendlichen waren nur zehn unzufrieden.
Wie groß ist die Wahrscheinlichkeit dafür, dass höchstens zehn unzufrieden sind?
Wie viele männliche Jugendliche müssen befragt werden, damit mit 99,5 %-iger Wahrscheinlichkeit mindestens einer der Befragten mit seinem Gewicht unzufrieden ist?

5 *Rot-Grün-Sehschwäche*

Vierfeldertafel

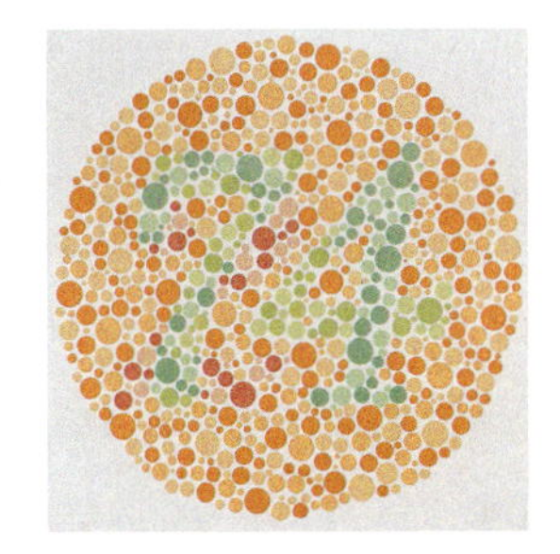

Rot-Grün-Sehschwache sehen hier ausschließlich eine 71, Normalsichtige erkennen auch eine 74.

Von der Rot-Grün-Sehschwäche (Dyschromatopsie) sind in Deutschland 9 % aller männlichen Personen und 0,8 % aller weiblichen Personen betroffen.
Im Juni 2011 lebten in Deutschland ca. 81 471 500 Menschen, davon ca. 41 457 500 weiblich und 40 014 000 männlich.

a) *Vierfeldertafel*
Erstellen Sie eine Vierfeldertafel mit den Merkmalen Geschlecht (M, W) sowie Erkrankung (RGS, nicht RGS). Bestimmen Sie die Wahrscheinlichkeit dafür, dass eine zufällig ausgewählte Person, die nicht von der Rot-Grün-Sehschwäche betroffen ist, männlich ist. Wie groß ist die Wahrscheinlichkeit dafür, dass eine zufällig ausgewählte Person, die von der Rot-Grün-Sehschwäche betroffen ist, weiblich ist?

b) *Wahrscheinlichkeiten*
Begründen Sie, dass die Zufallsgröße „Anzahl der von Rot-Grün-Sehschwäche betroffenen Personen" als binomialverteilt angesehen werden kann und dass man auch die Normalverteilung als Näherung verwenden kann. Wie groß ist die Wahrscheinlichkeit dafür, dass sich unter 200 zufällig ausgewählten männlichen Einwohnern in Deutschland mindestens eine Person mit Rot-Grün-Sehschwäche befindet?
Wie groß muss eine Gruppe zufällig ausgewählter männlicher Personen sein, damit die Wahrscheinlichkeit größer als 75 % ist, dass sich unter diesen mindestens eine Person mit Rot-Grün-Sehschwäche befindet?

6 *Keramikschalen*

Erwartungswert

In einer Töpferei werden Keramikschalen produziert. Die Produktion geschieht in zwei Arbeitsgängen: Zunächst werden die geformten Schalen gebrannt, dann wird die Oberfläche mit einer Glasur versehen. In beiden Arbeitsgängen können Fehler auftreten: Erfahrungsgemäß haben 7 % der Schalen nach dem Brennen einen Sprung und 4 % haben nach dem Glasieren Haarrisse in der Oberfläche. Schalen mit Haarrissen, die keinen Sprung haben, können noch als Pflanzschale (Schale 2. Wahl) verkauft werden, Schalen mit Sprung werden sofort entsorgt.

a) *Wahrscheinlichkeiten*
Der Produktion wird eine Schale entnommen. Bestimmen Sie die Wahrscheinlichkeit folgender Ereignisse:
E_1: Die Schale hat beide Fehler. E_2: Die Schale hat keinen Fehler.
E_3: Die Schale wird als Pflanzschale verkauft.

b) *Erwartungswert*
Für einwandfreie Schalen erzielt die Töpferei einen Gewinn von 1,50 €. Schalen, die einen Sprung haben, erzeugen einen Verlust von 15 €. Berechnen Sie, wie hoch der Verlust bei Schalen 2. Wahl höchstens sein darf, damit die Produktion noch Gewinn abwirft.

c) *Kostenberechnung*
Bisher wurden die Schalen nach jedem Arbeitsgang (Brennen, Glasieren) überprüft. Man überlegt, ob es nicht preiswerter ist, nur eine Endkontrolle nach beiden Arbeitsgängen durchzuführen. Untersuchen Sie, ob sich dies lohnt, wenn die Kosten pro Schale folgendermaßen kalkuliert werden:

Material für Rohling, Formen und Brennen	12,00 €
Glasur (Material und Aufwand)	2,00 €
Lohnkosten für Kontrolle der Keramik	0,20 €
Lohnkosten für Kontrolle der Glasur	0,40 €
Lohnkosten bei gleichzeitiger Kontrolle von Keramik und Glasur	0,55 €

Binomialverteilung

7 *Glühlampen*

a) *Häufigkeitsverteilung*

Bei einer Qualitätskontrolle wird die Lebensdauer von Glühlampen in Tagen gemessen. Dabei haben sich im Werk A bei einer Zufallsstichprobe folgende Werte ergeben: 44, 44, 46, 44, 43, 43, 39, 40, 44, 40, 35, 41, 41, 46, 44, 48, 44, 47, 44, 43

Stellen Sie die Daten in einem Häufigkeitsdiagramm dar und kennzeichnen Sie für die Lebensdauer der Glühlampen das arithmetische Mittel und die Standardabweichung.

b) *Wahrscheinlichkeiten*

Ein Hersteller produziert Glühlampen an zwei Standorten A und B. Erfahrungsgemäß sind 1 % der Glühlampen, die im Werk A produziert werden, defekt. Werk B produziert 5 % defekte Lampen.

Geben Sie Bedingungen dafür an, dass man beim Berechnen eine Binomialverteilung zugrunde legen kann. Bestimmen Sie die Wahrscheinlichkeiten folgender Ereignisse:

E_1: Alle Glühlampen in einer Lichterkette mit 10 Glühlampen aus Werk A sind in Ordnung.

E_2: Von 25 Glühlampen einer Lichterkette aus Werk B ist genau eine defekt.

E_3: In einer neuen Lichterkette mit 10 Glühlampen aus Werk A und 25 aus Werk B ist genau eine defekt.

c) *Binomialverteilung*

Üblicherweise werden je 1000 Glühlampen als Versandeinheit auf Paletten verpackt und im Zentrallager mit einem Aufkleber versehen, auf dem auch das Herstellerwerk vermerkt ist. Bei einer Kiste ist der Aufkleber verlorengegangen. Es wird ein Schnelltest angewandt. Dazu wird eine Zufallsstichprobe mit 100 Glühlampen geprüft. Bei drei oder mehr defekten Glühlampen wird der Karton dem Werk B zugeordnet, sonst dem Werk A. Bestimmen Sie die Wahrscheinlichkeit, dass ein Karton mit im Werk B produzierten Glühlampen bei diesem Verfahren einen falschen Aufkleber bekommt.

Normalverteilung

8 *Zeitkarten im öffentlichen Verkehrsnetz*

Der Betreiber eines öffentlichen Verkehrsnetzes in einer Großstadt geht davon aus, dass 40 % der Fahrgäste sogenannte Zeitkarteninhaber sind. Um den Anteil an Fahrgästen mit Zeitkarten zu überprüfen, werden in regelmäßigen Abständen Stichproben durchgeführt. Mit der binomialverteilten Zufallsgröße X wird die Anzahl der Fahrgäste mit Zeitkarten beschrieben.

a) *Wahrscheinlichkeiten*

Erläutern Sie, welche Bedeutung in diesem Zusammenhang der folgende Term sowie dessen einzelne Faktoren haben: $\binom{3}{2} \cdot 0{,}4^2 \cdot 0{,}6^1$.

Bestimmen Sie die Wahrscheinlichkeit, dass in einer Stichprobe von 100 Fahrgästen mindestens 35 und höchstens 45 Fahrgäste Zeitkarteninhaber sind.

b) *Normalverteilung als Näherung der Binomialverteilung*

Es wird eine große Fahrgastbefragung unter 9600 Fahrgästen durchgeführt.
Berechnen Sie den Erwartungswert μ und die Standardabweichung σ von X.
Begründen Sie, dass man mit der Normalverteilung als Näherung der Binomialverteilung rechnen kann. Bestimmen Sie die Wahrscheinlichkeit, dass bei der Fahrgastbefragung die Anzahl der Fahrgäste mit Zeitkarten mindestens 3790 beträgt. Ermitteln Sie mit den berechneten Werten für μ und σ die Zahl r, sodass die folgende Beziehung gilt:
$P(\mu - r \cdot \sigma \le X \le \mu + r \cdot \sigma) = 0{,}5$.
Erläutern Sie die inhaltliche Bedeutung des Ergebnisses im Kontext der Aufgabenstellung.

Normalverteilung

9 *Weißbrot-Herstellung*

In einer Großbäckerei werden Weißbrote hergestellt. Dazu werden die Teigstücke von einer Maschine geschnitten und gewogen.
Die normalverteilte Zufallsgröße X beschreibt die Teigmasse (in Gramm).
Die Maschine ist zunächst so eingestellt, dass die mittlere Brotteigmasse 750 g und die Standardabweichung 8 g beträgt.
Es gibt die Herstellungsvorgabe, dass mindestens 80 % der Teigstücke zwischen 740 g und 760 g wiegen müssen.

a) *Dichtefunktion*
Geben Sie den vollständigen Funktionsterm $\varphi(x)$ für die normalverteilte Zufallsgröße X an.
Skizzieren Sie die zugehörige Glockenkurve und begründen Sie grafisch, dass die Funktion eine Dichtefunktion ist.

b) *Wahrscheinlichkeiten*
Beurteilen Sie auf der Grundlage einer Rechnung, ob die Herstellungsvorgabe von dieser Maschine eingehalten wird.
Bestimmen Sie die Wahrscheinlichkeit dafür, dass von drei produzierten Broten genau zwei weniger als 740 g wiegen.

c) *Standardabweichung*
Die Maschine lässt sich so einstellen, dass die mittlere Teigmasse unverändert bleibt, die Standardabweichung aber verändert wird. Zum besseren Schutz der Kunden soll sichergestellt werden, dass höchstens 5 % der Brotteige unter 740 g wiegen.
Ermitteln Sie den größtmöglichen Wert für die Standardabweichung, sodass der verbesserte Kundenschutz erreicht wird.
Erläutern Sie mithilfe einer Skizze die Auswirkungen der veränderten Standardabweichung auf den Graphen der Normalverteilung. Bewerten Sie die damit verbundenen Auswirkungen für die Kunden und die Großbäckerei.

10 *Abschlussprüfung*

Erfahrungsgemäß bestehen 85 % aller Kandidatinnen und Kandidaten eine Abschlussprüfung.

a) *Wahrscheinlichkeiten*
Wie groß ist die Wahrscheinlichkeit, dass von 160 Kandidaten mindestens 129 und höchstens 140 die Prüfung bestehen?
Berechnen Sie den exakten Wert mithilfe der Binomialverteilung.
Zeigen Sie an diesem Beispiel, wie man diesen Wert mit der Gaußschen Normalverteilung näherungsweise berechnen kann.

b) *Normalverteilung*
Erklären Sie, wie die Funktion gauß(x) verändert werden muss, damit die oben benutzte Binomialverteilung approximiert werden kann.

$$\text{gauß}(x) = \frac{1}{\sqrt{2\pi}} \cdot e^{-\frac{1}{2}x^2}$$

Signifikanztest

11 Ein Pyramidenwürfel

Ein Pyramidenstumpf wird zum „Würfeln" benutzt.
In der folgenden Tabelle sind die Wahrscheinlichkeiten für die Ergebnisse 1 bis 6 angegeben.

Ergebnis	1	2	3	4	5	6
Wahrscheinlichkeit	0,3	0,15	0,15	0,15	0,15	0,1

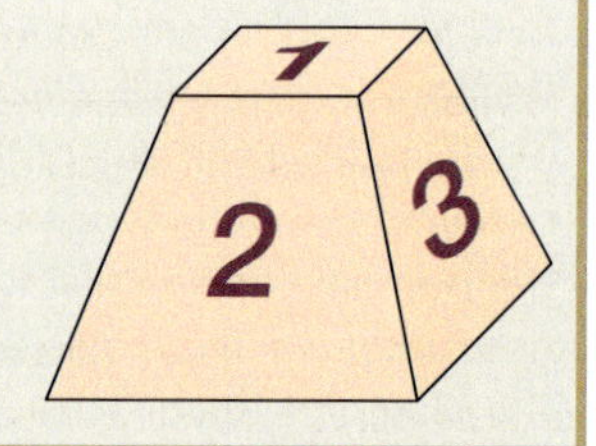

a) *Wahrscheinlichkeiten*
Dieser „Würfel" wird dreimal hintereinander geworfen.
Bestimmen Sie die Wahrscheinlichkeit für die folgenden Ereignisse:
E_1: Es erscheinen drei ungerade Zahlen.
E_2: Die Augensumme ist 5.
E_3: Lässt man von den drei geworfenen Zahlen irgendeine weg, so ergibt sich die Ziffernfolge 34.

b) *Simulation*
Das Werfen des „Würfels" soll simuliert werden. Geben Sie einen möglichst exakten Simulationsplan an.

c) *Signifikanztest*
Ein aus Holz gefertigter Pyramidenstumpf hat einen Asteinschluss. Dadurch könnte sich die Wahrscheinlichkeitsverteilung verändert haben. Die Wahrscheinlichkeit für das Ergebnis „1" soll überprüft werden.
Entwickeln Sie einen Signifikanztest mit n = 100 auf einem Signifikanzniveau von 5 %.
Bei einer Stichprobe mit 100 Würfen fällt 36-mal die „1". Zu welcher Entscheidung führt Ihr Signifikanztest?

12 Ein gezinkter Würfel?

Beim Spielen mit einem Würfel stellt ein Spieler fest, dass die Augenzahl „6" bei 100 Würfen nur 10-mal aufgetreten ist.
Dies führt zu der Vermutung, dass die Wahrscheinlichkeit, eine „6" zu würfeln, kleiner als $\frac{1}{6}$ ist.

a) *Wahrscheinlichkeiten*
Mit dem Würfel wird 100-mal nacheinander gewürfelt. Die Zufallsgröße X zählt die Anzahl der Sechsen. Berechnen Sie die Wahrscheinlichkeiten unter der Voraussetzung, dass $p = \frac{1}{6}$ ist.
(1) Berechnen Sie die Wahrscheinlichkeit, dass genau 10 Sechsen auftreten.
(2) Berechnen Sie die Wahrscheinlichkeit, dass mindestens 16 Sechsen auftreten.

b) *Signifikanztest*
Die Vermutung, dass die „6" nur mit einer Wahrscheinlichkeit von weniger als $\frac{1}{6}$ auftritt, es sich also um einen gefälschten Würfel handelt, soll getestet werden. Dazu wird der Würfel 200-mal geworfen.
(1) Beschreiben Sie einen sinnvollen Signifikanztest zum Signifikanzniveau 5 % (Zufallsgröße, Fehler 1. und 2. Art im Sachzusammenhang, Entscheidungsregel).
(2) In den 200 Würfen erhält man 26-mal die „6". Welche Entscheidung treffen Sie aufgrund Ihres Tests?
(3) Bestimmen Sie die Wahrscheinlichkeit, dass aufgrund der in (1) aufgestellten Entscheidungsregel davon ausgegangen wird, dass eine „6" in mindestens $\frac{1}{6}$ der Würfe auftritt, obwohl die Wahrscheinlichkeit dafür nur 10 % beträgt.

13 *Glücksrad*

Testen, Nullhypothese

Ein Glücksrad hat die Sektoren mit den Zahlen 1, 2 und 3 mit folgender Wahrscheinlichkeitsverteilung:

Sektor	1	2	3
Wahrscheinlichkeit	0,2	0,3	0,5

a) *Anzahl der Drehungen*
Wie oft muss man das Glücksrad mindestens drehen, um mit einer Wahrscheinlichkeit von mindestens 95 % wenigstens einmal die Zahl 1 zu erhalten?

b) *Nullhypothese*
Es besteht der Verdacht, dass die Wahrscheinlichkeit für die Zahl 1 größer als 0,2 ist. Daher wird die Nullhypothese H_0: $p \leq 0{,}2$ durch 100 Versuche getestet. Wenn mehr als 28-mal die 1 erscheint, wird H_0 abgelehnt. Wie groß ist die Irrtumswahrscheinlichkeit?

14 *Dodekaederwürfel*

Tina meint, dass der Dodekaederwürfel manipuliert sei, da die Augenzahl „12" viel zu selten auftrete.

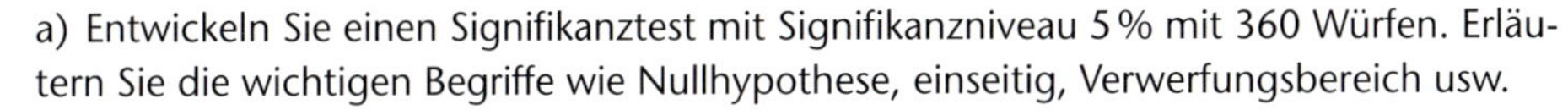
a) Entwickeln Sie einen Signifikanztest mit Signifikanzniveau 5 % mit 360 Würfen. Erläutern Sie die wichtigen Begriffe wie Nullhypothese, einseitig, Verwerfungsbereich usw.

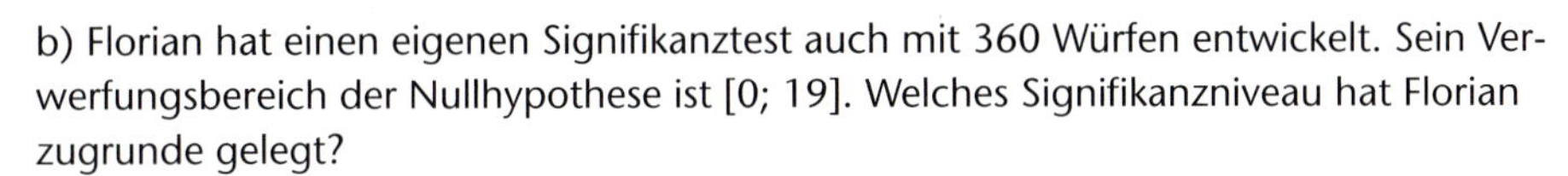
b) Florian hat einen eigenen Signifikanztest auch mit 360 Würfen entwickelt. Sein Verwerfungsbereich der Nullhypothese ist [0; 19]. Welches Signifikanzniveau hat Florian zugrunde gelegt?

15 *Weinflaschen*

Weinkenner stellen immer öfter fest, dass ein Plastik-Korken aus der Flasche ploppt. Daher wird das erste klassifizierte Gewächs aus Bordeaux sogar in Flaschen mit Schraubverschlüssen auf den Markt gebracht. „Die Qualität der Flaschenkorken ließ in den letzten Jahren dramatisch nach", berichtet der Redakteur Dr. Ulrich Sautter in der aktuellen Ausgabe (3/05) des „*Wein-Gourmet*". „Manche Winzer mussten palettenweise Wein vom Markt nehmen, da fast jede Flasche korkig war."

Aus einer Pressemeldung von: www.das-kochrezept.de vom 27.09.2005

Zum Test bietet das Weingut Rebus je einen Rotwein und einen Weißwein mit drei verschiedenen Verschlüssen an. Nach einem Jahr ergibt sich folgende Statistik verkaufter Flaschen:

	Rotwein (R)	Weißwein (W)
Kork (K)	958	342
Plastik (P)	460	420
Schraubverschluss (S)	237	272

a) *Wahrscheinlichkeiten*
Das Weingut Rebus hat ein Problem mit Korkstopfen bei seinen Rotweinflaschen. Etwa 20 % der Flaschen werden von Kunden wegen Korkgeschmack beanstandet.
Berechnen Sie die Wahrscheinlichkeit für folgende Ereignisse:
E_1: Beim Kauf von 12 Flaschen haben genau drei Korkgeschmack.
E_2: Bei 50 gekauften Flaschen werden weniger als zehn beanstandet.

b) *Testverfahren*
Ein neues Abfüllverfahren soll den Anteil der korkigen Flaschen deutlich senken können. Die Firma Rebus würde die Anlage kaufen, wenn sie den Anteil der korkigen Flaschen unter 4 % senken kann. Sie darf eine dieser neuen Abfüllanlagen testen. Entwickeln Sie ein Testverfahren, nach dem man auf einem Signifikanzniveau von 5 % entscheiden kann, ob die neue Anlage gekauft werden soll. Mit welcher Wahrscheinlichkeit wird die Anlage nach diesem Kriterium gekauft, obwohl noch 10 % korkiger Wein entsteht?

Konfidenzintervall

16 *Eine Umfrage*

Im Dezember 2008 veröffentlichte das ZDF im Politbarometer das Ergebnis einer Umfrage der *Forschungsgruppe Wahlen* unter 1268 Wahlberechtigten.

Hinweis:
2 % der Befragten sind in ihrer Erwartung für das neue Jahr unentschlossen. Dieser Anteil wurde in der ZDF-Grafik nicht abgebildet.

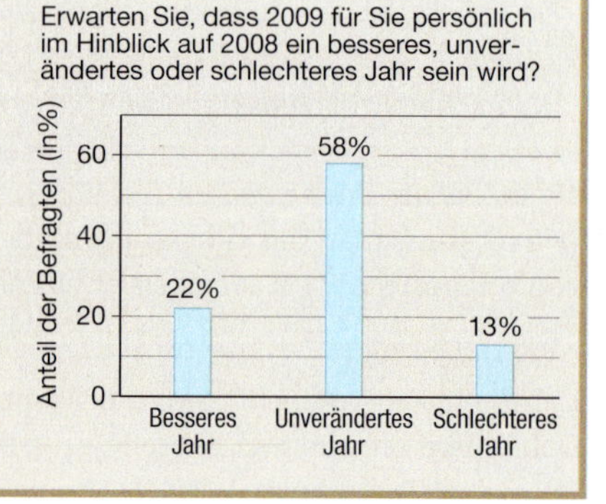

Die Zufallsgröße X beschreibt die Anzahl der Befragten in der Umfrage, die ein besseres Jahr erwarten.

a) *Binomialverteilung*
Geben Sie an, unter welchen Voraussetzungen die Binomialverteilung eine gute Näherung für die Verteilung von X ist.

b) *Konfidenzintervall*
Bestimmen Sie das 95 %-Konfidenzintervall und prüfen Sie, ob das Ergebnis der Umfrage der *Forschungsgruppe Wahlen* unter 1268 Personen (h = 22 %) mit dem wirklichen Anteil von 20 % verträglich ist (Sicherheitswahrscheinlichkeit 95 %).
Wie verändert sich das Konfidenzintervall, wenn man nicht mehr von 95 % Sicherheitswahrscheinlichkeit, sondern von 90 % Sicherheitswahrscheinlichkeit ausgeht?
Wie ändert sich das Konfidenzintervall, wenn der Stichprobenumfang verkleinert oder vergrößert wird?

17 *Bürgermeisterwahl*

Die Wahl zum Bürgermeister einer Großstadt gewinnt derjenige Kandidat, der mehr als 50 % der Stimmen erhält. Bei der Wahl gewinnt der amtierende Bürgermeister mit einem Anteil von 56 % der Stimmen. Nach der Wahl wird eine repräsentative Umfrage durchgeführt, in der unter anderem danach gefragt wird, ob man für den amtierenden Bürgermeister gestimmt hat.

a) *Wahrscheinlichkeiten*
Berechnen Sie die Wahrscheinlichkeit dafür, dass von fünf Befragten genau drei den amtierenden Bürgermeister gewählt haben.
Berechnen Sie die Wahrscheinlichkeit dafür, dass unter 500 zufällig ausgesuchten Wählern mindestens 260 und höchstens 300 den amtierenden Bürgermeister gewählt haben. Dabei kann davon ausgegangen werden, dass die Anzahl der Stimmen für den amtierenden Bürgermeister binomialverteilt ist.

b) *Konfidenzintervall*
Bereits vor der Bürgermeisterwahl wurden Umfragen zum Wahlausgang durchgeführt. In einer repräsentativen Umfrage gaben 424 von 800 Personen an, den amtierenden Bürgermeister wählen zu wollen. Entscheiden Sie mithilfe eines Konfidenzintervalls zur Sicherheitswahrscheinlichkeit von 95 %, ob der amtierende Bürgermeister mit einem Wahlsieg rechnen konnte.
In einer weiteren repräsentativen Umfrage unter n zufällig ausgewählten Personen gaben 54 % der Befragten an, den amtierenden Bürgermeister wählen zu wollen.
Ermitteln Sie die Mindestanzahl n an Personen, die befragt worden sein müssen, damit das Konfidenzintervall zur Sicherheitswahrscheinlichkeit von 95 % für den unbekannten Stimmenanteil p nur Werte enthält, die größer als 0,5 sind.

Lösungen zu den Check-ups

Lösungen zu Seite 37

1

Gruppe	Anzahl der Würfe	Rel. Häufigkeit	Abs. Häufigkeit
1	264	9,1 %	24
2	404	9,4 %	38
3	298	9,7 %	29
4	117	8,6 %	10
5	265	8,9 %	24
6	194	9,0 %	17
Summe	1542		142

$p \approx \frac{142}{1542} = 9{,}21\ \%$

Es wäre sinnvoller gewesen, die absoluten Häufigkeiten anzugeben, da man wegen der verschiedenen Stichprobenumfänge nicht den Mittelwert als ge suchte Wahrscheinlichkeit angeben kann. Die einzelnen relativen Häufigkeiten haben wegen der verschiedenen Stichprobengrößen verschiedenes „Gewicht".

2 a) Von den zehn Zufallsziffern 0 bis 9 sind die Ziffern 0, 1, 2, 3, 4, 5 die Ziffern, die für „Treffer" stehen.
b) Von den zehn Simulationen von Fünferserien sind sechs dann Serien mit mindestens vier Treffern. Schätzwert für $P(X \geq 4)$ ist 0,6.
c) –

3 Es gibt acht Planeten, davon sind Merkur und Venus näher an der Sonne als die Erde.
Die gesuchte Wahrscheinlichkeit ist $p = \frac{2}{8} = 0{,}25$.

4 a) $P(J) = \frac{27}{59} = 0{,}46$ b) Unter den Mädchen: $P(\text{Essen gut}) = \frac{16}{32} = 0{,}5$
$P(M) = \frac{32}{59} = 0{,}54$ Unter den Jungen: $P(\text{Essen gut}) = \frac{19}{27} = 0{,}7$

Lösungen zu Seite 38

5 a)

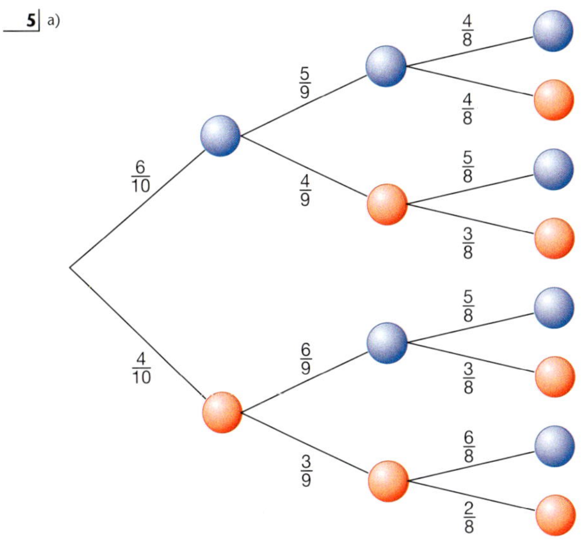

b) $P(\text{genau zweimal rot und einmal blau}) = \frac{4}{10} \cdot \frac{3}{9} \cdot \frac{6}{8} + \frac{4}{10} \cdot \frac{6}{9} \cdot \frac{3}{8} + \frac{6}{10} \cdot \frac{4}{9} \cdot \frac{3}{8}$
$= 3 \cdot \frac{72}{720} = \frac{3}{10} = 0{,}3$

6 $P(\text{einwandfrei}) = 0{,}96 \cdot 0{,}99 \cdot 0{,}98 \cdot 0{,}99 = 0{,}922 = 92{,}2\,\%$
$P(\text{Ausschuss}) = 1 - 0{,}922 = 0{,}078 = 7{,}8\,\%$

7 a) Problem: Wie lange dauert es, bis zum ersten Mal zweimal „K" hintereinander kommt?
Modellierung
Zufallsgerät: Zufallsziffern, gerade Ziffern stehen für „Kopf".
Simulation so oft wiederholen, bis zum ersten Mal „zweimal gerade Zahl hintereinander" kommt. Ende der Simulation.
Was interessiert? Zählen der Würfe, bis zum ersten Mal „zweimal gerade Zahl hintereinander" kommt.
Die kleinste Zahl der Würfe ist 2, die größte Zahl kann beliebig groß werden.
b) Durchführung: z.B. 1000 Simulationen. Ermitteln Sie jedes Mal die Zahl der Würfe.
Auswertung: Addieren Sie alle 1000 Simulationsergebnisse und dividieren Sie die Summe durch 1000.

8 Problem: Es gibt vier verschiedene Lose, alle sind gleich häufig. Es werden fünf Lose gezogen. Wie groß ist die Wahrscheinlichkeit, dass unter den fünf gezogenen Losen die vier Preise sind?
Modellierung
Zufallsgerät: Zufallsziffern von 0 bis 3. Es werden fünf Zufallsziffern gezogen.
Was interessiert? Enthalten die fünf Zufallsziffern alle vier Ziffern von 0 bis 3?
Durchführung: z.B. 1000 Simulationen von Fünferserien. Wie oft enthält eine Fünferserie alle Ziffern 0, 1, 2, 3?
Auswertung: Die festgestellte Anzahl dividiert durch 1000 ist ein Schätzwert für die gesuchte Wahrscheinlichkeit.

9 a) $0{,}5 \pm 0{,}1$, d.h. zwischen 40 % und 60 %
b) Die erste Meinung ist falsch.
Die zweite Meinung ist richtig. Natürlich kann dies vorkommen, wenngleich die relative Häufigkeit nur mit einer Wahrscheinlichkeit von 5 % außerhalb des 95 %-Prognoseintervalls liegt. Statistisch verdächtig ist das Ergebnis mit 38 % schon, daher weiter beobachten.

Lösungen zu Seite 78

1 a) $\Omega = \{2; 3; 4; 5; 6; 7; 8\}$
b) Wahrscheinlichkeitsverteilung:

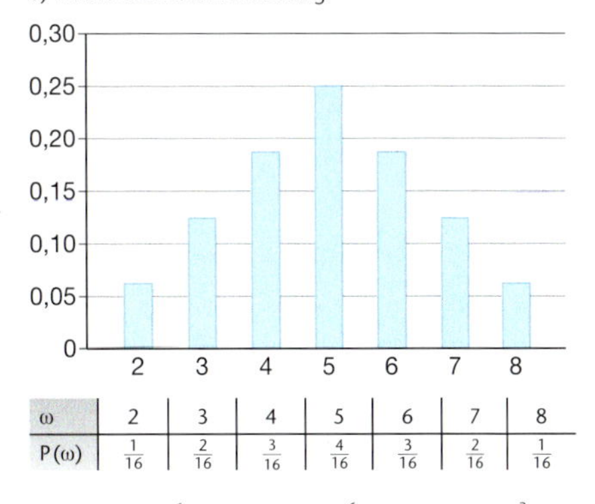

ω	2	3	4	5	6	7	8
P(ω)	$\frac{1}{16}$	$\frac{2}{16}$	$\frac{3}{16}$	$\frac{4}{16}$	$\frac{3}{16}$	$\frac{2}{16}$	$\frac{1}{16}$

c) $P(AS > 5) = \frac{6}{16}$ $P(AS \leq 4) = \frac{6}{16}$ $P(AS < 4) = \frac{3}{16}$ $P(4 \leq AS \leq 6) = \frac{10}{16}$

2 a)

ω	0	1	2	3
P(ω)	$\frac{1}{2}$	$\frac{1}{4}$	$\frac{1}{8}$	$\frac{1}{8}$

b) Das Glücksrad wird zweimal gedreht:

Summe	0	1	2	3
0	(0,0) 0	(0,1) 1	(0,2) 2	(0,3) 3
1	(1,0) 1	(1,1) 2	(1,2) 3	(1,3) 4
2	(2,0) 2	(2,1) 3	(2,2) 4	(2,3) 5
3	(3,0) 3	(3,1) 4	(3,2) 5	(3,3) 6

$\Omega = \{0;\ 1;\ 2;\ 3;\ 4;\ 5;\ 6\}$

Wahrscheinlichkeitsverteilung:

$P(AS = 0) = 0{,}5 \cdot 0{,}5 = 0{,}25$

$P(AS = 1) = 2 \cdot 0{,}5 \cdot 0{,}25 = 0{,}25$

$P(AS = 2) = 2 \cdot 0{,}125 \cdot 0{,}5 + 0{,}25 \cdot 0{,}25 = 0{,}1875$

$P(AS = 3) = 2 \cdot 0{,}5 \cdot 0{,}125 + 2 \cdot 0{,}25 \cdot 0{,}125 = 0{,}1875$

$P(AS = 4) = 2 \cdot 0{,}25 \cdot 0{,}125 + 0{,}125 \cdot 0{,}125 = 0{,}078125$

$P(AS = 5) = 2 \cdot 0{,}125 \cdot 0{,}125 = 0{,}03125$

$P(AS = 6) = 0{,}125 \cdot 0{,}125 = 0{,}015625$

Plausibilitätskontrolle: Die Summe aller Wahrscheinlichkeiten beträgt 1.

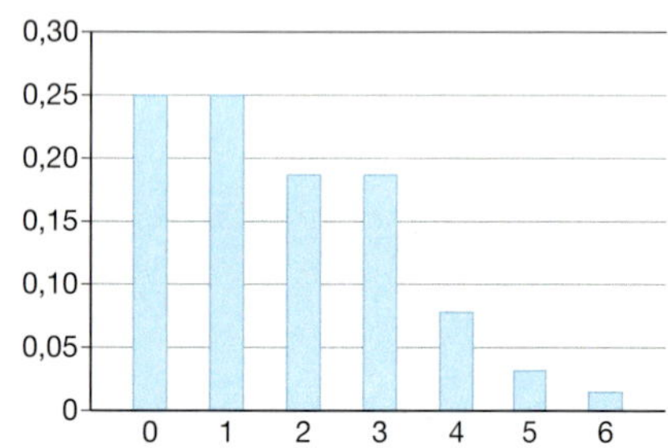

3 $\Omega = \{0;\ 1;\ 2;\ 3\}$

Wahrscheinlichkeitsverteilung:

ω	0	1	2	3
P(ω)	$\frac{4}{16}$	$\frac{6}{16}$	$\frac{4}{16}$	$\frac{2}{16}$

4 a) Keine Wahrscheinlichkeit ist negativ.
b) Die Summe aller Wahrscheinlichkeiten muss 1 sein.

5 a) $E_1 = \{(4,6);\ (6,4);\ (5,5)\}$ $\quad P(E_1) = \frac{3}{36}$

b) $E_2 = \{(1,6);\ (2,6);\ \dots;\ (6,6);\ (6,1);\ (6,2);\ \dots;\ (6,5)\}$ $\quad P(E_2) = \frac{11}{36}$

c) $E_3 = \{(3,4);\ (4,3);\ (2,6);\ (6,2)\}$ $\quad P(E_3) = \frac{4}{36}$

d) $E_4 = \{(6,4);\ (4,6);\ (5,3);\ (3,5);\ (2,4);\ (4,2);\ (1,3);\ (3,1)\}$ $\quad P(E_4) = \frac{8}{36}$

6 Wurf mit einem „normalen" Würfel
Ereignis E: Augenzahl ist nicht ohne Rest durch 7 teilbar

7 E = {(Junge, Junge, Mädchen); (Junge, Mädchen, Junge); (Mädchen, Junge, Junge)}
$\Rightarrow P(E) = 3 \cdot (0{,}5)^3 = \frac{3}{8}$

Lösungen zu Seite 79

8 P(Apfel) = 0,6 P(Apfelsine) = 0,8 P(Apfelsine und Apfel) = 0,52
P(Apfel oder Apfelsine oder beides) = 0,6 + 0,8 – 0,52 = 0,88

9 Die Vermutung ist falsch.
Um die Wahrscheinlichkeit zu berechnen, dass man bei der Firma A oder bei der Firma B einen Praktikumsplatz erhält, darf man wegen des Additionssatzes nicht die Einzelwahrscheinlichkeiten addieren. Man kann jedoch $P(A \cup B)$ nicht berechnen, da $P(A \cap B)$ nicht bekannt ist.

10 Nein. Nach dem Additionssatz benötigt man zur Berechnung von P(„weiblich" oder „Lieblingsfarbe rot") noch P(„weiblich" und „Lieblingsfarbe Rot"); dies wurde aber bei der Befragung nicht festgestellt.

11 Für die Ereignisse A, B gilt:
$A = \{(1,3);\ (2,2);\ (3,1);\ (2,6);\ (3,5);\ (4,4);\ (5,3);\ (6,2);\ (6,6)\}$
$B = \{(1,4);\ (2,5);\ (3,6);\ (4,1);\ (5,2);\ (6,3)\}$
Da $A \cap B = \{\}$, schließen sich die beiden Ereignisse A, B gegenseitig aus.

12 E: Anzahl „Kopf" ≥ 1 $\Rightarrow$ $\bar{E}$: Anzahl „Kopf" = 0
$\Rightarrow P(\bar{E}) = \left(\frac{1}{2}\right)^5 \Rightarrow P(E) = 1 - \left(\frac{1}{2}\right)^5 = \frac{31}{32}$

13 $52 \cdot 62^5 = 47\,638\,907\,260$

14 a) $10^5 = 100\,000$ b) $10 \cdot 9 \cdot 8 \cdot 7 \cdot 6 = 30\,240$

15 $12 \cdot 11 \cdot 10 = 1320$ $\quad p = \frac{1}{12 \cdot 11 \cdot 10} = 0{,}00076$

16 a) $10! = 3\,628\,800$ b) $9! = 362\,880$

Lösungen zu Seite 80

17 $\binom{25}{15} = 3\,268\,760$

18 a) $\binom{12}{6} = 924$ b) $\frac{\binom{4}{4} \cdot \binom{8}{2}}{\binom{12}{6}} = \frac{28}{924} = 3{,}03\,\%$

19 a)

Markenwahl	Produkt A	Produkt B	Summe
männlich	0,104	0,316	0,42
weiblich	0,378	0,202	0,58
Summe	0,482	0,518	1

b) P(männlich) = 0,42; P(Produkt A) = 0,482; $P(\text{weiblich} \cap \text{Produkt A}) = 0{,}378$

c) $P(\text{Produkt A} \mid \text{weiblich}) = \frac{189}{290} = 0{,}652$: Angenommen, man wählt zufällig eine der weiblichen befragten Personen aus. Dann ist die Wahrscheinlichkeit, dass diese das Produkt A bevorzugt, 65,2 %.

d) $P(\text{weiblich} \mid \text{Produkt A}) = \frac{189}{241} = 0{,}784$: Angenommen, man wählt zufällig eine Person aus der Gruppe der Befragten, die das Produkt A bevorzugen. Dann ist die Wahrscheinlichkeit, dass diese Person weiblich ist, 78,4 %.

20 a)

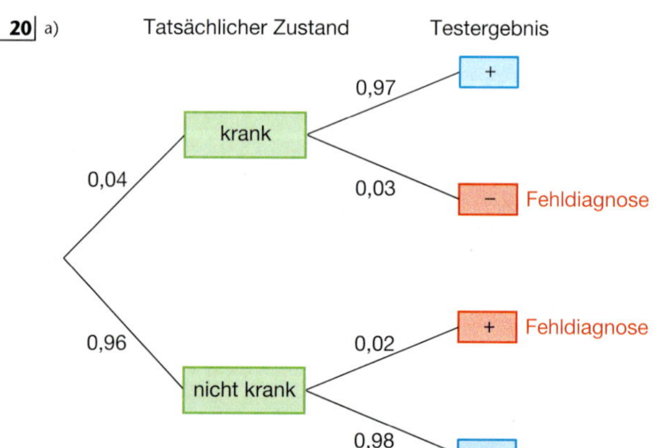

b) $P(\text{nicht krank} \mid +) = \frac{0{,}96 \cdot 0{,}02}{0{,}04 \cdot 0{,}97 + 0{,}96 \cdot 0{,}02} = 0{,}331$

c) $P(\text{krank} \mid +) = \frac{0{,}97 \cdot 0{,}04}{0{,}04 \cdot 0{,}97 + 0{,}96 \cdot 0{,}02} = 0{,}669$

21 P(krank | +) ist die Wahrscheinlichkeit dafür, dass ein Patient tatsächlich krank ist, wenn das Diagnoseverfahren positiv ausgegangen ist.
P(+ | krank) ist die Wahrscheinlichkeit dafür, dass der Patient positiv eingestuft wird unter der Bedingung, dass er auch krank ist.

22 Wenn sich A und B gegenseitig ausschließen, dann kann B nicht eintreten, wenn A bereits eingetreten ist $\Rightarrow P(B \mid A) = 0$.

23 P(Blutgruppe 0 und Rhesus negativ) = $0{,}41 \cdot 0{,}15 = 0{,}0615$

Lösungen zu Seite 106

1 a)

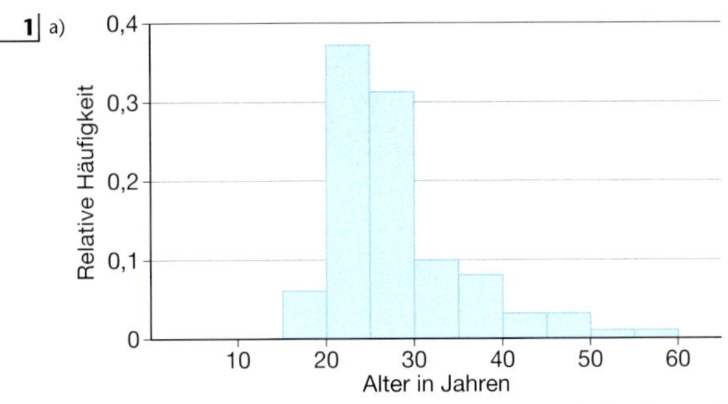

b) Die Daten sind in Klassen eingeteilt. Man verwendet jeweils die Klassenmitte zur Berechnung des arithmetischen Mittels:
$\bar{x} = 0{,}06 \cdot 17{,}5 + 0{,}37 \cdot 22{,}5 + \ldots = 27{,}95$

2 a) Bei dem Median werden die Daten der Größe nach sortiert und der mittlere Wert dieser Reihe gewählt.
Bei dem arithmetischen Mittel hingegen werden alle Werte aufsummiert und durch die Anzahl der Daten dividiert.
b) Der Median verändert sich nicht, da die Person, die am meisten verdient, eine Gehaltserhöhung erhält.
Das arithmetische Mittel hingegen muss neu berechnet werden, da hier Veränderungen auftreten können.

3 Reifen A: $\bar{x} = 50\,000$ km; $s = 9899{,}5$ km
Reifen B: $\bar{x} = 50\,000$ km; $s = 2607{,}7$ km
Die Datenbasis ist sehr schmal. Erste Schlüsse lassen sich dennoch ziehen:
Es sieht so aus, als würde die Laufleistung des Reifens A stärker streuen als die des Reifens B.

4 a)

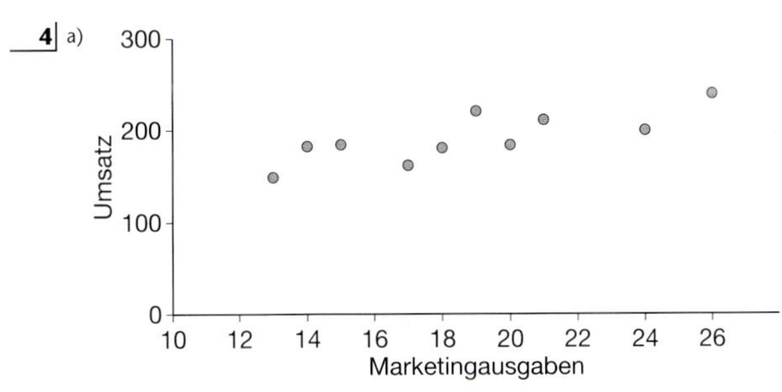

b) Regressionsgerade: $y = 5{,}05x + 97{,}31$
Der relativ hohe Korrelationskoeffizient lässt auf einen starken linearen Zusammenhang schließen.

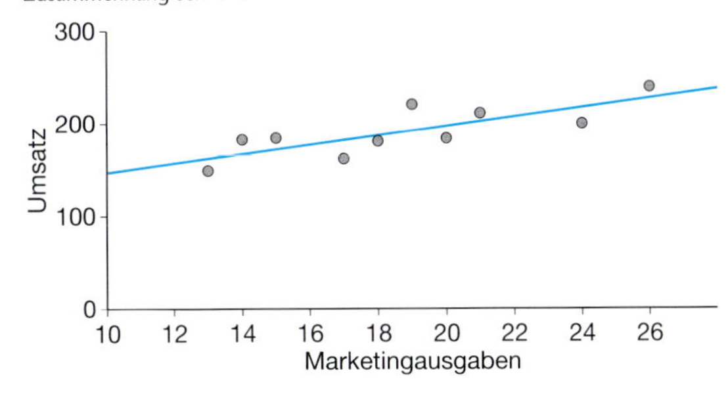

Lösungen zu Seite 148

1 a) $\mu = \frac{(50\,000€ + 9 \cdot 5000€ + 90 \cdot 500€ + 900 \cdot 50€)}{1\,000\,000} = 0{,}185€$
b) Gesamteinnahmen: $1\,000\,000 \cdot 0{,}50€ = 500\,000€$
Gewinn: $500\,000€ - 185\,000€ = 315\,000€$

2 $\mu = 110\,000€ \cdot \frac{1{,}26}{1000} = 138{,}60€$ (Mindestprämie für die Diebstahlversicherung)

3

Gewinn	p	μ	$(x-\mu)^2$	$(x-\mu)^2 \cdot p$
15€	$\frac{1}{36}$	$-\frac{5}{36}$	229,19	6,37
8€	$\frac{10}{36}$	$-\frac{5}{36}$	66,24	18,4
−5€	$\frac{20}{36}$	$-\frac{5}{36}$	23,63	13,13
Summe				37,9
σ				6,156

Das Spiel ist nicht fair, da der Erwartungswert ungleich 0 ist.

4 Klassenmitten verwenden: $\mu = 9{,}42$; $\sigma = 7{,}997$
Man kann erwarten, dass die Schüler im vergangenen Jahr im Mittel neun- bis zehnmal im Kino waren.

5 $n = 29$; $p = \frac{1}{8}$
a) $\mu = 3{,}63$
b) $P(X \geq 7) = 1 - P(X \leq 6) = 1 - 0{,}983 = 0{,}017$
c) Allergien sind nicht ansteckend. Deshalb könnte die Binomialverteilung ein passendes Modell sein.
Problem: Für welche Jahreszeit gilt die „Allergie-Wahrscheinlichkeit" $\frac{1}{8}$?

Lösungen zu Seite 149

6 a) 0,0473 b) 0,00935 c) 0,849

7 a) $P(X = 4) = 0{,}273$ b) $P(X \geq 4) = 0{,}636$ c) $P(X \leq 4) = 0{,}636$

8 a) Die Trefferwahrscheinlichkeit verändert sich.
b) n liegt nicht fest.
c) Ansteckung erhöht die Erkrankungswahrscheinlichkeit.
d) Vererbung wird eine Rolle spielen. Blutgruppen sind in der Familie nicht unabhängig.

9 $n = 30$; $p = \frac{1}{3}$
a) $\mu = 10$; $\sigma = 2{,}58$
b) $P(X \leq 6) = 0{,}083$: Ca. 8% der Klassen sind mit sechs oder weniger Personen vertreten, d.h. bei 50 Klassen muss man etwa in vier Klassen mit so wenigen Ausgelosten rechnen.

10 Die Verteilung wird symmetrischer und flacher.
μ wächst proportional mit n; σ wächst proportional mit $\sqrt{n}$.

11 a) $\mu = 140$; $\sigma = 10{,}25 \Rightarrow$ Standardisierung: $z = -1{,}95$; $P(Z \leq -1{,}95) = 0{,}0255$
b) $\mu = 372$; $\sigma = 11{,}85 \Rightarrow$ Standardisierung: $z_1 = -1{,}688$; $z_2 = 1{,}688$;
$P(-1{,}688 \leq Z \leq 1{,}688) = 0{,}908$

12 a) $\mu = 1250 \cdot 0{,}68 = 850$; $\sigma = \sqrt{1250 \cdot 0{,}68 \cdot 0{,}32} = 16{,}49$
b) $P(X \geq 880) = P(Z \geq 1{,}82) = 0{,}0344$
c) 95,5%-Prognoseintervall mit Breite $\pm 2\sigma$
$\Rightarrow$ Prognoseintervall: $[850 - 32{,}98; 850 + 32{,}98] \approx [817; 883]$

Lösungen zu Seite 150

13 $n = 500$; $p = 0{,}1$; $\mu = 50$; $\sigma = 6{,}71$
Prognoseintervall: $[50 - 2 \cdot 6{,}71; 50 + 2 \cdot 6{,}71] \approx [36; 64]$
Mit einer Wahrscheinlichkeit von 95,5% fällt die absolute Häufigkeit der Zufallsziffer 9 bei 500 Versuchen in das Intervall [36; 64].

14 $n = 1000$; $p = 0{,}37$; $\mu = 370$; $\sigma = 15{,}27$
Prognoseintervall: $[370 - 1{,}96 \cdot 15{,}27; 370 + 1{,}96 \cdot 15{,}27] \approx [340; 400]$
Prognoseintervall für die relative Häufigkeit: [0,34; 0,4]

15 In dieses zum Erwartungswert symmetrische Intervall fällt die Zufallsgröße mit einer Wahrscheinlichkeit von 99,7%. Die Breite dieses Intervalls ist $\pm 3\sigma$.

16 $n = 300$; $\mu = 50$; $\sigma = 6{,}45$
a) 95,5%-Prognoseintervall für die relative Häufigkeit der „Sechsen":
$\left[\frac{1}{6} - 2 \cdot \frac{6{,}45}{300}; \frac{1}{6} + 2 \cdot \frac{6{,}45}{300}\right] = [0{,}124; 0{,}210]$
b) Das Prognoseintervall wird bei wachsendem n kleiner.

17 Durch die Standardisierung lässt sich jede Normalverteilung in die Standardnormalverteilung „umrechnen".

18 Empirische Verteilung: Durch Beobachtungen und Messungen gewonnene Verteilung
Wahrscheinlichkeitsverteilung: Darstellung von empirischen Verteilungen mit einem mathematischen Modell

19 a) 0,691 b) 0,0668 c) 0,516

20 a) $z = -3$: $P(Z \leq -3) = 0{,}00135$
b) $z = 1{,}4$: $P(Z \geq 1{,}4) = 0{,}0081$
c) $z = -2{,}4$: $P(-2{,}4 \leq Z \leq 2{,}4) = 0{,}984$

21 $P(0{,}485 \leq X \leq 0{,}52) = P(-1{,}5 \leq Z \leq 2) = 0{,}9104$
Eine zufällig aus der Produktion herausgegriffene Mine passt mit einer Wahrscheinlichkeit von 91,04 % in den Druckbleistift.

22 $n = 580$; $p = 0{,}85$; $\mu = 493$; $\sigma = 8{,}60$
a) Da die Werte um den Erwartungswert streuen, könnte es auch zufällig sein, dass trotz der Überbuchung die Kapazität ausreicht.
b) $P(X \leq 485) = P(Z \leq -0{,}93) = 0{,}176$
Mit einer Wahrscheinlichkeit von 17,6 % reicht die Hotelkapazität aus. (Dies ist eine geringe Wahrscheinlichkeit. Das Risiko der Überbuchung ist für die Ferienanlage recht groß.)

Lösungen zu Seite 189

1 a) [0,1195; 0,2138] b) [28; 52]

2 a) Bei größerem Stichprobenumfang n wird das Prognoseintervall für h schmaler.
b) Bei größerer Sicherheitswahrscheinlichkeit wird das Prognoseintervall breiter.

3 a) [0,2862; 0,2918] b) Die Befragten müssen ehrlich antworten; es muss eine Zufallsstichprobe sein – z. B. nicht in einer Parteihochburg fragen.

4 Prognoseintervall: Schluss von der Gesamtheit auf die Stichprobe
Konfidenzintervall: Schluss von der Stichprobe auf die Gesamtheit

5 a) Konfidenzintervall: [60 %; 66 %]
b) Nein, da p natürlich auch noch außerhalb liegen kann. Man hat nur die Werte für p ausgewählt, die mit dem Stichprobenergebnis auf dem 5 %-Niveau verträglich sind.

6 [0,7033; 0,7527]

7 a) $n \geq \frac{1{,}96^2 \cdot h \cdot (1-h)}{\varepsilon^2} = \frac{1{,}96^2 \cdot 0{,}5 \cdot (1-0{,}5)}{0{,}02^2} = 2401$
b) Vgl. Antwort in 3.b)

Lösungen zu Seite 190

8 Nullhypothese: Würfel ist in Ordnung, d. h. $P(\text{„Sechs"}) = \frac{1}{6}$
Alternativhypothese: $P(\text{„Sechs"}) > \frac{1}{6}$
$P(X \geq 20) = 0{,}0012$
Der P-Wert ist außerordentlich klein.
Hochsignifikantes Ergebnis ⇒ Mit dem Würfel könnte etwas nicht stimmen.

9 Nullhypothese: Anteil der Fahrzeuge mit Mängeln beträgt 38 %
$P(X \leq 140) = 0{,}1177$ ⇒ Kein signifikantes Ergebnis

10 a) Nullhypothese: Testperson rät nur ⇒ Trefferwahrscheinlichkeit $p = 0{,}5$
Alternativhypothese: Testperson hat übersinnliche Wahrnehmungsfähigkeiten ⇒ Trefferwahrscheinlichkeit $p > 0{,}5$
b) Stichprobenumfang 50 (Binomialverteilung)
Verwerfungsbereich von H_0: $P(X \geq k) \leq 0{,}05 \Rightarrow P(X \leq k-1) \geq 0{,}95$
$\Rightarrow k - 1 = 31 \Rightarrow V = \{32, \ldots, 50\}$
c) Kleinere Irrtumswahrscheinlichkeit: Der Verwerfungsbereich wird kleiner.

11 Bei einem zweiseitigen Test wird die Nullhypothese verworfen, wenn der in der Stichprobe ermittelte Wert der Testgröße stark nach unten oder nach oben vom Erwartungswert abweicht (zweiseitiger Verwerfungsbereich, siehe (2)). Bei einem einseitigen Test wird die Nullhypothese verworfen, wenn die Testgröße entweder stark nach unten vom Erwartungswert abweicht (linksseitiger Verwerfungsbereich, siehe (3)) oder stark nach oben abweicht (rechtsseitiger Verwerfungsbereich, siehe (1)).

12 Fehler 1. Art: Irrtümliche Ablehnung von H_0
H_0 ist wahr, obwohl wir diese Hypothese abgelehnt haben.
In Bezug auf Aufgabe 10: Die Person hat keine übersinnlichen Fähigkeiten, obwohl angenommen wurde, sie hätte welche.

Fehler 2. Art: Irrtümliche Beibehaltung von H_0
H_1 ist wahr, obwohl wir die Hypothese H_0 beibehalten haben.
In Bezug auf Aufgabe 10: Die Person hat übersinnliche Fähigkeiten, obwohl angenommen wurde, sie hätte keine.

13 a) Getestet wird H_0: $p = 0{,}1$ gegen $p < 0{,}1$, da sich der Medikamentenhersteller absichern will gegen eine höhere Nebenwirkungswahrscheinlichkeit.
b) $V = \{0, 1, \ldots, 78\}$
c) Fehler 1. Art: Man kann ziemlich sicher sein, dass man H_0 nicht irrtümlich zugunsten der Alternativhypothese ablehnt.

Fehler 2. Art: Irrtümliche Beibehaltung von H_0 kann bedeuten, dass das Medikament in weniger als 10 % der Fälle Nebenwirkungen hervorruft. Dennoch wird die Hypothese H_0 nicht abgelehnt.

Man müsste berechnen: $P(X \leq 78 \mid H_1 \text{ ist wahr})$. Doch mit welcher Wahrscheinlichkeit für Nebenwirkungen soll man rechnen?

Zufallsziffern in 5er-Blöcken

Zeile	Spalte 5 ↓	10 ↓	15 ↓	20 ↓	25 ↓	30 ↓	35 ↓	40 ↓	45 ↓	50 ↓
	12159	66144	05091	13446	45653	13684	66024	91410	51351	22772
	30156	90519	95785	47544	66735	35754	11088	67310	19720	08379
	59069	01722	53338	41942	65118	71236	01932	70343	25812	62275
	54107	58081	82470	59407	13475	95872	16268	78436	39251	64247
5 →	99681	81295	06315	28212	45029	57701	96327	85436	33614	29070
	27252	37875	53679	01889	35714	63534	63791	76342	47717	73684
	93259	74585	11863	78985	03881	46567	93696	93521	54970	37607
	84068	43759	75814	32261	12728	09636	22336	76529	01017	45503
	68582	97054	28251	63787	57285	18854	35006	16343	51867	67979
10 →	60646	11298	19680	10087	66391	70853	24423	73007	74958	29020
	97437	52922	80739	59178	50628	61017	51652	40915	94696	67843
	58009	20681	98823	50979	01237	70152	13711	73916	87902	84759
	77211	70110	93803	60135	22881	13423	30999	07104	27400	25414
	54256	84591	65302	99257	92970	28924	36632	54044	91798	78018
15 →	37493	69330	94069	39544	14050	03476	25804	49350	92525	87941
	87569	22661	55970	52623	35419	76660	42394	63210	62626	00581
	22896	62237	39635	63725	10463	87944	92075	90914	30599	35671
	02697	33230	64527	97210	41359	79399	13941	88378	68503	33609
	20080	15652	37216	00679	02088	34138	13953	68939	05630	27653
20 →	20550	95151	60557	57449	77115	87372	02574	07851	22428	39189
	72771	11672	67492	42904	64647	94354	45994	42538	54885	15983
	38472	43379	76295	69406	96510	16529	83500	28590	49787	29822
	24511	56510	72654	13277	45031	42235	96502	25567	23653	36707
	01054	06674	58283	82831	97048	42983	06471	12350	49990	04809
25 →	94437	94907	95274	26487	60496	78222	43032	04276	70800	17378
	97842	69095	25982	03484	25173	05982	14624	31653	17170	92785
	53047	13486	69712	33567	82313	87631	03197	02438	12374	40329
	40770	47013	63306	48154	80970	87976	04939	21233	20572	31013
	52733	66251	69661	58387	72096	21355	51659	19003	75556	33095
30 →	41749	46502	18378	83141	63920	85516	75743	66317	45428	45940
	10271	85184	46468	38860	24039	80949	51211	35411	40470	16070
	98791	48848	68129	51024	53044	55039	71290	26484	70682	56255
	30196	09295	47685	56768	29285	06272	98789	47188	35063	24158
	99373	64343	92433	06388	65713	35386	43370	19254	55014	98621
35 →	27768	27552	42156	23239	46823	91077	06306	17756	84459	92513
	67791	35910	56921	51976	78475	15336	92544	82601	17996	72268
	64018	44004	08136	56129	77024	82650	18163	29158	33935	94262
	79715	33859	10835	94936	02857	87486	70613	41909	80667	52176
	20190	40737	82688	07099	65255	52767	65930	45861	32575	93731
40 →	82421	01208	49762	66360	00231	87540	88302	62686	38456	25872
	00083	81269	35320	72064	10472	92080	80447	15259	62654	70882
	56558	09762	20813	48719	35530	96437	96343	21212	32567	34305
	41183	20460	08608	75283	43401	25888	73405	35639	92114	48006
	39977	10603	35052	53751	64219	36235	84687	42091	42587	16996
45 →	29310	84031	03052	51356	44747	19678	14619	03600	08066	93899
	47360	03571	95657	85065	80919	14890	97623	57375	77855	15735
	48481	98262	50414	41929	05977	78903	47602	52154	47901	84523
	48097	56362	16342	75261	27751	28715	21871	37943	17850	90999
	20648	30751	96515	51581	43877	94494	80164	02115	09738	51938
50 →	60704	10107	59220	64220	23944	34684	83696	82344	19020	84834

Kumulierte Wahrscheinlichkeitsverteilung der standardisierten Normalverteilung

$$P(Z \leq z) = \Phi(z) = \int_{-\infty}^{z} \varphi(x)\,dx$$

$$= \frac{1}{\sqrt{2\pi}} \int_{-\infty}^{z} e^{-\frac{x^2}{2}}\,dx$$

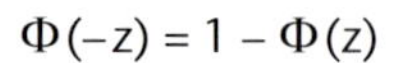

$$\Phi(-z) = 1 - \Phi(z)$$

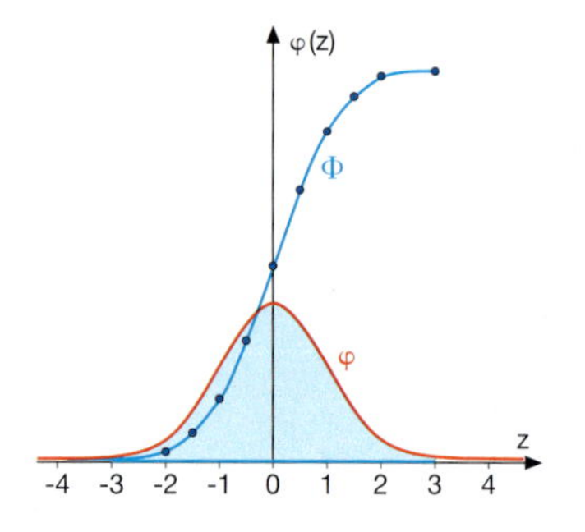

z	0	1	2	3	4	5	6	7	8	9
0,0	5000	5040	5080	5120	5160	5199	5239	5279	5319	5359
0,1	5398	5438	5478	5517	5557	5596	5636	5675	5714	5753
0,2	5793	5832	5871	5910	5948	5987	6026	6064	6103	6141
0,3	6179	6217	6255	6293	6331	6368	6406	6443	6480	6517
0,4	6554	6591	6628	6664	6700	6736	6772	6808	6844	6879
0,5	6915	6950	6985	7019	7054	7088	7123	7157	7190	7224
0,6	7257	7291	7324	7357	7389	7422	7454	7486	7517	7549
0,7	7580	7611	7642	7673	7703	7734	7764	7794	7823	7852
0,8	7881	7910	7939	7967	7995	8023	8051	8078	8106	8133
0,9	8159	8186	8212	8238	8264	8289	8315	8340	8365	8389
1,0	8413	8438	8461	8485	8508	8531	8554	8577	8599	8621
1,1	8643	8665	8686	8708	8729	8749	8770	8790	8810	8830
1,2	8849	8869	8888	8907	8925	8944	8962	8980	8997	9015
1,3	9032	9049	9066	9082	9099	9115	9131	9147	9162	9177
1,4	9192	9207	9222	9236	9251	9265	9279	9292	9306	9319
1,5	9332	9345	9357	9370	9382	9394	9406	9418	9429	9441
1,6	9452	9463	9474	9484	9495	9505	9515	9525	9535	9545
1,7	9554	9564	9573	9582	9591	9599	9608	9616	9625	9633
1,8	9641	9649	9656	9664	9671	9678	9686	9693	9699	9706
1,9	9713	9719	9726	9732	9738	9744	9750	9756	9761	9767
2,0	9772	9778	9783	9788	9793	9798	9803	9808	9812	9817
2,1	9821	9826	9830	9834	9838	9842	9846	9850	9854	9857
2,2	9861	9864	9868	9871	9875	9878	9881	9884	9887	9890
2,3	9893	9896	9898	9901	9904	9906	9909	9911	9913	9916
2,4	9918	9920	9922	9925	9927	9929	9931	9932	9934	9936
2,5	9938	9940	9941	9943	9945	9946	9948	9949	9951	9952
2,6	9953	9955	9956	9957	9959	9960	9961	9962	9963	9964
2,7	9965	9966	9967	9968	9969	9970	9971	9972	9973	9974
2,8	9974	9975	9976	9977	9977	9978	9979	9979	9980	9981
2,9	9981	9982	9982	9983	9984	9984	9985	9985	9986	9986
3,0	9987	9987	9987	9988	9988	9989	9989	9989	9990	9990
3,1	9990	9991	9991	9991	9992	9992	9992	9992	9993	9993
3,2	9993	9993	9994	9994	9994	9994	9994	9995	9995	9995
3,3	9995	9995	9996	9996	9996	9996	9996	9996	9996	9997
3,4	9997	9997	9997	9997	9997	9997	9997	9997	9997	9998

Beispiele: $\Phi(1{,}23) = 0{,}8907$; $\Phi(-1{,}23) = 1 - 0{,}8907 = 0{,}1093$

$\Phi(z) = 0{,}7157 \Rightarrow z = 0{,}57$; $\Phi(z) = 0{,}2843 = 1 - 0{,}7157 \Rightarrow z = -0{,}57$

Stichwortverzeichnis

Fotoverzeichnis

Umschlag: istockphoto, Calgary (josemoraes); 9.1, 12.1: Prof. Günter Schmidt, Stromberg; 10.1: Blickwinkel, Witten (McPHOTO); 10.2: Imago, Berlin (Hartenfelser); 10.3: Imago, Berlin (Alternate); 11.1: K.-P. Schrage, Braunschweig; 13.1: Prof. Günter Schmidt, Stromberg; 13.2, 14.1: Torsten Warmuth, Berlin; 16.1: fotolia.com, New York (ThinMan); 16.2: akg-images, Berlin; 18.1: Bridgeman, Berlin; 18.2: akg-images, Berlin; 19.1: Picture-Alliance, Frankfurt (Oliver Krato/dpa); 24.1: Prof. Günter Schmidt, Stromberg; 24.2: Andia, Pacé (Aldo Liverani); 25.1: vario images, Bonn (J. Wolter); 26.1: MEV Verlag, Augsburg; 27.1: ullstein bild, Berlin (Oed); 29.1: argum, München (Christian Lehsten); 30.1: Picture-Alliance, Frankfurt (maxppp); 34.1: mauritius images, Mittenwald (Kraass); 35.1: fotolia.com, New York (womue); 36.1, 41.1, 52.1: Michael Fabian, Hannover; 40.1: Deutsches Historisches Museum, Berlin; 40.2: Helga Lade, Frankfurt (Werner H. Müller); 43.1, 43.2, 43.4, 54.1, 126.1: Michael Fabian, Hannover; 43.3, 201.1, 207.1: Michael Fabian, Hannover; 43.5: Robert Poorten, Düsseldorf; 43.6: Arco Images, Lünen (A. Bernhard); 44.1: iStockphoto, Calgary (Andy Cook); 45.1: Prof. Günter Schmidt, Stromberg; 46.1: Würfelzeit, Lich; 47.1: Bartl, Garching; 48.1: akg-images, Berlin (Bildarchiv Steffens); 48.2: Spektrum der Wissenschaft Verlagsgesellschaft mbH, Heidelberg (Mit freundlicher Genehmigung von Springer Science and Business Media); 50.1, 167.1-3: Prof. Günter Schmidt, Stromberg; 50.2: Blickwinkel, Witten (M. Henning); 54.2: Torsten Warmuth, Berlin; 55.1: bpk, Berlin; 60.1: Prima Nota, Korbach; 62.1: Verband der deutschen Fruchtsaft-Industrie e. V. (VdF), Bonn; 63.1: Picture-Alliance, Frankfurt (dpa); 66.1: Interfoto, München (Mary Evans Picture Library); 66.2, 70.1: Prof. Günter Schmidt, Stromberg; 75.1: alimdi.net, Deisenhofen (Ulrich Niehoff); 83.1: Torsten Warmuth, Berlin; 83.2, 109.1: Gerda Werth, Bad Lippspringe; 89.1: dreamstime.com, Brentwood (Tanyae); 95.1: US Geological Survey; 96.1: Xinhua, Berlin; 96.2, 96.3: Thomas Vogt, Hargesheim/Bad Kreuznach; 97.1: Imago, Berlin (Ulmer/Teamfoto); 97.2: Picture-Alliance, Frankfurt (Breloer); 99.1: F1online, Frankfurt (M. Schaef); 100.1: wikipedia.org (Calibas); 105.1-2: Gerda Werth, Bad Lippspringe; 108.1: Picture-Alliance, Frankfurt (Okapia/Norbert Fischer); 111.1: mauritius images, Mittenwald (imagebroker/Jochen Tack); 113.1: fotolia.com, New York (engel.ac); 117.1: Keystone, Hamburg (Volkmar Schulz); 118.1: Marcus Hofmann, Georgenthal; 124.1: Matthias Lüdecke, Berlin; 125.1: Rank, München; 125.2: fotolia.com, New York (frank Rhode); 131.1: Thomas Vogt, Hargesheim/Bad Kreuznach; 139.1: akg-images, Berlin; 144.1: wikipedia.org; 150.1: Picture-Alliance, Frankfurt (dieKleinert.de/Niklas Hughes); 156.1: Sieve, Melle; 157.1: ALPINA eyewear, Friedberg-Derching; 158.1: Prof. Günter Schmidt, Stromberg; 161.1: iStockphoto, Calgary (Stanislav Komogorov); 161.2: action press, Hamburg (die bildstelle); 162.1: ullstein bild, Berlin (Thomas Frey/Imagebroker.net); 162.2: ZDF-Bilderdienst, Mainz; 162.3: Picture-Alliance, Frankfurt (dpa); 163.1: ullstein bild, Berlin (imagebroker.net/Michaela Begst); 163.2: ZDF Enterprises, Mainz; 164.1: Thomas Vogt, Hargesheim/Bad Kreuznach; 165.1: Dr. Hubert Weller, Lahnau; 166.1: Picture-Alliance, Frankfurt (Photoshot); 166.2: Picture-Alliance, Frankfurt (dpa); 168.1, 169.1: Thomas Vogt, Hargesheim/Bad Kreuznach; 171.1: Prof. Günter Schmidt, Stromberg; 171.2: Artografika, München (Klaus-Peter Wolf/imagebroker); 171.3: Imago, Berlin (GEPA pictures); 174.1: fotolia.com, New York (DeVIce); 177.1: Imago, Berlin (Hoffmann); 179.1: Imago, Berlin (Sven Simon); 179.2: Reuters, Berlin (Eduardo Munoz); 180.1: Bildagentur Peter Widmann, Tutzing (Peter Widmann); 182.1: Focus, Hamburg (SPL/A. Barrington Brown); 183.1: Focus, Hamburg (SPL); 183.2: Kurverwaltung, Langeoog; 186.1: Uwe Tönnies, Laatzen; 187.1: Imago, Berlin (Fernando Baptista); 196.1: Corbis, Düsseldorf (Leo Mason); 196.2: Imago, Berlin (Sämmer); 199.1: Thomas Vogt, Hargesheim/Bad Kreuznach; 200.1-2: Prof. Günter Schmidt, Stromberg; 200.3: Picture-Alliance, Frankfurt (DB Brüder Grimm Museum); 201.1: Gerda Werth, Bad Lippspringe; 201.2: Michael Fabian, Hannover; 202.1: Shell Deutschland Oil, Hamburg; 203.1: A1PIX - Your Photo Today, Taufkirchen; 203.2: mauritius images, Mittenwald (Boris Kumicak); 204.1: Tegen, Hans, Hambühren; 204.2: ecopix-Fotoagentur, Berlin (Andreas Froese); 205.1: Druwe & Polastri, Cremlingen/Weddel; 206.1: mauritius images, Mittenwald (age).

Es war nicht in allen Fällen möglich, die Inhaber der Bildrechte ausfindig zu machen und um Abdruckgenehmigung zu bitten. Berechtigte Ansprüche werden selbstverständlich im Rahmen der üblichen Konditionen abgegolten.